高等职业教育"十四五"规划教材

宠物疾病诊治

田启会　余彦国　主编

中国农业大学出版社
·北京·

内容简介

本教材以培养高素质技术技能人才为目标，以动物医学、宠物医疗技术、畜牧兽医等专业疾病防治方面的岗位能力需求为导向，依据教学内容的同质性和技术技能的相似性，将宠物疾病诊断技术、宠物疾病治疗技术、宠物疫病、宠物普通病等知识和技能列出，进行归类和教学设计。本教材中的诊断和治疗内容既注重临床基本技术，又紧跟我国和世界目前先进诊疗技术应用与发展前沿，内容紧贴临床实践，实用性强，适合作为高等职业院校动物医学、动物药学、宠物医疗、畜牧兽医、宠物医疗技术、宠物养护与驯导等专业的学生教材，又可作为宠物医学教学科研人员、临床宠物诊疗工作者的参考书。

图书在版编目(CIP)数据

宠物疾病诊治/田启会，余彦国主编. --北京：中国农业大学出版社，2024.12.
ISBN 978-7-5655-3353-2

Ⅰ.S858.93

中国国家版本馆 CIP 数据核字第 2024T2M627 号

书　名　宠物疾病诊治
作　者　田启会　余彦国　主编

策划编辑　康昊婷　　**责任编辑**　康昊婷
封面设计　郑　川　李尘工作室
出版发行　中国农业大学出版社
社　址　北京市海淀区圆明园西路 2 号　　**邮政编码**　100193
电　话　发行部 010-62733489，1190　　读者服务部 010-62732336
编辑部 010-62732617，2618　　出　版　部 010-62733440
网　址　http://www.caupress.cn　　**E-mail** cbsszs@cau.edu.cn
经　销　新华书店
印　刷　涿州市星河印刷有限公司
版　次　2025 年 1 月第 1 版　　2025 年 1 月第 1 次印刷
规　格　185 mm×260 mm　　16 开本　　24 印张　　593 千字
定　价　59.00 元

编审人员

主　编　田启会（甘肃畜牧工程职业技术学院）

余彦国（甘肃畜牧工程职业技术学院）

副主编　解秀梅（青海农牧科技职业学院）

余勋信（福建农业职业技术学院）

胡　冰（凉州区动物疫病预防控制中心）

王靖雷（山东农业大学）

柳立新（酒泉职业技术学院）

参　编　杨　礼（定西职业技术学院）

陶　波（临夏现代职业学院）

陈军胜（平凉职业技术学院）

达朝鹏（兰州现代职业学院）

张国权（甘肃畜牧工程职业技术学院）

李宝明（甘肃畜牧工程职业技术学院）

宋德锐（新瑞鹏宠物医疗集团有限公司）

龙亚丽（甘肃畜牧工程职业技术学院）

祁桂祥（甘肃农业职业技术学院）

刘少华（甘肃康贝尔宠物医院）

王集龙（民勤县乡村振兴服务中心）

主　审　潘阳阳（甘肃农业大学）

前　言

本教材以习近平新时代中国特色社会主义思想和党的二十大精神为指导，落实立德树人根本任务，为培养德智体美劳全面发展的社会主义建设者和接班人奠定坚实基础。

本教材紧扣高等职业教育特点，立足于宠物临床实践，以培养高素质技术技能人才为目标，以动物医学、宠物医疗技术、畜牧兽医等专业疾病防治方面的岗位能力需求为导向，坚持适度、够用、实用及同质化原则，遵循学生认知规律，以过程性知识为主，陈述性知识为辅；以实际应用知识和实践操作为主，依据教学内容的同质性和技术技能的相似性，将宠物疾病诊断技术、宠物疾病治疗技术、宠物疫病、宠物普通病等知识和技能列出，进行归类和教学设计。其内容体系分为模块、项目和任务三级结构，每一项目又设“学习目标”“学习内容”“考核评价”“案例分析”“知识拓展”等教学组织单元并以任务的形式展开叙述，明确学生通过学习应达到的识记、理解和应用等方面的基本要求；有些项目的相关理论知识或实践技能，可通过扫描二维码、技能训练、知识拓展或知识链接等形式学习，为实现课程的教学目标和提高学生学习的效果奠定良好的基础。

在编写过程中，兄弟院校及相关企业的人员对本教材提出了宝贵的意见和建议，也得到了2024年甘肃省教育厅教育科技创新项目(2024A303)支持，在此一并表示感谢。

由于编者水平所限，教材中疏漏和错误在所难免，恳请广大读者批评指正。

编　者

2024年7月

目　录

模块 3 宠物疫病

模块 4 宠物普通病

模块 5 技能训练

绪论

一、课程简介

“宠物疾病诊治”是从事宠物疾病诊治工作人员需要学习和掌握的基本知识和基本理论，是推动宠物疾病防治不断发展的重要理论基础和技术指南，是动物医学、宠物医疗技术、畜牧兽医专业重要的专业课，它包括宠物疾病诊断技术、宠物疾病治疗技术、宠物疫病、宠物普通病、技能训练五大部分。

“宠物疾病诊治”主要阐述宠物疾病诊断和治疗技术，宠物疫病、宠物普通病的引起原因、发生发展规律以及诊断、治疗，预防宠物各类疾病方法，为宠物疾病防治提供理论依据和防治指南。宠物疾病防治在现代宠物养殖中起着重要的作用，是决定宠物健康生长的关键因素。提高宠物健康水平，除加强饲养管理外，在很大程度上取决于预防疾病。宠物疾病预防控制工作不仅是宠物健康生长的关键，而且与人类生活、健康关系密不可分。

学习“宠物疾病诊治”的最终目的是要了解犬猫生物学特性，饲养繁殖，疾病的引发原因、发展规律，以达到宠物疾病预防控制，降低疾病的发生和保障宠物健康成长的目的。

二、课程性质

“宠物疾病诊治”是动物医学、宠物医疗技术、畜牧兽医及其相关专业的专业课，具有较强的理论性和实践性。一方面，它介绍了宠物疾病的引起原因、发生发展规律，基于动物医学、宠物医疗技术、畜牧兽医专业的职业活动、应职岗位需求，培养学生对宠物疾病预防控制的专业能力，同时注重学生职业素质的培养。另一方面，作为专业课，它所阐述的基本理论与方法具有更多的疾病防治的指导意义，能为其他专业课程的学习和毕业后从事动物医学、宠物医疗技术、畜牧兽医工作奠定扎实的理论基础。

三、课程内容

本课程内容编写是以培养高素质技术技能人才培养为目标，以动物医学、宠物医疗技术、畜牧兽医等专业动物疾病防制方面的岗位能力需求为导向，坚持适度、够用、实用及同质化原则，遵循学生认知规律，以过程性知识为主、陈述性知识为辅。

本课程内容编排尽量按照学习过程中学生认知心理顺序，与专业所对应的典型职业工作顺序，或对实际的宠物疾病防制来分类序化知识，将陈述性知识与过程性知识整合、理论知识与实践知识整合，意味着适度、够用、实用的陈述性知识总量没有变化，而是这类知识在课程中的排序方式发生了变化，课程内容不再是静态的学科体系的显性理论知识的复制与再现，而是着眼于动态的行动体系的隐性知识生成与构建，更符合职业教育课程开发的全新理念。

本课程内容以实际应用知识和实践操作为主，删去了实践中应用性不强的理论知识，依据教学内容的同质性和技术技能的相似性，进行归类和教学设计，划分为 5 大模块、14 大项目，即：

模块 1 宠物疾病诊断技术

项目 1 犬猫的生物学特性

项目 2 临床诊断技术

项目 3 仪器诊断技术

项目 4 实验室检验技术

模块 2 宠物疾病治疗技术

项目 5 常用治疗技术

项目 6 特殊治疗技术

项目 7 外科手术治疗技术

模块 3 宠物疫病

项目 8 病毒性传染病

项目 9 细菌性传染病

项目 10 其他传染病

项目 11 寄生虫病

模块 4 宠物普通病

项目 12 内科疾病

项目 13 外产科疾病

项目 14 常用外科保健手术

模块 5 技能训练

每一项目又设“学习目标”“学习内容”“考核评价”“案例分析”“知识拓展”等教学组织单元，并以任务的形式展开叙述，明确学生通过学习应达到的识记、理解和应用等方面的基本要求。有些项目的相关理论知识或实践技能，可通过技能训练（共有 13 个实训项目）学习和掌握，并可通过扫描二维码、知识拓展或知识链接等形式学习。

四、课程目标

掌握宠物疾病诊治的基本知识，能够解决工作中的实际问题。使读者达到以下目标：

（1）了解宠物临床疾病的一般发病规律，熟悉常用诊疗方法及药物。

（2）学习宠物疾病的概念、发生病因，掌握其症状、诊断及治疗。

（3）根据实际生活中宠物养护情况，为各类宠物疾病防治提出预防措施。

（4）运用相应的宠物疾病防治最新技术技能，充分发挥从业医护人员的智慧，为宠物健康生长保驾护航。

（5）建立宠物疾病发生档案，为预防疾病传播提供一定的技术支撑。

模块1

宠物疾病诊断技术

项目1
犬猫的生物学特性

【学习目标】

• 掌握犬猫的生物学特性、生理特点，了解其行为和心理特征。

【素质目标】

• 培养学生精益求精的精神，深入了解犬猫的生理特点、行为和心理特征，以便更好地进行饲养管理和繁殖工作。

【学习内容】

任务1　犬的生物学特性

犬属于哺乳纲，食肉目，犬科，犬属。世界犬业联盟(Federation Cynologique Internationale，FCI)公认的犬有337个种。犬按体重可分为超小型犬(4 kg以下)、小型犬(4～10 kg)、中型犬(11～30 kg)、大型犬(31～40 kg)、超大型犬(40 kg以上)；按功能可分为伴侣犬、工作犬(牧羊犬、狩猎犬、救援犬、导盲犬)、肉用犬等。随着我国人口老龄化进程加快，独生子女家庭增多，犬作为伴侣动物的作用日益突出。

一、自然习性

犬对主人非常忠诚，“不嫌家贫”，对主人有强烈的保护意识，易于驯服，服从主人的命令。有强烈的责任感，能为主人奋不顾身。犬守卫主人家庭及周围地区，会威吓、攻击并赶走入侵的陌生人，但当它们走出此范围，则胆怯，很少制造麻烦。搬到一个新地方，经过10余天又能建立新的守卫范围。

犬归向性强，可从数百公里外独自回家。

犬神经系统发达，较聪明，善于学习，能较快地建立条件反射，领会主人的简单意图，进行各种较难动作的训练。

犬群中会产生主从关系，具有稳定的群内等级。

犬对环境的适应能力很强，能耐受寒冷的气候。

犬喜爱清洁，冬天喜晒太阳，夏天喜爱洗澡。在幼犬吃固体食物之前，雌犬会舐幼犬并吞食它们的排泄物来保洁。犬喜欢埋藏骨头和食物，雌犬喜欢吐出食物喂它的幼犬。

犬习惯于不停地活动，在趴下之前总要在周围转一转。犬的头颈部喜欢人用手拍打、抚摸，但臀部、尾部忌摸。

雄犬成年后，在外出活动时，遇到某一转角或树干，习惯于暂停下来，抬起一后肢排尿，制作“嗅迹标志”，然后继续前进。雌犬在发情期也有类似现象，排尿前四处嗅一番，然后蹲下排尿。雌犬在发情时分泌外激素，诱导雄犬追踪并进行交配。

从犬的姿态、表情可看出其喜乐、愤怒、恐惧。喜乐时，摇头摆尾，扭动身体，在主人四周跳跃，耳朵向后，还会发出甜美的鼻音；愤怒时，全身变硬，四肢直踩地面，背毛直立，身体放低，牙齿外露，而且两耳竖立，发出呜声；恐惧时，尾巴夹在两后腿之间，身体缩成一团，躲在屋角或主人身后。

二、生理特点

犬属于食肉性动物，经长期家养驯化已成为杂食动物，利用这一习性，在调配犬的饲粮时应注意动物性蛋白和植物性蛋白的搭配。犬对食物的适应能力很强，动物蛋白、碳水化合物、蔬菜是其主要的食物，但其对蔬菜的消化能力较差，这可能与咀嚼不完全和缺少消化酶有关。

犬的消化道比草食动物的短，因此，犬采食后食物通过消化道的时间也相对比较短。犬的舌头上分布的味蕾比人的少，味觉也比较差，通常主要依靠嗅觉判断食物的新鲜或腐败程度。味觉差也不代表犬不挑食，在饲料搭配时，应增加饲料的适口性，促进其食欲。健康犬的鼻尖湿润呈涂油状，触之有凉感。

犬的嗅觉十分敏锐，嗅神经十分发达。犬在辨认自己的仔犬和主人、识别路途以及求偶等时都依赖嗅觉。犬对事物的鉴别，也主要是依据其气味。犬鼻腔黏膜的后上方有嗅区，内含能感受气味的嗅细胞。犬的嗅细胞约有 2.2 亿个，而人类约为 480 万个，其数量是人类的 46 倍，嗅觉优于人类上百倍。犬能嗅出一千万分之一稀释的有机酸，特别是对动物性脂肪酸更为敏感。

犬的听觉十分灵敏，其听力远远超过人类。有试验证明，人在 6 m 远的距离听不到的声音，而犬在 24 m 以外可以清楚地听到。多数犬的音力高达 40 000 Hz，其听觉是人类的 16 倍。犬对声音的辨别能力也很强，人只能分辨来自 16 个方向的声音，而犬则能分辨出 32 个方向的声音。

犬的汗腺不发达。在炎热的夏季，犬主要依靠急促的呼吸、张口伸舌、增加唾液分泌来散热，维持体温恒定。犬的背毛较厚，耐热性较差，所以在夏季饲养时一定要注意犬的防暑降温工作。此外，应当注意仔犬的皮薄毛稀疏，皮下脂肪少，体温的调节能力较差，怕冷和潮湿，所以要做好仔犬出生后的保温工作，防止被冻死。

犬除色盲、具备夜行动物的特征外，还有直视的倾向。犬的远视能力有限，视力仅 20～30 m，一般中型犬无法辨别 100 m 外主人的动作。其双眼横向视力范围达 250°，很容易察觉背后的动静。视觉极差，对红、绿色盲，每只眼有单独视野，视角仅 25°，但对运动物体的感受能力和对图形的辨别能力较强。

犬的脾脏比较大，是其体内最大的储血器官，它为犬长距离地奔跑提供能量，保证正常的氧气供给。犬的心肌也比较发达，其体积大，占体重的 0.72%～0.96%。雄犬阴茎有阴茎骨，前列腺极发达，无精囊腺和尿道球腺。

三、饲养管理

（一）饲养

犬虽属肉食动物，但经长期驯化后，其能消化和有效地利用多种饲料。这种能力使犬能够从各种饲料中满足它对营养的需要。

因品种不同，犬的体格大小差异很大，所以不同品种犬的采食量也有很大的差异。除此之外，犬的采食量还与年龄、性别、生理活动、天气变化、运动量以及饲料的品质等有关。通常情况下，一只犬每天的饲喂量可按 20～25 g/kg 体重计算。

在喂食次数上，1 月龄内的仔犬 6 次/d；1～2 月龄的仔犬 4～5 次/d；3 月龄的幼犬 4 次/d；1 岁内的犬 3 次/d；成年犬 2 次/d。

每天水的需要量为：育成犬 150 mL/kg 体重，成年犬 100 mL/kg 体重。全天供应，任其自饮。

犬的饲喂要做到科学合理，养成良好的卫生和进食习惯，保证犬的健康。通常在饲喂犬时需注意以下事项。

(1)饲喂要做到“五定”和“四不喂”，即定时、定量、定温、定质、定地点；隔夜的食物不能饲喂，太热的食物不能饲喂，太冷的食物不能饲喂，剧烈运动后不能饲喂。

(2)食具、饲料和饮水应保持清洁、卫生，使犬养成“非盘中食物不吃”“非主人喂给的食物不吃”的进食习惯，避免因误食而引起消化不良或诱发疾病。

(3)饲喂犬时，饲养人员要始终在场观察，如有发现异常，应立即查明原因，并采取相应的措施。

(4)剩余食物要及时取走，过一会儿再饲喂，确保舍内卫生，防止犬养成恶习。

(二)管理

管理是养犬日常必须进行的一项工作，其内容包括梳理、洗澡、散放和运动、断尾和断耳、剪趾甲和处理牙齿等。

1. 梳理

除每天坚持一次正常梳理外，在风雨天或外出散放训练后，还要酌情进行补充梳理，尤其在春秋换毛季节，更应增加梳理次数。

喂犬时不宜进行梳理，梳理下来的乱毛，要及时清除干净，可以掩埋或烧掉，以免随风飘散而影响卫生。梳理工具要保持清洁，根据不同的体毛类型选择不同的梳理工具，要定期消毒，防止疫病传播。

2. 洗澡

洗澡的次数根据季节和犬体的污染情况而定，可分为干洗和水洗，一般病犬未痊愈之前不宜洗澡，有条件可选用宠物专用洗液，洗完后最好马上擦干或者烘干。

3. 散放和运动

散放是一种使犬处于自由状态的轻快活动，可在下列情况下进行。

(1)每次喂食后进行散放，给犬以轻微的活动机会，每次约 15 min。

(2)每次训练前或紧张地训练、使役后，可散放一会儿，让犬排泄大小便，熟悉环境，以及缓和犬的神经活动。

(3)犬被长时间拴系或关在舍内，最好每隔 2 h 左右散放 15 min。

(4)在与犬进行“亲和”过程中，为促进犬的依恋性，可采取散放形式与犬加强接触。

运动是一种使犬处于紧张状态的激烈活动，通常是和训练结合进行的，运动要坚持进行，不可间断，运动时要根据犬的年龄、体质、训练和使役强度、气候等情况，酌情掌握和变化。

使犬运动的方法很多，可采取随自行车奔跑、引导散步、小跑、快步跑、爬山、长途行走、游泳、抛物衔取和通过障碍等形式。

4. 断尾和断耳

断尾最好在出生后 1 周内进行。断耳比断尾稍迟，2～3 月龄施行。

5. 剪趾甲和处理牙齿

剪断趾甲后，还要用指甲锉挫净。

有时幼犬乳齿未脱，永久齿便长出来，造成牙齿参差不齐，应及时矫正。常喂软食的成年犬牙齿间会形成牙垢(齿石)，需常喂些狗咬胶、硬饼干，防止牙垢的沉积；或用手指卷纱布，为其擦拭，或使用犬用牙膏、牙刷；严重时用超声波洁牙机清除结石，否则易发生牙周炎等疾病。

四、繁殖特性

犬性成熟受品种、饲养状况、地区、气候等的影响，但一般在 8～12 月龄达到性成熟。

犬是单一发情动物，不会反复发情。一般每年发情 2 次，多在春季(3—5 月份)和秋季(9—11 月份)各发情一次，发情持续期一般为 4～12 d，排卵常在发情开始后的 48～60 h，排卵期内均可进行交配。

犬的妊娠期 59～65 d，平均 60 d。哺乳期 45～60 d，生育期约 10 年。每胎产仔 4～8 只，最多可达 25 只。仔犬产后 9～12 d 开眼，21 日龄长齿，至 4 月龄乳齿长齐。

任务 2　猫的生物学特性

猫属哺乳纲，食肉目，猫科，猫属。品种常见的有 30～40 种，家猫是由野猫经过人类长期驯化而来的，一旦脱离人的饲养，很快就会野化。根据被毛的长短，可将其分为长毛猫和短毛猫。世界上短毛猫品种较多，但是长毛猫更受人们的欢迎。

一、自然习性

猫是一种行动敏捷、聪明伶俐，且喜欢独居的动物。它娇小可爱，一般都被作为宠物饲养。猫喜食鱼和老鼠，但也可采食其他的食物，如米饭、面条等。相对于犬而言，猫的驯化时间较短，猫在驯化后，其生活习性发生了改变，但同时也保留了一些原始的习性。

猫是夜行性动物，无论家猫还是野猫都有昼伏夜出的习惯，很多活动(如捕食、求偶交配)常常在夜间进行。猫每天最活跃的时段是在黎明或傍晚，白天的大部分时间都在懒洋洋地睡觉。

猫的情绪变化十分丰富。高兴时，尾尖抽动，两耳扬起，发出悦耳的“喵喵”声。猫在生气或受惊时，两耳竖立，胡须竖挺，瞳孔缩成一条缝，粗毛逆立，张牙舞爪，特别是尾部的粗毛竖起直立，并且尾巴左右摆动。

猫的本性是不认特定的主人的。但是，当猫在一个家庭被饲养一段时间，在主人的关怀、训练和调教下，孤独习性也会发生改变，并能最终与主人建立良好的情感；在这个过程中，它会对主人家庭与其周围环境建立起一个属于自己领地范围的概念，不允许其他猫进入自己的领地，一旦有入侵者，就会立即发起攻击。

猫很有耐心，为了捕捉猎物，它经常蹲伏在暗处，半眯着眼一动不动地静等猎物的到来。猫胆小又充满好奇，即使在休息或睡眠状态下，也处于高度警觉的状态。猫天生就爱干净，喜欢生活在清洁、温暖、干燥、明亮的环境中。任何时候都喜欢把自己的被毛梳理得干干净净，猫从不随地大小便，通常有固定的排便场所，便后都要刨土将粪便掩盖。

猫很聪明，有很强的学习和记忆能力，善解人意，能“举一反三”，将学到的方法用来处理其他问题。

猫有较强的时间观念，能感知主人何时喂食，辨认主人家的本领极强。猫生性孤僻胆小，喜孤独而自由地生活。除在发情、交配和哺乳期外很少群栖。

猫的一生中，约有 2/3 的时间都在睡觉，每次睡眠时间一般不超过 1 h。猫不屈服于主人的权威，对主人的命令不会盲目服从，有其自己的标准。

二、解剖生理特点

猫有 14～28 枚尾椎。猫四肢运动的频率快、幅度大，奔跑速度很快。猫有弯钩状的爪，前肢 5 爪，后肢 4 爪。爪平时缩在爪鞘内，当要采取攻击行为时才伸出爪鞘。

猫不像犬那样嚼碎食物，而是把食物切割成小碎块。

猫上颌的第二前臼齿和下颌的第一前臼齿称为裂齿。齿尖大且尖锐，有撕裂肉的作用。猫的犬齿呈匕首样，可用来对付特殊猎物。猫的永久齿长出后乳齿才脱落，因此，猫在一段时间内存在两套犬齿和裂齿。

猫舌黏膜的丝状乳头上覆盖一层很硬的角质膜。乳头的尖端朝后如同锉一样，使猫能舔食附在骨上的肉。猫有 5 对唾液腺。猫的肠管具有明显的肉食动物特征——短、宽、厚。

猫的肾脏在纤维性被膜内有独特的被膜静脉。

阴茎只是勃起时向前，因此，雄猫尿向后排出。猫无精囊腺，只有前列腺和尿道球腺。

两个大脑半球为端脑的主要部分，其脑岛退化。

猫的味蕾主要位于舌根部，很小，呈囊状。其味细胞能感知苦、酸和咸的味道，但对甜的味道不太敏感。

鼻腔黏膜中的嗅觉区有 2 亿多个嗅细胞，对气味非常敏感，在选择食物和捕猎时起很大作用。

雌、雄猫都可留下相关气味，并以此作为相互联系的嗅觉媒体。

耳与听觉：耳郭可以 45°向四周转动，在头不动的情况下可做 180°的摆动，能对声源进行准确定位。

猫能听到 30～45 kHz 的声音，也有先天性耳聋的，但对有些声音耳聋猫也能“听”到。四肢爪子下的肉垫里有相当丰富的触觉感受器，能感知地面很微小的震动。

猫瞳孔的放大与缩小能力特别强，在白天光照很强时，猫的瞳孔几乎完全闭合成一条细线，减少光线射入；而在黑暗的环境中，瞳孔开得很大，尽可能地增加光线的通透量。与其他动物相比，猫晶状体和瞳孔相对较大，能使尽可能多的光线射到视网膜上。通过视网膜感受器的光线，一部分可再通过脉络膜反光色素层的反射再次投射到视网膜，使微弱光线在猫眼中放大 40 倍左右。另一部分则反射出猫眼。使人们晚上看到猫的眼睛闪闪发光。猫反光色素层的颜色因品种而异，有褐色、黄色和绿色等。

猫的视野很宽。每只眼睛的单独视野在150°以上，两眼的共同视野在200°以上。猫只能看见光线变化的东西，如果光线不变化猫就什么也看不见。当猫在看东西时，需要左右稍微转动眼睛，使它面前的景物移动起来，才能看清。

猫位于上唇两侧皮肤的胡须，是非常灵敏的感觉器官。胡须通过上下左右摆动感受运动物体引起的气流，不用触及就感知周围物体的存在。胡须还能补偿侧视的不足。胡须作为测量器，可判断身体能否通过狭窄的缝隙或孔洞。

三、饲养管理

猫的饲养管理是养猫的中心环节。加强猫的饲养管理，对增强猫的体质，提高种猫的繁殖能力和促进仔猫的生长发育有重要意义。

(一)饲养

1. 猫的食量

猫每天需要的食物量见表1-1。

表1-1 猫每天需要的食物量

年龄	体重/kg	每天需要食物量/g
初生	0.12	30.0
5周龄	0.5	85.0
10周龄	1.0	145.0
20周龄	2.0	185.0
30周龄	3.0	210.0
成年雄猫	4.5	250.0
妊娠猫	3.5	260.0
泌乳猫	2.5	425.0
去势雄猫	4.0	210.0
绝育雌猫	2.5	150.0

2. 饲料加工调制

商品性饲料调制，一般是将饲料调制成3种不同类型，即干燥型、半湿型和罐头型。

干燥型饲料水分含量常为7%～12%，做成各种薄块或颗粒状。不需冷藏，可较长时间保存。

半湿型饲料通常含水分为30%～35%，做成饼状、颗粒状或条状。含少量防腐剂和防氧化剂。多以封口袋包装，不必冷冻保存。

罐头型饲料含72%～78%的水分，各种营养成分齐全，适口性好。

条件允许，用鼠类、鸟类或鸡等活的小动物饲喂猫最好。

3. 饲喂的注意事项

(1)饲喂猫应定时定量，防止猫暴饮暴食。成年猫一般每天饲喂1～2次。

(2)饲喂猫要固定场所和食具，确保环境安静。食具要清洁和无气味。

(3)猫喜食温热饲料，饲料温度以25～40 ℃为宜。

(4)给予充足饮水，让猫自由饮用。

(5)仔细观察猫的采食情况。发现猫有剩食或不食现象，要及时查明原因并采取措施。及时取走剩食以免猫养成不良习惯。

(6)发现猫用爪钩取食物或把食物叼到外边吃时，要立即制止，培养猫良好的采食习惯。

(二)管理

在发情季节，猫会频繁外出寻觅其他的猫，和别的猫玩耍、择偶。此时应加强对猫的看管，防止外逃。同时把握好猫的最佳繁殖时机，帮助其寻找配偶，满足其求偶欲望，进行有目的的配种。

春季为换毛季节，应经常为猫梳理被毛，保持被毛、皮肤的清洁，防止皮肤病的发生。夏季日常管理的重点是注意饮食卫生，给猫提供一个干燥、凉爽、通风、无烈日直射的生活环境。秋季昼夜温差较大，猫易受凉感冒。同时，秋季也是猫的繁殖季节，应像春季那样加强对猫的护理，为其提供营养全面、数量充足的饲料，以增强猫的体质。冬季主要是逗引猫多运动，尽可能带猫到室外玩耍，多晒太阳，做好防寒工作。

(三)断奶幼猫的饲养管理

幼猫断奶后，饲养条件发生了明显变化，获得的母源抗体逐渐消失，而自身的免疫系统尚未完全建立起来，对外来病原侵袭的抵抗力很弱，易患各种疾病。此阶段，幼猫饲料中必须保证含有足够的、新鲜的、容易消化的蛋白质、维生素和矿物质等营养成分，动物性饲料不能低于日粮干物质总量的65%。

天气寒冷时，做好保暖防寒工作。气温较高时，注意防止饲料腐败变质，做好食具、水盆、猫舍、猫笼及周围环境的卫生工作，定期消毒。夏天炎热时，要给猫供给充足饮水，防止其中暑。经常调教和训练，使其在固定地点排便，不随意上桌子及上床与人共寝。

(四)成年猫饲养管理

成年猫饲料中要求含有较高蛋白质成分，而对能量要求并不高，要控制进食量以防止其发胖。要注意饲料的合理搭配。猫饲料中添加0.1%的牛磺酸，可以防止视网膜出现退行性病变，从而保证猫良好的视力。

经常为猫梳理被毛，给它洗澡，防止体外寄生虫的感染和皮肤病的发生，并保持其生活环境清洁。做好成年猫日常的眼、耳清洁与护理和定期修爪工作。猫舍、猫笼、饮食用具等应经常清洗、定期消毒。猫舍设计应考虑到防寒、防暑、通风、透光、干燥、卫生、喜欢活动、攀登、晒太阳等特点。

家庭养猫如不需要繁殖，应施行绝育手术，减少在繁殖季节其发出的叫声对人的生活造成影响。

四、繁殖特性

一般情况下，猫的性成熟期为8～12月龄。刚进入性成熟期的猫，其发情表现不规律，有的猫只有发情表现而不排卵，有的猫卵巢上有卵泡发育成熟并且排卵，但不发生明显的发情表现。在繁殖季节，发情的猫表现身上有异味，经常会发出连续不断、大而粗的叫声，以诱导发情的异性前来求偶。

猫除在炎热的夏季外，其他季节都可出现发情。性周期为3～21 d，平均为11 d；发情持续期为3～7 d，平均为4 d；最佳配种期为2～3 d。

猫为刺激排卵的动物，雌猫只有在和公猫交配的刺激后约24 h才能排卵。没有交配过的母猫，其卵泡发育成熟后也不能自发性排卵。猫属于多胎动物，每胎产仔3～6只，平均4只，妊娠期为60～68 d。仔猫哺乳期为35～40 d，刚出生的仔猫眼睛紧闭，1周龄后才可睁眼。母猫通常在断奶后4～6个月出现再次发情。

【考核评价】

根据犬猫的生物学特性，试述不同家庭应该选择哪个品种的犬猫作为伴侣动物来饲养。

【知识拓展】

世界犬种智商排行

根据世界犬业联盟并结合489位世界各地驯犬专家，百名动物兽医师，及数十名专业警犬驯导师对各类流行犬种进行深入测试观察，依据世界各地著名养犬户提供的大量相当有价值的资料，综合各种资料经过对犬只的测试服从性、智商及长期与人配合默契程度进行排名如下。

犬类智商排行第1～10位

大部分听到新指令5次，就会了解其含义并轻易记住。主人下达指令时，它们遵守的概率高于95%，此外，即使主人位于远处，它们也会在听到指令后几秒钟内就有反应。即使训练人员经验不足，它们也可以学习得很好。

第1位：Border Collie(边境牧羊犬)

第2位：Poodle(贵宾犬/泰迪犬)

第3位：German Shepherd(德国牧羊犬)

第4位：Golden Retriever(金毛巡回猎犬，俗称“金毛犬”)

第5位：Doberman Pinscher(杜宾犬)

第6位：Shetland Sheepdog(喜乐蒂牧羊犬)

第7位：Labrador Retriever(拉布拉多猎犬)

第8位：Papillon(蝴蝶犬)

第9位：Rottweiler(罗威纳犬)

第10位：Australian Cattle Dog(澳洲牧牛犬)

犬类智商排行第11～26位

似乎要学习5～15次才能学会简单指令，它们遵守第一次指令的概率是85%，对于稍微复杂的指令有时候反应会稍微迟缓一些，但只要勤加练习就能消除这种延缓状况。当主人离它们较远时，它们的反应有可能也稍微迟缓一些，不过，即使训练人员经验稍微不足，还是有办法将这些犬调教得很优秀。

第11位：Welsh Corgi (威尔士柯基犬)

第12位：Miniature Schnazuer(迷你型雪纳瑞犬)

第13位：English Springer Spaniel(英国跳猎犬)

第14位:Belgian Tervuren(比利时特弗伦犬)

第15位:Schipperke(史奇派克犬),Belgian Sheepdog(比利时牧羊犬)

第16位:Collie(苏格兰牧羊犬)

第17位:German Shorthaired Pointer(德国短毛指示犬)

第18位:English Cocker Spaniel(英国可卡犬)

第19位:Brittany (布列塔尼猎犬)

第20位:American Cooker Spaniel(美国可卡犬)

第21位:Weimaraner(威玛猎犬)

第22位:Bernese Mountain Dog(伯恩山犬)

第23位:Pomeranian(博美犬)

第24位:Irish Water Spaniel(爱尔兰水猎犬)

第25位:Vizsla Vizsla(维兹拉犬)

第26位:Cardigan Welsh Corgi(卡迪根威尔斯柯基犬/彭布罗克犬)

犬类智商排行第27～39位

属于中等偏上程度的犬,重复了15次指令后才会表现出似懂非懂的反应,需要很多额外练习,尤其在初级阶段。它们对第一次指令做出的回应概率是90%,表现的优劣取决于练习时间的多寡。整体来说,表现与排名较前的犬一样好,只是动作没那么平顺连贯,而且反应时间也稍微慢半拍,如果主人站得稍远,它们可能不会回应主人的指令,如果训练人员缺乏经验,或过于严厉或没耐心,这些犬的表现就会很差。

第27位:Puli(波利犬),Yorkshire Terrier(约克夏犬)

第28位:Giant Schnauzer(巨型雪纳瑞犬)

第29位:Airedale Terrier(万能㹴)

第30位:Briard(伯瑞犬)

第31位:Welsh Springer Spaniel(威尔斯激飞猎犬)

第32位:Manchester Terrier(曼彻斯特㹴)

第33位:Samoyed(萨摩耶犬)

第34位:Newfoundland(纽芬犬)

第35位:Cairn Terrier(凯恩㹴),Irish Setter(爱尔兰㹴)

第36位:Norwegian Elkhound(挪威猎麋犬)

第37位:Pharaoh Hound(法老王猎犬)

第38位:Norwich Terrier(诺威奇㹴)

第39位:Dalmatian(大麦町犬,俗称斑点犬)

犬类智商排行第40～54位

智商与服从中等程度的犬,在学习过程中,练习15～20次才对任务基本了解。若想得到令人满意的表现,可能需要25～40次的练习,如果没有练习,可能会忘记曾经学过的动作。它们回应第一次指令的概率是50%,但先决条件是必须先重复训练。如果主人站得很近,它们的表现会较好,如果与主人距离增加,它们的表现就会较差。较高明的训练人员可以把这些犬调教得和聪明犬一样好,但经验不足或缺乏耐心的训练人员,可能拿这些犬没办法。

第40位:Bedlington Terrier(贝林登㹴)

第 41 位:Irish Wolfhound(爱尔兰猎狼犬)

第 42 位:Kuvasz(库瓦兹犬)

第 43 位:Saluki(萨路基猎犬)

第 44 位:Cavalier King Charles Spaniel(查理士王猎犬), German Wirehaired Pointer(德国钢毛指示犬), American Water Spaniel(美国水猎犬)

第 45 位:Siberian Husky(西伯利亚雪橇犬/哈士奇), Bichon (卷毛比熊犬)

第 46 位:Foxhound(英国/美国猎狐犬)

第 47 位:Western Highland White Terrier(西高地白㹴), Scottish Deerhound(苏格兰猎鹿犬)

第 48 位:Boxer(拳狮犬), Great Dane(大丹犬)

第 49 位:Dachshund(腊肠犬), Staffordshire Bull Terrier(斯塔福郡牛头㹴)

第 50 位:Alaskan Malamute(阿拉斯加雪橇犬)

第 51 位:Chinese Sharpei(中国沙皮犬),Wire Fox Terrier (刚毛猎狐㹴)

第 52 位:Rhoderian Ridgebacks(罗德西亚背脊犬,俗称非洲猎狮犬)

第 53 位:Welsh Terrier(威尔士㹴), Irish Terrier(爱尔兰㹴)

第 54 位:Boston Terrier(波士顿㹴), Akita(日本秋田犬)

犬类智商排行第 55～69 位

要使指令达到完美表现,可能需要 40～80 次的练习。即使经过这么多练习,还是无法成为永久习惯,如果练习中断了一阵子,它们表现出来的就像是从来没有学过这些动作,经过练习后,犬的回应第一次指令的概率是 30%。大部分时候,这些犬都很容易分心,而且只在它觉得高兴的时候才会执行主人的指令,如果主人站得离犬稍远,就必须花很多时间对它们喊叫,因为它们很可能不理会。通常这些犬被评价为“独立”“冷漠”等。有经验的驯犬师,只要肯花很多时间,对犬投注坚定而慈祥的关注,就可以使这些犬对指令产生立即反应,不过它们的表现充其量也只不过是差强人意而已。

第 55 位:Skye Terrier(斯凯㹴)

第 56 位:Norfolk Terrier(诺福克㹴), Sealyham Terrier(西里汉㹴)

第 57 位:Pug(巴哥犬)

第 58 位:French Bulldog(法国斗牛犬)

第 59 位:Brussels Griffon (比利时粗毛犬), Maltese(玛尔济斯犬)

第 60 位:Italian Greyhound(意大利格雷伊猎犬)

第 61 位:Chinese Crested (中国冠毛犬)

第 62 位:Dandie Dinmont(丹迪丁蒙㹴)

第 63 位:Old English Sheepdog(古代英国牧羊犬)

第 64 位:Great Pyrenees(大白熊犬)

第 65 位:Scottish Terrier(苏格兰㹴), Saint Bernard(圣伯纳犬)

第 66 位:Bull Terrier(牛头㹴犬)

第 67 位:Chihuahua(吉娃娃犬)

第 68 位:Lhasa Apso(拉萨犬)

第 69 位:Bullmastiffs(斗牛马士提夫)

犬类智商排行第70～79位

要让它们记住指令，通常要练习上百次，学会后必须多加练习，否则它们会忘得像没学过这个动作一样，即使习惯养成了，它们还是没办法每次都回应主人的指令，第一次回应的概率是25%，有时候它们会把头偏离主人，像是故意不理会主人，或是故意挑战主人的权威。当它们回应指令时，普通训练人员可能控制不了这些犬的表现。

第70位：Shih Tzu（西施犬）

第71位：Basset Hound（巴吉度猎犬）

第72位：Mastiff（马士提夫犬），Beagle（米格鲁犬）

第73位：Pekingese（北京犬）

第74位：Bloodhound（血猎犬）

第75位：Borzois（波索尔犬，俗称苏俄牧羊犬）

第76位：Chow Chow（松狮犬）

第77位：Bulldog（英国斗牛犬）

第78位：Basenjis（贝吉生犬）

第79位：Afghan Hound（阿富汗猎犬）

犬类智商排行第80位以后

要让它们记住教训，通常要练习上千次，学会后必须多加练习，即使习惯养成了，它们还是没办法每次都回应主人的指令，第一次回应的概率是5%，当它们回应指令时，行动通常缓慢不确定，或心不甘情不愿。有些犬必须戴上项圈才听话，一脱下项圈就无法无天了。

【知识链接】

1. 西敏寺犬展。
2. 犬的AKC标准。
3. 《纯种犬评鉴手册》（美）罗伯特·W.科尔著。
4. 《牵犬师培训手册》（日）森喜夫.四下正雄等著。

项目2
临床诊断技术

【学习目标】

• 了解犬猫的接近方法，掌握常用的保定方法；学会犬猫临床常用的基本检查、一般检查和系统检查方法。

【素质目标】

• 培养学生具备劳动精神，理解临床诊断技术的实践性和重要性。
• 在掌握保定方法和检查方法的过程中，融入工匠精神，强调准确、精细地操作。
• 鼓励学生向劳模学习，具备耐心、细致的诊断精神，不断提高自己的临床诊断能力。

【学习内容】

任务3　常用保定方法

一、犬猫的接近

犬猫在患病后，兽医师在临床诊断和治疗疾病的过程中不可避免地需要和其接近。因犬猫对其主人有较强的依恋性，所以在整个过程中最好要有宠物主人在场。在接近宠物时，首先向其发出接近信号（如呼唤犬猫的名字或发出温和的呼声，以引起其注意），然后从其前方徐徐绕至前侧方的宠物的视线范围内，一边观察其反应，一边缓慢接近。接近犬猫后，检查者用手掌或其他软物轻轻抚摸其头部或背部，待患病犬猫安静时方可进行保定和诊疗活动。

在与犬猫的接近过程中，应注意以下几点：①先向宠物主人了解该宠物的习性，如是否咬人、抓人及有无特别敏感部位不能让人接触等。②观察其反应，当其怒目圆睁，龇牙咧嘴，甚至发出“呜呜”的呼声时，应特别小心。③检查者在接近宠物时，不能手拿棍棒或其他闪亮和发出声响的器械，以免引起其惊恐不安。④检查者在接近宠物时，禁止一哄而上，应避免粗暴的恐吓和突然的动作以及可能引起宠物防御性反应的各种刺激。⑤检查者着装应符合兽医卫生和公共卫生习惯。

二、犬的保定法

在犬的诊疗过程中，为了便于直接接触，准确诊断和治疗疾病，确保人和犬的安全，通常需要对犬进行保定。保定方法有多种，可根据犬的种类、大小、行为和诊疗目的选择不同的保定方法。犬的常见保定法有以下几种。

（一）徒手保定法

性情温顺的犬或经过特殊训练的犬（如警犬）可以采用此法。保定人员用一手抓住犬的下颌部，另一手于犬的耳下方固定头部，可防止头的左右摇动或回头伤人。

（二）口套保定法和扎口保定法

为了防止检查者被犬咬伤，通常可采用口套或扎口保定法。犬的口套可由各种材料制成，可根据犬的体形和嘴型选择尺寸适宜的口套。使用时将犬嘴套住，并在犬耳后扣紧口套带。扎口保定法临床使用更为方便，用一段绷带或细绳，在其中间绕两次成圈，套在犬上、下颌上，在其两颌间隙系紧。其两游离端沿下颌拉向耳后收紧打结，也可将活圈套在犬下颌犬齿后方，再将两游离端绕到鼻背侧收紧打结。

短嘴犬扎口保定时比较困难，且易滑脱，可在上述扎口的基础上，将一长的游离端经额部穿过鼻背侧活圈，再返回至耳后与另一游离端收紧打结。

（三）嵌口法（绷带保定法）

采用1 m左右的绷带条，在绷带中间打一个活结圈套（猪蹄结），将圈套从鼻端套至犬鼻背中间（结应在下颌下方），然后拉紧圈套，使绷带条的两端在口角两侧向头背两侧延伸，在两耳后打结。

（四）颈钳保定法

此法主要用于体形较大的凶猛犬和性情暴躁的犬。颈钳柄长1～2 m，钳端为两个半圆形钳嘴，使之恰能套入犬的颈部。保定时，保定人员抓住钳柄，张开钳嘴将犬的颈部套入其中，然后再合拢钳嘴，以限制犬头部的活动。

（五）站立保定法

在很多情况下，站立保定有助于疾病的诊断和治疗。大型犬可采用站立保定法。保定者蹲于犬右侧，左手抓住犬脖圈，右手用牵引带套住犬嘴。再将脖圈及牵引带移交右手，左手托住犬腹部。中、小型犬可在诊疗台上站立保定。保定者站在犬一侧，一手臂托住胸前部，另一手搂住臀部，使犬靠近保定者胸前。

（六）侧卧保定法

将犬置于诊疗台，使其侧卧，保定者站于犬背侧。两手分别抓住下方的前、后肢，其两手臂分别压住犬颈部和臀部，并将犬紧贴保定者腹部。

（七）颈圈保定法

颈圈又称伊丽莎白圈，是一种防止宠物自身损伤的保定装置，在小动物临床应用很普遍。有圆锥形、圆盘形两种，多用硬质塑料制成，可根据需要选购不同型号。也可根据犬头形及颈部的粗细，用硬纸壳、塑料板、X线胶片、塑料桶自行制作。该保定法既可使头不能回转舔咬躯干和四肢等受伤部位，也可防止后肢抓挠头部。

（八）体架保定法

体架保定法不是一种防止自身损伤的保定办法。根据犬颈围和体长，取一根铝棒，在其中间各弯曲一圈半，其环用绷带缠卷后套在颈部，圈上的两根铝棒向后紧贴两侧胸壁，然后用黏质绷带围绕胸腹壁缠卷将其固定。此法可防止头回转舔咬躯干、肛门和跗关节以上部位，尤其适用于不忍受项圈保定的犬只。如需同时限制尾活动（或提起尾部，暴露会阴部），可将两腹壁铝棒向后上延长至尾部，固定。

（九）静脉穿刺保定法

对犬进行静脉穿刺（如静脉采血、注射和输液）时，采用静脉穿刺保定法对犬进行保定。

1. 头静脉（前臂皮下静脉）穿刺保定法

犬胸卧于诊疗台上，保定者站在诊疗台右（左）侧，面朝犬头部。右（左）手托住犬下颌或用臂搂住颈部，以固定头颈。左（右）臂跨过犬左（右）侧，身体稍偎依犬背，肘部支撑在诊疗台上，利用前臂和肘部夹持犬身，控制犬移动。然后，手托住犬肘关节前移，伸直前肢，再用食指和拇指横压近端前臂部背侧或全握前臂部，使静脉怒张。必要时，应先对犬做扎口保定，以防其咬人。

2. 颈静脉穿刺保定法

犬胸卧于诊疗台的一端，两前肢位于诊疗台之前。保定者站于犬左（右）侧。右（左）臂跨过犬右（左）侧颈部，将其夹于腋下，手托住犬下颌，上仰头颈，左（右）手握住两前肢腕部，向下拉直，使颈部充分显露。

三、猫的保定法

在诊断和治疗疾病时，为了防止被猫抓伤或咬伤，需要对猫进行有效的保定。在保定前，操作者需戴上比较厚的革制长臂手套，常用的保定方法如下。

（一）布卷裹或猫袋保定法

对于比较兴奋的猫，如果需要做头部检查、测量直肠温度以及灌肠时，可用布卷裹保定法或猫袋保定法。保定后，猫的整个身体置于布卷筒或者猫袋中，四肢失去活动能力，只有头部露出。在使用该法时，要注意不能裹得太紧，以防止猫窒息。

（二）扎口保定法

猫的扎口保定法与短嘴犬的保定方法相似，操作方法也相近。

（三）侧卧保定法

温顺的猫可采用和犬一样的侧卧保定方法，但由于猫的体躯比较短，此办法难以使猫体伸展。对于比较敏感的猫，保定者一手抓住猫颈背部的皮肤，另一手抓住两后肢，使其侧卧于诊疗台，同时两手轻轻牵拉，使猫体伸展，可有效地控制猫的活动。

（四）颈圈保定法

猫和犬一样，都有自身损伤的不良习惯，用颈圈保定是防止猫自身损伤。猫的体形比较小，所以在保定时颈圈可以自行制作，且方便可行，通常可选用X线胶片制作成圆锥形的颈圈。

（五）静脉穿刺保定法

猫的头静脉和颈静脉穿刺保定法与犬的相似，可参阅犬的静脉穿刺保定法。

任务 4　基本检查法及一般检查

一、基本检查法

犬猫临床检查的基本方法主要包括问诊、视诊、触诊、听诊、叩诊及嗅诊。由于犬猫体形小、腹壁薄、被毛多等特点，问诊、视诊、触诊、听诊是最常用的检查手段。

（一）问诊

问诊主要通过对宠物主人的询问来了解宠物的发病情况，包括病史、既往病史以及饲养管理情况等。

1. 了解病史

除了解宠物的品种、性别、年龄及特征外，应着重了解以下内容。

（1）了解宠物发病时间，掌握病程长短、疾病的经过以及疾病的发展变化等情况。

（2）了解宠物发病时的主要表现，如精神状态、食欲、呼吸、消化以及其他的异常情况，借以推断疾病的性质及发生的部位。

（3）了解宠物发病后已经采取过的治疗措施以及治疗效果等。

2. 了解既往病史

了解宠物以前是否患过其他疾病，患病表现如何，与其有过接触的宠物是否也有患病表现等，另外还应询问宠物是否注射过疫苗。

3. 了解饲养管理

了解宠物的饲养管理情况，可以大概推断宠物发病的原因和性质，以及推断疾病的发展及预后情况。如饲料来源和饲料搭配，饲料的种类，在饲养中是否突然更换饲料，宠物生活环境是否有突然改变的情况以及卫生消毒措施等。

（二）视诊

视诊是通过肉眼观察和利用简单的临床诊断工具对宠物整体和病变部位进行的诊断检查。主要检查内容包括以下 4 方面。

（1）让宠物取自然姿势，观察其精神状态、营养情况、体格发育、运动姿态等有无异常。

（2）检查被毛、皮肤和体表有无病变。

（3）检查眼结膜以及可视黏膜的变化。

（4）观察宠物分泌物和排泄物的性质及数量等。

（三）触诊

触诊是指通过用手触摸宠物患病部位，获得疾病性质的一种诊断方法。在触诊时，要注意自身安全，防止被宠物咬伤或抓伤。操作时，可在宠物主人的配合和帮助下，一边主动接近宠物，一边用温和的语气呼唤宠物，给它们安全感并建立亲和关系，消除宠物的恐惧感，使其放弃攻击性或敌意，以便能顺利地检查和诊断疾病。对于确实具有攻击性的宠物，应事先进行有效的保定。通常根据触诊的部位不同，可将触诊分为浅表触诊及深部触诊。

(1)浅部触诊:主要用于检查体表状况、心搏动、肌肉紧张性、骨关节肿胀变形等。

(2)深部触诊:多用于腹腔、盆腔脏器的检查,以感觉器官的部位、大小、敏感性及异常肿块等。做深部的器官触诊或配合胶管探测、直肠指检的内外结合触诊时,须给予镇静剂或安全保定之后方可进行。

(四)听诊

听诊是指借助听诊器听取体内深部器官所发出的声音来推断器官有无异常变化的一种诊断方法。对犬、猫的听诊主要是听其心脏、肺脏和胃肠蠕动所产生的音质和音量,从而分析有无异常变化及其变化的原因。对于妊娠宠物,还可听诊胎音。

(五)叩诊

叩诊是指根据叩打宠物体表所产生的声音性质来推断内部器官病理变化的一种诊断方法。简单的叩诊方法可采用手指叩诊法,即将左(右)手指紧贴于被叩击部位,另以屈曲的右(左)手的中指进行叩击。也可使用槌板叩诊法。叩诊时发出的声音即为叩诊音,可分为清音、浊音及鼓音等。正常肺部的叩诊音为清音,叩诊厚层肌肉发出的声音为浊音,叩诊胀气的腹部的声音常为鼓音。

(六)嗅诊

嗅诊是指通过嗅闻气味变化的办法来判断宠物疾病的性质,以帮助诊断疾病的一种方法。通常可以嗅闻宠物呼出的气体,各个器官的分泌物、排泄物以及其他病理产物等的气味。

二、一般检查

在临床上,对患病宠物在问诊的基础上需要进行一般的检查,以此了解宠物的体况,为系统检查提供方向和重点。一般检查包括宠物全身检查、被毛和皮肤检查、可视黏膜检查耳朵检查以及体温、呼吸数和脉搏数测定等。

(一)全身检查

全身检查主要检查宠物的整体精神状态、营养情况、运动及姿势等。

1. 精神状态

精神状态检查主要检查宠物中枢神经系统的反应性。健康宠物表现灵活、反应敏锐、眼睛明亮,幼年宠物活泼好动。当患有疾病时,其精神状态出现异常,常表现为抑制或兴奋。

2. 营养状况

宠物机体的营养状况代表其体内营养物质代谢的水平,营养状况良好的宠物表现为被毛平顺而有光泽、皮肤自然且有弹性、肌肉匀称、宠物充满活力。营养不良的宠物表现为被毛粗糙、无光泽,瘦骨嶙峋,皮肤弹性也下降。

3. 运动及姿势

健康宠物姿势自然,动作灵活而协调,步态轻快、敏捷、迅速。在中枢神经系统功能紊乱、某些代谢病及腹痛病时,常常出现一些不正常姿势,如强迫姿势、不稳姿势、盲目运动和共济失调等。

(1)共济失调。是指患病宠物在运动中四肢不协调、步态失衡、走路摇晃,通常见于脑脊髓的炎症、脑部寄生虫病等。

(2)跛行。幼龄宠物多见于佝偻病、软骨病、营养性甲状旁腺功能亢进;成年宠物多见于变形性脊椎炎、类风湿性关节炎、骨关节病。骨折、关节脱位、韧带断裂、咬伤、挫伤等均可引起跛行的发生。

(3)瘫痪。又称为运动麻痹。宠物四肢瘫痪见于脊椎炎、脑炎、肝性脑病、弓形虫病、多发性骨骼肌炎、神经炎、肌无力等;后肢瘫痪见于椎间盘突出、犬瘟热、变形性脊椎炎、血孢子虫病;不特定瘫痪见于脑水肿、脑肿瘤及其他脑损伤。

(4)盲目运动。通常是脑病的特殊症状,常见有徘徊、前冲或后退、转圈运动等。

(5)不稳姿势是指宠物在站立时姿势不稳,或行走时软弱无力,频频交换四肢负重。

(6)强迫姿势是指宠物被迫采取的异常姿势。如破伤风的木马姿势,咽喉炎的头颈伸展姿势等。

(二)被毛和皮肤检查

被毛和皮肤检查主要检查宠物被毛的状态、被毛生长情况、是否有脱毛、皮肤的弹性、体表是否肿胀等。

1.被毛检查

健康宠物被毛平顺,富有光泽,不易脱落。宠物患病后往往被毛粗乱,失去光泽。慢性疾病或长期消化障碍时,往往换毛延迟,已经脱落的毛仍然黏附在健康被毛上。在患疥螨病、湿疹、皮肤真菌病时,患部被毛容易脱落。

2.皮肤检查

皮肤检查的内容包括皮肤温度和湿度、皮肤弹性、皮肤肿胀、皮肤发疹及有无损伤等。

(1)皮肤温度和湿度。检查皮肤温度通常是用手背感觉,或用体温计测定。宠物适于触诊皮温的部位为鼻端、耳根和腹部。健康宠物的鼻端一般凉而湿润。局部皮温增高,常见于局部炎症。皮温降低,可见于心力衰竭、大失血等。皮温分布不均,见于发热病的初期等。犬的汗腺不发达,主要分布于蹄球、中趾球、鼻端的皮肤等处。

(2)皮肤弹性。健康宠物的皮肤柔软,可捏成皱褶,松手则立即恢复原位。如恢复时间延长,是皮肤弹性降低的标志,常见于营养不良、严重脱水或慢性皮肤病等。老年犬的皮肤弹性也有降低的现象。

(3)皮肤肿胀。常见的有水肿、气肿、血肿、脓肿、淋巴外渗及炎性肿胀等。①水肿:是由于水代谢障碍而引起的多量液体蓄积于组织中所致。皮下水肿,又称浮肿。触诊水肿部位,呈捏粉样、指压留痕。常见于慢性心脏衰弱、衰竭症及肾脏疾病等。②气肿:含气器官破裂后,气体沿纵隔进入皮下组织。触诊呈捻发音,边缘轮廓不清。常见于肘后、胸侧、腹壁等处皮肤的损伤,空气机械性窜入皮下;也见于产气细菌感染后,局部组织腐败分解所产生的气体积聚于皮下组织中。③血肿、脓肿、淋巴外渗及炎性肿胀:共同特点是呈局限性肿胀,触诊有明显的波动感,须穿刺抽取内容物才能区别。

(4)皮肤发疹。发疹是皮肤病的表现。根据发疹的性质可分为水疱、脓疱、溃疡、糜烂、脱屑、痂皮、瘢痕等不同时期。根据其病变的性质不同,可采取不同的治疗方法。

(三)可视黏膜检查

可视黏膜检查在临床上主要检查眼结膜。正常的眼结膜呈淡红色,自然湿润。在宠物发病时,根据疾病不同的性质,眼结膜可发生颜色改变,反映出宠物全身血液循环的状态和血液的化学成分。常见的异常情况有潮红、苍白、黄染、发绀、出血点或出血斑等。

1. 潮红

潮红是结膜病理性充血，可分浅表性和深层性充血两种。前者是典型的眼外部受到异物刺激、细菌感染或过敏性反应的表现；后者则是角膜或眼内部病变特征。正常情况下，角膜缘深层血管变化难发现，但充血时，则出现明显的“红眼”现象。

2. 苍白

苍白是结膜色淡，甚至呈灰白色，常见于各种类型贫血、大失血或慢性消耗性疾病。后者多为慢性营养不良、衰竭症、慢性传染性疾病或寄生虫病。

3. 黄染

黄染是指结膜呈不同程度的黄色，为胆红素代谢障碍，血液内胆红素增多的结果，常见于溶血和肝实质病变。

4. 发绀

发绀是指结膜呈蓝紫色，是血液中还原血红蛋白增多或形成大量变性血红蛋白的结果。多见于肺换气不良和动脉血缺氧时的心、肺疾病或某些中毒病。

5. 出血点或出血斑

结膜呈点状或块状出血，是血管壁通透性增强所致。常见于梨形虫病、出血性紫癜、血友病等。

(四)耳朵检查

1. 抓耳

耳朵根部患皮炎，被跳蚤叮咬，耳疥癣，患外耳炎或者有异物刺激时，因局部发痒，宠物通常用后肢抓耳，用力摇头。

2. 耳内有臭味

在患外耳炎，特别是细菌性外耳炎时常可闻到耳内有恶臭味(耳朵下垂的犬更臭)，压迫耳根部有时会听到“咕咕”的声音，有时会压出脓性分泌物。耳痒螨寄生在外耳道时，会排出特征性的干燥耳垢，严重发炎或二次细菌感染就会变得潮湿，色泽也会发生改变。

3. 耳膜剧痛

严重的外耳炎，耳道黏膜变得肥厚而引起溃疡或中耳炎时，用手轻压耳根部会因剧痛发出悲鸣。耳肿胀、外伤及血肿时，疼痛剧烈。

(五)体温、呼吸数及脉搏数测定

健康宠物的体温、呼吸、脉搏都有正常的范围。在特定疾病的影响下，宠物的心跳、呼吸和脉搏有升高或者降低的情况。

1. 体温测定

通常测直肠温度。测温时，先将体温计的水银柱甩到最低刻度以下，用酒精棉球擦拭消毒并涂以润滑剂后，将犬尾根稍上举，将体温计缓慢插入肛门内，体温计后端系一小夹子，把夹子固定在犬背部毛上，以防体温计脱落。经 5 min 取出，读取度数。幼犬的正常体温为 38.2～39.2 ℃，成年犬为 37.5～38.7 ℃。成年猫的正常体温为 38.1～39.2 ℃。通常早晨低，晚上高，日差为 0.2～0.5 ℃。当外界炎热以及采食、运动、兴奋、紧张时，体温略有升高。体温升高主要见于多数传染病、炎症、日射病和热射病等；体温降低主要见于重度衰竭、濒死期以及中毒等。现在，各类电子温度计越来越多地在宠物门诊中使用，操作快捷，简单方便。

2. 呼吸数测定

呼吸数一般根据胸腹部的起伏动作测定，胸壁的一起一伏为一次呼吸。健康犬的呼吸数为 10～20 次/min，猫为 14～20 次/min。当犬猫兴奋、运动或过热时，呼吸数明显增多。另外，犬猫在病理情况下呼吸数增多，也见于发热性疾病、各种肺脏病、严重心脏病以及贫血等；呼吸数减少，有时见于某些脑病（如脑炎、脑肿瘤、脑水肿）、上呼吸道狭窄和尿毒症等。

3. 脉搏数测定

脉搏数通常在股动脉处测定，临床多以心跳次数代替。脉搏数增多见于热性病、贫血、心脏疾病及疼痛等；脉搏数减少主要见于某些脑病、药物中毒、心脏传导阻滞、窦性心动过缓等；脉搏数明显减少，提示预后不良。

一般说来，体温、呼吸数、脉搏数的变化，在许多疾病中大体是平行一致的。即体温升高时，脉搏数及呼吸数也相应地随之增加；而当体温下降时，脉搏数和呼吸数也相应地减少。若三者平行上升，表示病情加重；若三者逐渐平行下降，表示病情趋向好转。若高热骤退，而脉搏数及呼吸数反而上升，则反映心脏功能或中枢神经系统的调节功能衰竭，为预后不良之症。

任务 5　系统检查

一、循环系统的检查

循环系统检查包括心脏听诊、动脉检查和毛细血管再充盈时间测定。

(一)心脏听诊

在心脏听诊中，主要检查心音的频率、强度、性质、节律及有无心杂音。在每个心动周期中，可以听到“嗵-嗒”两个心音。前一个音调低而钝浊，持续时间长，尾音也长，称为第一心音（又称为收缩音）。第二个音调较高，持续时间较短，尾音终止突然，称为第二心音（又称为舒张音）。

1. 犬的心音最强听取点

二尖瓣口第一心音：左侧第 5 肋间，胸廓下 1/3 的中央水平线上；三尖瓣口第一心音：右侧第 4 肋间，肋软骨固着部上方；主动脉口第二心音：左侧第 4 肋间，肩关节水平线直下方；肺动脉口第二心音：左侧第 3 肋间，靠胸骨的边缘处。

2. 常见心音病理性改变

(1)心音增强。

①两心音同时增强：多见于热性病的初期、剧痛性疾病、贫血、心肥大、心脏病的代偿亢进时。也见于兴奋、恐惧、消瘦等生理情况。

②第一心音增强：见于心肥大、贫血及二尖瓣口狭窄等。

③第二心音增强：见于急性肾炎、左心室肥大、肺淤血、慢性肺泡气肿及二尖瓣闭锁不全等。

(2)心音减弱。

①两心音同时减弱:多见于心脏衰弱的后期、其他疾病的濒死期、心音传导不良的疾病(渗出性心包炎、胸膜炎和慢性肺泡气肿)。

②第一心音减弱:临床比较少见,见于心肌梗死或心肌炎的末期以及房室瓣钙化等。

③第二心音减弱:多见于大失血、严重脱水、休克、主动脉瓣闭锁不全及主动脉瓣口狭窄等。

(3)心音浑浊。见于心肌变性(如某些高热性疾病、严重贫血、高度衰竭)或心肌瓣膜疾病。

(4)心律不齐。见于先天性或后天性的心脏疾病、电解质紊乱等。

(5)心脏杂音。应注意区分心内杂音与心外杂音,器质性心内杂音与功能性心内杂音,并结合心音最强听取点寻找杂音产生部位。对于心脏瓣膜疾病的诊断具有重要意义。

(二)动脉检查

1. 脉搏检查

一般在后肢股内侧的股动脉处检查,检查要在动物安静状态下进行。要注意脉数、脉性和脉搏的节律。成年犬猫 68~80 次/min,幼龄犬猫 80~120 次/min。当犬剧烈运动、兴奋、恐惧、过热、妊娠等时,脉搏可一过性增多。脉搏数增加可见于各种发热性疾病、心脏疾病及疼痛等;脉搏数减少,见于某些脑病及中毒病。脉搏数明显减少,提示预后不良。

2. 脉性检查

主要检查脉搏的大小、强弱、紧张性及充盈度等。

3. 脉搏节律检查

健康犬脉搏规整,时间间隔均等,称为节律脉;相反,若脉搏的间隔时间不等或脉搏不规整,则称为无节律脉。常见的不整脉有间歇脉、脉搏短促以及二联律、三联律等。

4. 血压测定

犬血压测定在股动脉。测血压时,犬取站立姿势,将血压计袖袋绑在股部,健康犬收缩压为 16.0~18.7 kPa(120~140 mmHg),舒张压为 4.0~5.3 kPa(30~40 mmHg),脉压为 12.0~13.3 kPa(90~100 mmHg)。血压降低可见于心功能不全、休克等。血压升高可见于急、慢性肾炎。

(三)毛细血管再充盈时间测定

保定被检犬头部,并将上唇提起,露出上切齿的齿龈黏膜。用手指压齿龈黏膜 1~2 s,然后移去手指,记录齿龈黏膜恢复原来颜色所需要的时间。健康犬齿龈黏膜毛细血管再充盈时间为 1 s 左右。毛细血管再充盈的时间延长,常见于心力衰竭、脱水及休克等。

二、消化系统的检查

消化系统疾病是宠物最常见的多发病之一,也是严重影响宠物健康的重要疾病。在临床上,应特别注意消化系统的检查。

(一)饮食欲检查

1. 食欲检查

可通过观察犬猫对食物的要求欲望和采食量来加以判断。食欲减退,可见于各种热性病、代谢病、胃肠病等。食欲亢进，可见于重病恢复期、肠道寄生虫病、甲状腺功能亢进、糖尿病及慢性消化道疾病。异嗜，可见于营养缺乏病、代谢病、慢性胃肠道疾病、肠道寄生虫病等。

2. 饮欲检查

饮欲检查方法与食欲检查相同。饮欲的病理改变主要有：饮欲增强，可见于发热性疾病、腹泻、呕吐、糖尿病等；饮欲减退，可见于不伴有呕吐和腹泻的胃肠疾病，及中枢神经功能紊乱性疾病。

(二)采食、咀嚼和吞咽状态检查

1. 采食障碍

采食障碍表现为采食不灵活或不能采食。见于唇、舌、齿龈疼痛性疾病，如口炎、舌炎、牙龈炎、咽喉炎等。

2. 咀嚼障碍

咀嚼障碍表现为咀嚼缓慢或咀嚼疼痛。在咀嚼中突然张口，见于口炎、牙齿疾病及下颌关节疼痛性疾病。如猫在采食咀嚼时突然嚷叫、乱跑是出现牙齿疾病的典型症状。

3. 吞咽障碍

吞咽时，摇头、伸颈、咳嗽，或由鼻孔逆流食物和饮水。见于咽炎、咽麻痹、咽异物、咽肿瘤等。

4. 咽下障碍

吞咽后不久，呈现伸颈、摇头，然后两鼻孔逆流混有唾液的食物，见于食管阻塞、食管炎、食管痉挛及食道狭窄等。

(三)口腔、咽及食管检查

当发现犬猫饮食欲减退、吞咽或咽下食物发生障碍时，应对口腔、咽喉部和食管进行详细的检查。

1. 口腔检查

检查口唇的外形、口腔黏膜颜色、口腔温度、口腔湿度；口腔是否过分湿润，甚至出现流涎；舌苔的厚薄、颜色等变化；口腔内有无特殊气味；牙齿有无松动、脱落，齿龈有无肿胀、出血等。

2. 咽的检查

检查时，可用一手的拇指、食指及中指分别在咽部的两侧进行触压。咽炎时，触压咽部，犬猫表现为缩头抗拒，并发吞咽动作，或连声咳嗽。咽麻痹时，触压咽部，病犬不出现吞咽动作。

3. 食管检查

通过食管触诊和食管探诊来进行。食管阻塞时，可触摸到硬固的物体。食管炎时，触诊有疼痛反应。胃管、X光机和胃窥镜可用于胸、腹段食管的检查。

(四)呕吐检查

呕吐是指胃内容物不自主地经口排出。犬猫在发生消化道疾病时很容易发生呕吐反应。在呕吐检查时，应注意呕吐出现的时间、次数和呕吐物的数量、气味和性质等，这对临床诊断动物的疾病具有重要的提示意义。

食后立即呕吐，常见于过食、急性中毒、肠闭塞、急性腹膜炎、蛔虫病及尿毒症等；一次性吐出多量的胃内容物而短时间内不再发生呕吐或呕吐后又吃下吐出的东西，常见于采食多量的食物或蔬菜水果或不易消化的食物，或食后剧烈运动；喝水后不久发生呕吐，常见于急性胃炎、食物中毒、胃肠异物、脑炎、脑肿瘤、急性钩端螺旋体病等；顽固性呕吐，即使空腹时也可发生，多由胃、十二指肠、胰腺的顽固性疾病（如肿瘤、异物）所引起，此时呕吐物常是黏液。如由食物不洁所引起，则呕吐物中含有刚吃下不久的腐败变质或含毒食物；血性呕吐物见于出血性胃肠炎、某些出血性疾病（如犬瘟热）；胆汁性呕吐物见于十二指肠阻塞；粪性呕吐物见于大肠阻塞。呕吐物混有寄生虫多因蛔虫寄生；混有毛，多由犬猫舔食被毛所致，见于某些代谢病。此外，强行灌药也可引起呕吐。

（五）腹部检查

1. 腹部视诊

主要观察腹部外形轮廓的变化。腹围膨大，除母犬、母猫妊娠后期及饱食等情况外，还可见于急性胃扩张、腹水和肠便秘等。腹围缩小，见于慢性消化道疾病、寄生虫病及营养不良等。局限性膨大则多见于腹壁疝，犬的脐疝在临床上多见。

2. 腹部触诊

犬猫的腹壁薄软，腹腔浅显，便于触诊。腹部触诊对犬猫胃肠道疾病、腹腔疾病及泌尿生殖道疾病都有重要的诊断意义，是犬猫疾病诊断中常用的诊断技术。检查时，双手缓慢用力感觉腹壁及腹腔脏器的状态和位置。检查胃部时，应将犬猫两前肢提高；从右侧最后肋后方，向前内上方触压可以触摸肝脏；若猫患有肝吸虫病时可触到肿大的肝脏，其表面凹凸不平。腹部触诊，往往可以确定胃肠的充盈度、脏器的炎症、器官大小的变化、器官变位、较大的异物等变化。肠道触诊对于检查肠便秘、肠套叠、肠扭转、肠嵌闭、肠内异物等具有重要意义，犬以肠套叠和肠内异物较为多见。通过腹部触诊可判断肾脏、膀胱、子宫等泌尿生殖器官的疾病，可确定腹壁及腹腔脏器的肿瘤或疼痛性疾病以及有无腹腔积液，也有助于早期妊娠诊断。

3. 腹部听诊

腹部听诊主要检查肠的蠕动音。根据胃肠音的强弱、频率、持续时间和音质，可以判定胃肠的运动功能和内容物的性状。健康犬猫肠音似捻发音。异常现象有肠音增强、减弱或消失，肠音不整以及金属性肠音等。

4. 排粪检查

观察粪便的物理性状，表面有无黏液、伪膜，粪中有无血液及其颜色和排粪量等。①便秘见于一般热性病、肠便秘、肠变位等。②腹泻见于各种肠炎及某些肠道寄生虫病。③排粪失禁是由肛门括约肌弛缓或麻痹所致，见于持续性腹泻及腰荐脊髓损伤等。④排粪带痛见于直肠炎、腹膜炎等。⑤里急后重见于直肠炎、顽固性腹泻、肛门腺炎等。犬猫的正常粪便呈圆柱状，有一定的硬固感，一般为褐色，因采食肉类和脂肪，粪便多有特殊的恶臭味。若粪便呈暗褐色甚至黑色，多为胃肠道内的陈旧性出血，常见于胃、十二指肠的出血；呈灰色，软如油膏，带特殊的脂肪闪光，混有大量脂肪团及未消化的肉类纤维，见于胰腺炎；呈黄绿色，常见于钩端螺旋体病；呈红色，见于后段肠道出血等。若未采食肉类食物而粪便有腐败臭味，则是肠卡他性炎症的特征。粪便带黏液，表明肠道炎症或肠变位等。粪中混有脓汁，是化脓性炎症的标志，如直肠脓肿等。混有寄生虫，多见于蛔虫、绦虫感染。

(六)直肠检查

检查肛门、肛门腺及会阴部时,应戴手套并涂以润滑剂。里急后重,大便困难,多为直肠和肛门疾病的症状。将手指伸入肛门可检查直肠或经直肠触诊深部器官,如直肠内粪便的颜色、硬度和数量,直肠的宽窄,骨盆的大小,骨盆骨折,肛门腺癌,直肠内肿瘤,膀胱、子宫以及雄性前列腺的情况等。

三、呼吸系统的检查

呼吸系统的检查包括呼吸运动检查、上呼吸道检查、肺部听诊和肺部叩诊。

(一)呼吸运动检查

呼吸运动检查包括呼吸数检查、呼吸式检查、呼吸节律检查和呼吸困难。

1.呼吸数检查

一般根据胸腹部的起伏动作而测定。也可将手背放于宠物鼻孔前适当位置,感觉呼出的气流来检查。健康犬猫呼吸数10～30次/min,幼龄犬猫比成年犬猫多,妊娠母犬或母猫稍多。呼吸数增多见于发热性疾病、肺炎和严重的心脏疾病等;呼吸数减少见于某些脑病、上呼吸道狭窄和尿毒症等。

2.呼吸式检查

健康犬的呼吸呈胸式呼吸,即在呼吸时,胸壁运动明显。犬呈现胸腹式呼吸或腹式呼吸即为病态,表明病变多在胸部,可见于胸膜炎、心包炎、肺泡气肿和肋骨骨折。

3.呼吸节律检查

正常呼吸时,吸气和呼气动作很有规律,而且还有一定的深度和长度。呼气一般要比吸气长些,二者在时间上的比为1∶1.6。呼吸节律的病理改变有吸气延长、呼气延长、间断呼吸、潮式呼吸、间歇性呼吸以及深长呼吸等表现。

4.呼吸困难

呼吸困难是呼吸系统疾病的共同症状之一,包括吸气性呼吸困难、呼气性呼吸困难和混合性呼吸困难3种类型。

(1)吸气性呼吸困难。表现为张嘴、头颈伸直、肋骨向背前方移位和肘部外展,还有吸气时胸廓前口陷凹。如伴有噪声,多见于肿瘤和异物引起的上呼吸道狭窄。如呼吸浅表频数,表明肺不能完全扩张,见于肋骨骨折、肺炎、气胸或胸膜炎。

(2)呼气性呼吸困难。表现为呼气时间延长、费力、收腹和肛门外突,见于慢性肺泡气肿,细支气管炎或胸膜炎。

(3)混合性呼吸困难。见于严重的肺炎、气胸或胸腔积液,此外心源性呼吸困难(见于心力衰竭、心内膜炎)、血源性呼吸困难(见于重症贫血、血红蛋白变性的疾病)、中毒性呼吸困难(多见于尿毒症、巴比妥类药物中毒)、中枢性呼吸困难(见于脑炎、脑出血、脑水肿)均可引起混合性呼吸困难。

(二)上呼吸道检查

1.鼻及鼻液检查

健康犬猫的鼻端经常保持湿润状态。在持续发热和代谢紊乱时,鼻端干燥,有热感,甚至发生龟裂。根据病症和疾病阶段的不同，可能出现浆液性鼻液、黏液性鼻液或脓性鼻液。水样鼻液常见于鼻炎、感冒、犬瘟热等。脓性鼻液见于受细菌感染或鼻窦炎、齿槽脓漏引起的上颌窦炎。血性鼻液多见于外伤、鼻腔异物、鼻黏膜溃疡、鼻腔肿瘤等。

2. 咳嗽检查

犬人工诱咳的方法是，用手的拇指和食指压迫喉头下部的气管，以诱发咳嗽。健康犬常不发或仅发一两声咳嗽。如连发咳嗽，表明喉及气管敏感性增高。干咳可见于喉炎和支气管炎的初期。湿咳常见于咽喉炎、支气管炎及肺炎。稀咳见于感冒、肺结核等。阵咳见于急性喉炎、传染性上呼吸道卡他、上呼吸道异物及异物性肺炎等。痛咳多见于急性喉炎、喉水肿等。异物进入上呼吸道或异物性肺炎时，常呈痉挛性咳嗽。

3. 喉及气管检查

用手指触诊喉部，以确定有无肿胀、疼痛、增温。也可打开口腔，用压舌板压下舌根，借助光源，观察喉黏膜有无肿胀、发红、出血、溃疡、分泌物及异物等。触诊气管时，可用一手的拇指、食指和中指由上而下触压气管，直至胸腔入口，应注意有无变形、疼痛等异常改变。气管触诊敏感，并伴有咳嗽，多是支气管炎的表现。

(三)肺部听诊

1. 正常的呼吸音

正常的呼吸音分为肺泡呼吸音和支气管呼吸音两种。

(1)肺泡呼吸音是气体通过细支气管和肺泡时产生的声音，类似“夫”的声音，吸气时比呼气时清晰。犬猫的肺泡呼吸音，整个肺区均可听到，比其他动物音响强而高朗。

(2)支气管呼吸音是气体通过大支气管和小支气管时产生的声音，呼气时支气管音比较清晰。正常时仅在第3～4肋间肩关节水平线上下(即支气管区)可听到类似“赫”的支气管呼吸音。

2. 常见病理性呼吸音

(1)肺泡呼吸音增强。普遍性增强，是呼吸中枢兴奋性增强的结果，见于发热、代谢亢进及其他伴有一般性呼吸困难的疾病。局限性增强(代偿性增强)，往往伴有局部肺泡呼吸音减弱或消失，见于支气管肺炎、渗出性胸膜炎等。

(2)肺泡呼吸音减弱或消失。见于肺炎、慢性肺泡气肿等。

(3)干啰音。呼气时最明显，见于支气管炎、肺结核等，由支气管肿胀或黏稠分泌物使支气管狭窄而导致。

(4)湿啰音。一种短促而连续不断地拍水或水泡破裂的声音，是气流经过含有稀薄液体的支气管时发出的声音，吸气时最明显，见于肺炎渗出期、肺水肿、肺出血等。

(5)捻发音。发生于吸气时，是气体进入含液体的肺泡囊之故，表明肺实质的病变，见于肺炎、肺水肿等。

(6)摩擦音。见于胸膜炎及胸腔积水。

(四)肺部叩诊

一般应用较少，叩诊前界为起自肩胛骨后角的臂三头肌后缘线，下止于第4肋骨下部。背侧界为经肩胛骨后角与背正中线平行的线。后界从第12肋骨与背侧界线的交点开始，经髋关节水平线与第11肋骨的交点、坐骨结节水平线与第10肋骨的交点、肩关节水平线与第8肋骨的交点，至第6肋骨与前界线的交点而构成的弓形线。叩诊区扩大，见于肺气肿；叩诊区缩小，则见于腹腔过分膨大时的压迫。局部叩诊音的变化：浊音见于肺实变、胸腔积液；半浊音见于支气管肺炎；鼓音见于靠近胸壁的肺空洞；过清音见于慢性肺气肿。

四、泌尿生殖系统的检查

泌尿系统的检查包括排尿状态的检查和泌尿器官的检查。生殖系统的检查主要对生殖器官是否异常进行检查。

(一)排尿状态的检查

1. 排尿姿势检查

雄犬的排尿姿势是抬举并外展某一后肢，向身体的侧方向排射，且有排尿于其他物体上的习惯。雌犬的排尿姿势是后肢稍向前踏，略微下蹲，弓背举尾。排尿姿势异常，常见于尿失禁和排尿伴痛，甚至脊髓损伤，或者膀胱炎、尿道炎和尿路结石等病症。

2. 排尿次数和排尿量的检查

健康成年犬一天的排尿量平均为每千克体重22 mL，幼犬为每千克体重40～200 mL。异常的排尿常见于以下情况。

(1)尿失禁。见于脊髓或支配膀胱的神经损伤或麻痹。

(2)排尿疼痛。排尿时表现不安、呻吟及较长时间保持着排尿姿势，常见于膀胱炎、尿道炎或泌尿系统的结石。

(3)排尿量增多。见于大量饮水之后、慢性肾炎及渗出性胸膜炎的吸收期。

(4)尿频。见于膀胱炎、尿道炎及尿道结石。

(5)排尿次数减少，尿量也少。见于急性肾炎、剧烈腹泻、休克和心力衰竭。

(6)尿潴留。尿道肌痉挛或尿道阻塞引起的少尿或无尿，称为尿潴留。尿潴留时，膀胱极度膨胀，沿腹底壁延伸至脐。

(7)无尿。表现腹部膨大和腹腔积尿，见于膀胱破裂。直肠检查时发现膀胱空虚。

(二)泌尿器官的检查

1. 肾脏检查

左肾的位置靠后又比较游离，在肋后腰窝深部可以触摸到。右肾不易摸到。老龄猫的肾增生、缩小变形均可触知。当急性肾小球肾炎、肾盂肾炎及钩端螺旋体病时，肾区敏感。

2. 膀胱检查

犬猫的膀胱，位于耻骨联合前方的腹腔底部。通过腹部触诊或膀胱直肠检查，可感知膀胱的充盈度和敏感性。触诊时采取站立或者侧卧的姿势，当膀胱充满时，可在下腹壁耻骨前缘触及一个有弹性的球形光滑体，过度充满时可达脐部。检查膀胱内有无结石时，最好用一手食指插入直肠，另一手的拇指与食指于腹壁外，将膀胱向后方挤压，使直肠内的食指容易触到膀胱。

(三)生殖器官的检查

1. 子宫检查

经犬猫的腹壁触摸子宫，可判断子宫的大小、质地、内容物等，并且是最为实用的妊娠检查方法。犬妊娠 20～22 d 时，子宫明显膨大，直径约 2 cm。28 d 之后，直径约 3 cm，这时为最易触诊期（猫在妊娠 18～24 d 时为最易触诊期，30 d 以后则触摸不清）。至 35 d 以后，子宫角膨大融合，反而不容易触摸辨认。接近产期，可经腹壁或直肠触摸胎儿。妊娠 35 d，可见乳头增大及乳头丰满。初产雌犬乳头的颜色特别红。临产前 1 周，能挤出乳汁。妊娠 43 d 后，X 线检查可见胎儿骨骼轮廓。

2. 阴茎、尿生殖道和阴茎部等的检查

检查有无肿瘤、粘连、龟头炎和包皮炎。犬猫用的导尿管可用于雌、雄犬猫的尿道探测和导尿，检查有无狭窄或结石。用导尿管可收集被检验尿液，或注入空气，还有助于膀胱破裂、膀胱容量和神经源性疾病的诊断。

五、神经系统的检查

神经系统的检查主要包括精神状态、运动功能、感觉功能和反射活动的检查。检查时先通过视诊检查犬猫的行为、姿势及步态等，再用触诊或其他诊断方法了解感觉神经的敏感性和各种反射功能。

（一）精神状态检查

精神状态检查主要观察宠物颜面表情、耳的动作、身体的姿势以及各种防卫性反应等现象。精神兴奋是大脑皮质兴奋性增高的表现。病犬、病猫容易惊恐，对轻微刺激即表现出强烈反应。过度兴奋时，则活动性增强，狂躁不安，吠叫，乱咬，提示脑及脑膜充血、炎症，脑细胞受到炎性产物或毒素的刺激。常见于脑炎、狂犬病、破伤风以及某些中毒病等。精神抑制是大脑皮质抑制过程占优势的表现。按其轻重程度，可分为精神沉郁、昏睡和昏迷。

（二）运动功能检查

运动功能检查，主要应注意强迫运动、共济失调、痉挛和瘫痪等。

强迫运动是指由脑功能障碍所引起的既不受意识支配，也不受外界因素影响的一种不自主运动。它主要表现为盲目运动和转圈运动。见于大脑皮质、小脑、脑桥、前庭核等部位损伤。

共济失调又称运动失调，是宠物在运动时出现的失调，其步幅、运动强度、方向性均发生异常，动作缺乏节奏性、准确性和协调性。临床表现为后肢踉跄、体躯摇晃、步态不稳、动作笨拙、呈涉水步样。见于脊髓、迷走、前庭神经或前庭核、小脑及大脑皮质额叶或颞叶损伤。

痉挛是肌肉不随意的急剧收缩现象。临床常见阵发性痉挛和强直性痉挛。

瘫痪是指骨骼随意运动完全丧失（完全麻痹）或不完全丧失（不完全麻痹）。按其发生的肢体部位，可分为单瘫、偏瘫和截瘫；按神经系统损伤部位，又可分为中枢性瘫痪和外周性瘫痪。

（三）感觉功能检查

感觉功能检查包括表面感觉检查（感觉过敏和感觉减退或消失）、深部感觉检查和瞳孔对光反应检查。

1. 表面感觉

用针头以不同的力量针刺皮肤，观察犬猫的反应。

（1）感觉减退。见于脊髓损伤、外周神经麻痹或意识障碍。

（2）感觉过敏。除局部炎症外，见于脊髓膜炎。

2. 深部感觉

人为强制运动或屈曲关节等，根据躯体调节功能以了解深部感觉障碍的程度。深部感觉障碍见于脊髓损伤、脑炎或慢性脑水肿等。

（四）反射活动检查

临床上常用的反射活动检查主要有耳反射、腹壁反射、肛门反射、膝反射以及跟腱反射等。

1. 反射增强

多由神经系统兴奋性普遍增高所致。但跟腱反射增强或亢进，则见于上位运动神经元损伤时，因脊髓反射弧失去高位中枢的制约。

2. 反射减弱或消失

多数是反射弧的感觉部分、运动部分或反射中枢的损伤，也可能是中枢神经系统高度抑制的结果。

【考核评价】

1. 某宠物医院需要建立宠物病历档案，需要从宠物主人信息、宠物信息的哪几个方面进行统计建档？

2. 某宠物医院需要购买一批常用的诊疗设备，从常见犬猫临床诊断方面考虑，制订一份购买常用设备计划。

案例分析

分析以下案例，请问应该选用何种保定方法？临床诊断的注意事项有哪些？

案例 2-1

西施犬，母，年龄 3 岁，体重 5 kg。

主诉：最近精神沉郁，没有食欲，不愿意活动，感觉犬有点发热。

案例 2-2

马士提夫犬，公，年龄 4 岁，体重大约 75 kg。

主诉：最近精神沉郁，食欲减少，有腹泻现象，粪便中有少量血液。

案例 2-3

拉布拉多幼犬，公，年龄 7 个月，体重 12 kg。

主诉：最近不愿走动，一直趴着，食欲和其他正常。

【知识拓展】

CDV 抗原快速诊断试纸

原理：采用双抗体夹心方式的免疫胶体金层析技术，属于一步式固相膜反应。试纸被滴加样品溶液后，溶液中的抗原随溶液爬行至结合垫处，与其中的胶体金标记抗体 1 反应形成红色的抗原抗体复合物，然后继续层析移动向前。在观察窗口的检测线（T）处，红色免疫复合物中的抗原被此处预先包被抗体 2 捕获并截留下来，随着红色复合物截留量增多，逐渐形成一条红线，因此根据红色 T 线的出现即可判定样品溶液为阳性。如果样品中没有抗原，则不形成免疫抗原抗体复合物，流过 T 处，不发生捕获截留，T 处保持白色，判定为阴性。

使用方法步骤：

(1)先用棉签取样(取犬的唾液、鼻涕、眼结膜)。

(2)将棉签放入装有稀释液的样品管中充分搅拌。

(3)用吸管抽取搅拌后的稀释液。

(4)将稀释液滴 4 滴到测试板加样孔，查看结果。

结果判定：

(1)阳性。在质控线(C)及检测线(T)处，均出现紫红色条带，判定为阳性(二维码 2-1)。

(2)阴性。在质控线(C)处，出现紫红色条带，检测线(T)处没有出现紫红色条带，判定为阴性。

(3)无效。质控线(C)处没有出现红色条带，无论检测线(T)处出现红色条带与否，均判定试纸条失效。

二维码 2-1　CDV 抗原快速诊断试纸阳性

【知识链接】

1. https://www.cadc.net.cn(中国兽医网)。
2. https://www.cvma.org.cn(中国兽医协会)。

项目3 仪器诊断技术

【学习目标】

• 了解犬猫内窥镜检查、心电图检查的适应证及方法；掌握犬猫临床X线检查和B超检查的适应证及方法。

【素质目标】

• 融合工匠精神，使学生能够精确、熟练地掌握内窥镜、心电图等仪器的使用方法。

• 引导学生向劳模学习，具备持续学习、不断提升自己的仪器诊断能力的精神。

【学习内容】

任务6 内窥镜检查

一、喉镜和支气管镜检查

（一）适应证

1. 诊断

适用于上呼吸道阻塞（如喉头侧腔外翻、软骨麻痹、声带增厚、软腭过长、颈部外伤）、气管支气管病变（如气管麻痹、纵隔肿瘤、肺门淋巴结肿大、寄生虫性结节）等的诊断以及慢性呼吸器官疾病时采取病理材料等。对上呼吸道阻塞采用保守疗法无效时，用支气管镜可直接确定阻塞性质及程度。

2. 治疗

取出气管内异物；对肺脓肿、支气管扩张进行吸脓引流或直接将药物注入气管内；对气管狭窄进行扩张手术；维持呼吸道畅通。

（二）器械与药品

麻醉药（如阿托品、2%利多卡因、戊巴比妥钠）、注射器、口径12～14 mm的8～11 cm长的钝端套管。插管用喉头镜、口腔镜、舌钳、带照明的支气管镜、50 cm长的前端可动吸管、材料收集瓶及吸引用具。

支气管镜的规格与使用范围如下：3.0 mm×25 cm，适用于2～3 kg体重的犬；3.0 mm×30 cm，适用于3～9 kg体重的犬；7.5 mm×35 cm，适用于9～14 kg体重的犬；8.0 mm×

45 cm，适用于 14～23 kg 体重的犬；10.0 mm×63 cm，适用于 23 kg 体重以上的犬。

(三)操作方法

动物禁食 18～24 h，检查前 30 min 同时投予阿托品和麻醉剂(静脉注射戊巴比妥钠作短时间的全身麻醉)，若全身麻醉危险时，可用 11cm 长的钝端套管把 2%利多卡因滴在咽、声带、支气管等部位，做局部表面麻醉。

仰卧保定，固定头部并尽量使头后仰。

装置开口器后，术者先把喉头镜插入咽部，显露声门。右手持支气管镜送入喉镜内，或直接用支气管镜沿舌根部插入会厌，将气管镜送入气管内。插入后将喉镜向左旋转，抽出滑片，除去喉镜。将支气管镜柄指向前面，慢慢深入并轻轻转动，观察气管壁。继续深入将镜柄左右转动，可进入左右支气管内。

当支气管镜检查时间长时，需通过支气管镜的侧管输入 1.0%～1.5%氟烷与氧气的混合气体 4～6 L/min。把吸取或用生理盐水冲洗的气管内分泌物分为 2 份，1 份用于细菌培养，另 1 份加人离心管中，加人 50%乙醇，1 500 r/min 离心 30 min，取沉渣滴在载玻片上，固定、染色，进行细胞学检查。

二、食管镜检查

(一)适应证

食道疾病(如不明原因的吞咽困难、异物阻塞、肿瘤、炎症、狭窄、扩张)的诊断；钳取食道异物；扩张食道狭窄。

(二)操作方法

宠物全身麻醉，插入气管插管，安上开口器，食道镜头朝前插入咽部，在气管插管与喉头背侧进入食管，可沿食管一直到达胃内。

三、直肠镜检查

(一)适应证

直肠镜可用于结肠下段、直肠、肛门等部位的检查，诊断肉芽肿性结肠炎、异物、肿瘤、黏膜异常等后段肠管的病变。

(二)器械与药品

戊巴比妥钠、水溶性润滑胶、带有照明装置的 S 状直肠镜。

(三)操作方法

首先禁食 24 h，然后检查前 2 h 灌肠，灌肠剂必须是非油性无刺激性的溶液。若患犬状态较差(不能禁食 24 h)时，可在检查前 12～18 h 给予低盐食物，充分饮水，在直肠镜检查前 8 h，经口投予盐类泻剂。

患犬麻醉后，侧卧于手术台，使手术台倾斜，后躯抬高。先用手指触诊检查直肠或骨盆腔有无狭窄、息肉及阻塞等，然后将直肠镜端涂擦润滑胶，缓慢插入并通过肛门括约肌，注意要边旋转边向前推进，当遇到阻力时，应停止，通过直肠镜检查阻力的原因，把直肠镜插到检查部位后，向后退出一点观察肠壁，有时需用膨胀球充气，使肠皱展开观察。同时可用活组织钳钳取肠黏膜做病理学检查。由于器械反复插入，有时可引起点状出血，注意与病理状态相区别。直肠后段和肛门的检查可用肛门镜。

四、膀胱镜检查

（一）适应证

怀疑膀胱内有肿瘤、结石或膀胱颈阻塞时，可用膀胱镜检查。

（二）操作方法

横卧（雄性）或站立（雌性）保定，首先用戊巴比妥钠进行全身麻醉或用2%利多卡因做黏膜表面麻醉，然后用尿道探子探查尿道有无狭窄或梗阻后，将有闭孔器的膀胱镜鞘放入膀胱内，抽出闭孔器测量残余尿并观察尿液的颜色，若尿液浑浊或带血，应反复冲洗。洗液清亮后，再插入观察镜。先将膀胱镜推向三角后区末端，沿镜的轴心边旋转边观察，360°旋转，将镜逐步拉出，每拉一定距离，再旋转360°，一直检查到膀胱颈部。

任务7　心电图检查

一、适应证

心电图描记适用于心脏疾病（如心室肥大的早期和心律失常）的诊断及非特异性疾病的诊断；确定电解质的失衡；监测对各种疗法的反应。

二、导联方法

（一）户尾氏导联法

用仰卧法进行导联，见表3-1和图3-1中1、2、3。

表3-1　目前所报道的犬心电图户尾氏导联方法

报道者	图号	导联的种类	导联的方法		电极连接的条件	
			导联	电极的连接位置	电极间的电位关系	曲线的方向
户尾氏	1	标准肢导联	Ⅰ	左前肢（L）—右前肢（R）	$R<L$	向上
			Ⅱ	左前肢（LF）—右后肢（R）	$R<LF$	
			Ⅲ	左前肢（LF）—左后肢（L）	$L<LF$	
	2	单极肢导联	用心电描记器的导联选择器替换了肢导联的电极，变成单极肢导联。aV_R为右前肢掌骨部或腕关节上方二指处，aV_L为左前肢掌骨部或腕关节上方二指处，aV_F为右后肢趾跖骨或跗关节上方二指处			
	3	胸部单极导联	无关电极是Wilson的结合电极，将有关电极置于心脏周围单极导联的左右胸壁的各点（V_1～V_6）上			

1. 标准肢导联

此法导联所出现的各波均为明显的阳性波，但RⅠ的振幅比RⅡ、RⅢ的小，如图3-1

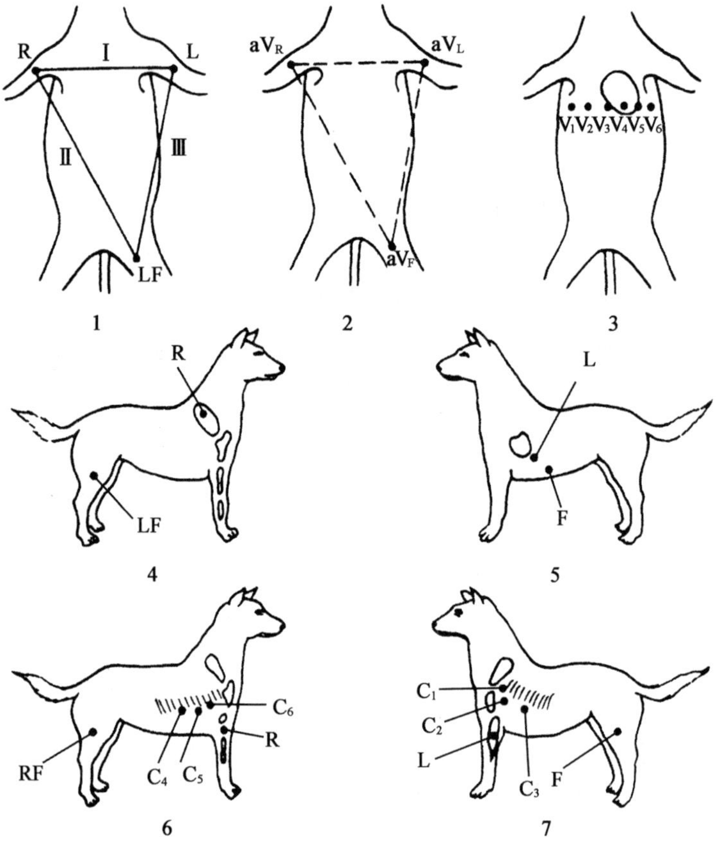

1. 标准肢导联　2. 加压单极肢导联　3. 胸部单极导联

4、5. A—B 双极导联　6、7. 胸部单极导联

图 3-1　犬的导联法

（引自白景煌等，1994）

中 1 所示。

2. 单极肢导联

此法是随着心脏的搏动，描记肢电位变化的导联法。导联记号分别用 aV_R、aV_L、aV_F，表示下列各部位的电位变化：aV_R 为心腔内；aV_L 为左心，特别是左心室外面；aV_F 为心尖部和左右心室，如图 3-1 中 2 所示。

3. 胸部单极导联

此法使用的无关电极是 Wilson 结合电极，将有关电极置于心脏周围的左右胸壁的 V_1～V_6 点上进行导联，将心电描记器的导联选择器向 V 的位置转换，以便于有顺序地记录有关电极。这种心电图能表现出最靠近有关电极的心脏部位的电位变化。即 V_1 与 aV_R 相似，在 V_2～V_5 的位置上，QRS 波群的振幅大，而在 V_6 的位置上则振幅小，如图 3-1 中 3 所示。

(二)高桥导联法

高桥导联法如表 3-2 和图 3-1 中 4、5、6、7 所示。

表 3-2　目前所报道的犬心电图高桥导联方法

报道者	图号	导联的种类	导联的方法：导联	导联的方法：电极的连接位置	电极连接的条件：电极间的电位关系	电极连接的条件：曲线的方向
高桥	4	A—B 双极导联	Ⅰ导联	右肩胛冈上 1/3 部(R)—左心尖部(L)	R<L	R(+),qRs,Rs,T(+)
			Ⅱ导联	剑状软骨部(F)—右肩胛冈上的 1/3 部(R)	R<LF	R(+),qRs,Rs,T(+)
			Ⅲ导联	左心尖部(L)—剑状软骨部(F)	L<LF	P(+),Rs,rS,qR,T(+)
	5	加压单极肢导联	用导联选择器替换 aV_R 以上的电极，变成单极肢导联，aV_L 为左心尖部，aV_R 为右肩胛冈上，aV_F 为剑状软骨部			P(−),rS,T(−) P(+),qR,T(+) R(+),Rs,Rs,R,T(+)
	6、7	胸部单极导联	C_1 左侧肩关节直后 C_2 左侧第 2 肋间 C_3 左侧第 5 肋间 C_4 右侧第 7 肋间 C_5 右侧第 5 肋间 C_6 右侧第 3 肋间	的肋骨与肋软骨结合部	无关电极是 Wilson 的结合电极	P(−),rS,T(−) P(+),qRs,Rs,T(+) P(+),qRs,Rs,T(+) P(−),rS,T(+)
		胸部单极辅助导联	M_1 左侧、M_2 左侧 M_3 左侧剑状软骨的横侧部 M_4 右侧剑状软骨的横侧部 M_5 右侧第 7 肋间、M_6 右侧第 3 肋间	第 3 肋间胸廓的最大横断部第 6 肋间（M_1、M_2） 胸廓的最大横断部（M_5、M_6）	无关电极是 Wilson 的结合电极	P(+),qR,T(+) P(+),qRs,T(+) P(+),Rs,T(+) P(−),rSr,T(−)

1. A—B 双极导联

此法是在左心尖部、右肩胛冈上 1/3 部、剑状软骨部的三点上安放电极，如图 3-1 中 4、5 所示。即：

Ⅰ导联　　右肩胛冈上 1/3 部(R)—左心尖部(L)。

Ⅱ导联　　剑状软骨部(F)—右肩胛冈上 1/3 部(R)。

Ⅲ导联　　左心尖部(L)—剑状软骨部(F)。

2. 加压单极肢导联

将 A—B 双极导联的电极向单极导联的回路转换，然后描记 aV_R、aV_L、aV_F 的心电图，如图 3-1 中 5 所示。

3. 胸部单极导联

这种导联所使用的无关电极是 Wilson 的结合电极，是描记 C_1～C_6 的肋骨与肋软骨结合部的电位的一种方法，如图 3-1 中 6、7 所示。

此外，作为辅助导联法，所使用的无关电极也是 Wilson 的结合电极，从胸部体表 M_1～M_6 的各部位进行诱导。

三、操作步骤

1. 被检犬的准备

犬体绝缘，站立或侧卧保定。置放电极部位剪毛，用酒精棉球脱脂消毒，然后将浸透溶液的纱布垫于电极板下，用棉布带捆紧，固定好电极板。如用针电极，可直接将针刺入皮下。常用的导电溶液如下。

(1)饱和盐水酒精液。

(2)氯化钠 146 g、酒石酸钾 146 g、甘油 50 g、黄蓍胶 33 g、硅砂 10 g、水 400 mL。

(3)氯化钠 29 g、甘油 5 mL、淀粉 10 g、硅砂 5 g、甲基对羟基苯甲酸 0.2 mL、水 100 mL。

2. 连接电源

连接电源、地线，打开电源开关，校正标准电压。标准电压 1 mV 使描记笔上下摆动 10 mm 为合适，此时 1 mm 相当于 0.1 mV。

3. 连接肢导线

连接肢导线，并将肢导线的总插头连于心电图机上。连接肢导线时，一般按如下规定连接：红色导线，连接右前肢电极；黄色导线，连接左前肢电极；绿色导线，连接左后肢电极；黑色导线，连接右后肢电极；白色导线，连接胸前电极。

4. 描记

按下或转动导程选择器，基线稳定而无干扰时即可描记，每个导程描记 4～6 个心动周期。描记时每一导程应设置一个标准电压，作为分析心电图时计算电压的依据。

5. 整理

描记完毕，关闭电源开关，旋回导程选择器，卸下肢导线及地线。

四、犬的正常心电图波形

犬的正常心电图波形如图 3-2、图 3-3 所示。

1. P 波

P 波持续时间为 0.04 s，电压为 0.4 mV。心房增大时，P 波增宽、增大。

2. P—R 间期

P—R 间期为 0.06～0.13 s。P—R 间期延长，见于房室传导阻滞。

3. QRS 波群

QRS 波群小犬为 0.05 s，大犬为 0.06 s。QRS 波群时限延长，见于心室内传导障碍，振幅增大，持续时间延长。

4. S—T 段

S—T 段是 QRS 波群终了到 T 波开始的线段，位于等电位线上，无明显移位。QRS 波群终了到 T 波开始的一点，称为 S—T 段结合点(J 点)。测定 S—T 段上升或下降，应在 J 点后 0.04 s 处。S—T 段上升见于心肌梗死；下降见于心肌供血不足。

5. Q—T 间期

Q—T 间期为 0.14～0.22 s。低血钾和低血钙时，Q—T 间期延长。

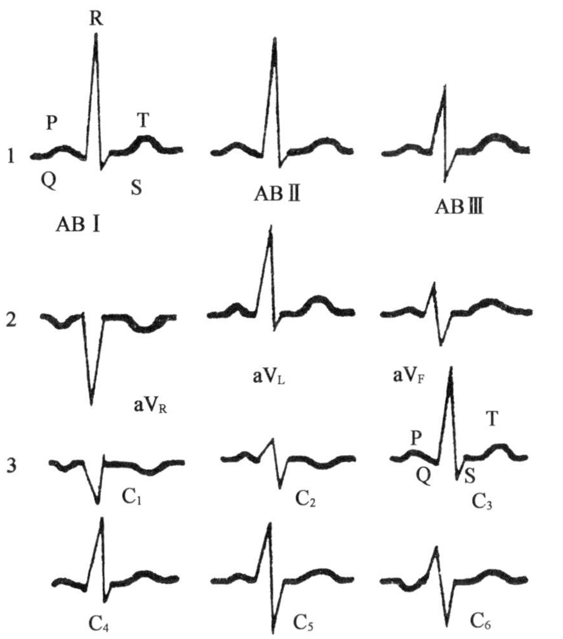

1. A—B 双极导联　2. 加压单极肢导联　3. 胸部单极导联

图 3-2　犬心电图的正常波形(高桥导联法)

(引自白景煌等,1994)

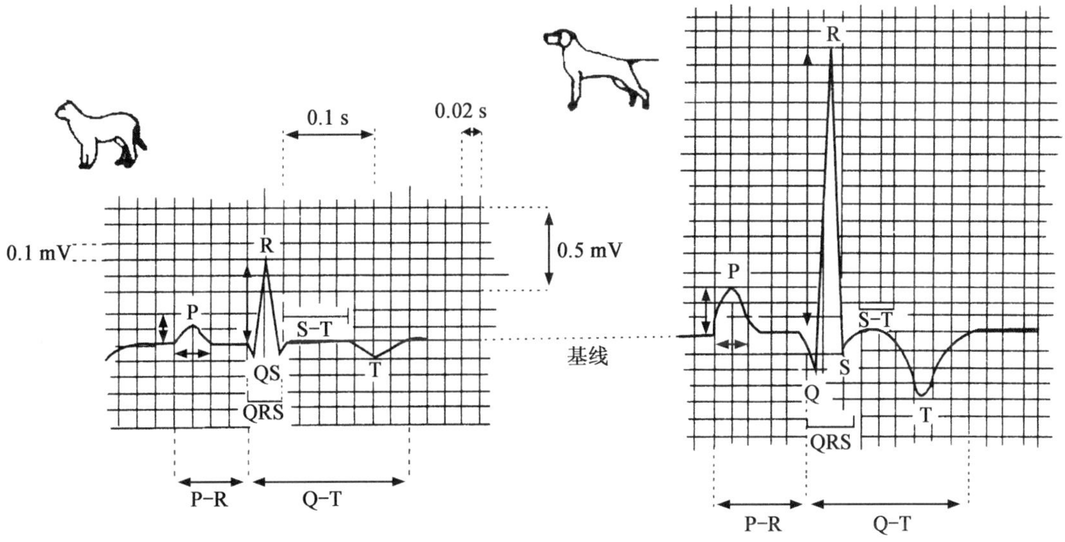

图 3-3　犬和猫正常心电图

(引自 Ruckebush 等,1991)

五、异常心电图的诊断

当心脏患有器质性或功能障碍时,则能描记出异常心电图。根据异常心电图的每个棘波波形的变化、间隔及持续时间等的延长或缩短、增大或减少,可推测出心动过速、心动过缓、心律不齐、心房心室肥大、心功能不全、冠状循环性心功能不全、心肌炎、心内膜炎等疾病。犬异常心电图的诊断见表3-3。犬心电图的异常波形（A—B双极导联）见图3-4。

表3-3 犬异常心电图的诊断

波	心电图变化	诊断
P波	切记明显，时限延长，锯齿状消失	二尖瓣狭窄引起左心房肥大、心房纤维性颤动，心脏节律异常
P—R间期	延长 缩短	房室传导障碍（房室不全传导阻滞）、迷走神经兴奋性增高 WPW综合征
QRS波群	持续时间延长 振幅和持续时间延长、异常波形 振幅减少 Q波深陷 R波大小及形状改变	心室内传导障碍（束支传导阻滞） 心肥大、期外收缩 心功能不全、心肌变性、心包炎 心室肌变性 心室肥大、心律失常
S—T间期	延长 缩短	淤血性心功能不全、心肌梗死 血液中电解质紊乱（高钙血症）
T波	增高 倒置	心肌损害、冠状循环性心功能不全、失血、高钾血症 心肌缺血、心肌炎、心室肥大
S—T（ST.T）	上升 下降 延长	心肌梗死 冠状循环性心功能不全、心肌炎、贫血 窦性心动过缓（饥饿、恶病质、迷走神经兴奋性增高）
P—P（R—R）间期	缩短 不整	窦性心动过速（运动、兴奋、发热、心功能不全、心瓣膜病） 窦性心律不齐
基线的变动	较大、连续、规律、匀齐的波（F波） 细小不规则的颤动波（F波）	心房扑动 心房纤颤（心房颤动），见于二尖瓣狭窄及其他瓣膜病、心肌疾病、冠状动脉疾病

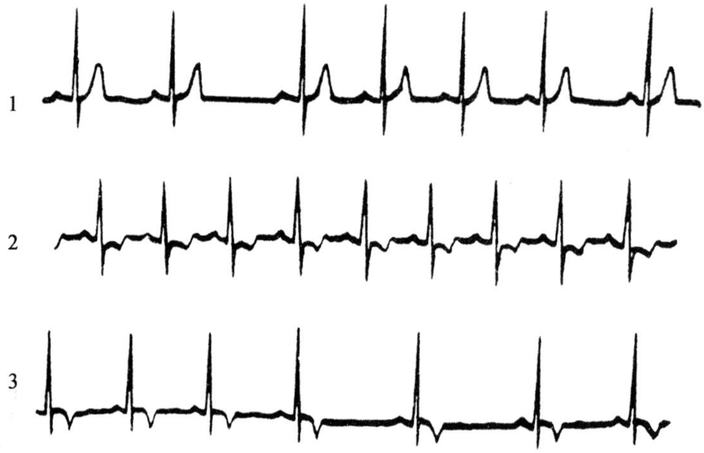

1. T增高（P阳性，Rs，T阳性） 2. ST降低 T呈双阳性（P阳性，Rs） 3. T波逆转（P阳性，Rs，T阴性）

图3-4 犬心电图的异常波形（A—B双极导联）

（引自白景煌等，1994）

任务8 X线检查

X线检查是犬的各种疾病的一种重要诊断方法。它包括透视、摄影、造影3种，尤其后两种能较详细地观察机体内部器官的解剖形态、生理功能和病理变化。

目前，宠物临床应用的X光机主要有手提式X光机(10 mA)、移动式X光机(30 mA、50 mA、100 mA、200 mA)，许多厂家专门推出小动物专用X光机、大型固定式X光机等，小动物专用X光机操作最简单，适合一般操作人员使用。

一、透视检查

(一)透视条件

管电流通常使用2～3 mA，最高时也不能超过5 mA。管电压按被检部位厚度而定，以50～90 kV为宜。距离可根据具体情况，一般为50～100 cm。要断续地进行，透视总时长越短越好。

(二)检查方法

透视前，应先了解临床初步诊断及透视目的，切实保定后，把荧光屏贴近犬体，对准被检部位，并与X线中心垂直。透视时，先适当开大光门，对被检部做全面观察，注意有无异常，然后再缩小光门，分区观察，一旦发现有可疑病变时，则缩小光门做重点深入观察。最后把光门开大复核一次并与对称部位比较。根据透视结果，可确定摄影的部位和投照方法。

二、摄影检查

(一)摄影条件

X光室应制订一张供日常摄影使用的技术参考条件表(表3-4)。即拍摄某个部位的照片时，可从表3-4内选择适用的管电压峰值(kV)、X线量[电流(mA)、时间(s)]和距离(cm)等条件。但不同的机器其性能特点也不尽相同，而不同感光速度的胶片对这些条件的要求也有差异。故使用新的机器(或变更使用新型号胶片)时，都应注意适当调整摄影的条件。

二维码3-1 小动物专用X光机

表3-4 犬的摄影技术参考条件

摄影部位	管电压/kV	X线量/(mA·s)	距离/cm
头	65	7	70～120
颈	65	6	70～120
胸	55～60	5	70～120
骨盆	60～90	7	70～120
肩	50	6	70～120
前肢	45～55	4～5	70～120
后肢	45～55	4～5	70～120

摄影前,应禁食 12 h。投照部位的厚度以 8～9 cm 计算,投照距离(D)为 90 cm、管电压为 65 kV,X 线量可选用 1.7 mA·s、2.5 mA·s、5 mA·s,或用相近的量摸索最佳效果。投照条件在以上情况下,变化原则如下:

(1)管电压在 80 kV 及以下时,投照部位的厚度每增减 1 cm,相应增减 2 kV。(2)管电压在 80 kV 以上时,投照部位厚度每增减 1 cm,相应增减 3 kV。

(3)投照部位厚度在 10 cm 以上时,管电流或曝光时间应增加 3 倍。

(4)X 光机的性能达不到所要求的管电压时,降低管电压,同时要增加相应的 X 线量(mA·s)。

(5)投照胸部或幼犬时,X 线量应减少 1/2。

(6)投照肥胖犬,有胸腔积液、腹水、炎症、石膏绷带及体表有遮挡物时,X 线量要增加 1 倍。

(7)投照胃肠道、颈、脊柱、骨盆部位时,管电压提高 5～10 kV。

(8)投照颈部软组织时,管电压应减少 5～10 kV。

(9)投照肾、脊髓及其他造影时,要提高管电流,降低管电压。

(二)操作方法

详见“实训 10”。

三、造影检查

(一)消化道造影

检查食道、胃、小肠、大肠等的病变。

1. 食道造影

一般情况下,食道造影可用 70%硫酸钡作为造影剂(小型犬用 8～10 mL/kg 体重,大型犬用 3～5 mL/kg 体重)。当疑似食道破裂时,应选用有机碘造影剂(按 3～5 mL/kg 体重,或用 5～15 mL 加入硫酸钡制剂中使用)。

禁食禁水 12 h 以上,投服造影剂的同时或随后进行观察。

2. 胃肠造影

胃肠造影可选用以下方法。①阳性造影:用 40%硫酸钡制剂 25 mL/kg 体重,灌服或胃管投服。②阴性造影:空气 6～12 mL/kg 体重直接注入消化道内,或将酒石酸钾钠和碳酸氢钠(3∶1)投入胃内使其在消化道产生气体。③混合造影:空气 6～12 mL/kg 体重和硫酸钡制剂 3 mL/kg 体重,注入胃内,对比观察。

禁食禁水 12 h 以上,对胃的检查于投服造影剂的同时或随后观察,对小肠检查于投服造影剂后 1～2 h 观察,对大肠检查应于投服造影剂后 6～12 h 观察。

3. 结肠造影(钡剂灌肠)

结肠造影主要用于回盲部及大肠的检查。造影前应清洗肠道,排除积粪。在透视情况下向直肠内灌注 25%硫酸钡制剂 5～10 mL/kg 体重,然后进行观察。

(二)气腹造影

气腹造影可显示膈、肝、脾、胃、肾、子宫、卵巢及膀胱等腹腔脏器的外形轮廓、位置关系、有无病变等。

按腹腔穿刺法进行腹腔穿刺,将盛有液体的玻璃瓶(用于过滤空气)连接三通接头(一叉接穿刺针,一叉接空气过滤瓶,一叉接注射空气的注射器),然后向腹腔内注入空气 50 mL/kg 体重或 200～1 000 mL 进行观察。检查完毕后,应再进行腹腔穿刺,排出气体,残余气体数天后可吸收。

(三)泌尿道造影

泌尿道造影可作为膀胱肿瘤、可透性结石、前列腺炎、肾盂积水、输尿管阻塞、肾囊肿、肾肿瘤以及肾功能的检查。

1. 肾盂造影

造影前禁食 24 h,禁水 12 h,使胃肠空虚。仰卧保定,在腹下加用压迫带和气垫压迫输尿管,以免造影剂进入膀胱导致肾盂充盈不良。然后静脉注射经肾排泄的造影剂(50%泛影酸钠或 58%优罗维新 20～30 mL,必要时可加倍),注射后 7～15 min 拍摄腹背位的腹部 X 线片,并立即冲洗。如肾盂显像清晰,可解除压迫,使造影剂进入膀胱,再拍摄膀胱 X 线片。

2. 膀胱造影

按导尿方法插管将尿液排尽。向膀胱内注入造影剂(①阳性造影用 5%～10%有机碘制剂 6～10 mL/kg 体重;②混合造影用空气 6～10 mL/kg 体重和 20%～30%有机碘制剂 1～2 mL/kg 体重)。膀胱插管困难时,可静脉注射造影剂,然后进行 X 线摄影。

任务9 B超检查

B超检查是目前兽医临床使用最广的超声诊断方法。它通过灰阶成像,采用多声束连续扫描,能显示脏器的活动状态(实时显像)、脏器的外形及毗邻关系,以及软组织的内部回声、内部结构,血管及其他管道的分布情况等。

一、操作要领

(一)连接电源

在使用前检查电源电压与仪器的要求是否一致。

(二)连接探头

按扫描的脏器大小、深度要求选择不同频率的探头(换能器)。

(三)多功能旋钮的检查

打开电源开关,指示灯发亮,待预热 2～3 min 后,按仪器说明书要求检查各功能键的工作状态，各项功能正常时，方可进行下一步具体探测扫描工作。

（四）探测扫描

1. 探查部位

犬的主要脏器扫描部位见表 3-5。

表 3-5 犬的主要脏器扫描部位

脏器	心	肝	脾	肾
部位	左、右侧 3、5 肋间胸骨左、右缘稍向背侧	左、右侧 9～12 肋间，肋骨弓下方，胸骨后缘，对向头侧扫描	左侧最后肋间及肷部	左、右 12 肋间上部及最后肋骨后缘

2. 探查方法

犬采取站立、横卧、犬坐、仰卧等各种体位。探查部位剪毛或用新配制的 7%硫化钠脱毛。然后将耦合剂涂擦于局部皮肤或蘸在探头上（常用的耦合剂有专供耦合剂和各种油类如机油、植物油、凡士林等）。握紧探头柄，垂直轻压皮肤或进行多点滑行，也可做定点转动呈扇形扫描。

二、心脏瓣膜及心室壁的探查

犬取横卧或站立位，其心脏扫描部位及方向见表 3-6。

表 3-6 心脏扫描部位及方向

项目	二尖瓣（MV）	主动脉瓣（AV）	三尖瓣（TV）	肺动脉瓣（PV）	心室壁（VW）
扫描部位	右侧 3～5 肋间胸骨右边缘稍偏上方	右侧 3～5 肋间胸骨右边缘稍偏上方	右侧 3～5 肋间胸骨右边缘稍偏上方	左侧 3～4 肋间胸骨缘稍偏上方	左、右侧 3～5 肋间胸骨左右缘稍偏上方
方向	从对侧肘头向尾部方向	从对侧肘头向头部方向	向对侧垂直方向	从对侧肘头向头部方向	向对侧垂直方向

犬等小动物 UCT（超声断层图）和 UCG（超声心动图）扫描，探头直径要小些，用线阵式或扇形扫描较为合适。犬心脏扫描回声图。

图 3-5 中 RV 为右心室，TW 为潮波或压力波。探头频率为 2.25 MHz，左侧横卧位右侧第 4 肋间扫描 MV 及 AV 的 UCG。

图 3-6 探头频率为 5.0 MHz，左右胸壁 4 肋间心区扫描的 UCT，可见明显胸腔积水像（PI）及扩张的肺动脉（PA）内有两条平行的异常回声（F）虫体像。

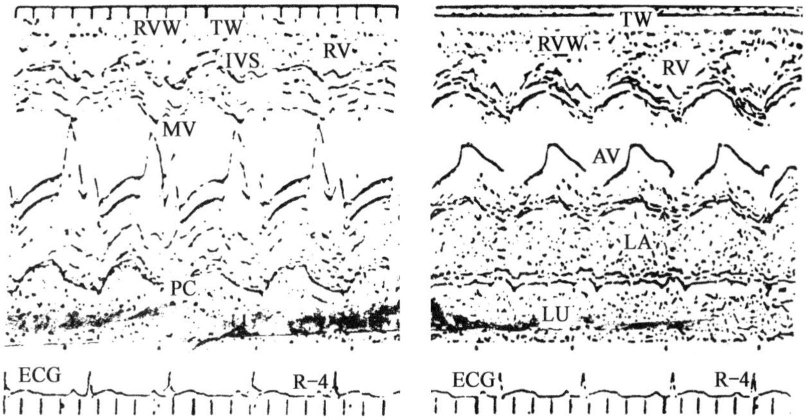

图 3-5　犬左侧横卧位 MV(左图)及 AV(右图)

(引自王书林,2001)

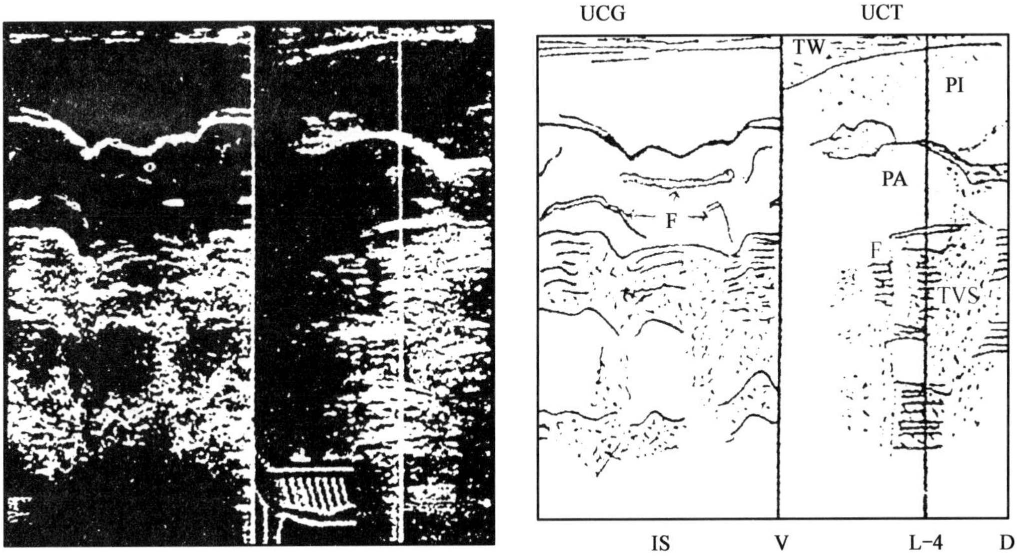

图 3-6　犬心丝虫病心区扫描的 UCT 及 UCG

(引自王书林,2001)

三、肝及胆囊的探查

犬取站立、横卧、犬坐等各种体位。正常肝及胆囊的超声断层像(USG)如图 3-7 所示,肝硬化及腹水肝区扫描的 USG 如图 3-8 所示。

图 3-7 探头频率为 5.0 MHz,仰卧位左右腹侧沿肋骨引角扫描。可见胸骨(St),肝(Li)、门脉(PV)、胆囊(GB)及横膈膜(Di)。

图 3-8 探头频率为 3.5 MHz,肝区扫描的 USG,可见腹水(AS)及肝实质(Li)肿大并回声强度升高。

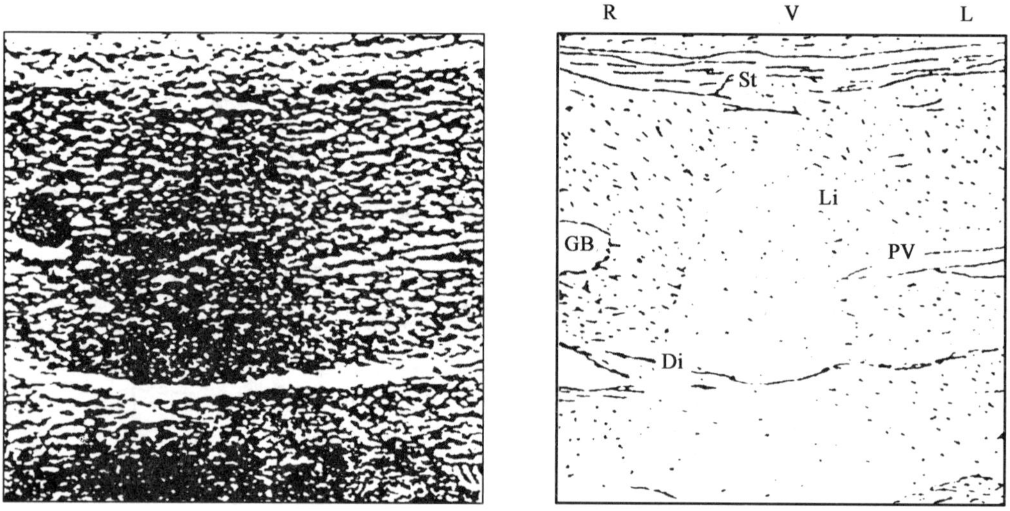

图 3-7　健康犬肝的 USG

(引自王书林,2001)

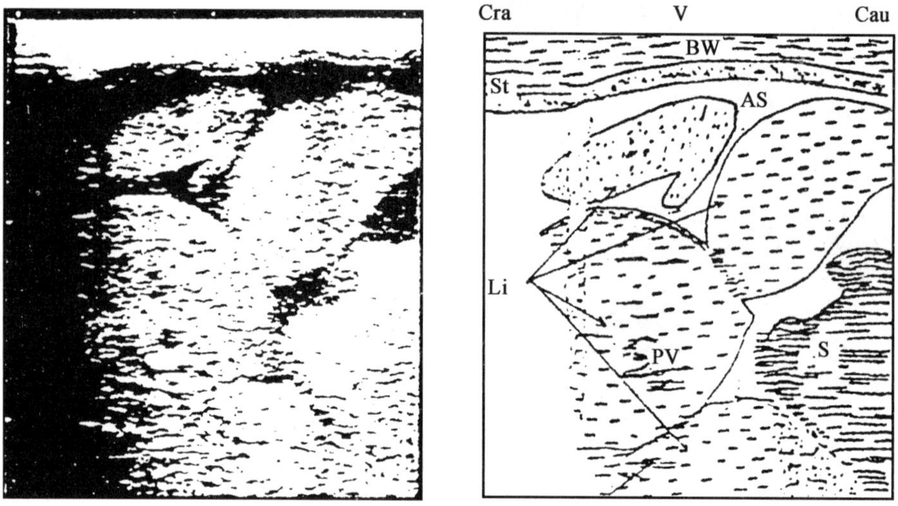

图 3-8　犬肝硬化及腹水肝区扫描的 USG

(引自王书林,2001)

四、脾探查

犬取站立位、右侧横卧、仰卧及犬坐等体位。于左侧最后肋间及肷部可显示出正常脾的USG(图 3-9)及猫脾肿瘤扫描的 USG(图 3-10)。

图 3-9 探头频率为 5.0 MHz,脾(Sp)的实质呈均质低强度回声,同时可见其大小和位置变化。

图 3-10 探头频率为 5.0 MHz,脾扫描的 USG,可见高强度回声的肿大脾(Sp)并紧贴于腹壁(BW)。

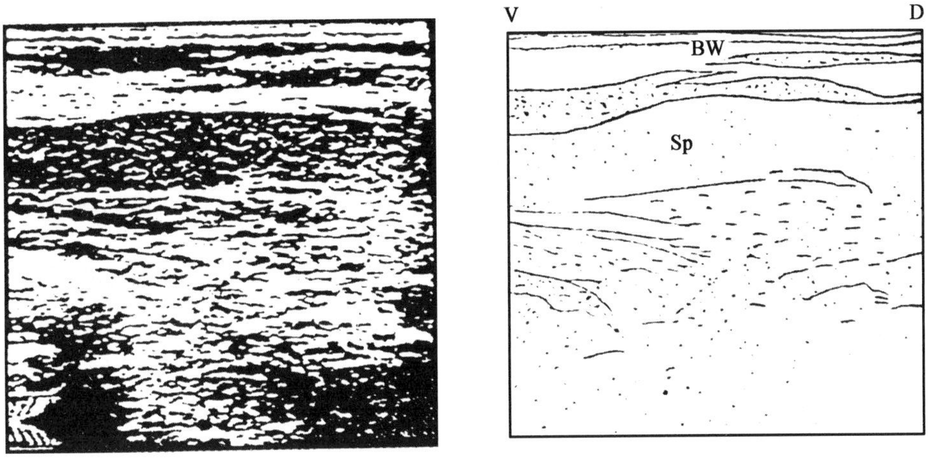

图 3-9 健康犬脾的 USG

（引自王书林，2001）

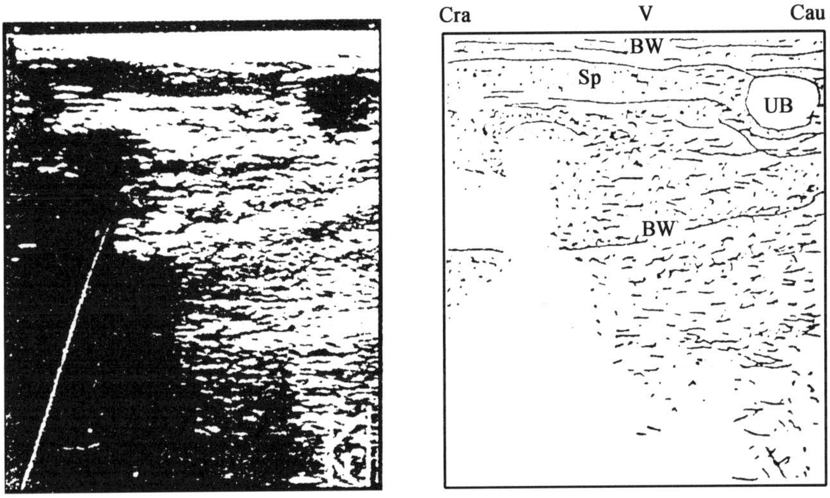

图 3-10 猫脾肿瘤扫描的 USG

（引自王书林，2001）

五、肾探查

犬由于肠内气体回声的干扰，腹壁扫描不易进行。犬正常肾扫描的 USG 见图 3-11、图 3-12。

图 3-11 探头频率为 5.0 MHz，可见低强度回声的皮质部(Cor)、自由回声的髓质部(Med)及高强度回声的肾盂部(Pel)。

图 3-12 探头频率为 5.0 MHz，可见呈椭圆形的轮廓，皮质部(Cor)、髓质部(Med)及肾盂部(Pel)的内部回声状态。

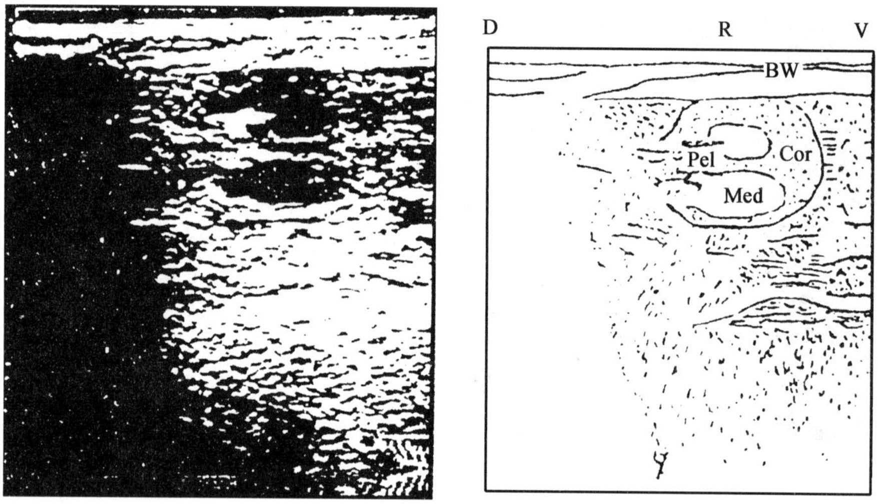

图 3-11 犬正常右肾横断扫描的 USG

(引自王书林,2001)

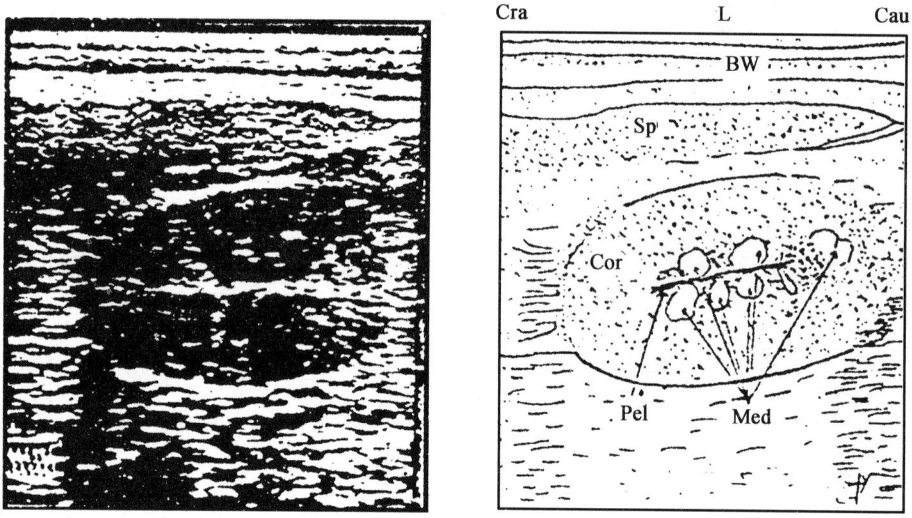

图 3-12 犬正常左肾纵断扫描的 USG

(引自王书林,2001)

六、膀胱的探查

犬膀胱结石扫描的 USG 见图 3-13。

七、妊娠探查

探查条件同心脏探查,犬取站立、横卧、仰卧、犬坐等各种体位,在中腹部进行扫描。见图 3-14。

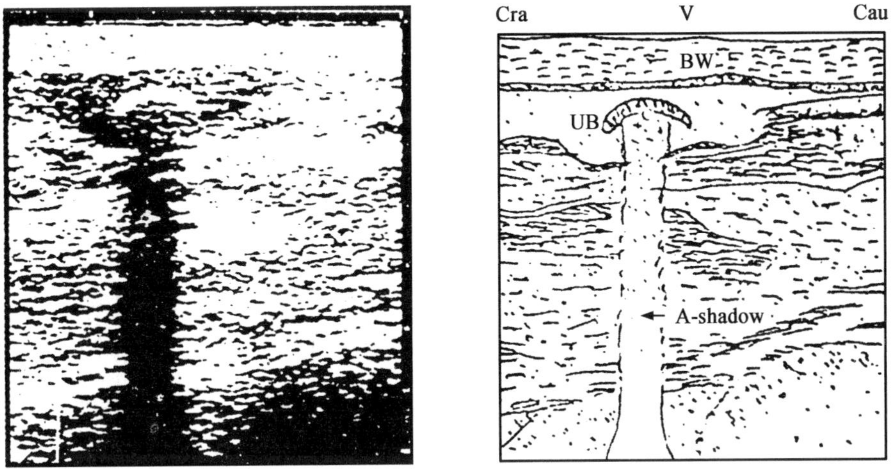

图 3-13 犬膀胱结石扫描的 USG

(引自王书林,2001)

探头频率为 5.0 MHz,犬妊娠 30 日龄胎儿的 USG,可见到胎水(AF)中的胎儿头(FH)和躯干(FT)、脐带(UC)以及母体子宫壁(UtW)。

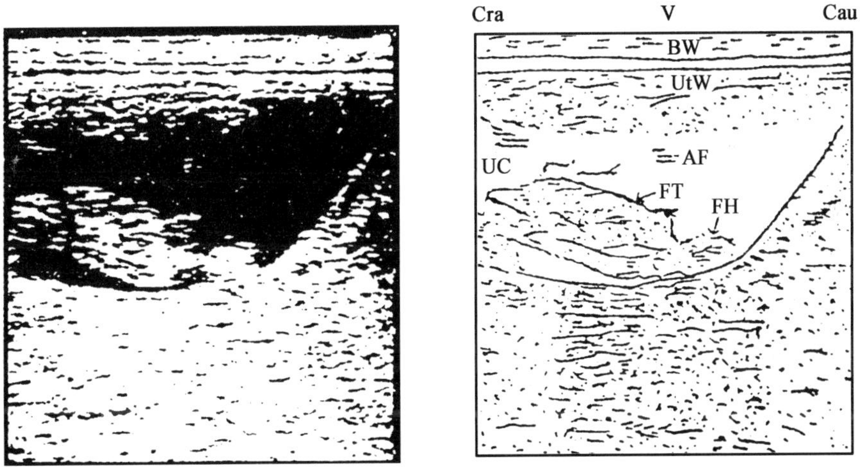

图 3-14 犬妊娠 30 日龄胎儿的 USG

(引自王书林,2001)

【考核评价】

某宠物医院内部培训,制订一个描述 X 光机在临床检查时的适应证、造影方法及操作方法一览表。

案例分析

案例 3-1

金毛猎犬，母，3 岁，体重 28 kg，从 2 m 高处摔下。

主诉：食欲减退，后肢不能站立。

请用 X 光机拍片排除是否有骨折或骨裂现象，试述体位、电压、曝光时间。

案例 3-2

大白熊犬，母，4 岁，体重 28 kg，7 h 内已经产下 8 只幼崽，有难产现象。

主诉：一般每窝 10 只以上，需要检查是否已经全部产下。

请问使用哪种仪器检查予以确定？

【知识拓展】

DR——数字化 X 线摄影系统

DR(digital radiography)又称数字 X 光机，是可以在几秒钟的时间内直接完成 X 线影像的拍摄并把它显示在电脑显示屏上供医生做诊断的 X 线影像设备。DR 是数字化医疗影像的基本设备，是世界未来 X 光机的主要发展方向。

DR 成像更加清晰、细腻，同时兽医师可根据需要进行多种图像后处理，以期获得更多更准确的诊断信息。

DR 操作流程简便快捷，大幅度减少放射技术工作人员的劳动负荷及剂量危害，并提高工作效率。传统 X 线摄影检测效率仅为 20%～30%，而 DR 成像系统的量子检测率则可达 60%以上。因此与传统 X 线摄影的剂量相比，DR 成像的剂量可降低很多。同时，利用其图像处理功能，一次曝光所得图像数据经处理后可以获得与需要改变条件和多次曝光的传统方法相同的效果。在应用上减少曝光次数，也可减少受检者辐射剂量，提高 X 线使用效率。

DR 所需 X 线剂量比传统胶片成像要低很多，降低了 X 线辐射的危害。

DR 数字化的诊疗结果有助于兽医师对病情的远程诊疗，DR 取代传统的 X 光机大大地降低了废片率。传统的 X 光机常因操作者的经验不足导致曝光不足或曝光过度而产生废片。DR 可以曝光后在电脑上重新调节图像的亮度和对比度，因此废片率极低，从而节约了资源，降低了成本。DR 无需胶片和其他耗材，从而极大地降低了宠物医院的运行成本，节约了资源，对环境也没有污染。

二维码 3-2　DR 机

二维码 3-3　DR 系统

【知识链接】

1.《犬、猫放射解剖学图谱》(德)舍比茨等著。

2.《犬、猫 X 线与 B 超诊断技术》(德)凯文·凯利著。

项目4
实验室检验技术

【学习目标】

· 了解犬猫血液分析、尿液分析、粪便分析在临床上的适应证；掌握犬猫血液分析、尿液分析、粪便分析的常用方法；学会犬猫血液分析、尿液分析、粪便分析的结果判定。

【素质目标】

· 培养学生具备工匠精神，对实验室检验的每一个步骤都精益求精，确保结果的准确性。

· 鼓励学生在学习过程中向劳模看齐，具备专业、专注、敬业的实验室检验精神。

【学习内容】

实验室检验是通过运用物理、化学及生物学等学科的技术和方法，对患病宠物的血液、尿液、粪便、病理产物等，利用实验室的设备与条件，进行物理、化学分析，并获得能够反映机体发病原因、功能状态、病理变化等资料的过程。常规的实验室检验技术主要包括血常规检验、尿常规检验、粪便检查、生化检验、寄生虫检查等操作。

任务10　血液检验

一、血液标本采集

根据检验项目决定采血量，常使用静脉采血法。选用部位有颈静脉、前肢臂头静脉和后肢隐静脉。采血时，可将犬猫抱于怀中保定，局部剪毛消毒，在采血部位近心端静脉上结扎止血带，待血管隆起后，选择 1 mL（血液常规检验时）或 5 mL（血液生化检验时）注射器，以 15°～45°角刺入血管内，抽取血液。

（一）静脉采血

犬猫静脉采血部位有前臂皮下静脉、颈静脉、股静脉或跗返静脉等。体形较大的犬可选前臂皮下静脉和跗返静脉。猫常用股静脉，而幼猫多用颈静脉。

犬猫都是小型动物，其静脉细小。为保护静脉的完整性，静脉采血时，必须尽可能减少血管损伤。

对于观赏宠物或仅因麻醉之用途者，可以不剃毛穿刺。但对长毛患病宠物，仔细地剃毛有助于辨认血管，皮肤清洗、消毒。如果被毛没有剪掉，应将其拨开消毒后扎针。

1. 前臂皮下静脉采血

将犬置于操作台呈胸俯卧式。若采右前臂皮下静脉，助手应站在犬的左侧，其左手放在犬颊下部控制头颈不摆动，右手越过犬背部抓住犬右前肢肘关节下方，按着该肢不动并使之伸直，拇指将前臂皮下静脉向外扭转，术者在掌部抓住前肢，在腕关节稍上方静脉内侧开始扎针抽血。

2. 犬跗返静脉采血

将犬侧卧保定。助手抓住前肢下部，用其前臂压住犬颈部于操作台上。另一手抓住后肢膝关节上方使之伸直。某些品种犬不剃毛很难看到静脉，而且皮下血管游离性大，针头不易插入血管。保定后静脉扎针抽血。

3. 犬颈静脉采血

对于短毛长颈品种的犬其颈静脉容易看到。初学者常因血管就紧位于皮下而感到奇怪。被毛厚的犬还是剪毛为好。小型犬或幼犬的颈静脉采血时，助手右臂托住它的胸部，将犬抱在自己怀里，四肢悬空且右手抓住两前肢肘关节下部。左手将犬颊部向上抬高，使颈部伸展。若头稍偏转，颈静脉会看得更清楚。术者用拇指在犬胸腔入口处压住颈静脉沟，右手握住注射器扎针采血。大型犬呈胸卧式于操作台上，其保定方式如同上述。

4. 猫颈静脉采血

猫颈静脉采血方式基本上与犬相似。要注意安全。

5. 猫股静脉采血

猫股静脉采血或注射时，侧卧保定。主人左手抓住猫两耳之间，右手握住猫的两前肢及侧卧时的上后肢，下后肢内侧静脉周围剃毛消毒，术者用左手食指和中指按住股静脉上1/3处，大拇指固定注射部位。右手持注射器，呈10°～15°刺入皮肤扎血管即可回血。股静脉处因皮下结缔组织疏松，游离性大，扎针后易有血肿形成。

6. 猫耳静脉采血

少量的血宜从耳缘静脉采集。在背侧耳缘内侧有静脉处拔去约1.5 cm直径范围的被毛，酒精消毒后，在耳基部压迫使静脉怒张，皮肤涂上薄薄一层凡士林，这样扎针后血液易在皮肤上形成大血滴。

(二)动脉采血

如静脉采血困难或用量大(如用于输血)或需动脉血血气分析、测定动脉压等，可采用动脉插管采血。常用股动脉，该动脉解剖部位浅，易触摸采集。动物镇静或浅麻醉后，侧卧保定，采血肢在下。股内侧消毒，在股内侧股骨前上方，一手触摸股动脉，根据其搏动，确定其走向。在欲穿刺处用粗针头穿透皮肤。选用适宜粗细静脉套管针，经此皮肤穿刺孔，刺入并呈15°～30°角由下向上刺入动脉。拔除针芯，迅速接上三通开关，根据需要自三通开关收集血液或接测血压导管。

(三)心脏采血

选择左心室采血。常规剪毛、消毒，将动物右侧卧保定、麻醉。在左侧胸廓的下1/3与中1/3交界处的水平线和第5肋间隙交叉点处，用装有抗凝剂的20 cm注射器连接16号针头，垂直刺入皮肤。针尖透过皮肤后，速度应缓慢，当刺透胸膜后，注射器内维持负压。仔细地将针头朝心脏推进，当针管有血液回流时，说明针尖刺入心脏，继续进针，刺入左心室内，进行采血。

二、血液的抗凝

常用的抗凝剂有下列几种。

1. 乙二胺四乙酸

乙二胺四乙酸（EDTA）为常用抗凝剂之一。常用其钠盐（Na_2 EDTA・H_2O）或钾盐（K_2 EDTA・$2H_2O$）。EDTA 能与血液中钙离子结合成螯合物，而使 Ca^{2+} 失去凝血作用，从而阻止血液凝固。适用于多项血液学检查，对血细胞形态影响不大，可防止血小板聚集，在室温下数小时内，对血红蛋白、血小板计数、血片染色均无不良影响。其 10%溶液 0.1 mL 可使 5 mL 血液不凝固。但不能用于输血。

2. 草酸钾

草酸钾的优点为溶解度大，抗凝作用强。缺点为能使红细胞缩小，不适于血细胞比容的测定。草酸钾抗凝的操作方法为取草酸钾结晶少许（约 10 mg）置于试管或小瓶中，采血 5 mL，轻轻混匀。或用 10%草酸钾液 0.1 mL，分装于小瓶中，置烘箱（温度控制在 45 ℃左右，不得超过 80 ℃）干燥后备用，可使 5 mL 血液不凝固。

3. 草酸铵与草酸钾合剂

草酸铵能使红细胞膨胀，故常常将其与草酸钾配合成合剂使用。配方为草酸铵 6 g、草酸钾 4 g、蒸馏水 1 000 mL，每 5 mL 血液用 0.1 mL 即可抗凝。也可取此液 0.1 mL，分装于小瓶内，在 45 ℃烘箱中烘干备用，可使 5 mL 血液不凝固。但草酸盐抗凝血不能用于输血。

4. 枸橼酸钠

枸橼酸钠（又称柠檬酸钠）常用于血沉测定和输血时的抗凝剂，不适于血液化学检验。配成 3.8%溶液，与要采血量以 1∶10 的比例加入。

5. 肝素

肝素是生理性抗凝剂，广泛存在于肺、肝、脾等几乎所有组织和血管周围肥大细胞和嗜碱性粒细胞的颗粒中。优点是抗凝作用强，不影响红细胞的大小，对血液化学分析干扰少。但不宜做纤维蛋白原测定，其抗凝血涂片染色时，白细胞的着染性较差。常配 0.5%～1%溶液，0.1 mL 可使 3～5 mL 血液不凝固。

三、血样的处理

血液采集后，最好立即进行检验，或放入冰箱中保存，夏天在室温下放置不得超过 24 h。不能立即检验的，应将血片涂好并固定，需用血清的，采血时不加抗凝剂，采血后血液置于室温或 37 ℃恒温箱中，血液凝固后，将析出的血清移至容器内冷藏或冷冻保存。需用血浆者，采抗凝血，将其及时离心（2 000～3 000 r/min）5～10 min，吸取血浆于密封小瓶等容器中冷冻保存。注意，进行血液电解质检测的血样，血清或血浆不应混入血细胞或溶血。血样保存最长期限，白细胞计数为 2～3 h，红细胞计数、血红蛋白测定为 24 h，红细胞沉降率为 3 h，血细胞比容测定为 24 h，血小板计数为 1 h。

四、血液常规检验

1. 红细胞沉降率的测定

红细胞沉降率(ESR)简称血沉率，是指将血液加入抗凝剂后，在一定时间内红细胞向下沉降的距离(mm)。

测定血沉率的方法很多，有魏氏法、涅氏法、温氏法、潘氏法、倾斜法、微量法等。在兽医临床中，以魏氏法较常用，健康犬的血沉率 30 min 为 1，60 min 为 2。

操作方法：魏氏血沉管全长 30 cm，内径约 2.5 mm，管壁有刻度 0～200，距离为 1 mm，容量 1 mL，附有特制的血沉架。测定时，取一刻度试管，加入抗凝剂，采颈静脉血，轻轻混合。随后用魏氏血沉管吸取抗凝全血至刻度 0 处，于室温内垂直固定在血沉架上，经 15 min、30 min、45 min、60 min，各观察一次，分别记录细胞沉降数值。

临床意义：血沉测定是一种非特异性检查，它只能说明体内存在有病理过程，不能单独用于临床诊断。血沉加快，见于贫血、溶血性疾病、急性炎症、恶性肿瘤、风湿、结核、急性肾炎、急性传染病等；血沉减慢，见于大量脱水(如腹泻、呕吐、肠梗阻、暴汗、多尿)、肝脏疾病及心力衰竭等。

2. 血细胞比容的测定

血细胞比容(HCT)或红细胞压积容量(PCV)，即将抗凝血加入血比容管中，经离心压紧后红细胞所占的百分率。健康犬的 PCV 为 37%～55%，猫为 30%～45%。

(1)操作方法。用长针头抽取抗凝血，注入温氏管底部，由下至上挤入血液到刻度 10 处，切不可有气泡，以 3 000 r/min 的速度离心 30～40 min，当沉淀的红细胞稳定时，读取红细胞柱层的刻度数，即为血细胞比容，常以百分率表示。为提高准确性，一般应在离心 10 min 后第二次读结果，如与第一次读数相同，即可报告。

(2)临床意义。血细胞比容增高见于各种原因引起的脱水，造成血液黏稠、红细胞相对增加的结果，如急性胃肠炎、液胀性胃扩张、肠阻塞、胃肠破裂、渗出性腹膜炎等，通常可从 PCV 增高的程度估计患病宠物的脱水程度并粗略地估计输液量。血细胞比容降低，见于各种原因引起的贫血。血浆颜色改变，有助于判断某些疾病。如颜色呈深黄色，为血浆中直接胆红素或间接胆红素增加，见于肝脏疾病、胆道阻塞、溶血性疾病等；颜色呈淡红或暗红色，为溶血性疾病的特征。

3. 血红蛋白含量测定

用血红蛋白计测定每 100 mL 血液内所含血红蛋白的质量(g)或百分数。测定血红蛋白的方法很多，有比色法、密度法、血氧法、测铁法等，常用的是沙利氏目视比色法。

(1)检测方法。

①于血红蛋白稀释管内加入 0.1 mol/L 盐酸溶液至刻度 10%处。

②用血红蛋白吸管吸取血液至 20 mm^3 刻度处，拭净管外附着血液，迅速将管内血液缓缓吹入血红蛋白稀释管内的盐酸溶液中，再吸取上层盐酸溶液反复吹洗数次，勿使产生气泡。移去血红蛋白吸管，用小玻璃棒搅拌或轻轻摇振，使血液与盐酸溶液混合而呈褐色。

③将测定管插入比色架内，静置 10 min。

④慢慢分次沿测定管壁滴加蒸馏水，边加边混匀，边比色，直至血红蛋白测定管液体的颜

色与标准比色柱一致为止，读取测定管液体凹面最低处的刻度数，即为 100 mL 血液内所含血红蛋白的质量(g)或百分数。

(2)临床意义。血红蛋白含量增多见于机体脱水而血液浓缩的各种疾病，如腹泻、呕吐、大出汗、多尿等，也见于肠便秘及某些中毒病；真性红细胞增多以及心肺性疾病时，由代偿作用所致的红细胞增多，血红蛋白也相应增高。血红蛋白减少，见于各种贫血、血孢子虫病、急性钩端螺旋体病、胃肠寄生虫病及毒物中毒。

4. 红细胞计数

红细胞计数可诊断贫血和对贫血进行形态学分类，常用的方法为显微镜计数法。

(1)测定方法。用 5 mL 刻度吸管吸取红细胞稀释液 3.98 mL，置于试管中。用沙利氏吸管吸取血液至 20 mm^3 刻度处，擦去吸管外壁多余的血液，将此血液吹入试管底部，再吸吹数次，以洗出沙利氏管内黏附的血液，然后试管口加盖，颠倒混合数次。即将血液稀释 200 倍。

充液时，先将血盖片紧密盖于计数室上，用毛细吸管吸取或用玻棒蘸取已稀释的血液，滴放于计数室与血盖片之间空隙处，即可自然流入计数室内，静置数分钟，待红细胞下沉后，开始计数。

计数时，先用低倍镜，光线不要太强，找到计数室的格子后，把中央大方格置于视野之中，然后转用高倍镜。在此中央大方格内选择四角与中间的 5 个中方格，或用对角线方法计数 5 个中方格。每一中方格有 16 个小方格，所以，总共计数 80 个小方格。计数时，要注意将压在左边双线上的红细胞计数在内，压在右边双线上的不要计入；同样，压在上线的计入，压在下线的不计入，此即所谓“数左不数右，数上不数下”的计数法则(图 4-1、图 4-2)。

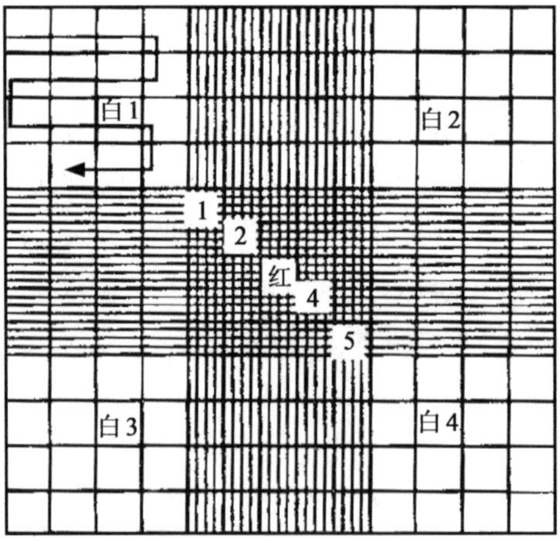

图 4-1　血细胞计数室

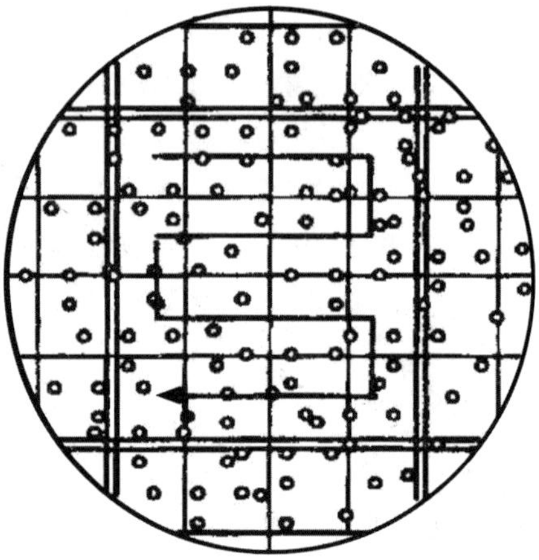

图 4-2　红细胞计数

(2)计算方法。

$$Y=\frac{X}{80}\times 400\times 200\times 10$$

式中：Y 为 1 mm^3 血液中红细胞个数；X 为 5 个中方格即 80 个小方格内的红细胞总数；400 为一个大方格内小方格数，即 1 mm^2 面积内共有 400 个小方格；200 为稀释倍数；10 为血盖片与计数板间的实际高度是 1/10 mm，乘 10 后，则为 1 mm。

上式简化后为

$$Y=10\ 000X$$

在填写检验报告单时宜用“$\times 10^{12}$ 个/L”表示。

(3)临床意义。

①相对性红细胞增多：指血浆容量减少，血液浓缩所致，常见于下痢、呕吐、多尿、多汗等症状。

②绝对性红细胞增多：是红细胞增生所致，原发性红细胞增多症与促红细胞生成素产生过多有关，见于某些肾病、肝细胞癌等；继发性红细胞增多，是各种类型的缺氧，代偿性地使红细胞绝对数增多。

③红细胞数和血红蛋白量减少：见于各种类型贫血，如造血原料不足、造血功能障碍、红细胞破坏过多或慢性失血等。

④红细胞形态异常：红细胞大小不均，中央区苍白，大的红细胞增多，见于营养不良性贫血。中央淡染区扩大，小的红细胞特别多，见于缺铁性贫血。红细胞呈梨形、星状，见于重症贫血；红细胞呈串线状，见于炎症和肿瘤性疾病；红细胞体积变小，着色暗，缺乏中央凹陷，见于自身免疫性和同族免疫性溶血性贫血。红细胞内含有蓝黑色大小不一的颗粒，是铅中毒的特征性表现。

5. 红细胞平均指数的计算

红细胞平均指数一般指红细胞平均容积(MCV)、红细胞平均血红蛋白含量(MCH)、红细胞平均血红蛋白浓度(MCHC)。

(1)计算公式。

$$\text{MCV(fL)}=\frac{\text{每升血液中红细胞体积(体积分数}\times 10^{15})}{\text{每升血液中红细胞总数}}$$

$$\text{MCH(pg)}=\frac{\text{每升血液中血红蛋白质量(体积质量)}}{\text{每升血液中红细胞总数}}$$

$$\text{MCHC(g/L)}=\frac{\text{每升血液中血红蛋白质量(体积质量)}}{\text{每升血液中血细胞体积(体积分数)}}$$

(2)临床意义。

①MCV 增多，见于骨髓增殖性疾病、某些肝病、维生素 B_{12} 和叶酸缺乏；MCV 减少，见于铜缺乏和铁缺乏。

②MCH 增多，溶血性贫血，为细胞外血红蛋白增加所致；MCH 减少，见于缺铁性贫血。

③MCHC 增多，免疫介导性贫血和一些溶血性贫血，为细胞外血红蛋白增加所致。

④MCHC 减少，见于铁缺乏和网织红细胞增多。

6. 白细胞计数

白细胞是各阶段粒细胞(中性粒细胞、嗜酸性粒细胞、嗜碱性粒细胞)、单核细胞和淋巴细胞的统称。炎症、感染、组织损伤和白血病时，常引起白细胞数量变化。因此，白细胞计数是临床上最常用的检验项目之一，计数方法有显微镜计数法和电子计数仪计数法。健康犬白细胞总数为 6 000～18 000 个/mm^3，即$(6\sim18)\times10^9$ 个/L。

(1)操作方法。在小试管内加入白细胞稀释液 0.38 mL。用沙利氏吸血管吸取血液至 20 mm^3 刻度处，擦去管外黏附的血液，吹入试管中，反复吸吹数次，以洗净管内黏附血液，充分振荡混合。

用毛细吸管吸取被稀释血液，沿计数板与盖玻片的边缘充入计数室内，静置 1～2 min 后，低倍镜观察。将计数室四角四个大方格内的全部白细胞依次数完，注意压在左线和上线的白细胞计算在内，压在右线和下线者均不计算在内。

(2)计算方法。

$$Y=\frac{X}{4}\times 20\times 10$$

式中：Y 为 1 mm^3 血液中白细胞个数；X 为四角 4 个大方格内的白细胞总数；$X\div 4$ 为 1 个大方格内的白细胞数；20 为稀释倍数；10 为血盖片与计数板的实际高度是 1/10 mm，乘 10 后则为 1 mm。

上式简化后为

$$Y=50X$$

在填写检验报告单时宜用"$\times 10^9$ 个/L"表示。

(3)临床意义。

①白细胞数增加：见于某些细菌(如葡萄球菌、链球菌、肺炎链球菌、大肠杆菌、绿脓杆菌)感染、真菌感染、立克次体感染；代谢性中毒；化学药品中毒；注射血清及疫苗之后；急性出血；白血病、急性溶血性疾病、败血性疾病等。

②白细胞数减少：见于某些病毒性疾病；慢性中毒；血孢子虫病及各种疾病的濒死期等。白细胞总数急剧下降，表示病情严重，多预后不良。

7. 白细胞分类计数

(1)操作方法。

①血涂片(血片)制备：血涂片用显微镜检查是血液细胞学检查的基本方法，良好的血涂片和染色是血液形态学检查的前提。一张良好的血涂片，厚薄要适宜，头、体、尾要明显，细胞分布要均匀，血膜边缘要整齐，并留有一定的空隙。制备血涂片时，血滴越大，角度越大，推片速度越快，则血膜越厚，反之血涂片越薄。血涂片太薄，50%的白细胞集中于边缘或尾部，血涂片过厚，细胞重叠缩小，均不利于白细胞分类计数。引起血涂片分布不均的主要原因有推片边缘不整齐，速度及用力不均匀，载玻片不清洁。

选取一边缘光滑平整的载玻片作为推片，用左手的拇指与食指、中指夹持一洁净载玻片，取被检血液 1 滴，置于其右端，右手持推片置于血滴前方，并轻轻向后移动推片，使与血滴接触，待血液扩散开后，再以 30°～40°角向前匀速用力推进涂抹，即形成血膜，迅速自然风干。所涂血片，血液分布均匀，厚度适当，对光观察呈霓虹色，血膜位于玻片中央，两端留有适当空隙，以便注明畜别、编号及日期，即可染色。

②细胞染色：将被检血涂片，吉姆萨或瑞氏法染色 0.5～1 min 后，加等量缓冲液，混匀，再染 5～10 min，水洗，吸干。

③镜检：先用低倍镜做大体观察，如染色合格，再换用油镜计数，通常在血涂片的一端或中心进行计数。有顺序地移动血涂片，计数白细胞 100～200 个(白细胞总数在 1 万个/mm^3 以

下计数100个;在2万个/mm^3以下计数200个;在2万个/mm^3以上计数400个),分别记录各种白细胞数,最后算出各种白细胞所占百分比。

(2)临床意义。中性粒细胞增多,见于某些传染病、急性化脓性疾病、急性炎症、大手术后、外伤、烫伤、酸中毒前期等。分析时要结合白细胞总数的增、减变化,特别要注意核指数的变化以反映疾病的病情和预后。核指数是指未完全成熟的中性粒细胞与完全成熟的中性粒细胞之比。

$$\text{核指数}=\frac{\text{中幼细胞}+\text{晚幼细胞}+\text{杆状细胞}}{\text{分叶细胞}}$$

核指数大于0.1,称为核左移,表示未成熟的中性粒细胞比例增多;反之,小于0.1则称为核右移。核指数的严重左移或右移,反映病情的危重或机体的高度衰竭。

白细胞总数增多同时核左移,称为再生性左移,表示机体处于积极防御阶段,骨髓造血功能旺盛,释放大量粒细胞至外周;白细胞总数减少时核左移,称为退行性左移,标志着机体的抵抗力降低,骨髓释放粒细胞功能受抑制。核右移,主要见于重度贫血或严重的化脓性疾病,在疾病进展期出现核右移提示预后不良。

中性粒细胞减少,主要见于病毒性疾病、再生障碍性贫血、缺铁性贫血及各种疾病的垂危期。

嗜酸性粒细胞增多,主要见于变态反应性疾病(如过敏反应)、寄生虫病(如肝片吸虫病、球虫病、旋毛虫病)、皮肤病(湿疹、疥癣)、注射血清之后和某些恶性肿瘤等。

嗜酸性粒细胞减少,见于毒血症、尿毒症、严重创伤、中毒、饥饿及过劳等,长期使用肾上腺皮质激素后也可出现嗜酸性粒细胞减少。

淋巴细胞增多,主要见于某些感染性疾病的恢复期。

淋巴细胞减少,见于内源性皮质类固醇释放增多时,如感染,肝、肾、胰和消化衰竭,消化道阻塞,休克,外科手术,肾上腺皮质功能亢进,淋巴外渗和放射线照射。

单核细胞增多,见于糖皮质激素增加、某些原虫性疾病、慢性炎症、内脏出血、溶血性疾病、化脓性疾病、免疫介导性疾病、肉芽肿等。

单核细胞减少,主要见于急性传染病的初期和各种疾病的垂危期。

8. 血小板计数

血小板有保护毛细血管完整性、促进血管收缩、促进血液凝固的作用,因此血小板计数对诊断出血性疾病是必做的检验项目。

用尿素溶解红细胞、白细胞而保存完整形态的血小板,在血细胞计数室内直接计数。健康犬为(20 000~90 000)个/mm^3,即$(2\sim9)\times10^{10}$个/L;健康猫为(30 000~70 000)个/mm^3,即$(3\sim7)\times10^{10}$个/L。

(1)试剂。血小板计数所用的稀释液种类很多,现就较常用的复方尿素稀释液介绍如下:尿素10.0 g、枸橼酸钠0.5 g、40%甲醛溶液0.1 mL、蒸馏水加至100.0 mL。待上述试剂完全溶解后,过滤,置冰箱可保存1~2周,在22~32 ℃条件下可保存10 d左右。当稀释液变质时,溶解红细胞能力就会降低。

(2)操作方法。吸取稀释液0.38 mL置于小试管中。用沙利氏吸血管吸取末梢血液或用加有Na_2EDTA抗凝剂的新鲜静脉血液至20 mm^3刻度处,擦去管外黏附的血液,插入试管,吹吸数次，轻轻振摇，充分混匀。静置 20 min 以上，使红细胞溶解。充分混匀后，用毛细吸管吸取 1 小滴，充入计数室内，静置 10 min，用高倍镜观察。任选计数室一个大方格，按计数法则计数。在高倍镜下，血小板呈椭圆形、圆形或不规则折光小体，注意切勿误将尘埃等异物计入。

(3)计算。

$$Y=X\times 20\times 10$$

式中：Y 为 1 mm^3 血液中血小板个数；X 为一个大方格中的血小板数；20 为稀释倍数；10 为计算室与血盖片之间的高度为 0.1 mm，乘 10 后则为 1 mm。

上式简化后为：

$$Y=200X$$

在填写检验报告单时宜用"$\times 10^9$ 个/L"表示。

(4)临床意义。

①血小板增多：见于原发性血小板增多症，骨髓增生综合征等；继发性见于急、慢性出血，溶血性贫血，出血性贫血，急性感染，骨折，创伤，手术后等。

②血小板减少：生成减少见于再生障碍性贫血、某些真菌毒素中毒、急性白血病、放射病等；血小板破坏增多见于原发性血小板减少性紫癜、感染、脾功能亢进等；消耗过多见于伴有弥散性血管内凝血过程的各种疾病。

五、血液分析仪及临床应用

血液分析仪是目前临床血液检验常用检测仪器。其特点是检测速度快、精确度高、操作简便。目前，各类血液分析仪主要能完成两大功能：①细胞计数功能。②细胞分类功能。血液分析仪检测原理主要是电阻抗法。

(一)电阻抗法血液分析仪器组成

电阻抗法血液分析仪器主要包括以下部分。

(1)信号发生器。通过小孔的各种血细胞都能产生电阻信号，信号电平的高低与细胞的大小成正比。

(2)放大器。血细胞通过小孔时产生的脉冲信号非常微弱，需通过电子放大器，将微伏信号放大为伏级脉冲信号，才可触发电路。

(3)阈值调节。在计数不同细胞时，应调节阈值电平——以给出合适的阈值度，使计数结果尽量符合实际水平。

(4)甄别器。各种微粒(血细胞、细胞碎片、杂质等)通过小孔时均可产生相应脉冲信号；甄别器则根据阈值提供的参考电平，将低于参考电平的各种非计数目标的假信号去掉，以提高计数的准确性。

(5)整形器。经放大和甄别后的细胞脉冲信号，波形不一致，必须经过整形器调整为标准的平顶波形后，才可触发计数电路。

(6)计数系统。血细胞产生的脉冲信号，经过放大、甄别、整形后，送入计数系统；仪器对大小不同的脉冲进行选择，区分出不同类型的细胞并分别进行计数。

(二)电阻抗法检测原理

根据血细胞相对非导电的性质，悬浮在电解质溶液中的血细胞颗粒，在通过计数小孔时可引起电阻的变化为基础，对血细胞进行计数和体积测定。这便是电阻抗原理，又称库尔特原理。

将等渗电解质溶液稀释的细胞悬液置入不导电容器中，将小孔管（也称传感器）插进细胞悬液中。小孔管是电阻抗法细胞计数的重要组成部分。其内充满电解质溶液，并有一个内电极，小孔管的外侧细胞悬液中有一个外电极。接通电源后，位于小孔管两侧的电极产生稳定的电流；混悬细胞的稀释液可从小孔管外侧通过小孔管壁上的宝石小孔（直径<100 nm，厚度约75 nm）向小孔管内部流动。此时孔周围充满了具有导电性的液体，其电子脉冲是稳定的。如果提供的电流（I）和电阻（R）都是稳定的，根据欧姆定律，小孔的电压也是不变的（$V=IR$）。但当细胞通过小孔时，在电路中小孔感应区内电阻增高，于是瞬间引起了电压变化而出现一个脉冲信号。脉冲信号变化的程度取决于非导电性细胞体积的大小，细胞体积越大产生的脉冲振幅越高，测量脉冲的大小即可测出细胞体积大小，记录脉冲的数量就可测定细胞的数量。这些脉冲信号经过放大、阈值调节、甄别、整形、计数及自动控制保护系统，最终可打印出数据报告。电阻抗法血细胞计数原理见图4-3。

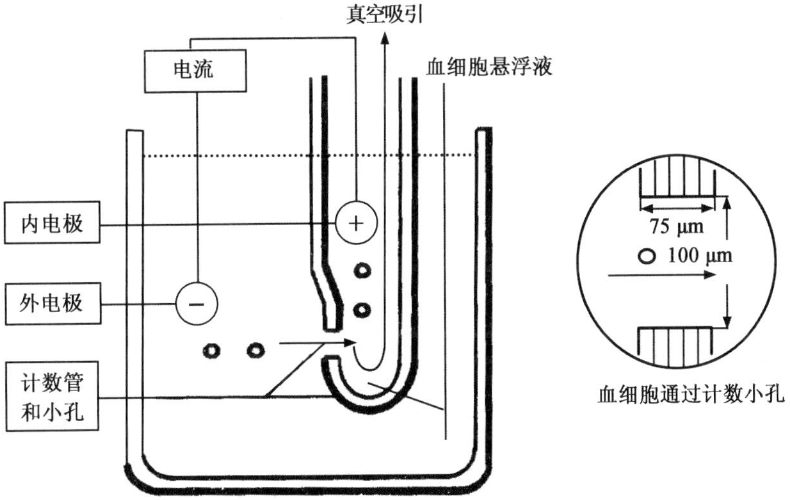

图4-3　电阻抗法血细胞计数原理

1. 白细胞计数和分类计数原理

根据电阻抗的原理，不同体积的白细胞通过小孔时产生的脉冲大小有明显的差异，依据这些脉冲的大小，可对白细胞进行分群。仪器可将体积为35～450 fL的血细胞，分为256个通道，每个通道为64 fL，根据细胞大小分别置于不同的通道中，从而显示出白细胞体积分布直方图。

经溶血素处理后脱水的血细胞体积大小，取决于脱水后细胞内有形物质的多少。淋巴细胞为单个核细胞，颗粒又少，细胞小，一般在35～98 fL；中性粒细胞核分叶多，颗粒多，胞体大，多在135～350 fL；单核细胞、嗜酸性粒细胞、嗜碱性粒细胞以及原始细胞、幼稚细胞等，多在98～135 fL，称为中间型细胞。因此根据细胞体积大小，可初步确认相应的细胞群第一群(35～90 fL)是小细胞区,主要分布的是淋巴细胞。第二群(90～160 fL)是单个核细胞区,也称为中间细胞区,主要包括单核细胞、嗜酸性粒细胞、嗜碱性粒细胞,核左移的各阶段幼稚细胞或白血病时的白血病细胞。第三群(160 fL 以上)是大细胞区,主要是中性粒细胞。仪器根据各亚群占总体的比例,计算出白细胞各亚群的百分率;如果白细胞各亚群的百分率与同一标本的白细胞总数相乘,即得到各亚群细胞的绝对值。可见,电阻抗法血液分析仪白细胞分类只是根据细胞体积的大小,将白细胞分成几个群体,在一个群体中可能以某种细胞为主(如小细胞区主要是淋巴细胞)。但由于细胞体积间的交叉,可能还存在其他细胞。

2. 电阻抗法红细胞检测原理

(1)红细胞计数和血细胞比容测定。目前,大多数血液分析仪都是用电阻抗法进行红细胞计数和血细胞比容测定,其检测原理同白细胞计数相似。当红细胞通过计数小孔时,产生相应大小的脉冲。脉冲的高低代表每个红细胞的体积,脉冲的多少即为红细胞的数目,脉冲高度叠加经换算得出血细胞比容。稀释血液中含有白细胞,当血液进入红细胞检测通道时,红细胞检测的各项参数中均含有白细胞因素。正常时,血液红细胞与白细胞的比例为(500～750)∶1。因此,白细胞因素可忽略不计。但当病理情况下,如白血病时,白细胞数明显增高,同时又伴有贫血时,使所得红细胞参数可产生明显误差,血细胞比容通常用红细胞平均体积(MCV)与红细胞数相乘得到。

(2)血红蛋白测定。当稀释血液中加入溶血剂后,红细胞溶解并释放出血红蛋白,血红蛋白与溶血剂中的某些成分结合形成一种血红蛋白衍生物,进入血红蛋白测试系统,在特定的波长(一般在 530～550 nm)下进行比色;吸光度的变化与稀释液中血红蛋白含量成正比,仪器通过计算可显示出血红蛋白的浓度。

六、血液生化检验

(一)血糖测定

血糖测定的方法有邻甲苯胺缩合法、氧化酶法和福林-吴氏法。

1. 原理

无蛋白血滤液中的葡萄糖,具有还原性,与碱性高铜混合加热后,将高铜还原成氧化低铜而呈红色沉淀,此沉淀物再被磷钼酸氧化成蓝色物质。与同样处理的标准葡萄糖管比色,而求得血糖含量。

2. 试剂

(1)0.25%苯甲酸溶液:取苯甲酸 2.5 g,溶于煮沸蒸馏水 1 000 mL 中。冷却后,应用时吸取上清液。本品为防腐剂,放在冷暗处,可较久地保存。

(2)葡萄糖贮存标准液(1 mL 含 10 mg 葡萄糖):取少量化学纯葡萄糖,置硫酸或氯化钙干燥器内过夜后,精确称取已干燥葡萄糖 1 g,置于 100 mL 量瓶中,加 0.25%苯甲酸溶液至刻度,混匀使完全溶解。

(3)葡萄糖应用标准液(1 mL≌0.1 mg 葡萄糖):取葡萄糖贮存标准液 5 mL,置 500 mL 量瓶中,加 0.25%苯甲酸溶液至刻度处混匀。此液保存备用,有效期至少半年。

(4)碱性铜溶液:

无水碳酸钠（化学纯）	40 g
酒石酸（化学纯）	7.5 g
结晶硫酸铜（化学纯）	4.5 g
蒸馏水	加至1 000 mL

碱性铜溶液配制法。先将无水碳酸钠溶于400 mL蒸馏水中，酒石酸溶于300 mL蒸馏水中，结晶硫酸铜溶于200 mL蒸馏水中，均可加热助溶。待各液完全溶解，冷却后，依次倾入1 000 mL量瓶中，混匀，补加蒸馏水至刻度。此试剂如呈蓝色，则不能应用。

（5）磷钼酸试剂：

氢氧化钠	40 g
钼酸（化学纯）	70 g
钨酸钠（化学纯）	10 g
浓磷酸（浓度85%，相对密度1.71）	250 mL
蒸馏水	加至1 000 mL

磷钼酸试剂配制法。将氢氧化钠溶于约800 mL蒸馏水中，再加入钼酸和钨酸钠。为除去钼酸内可能存在的残氨气，煮沸20～50 min至容器内无氨气为止，冷却后，倾入1 000 mL量瓶中，并以少量蒸馏水冲洗原容器壁，一并倾入量瓶。加入浓磷酸，最后加蒸馏水稀释至刻度。滤过，装于棕色瓶中，避光保存备用。此液应为无色或极淡绿色溶液。如保存不当，而变为黄绿色或蓝色，表示试剂本身已被还原，不能使用。

（6）10%钨酸钠溶液：此液应为中性，如过酸或过碱，可用0.1 mol/L硫酸溶液或0.1 mol/L氢氧化钠溶液校正。

（7）2∶1硫酸溶液：取当量硫酸溶液2份加蒸馏水1份，混合即得。

3.操作方法

（1）制备无蛋白血滤液50 mL，制备时常用钨酸钠法。其步骤是：取小烧杯或大试管一支，先加入蒸馏水7 mL，再加入新鲜抗凝血1 mL，充分混匀，使之溶血。然后，加入10%钨酸钠溶液1.0 mL，混匀。最后，徐徐加入2∶3硫酸溶液1 mL，随加随摇，充分混匀。放置5～10 min后，用优质滤纸过滤或离心沉淀，即可获得无色清亮无蛋白血滤液以备使用。

此法所得无蛋白血滤液近中性，不仅适用于葡萄糖的测定，还可用于非蛋白氮、尿素氮、肌酐等的测定。

（2）取血糖测定管3支，分别标明测定管、标准管及空白管，按表4-1操作。

4.计算

测定管吸光度/标准管吸光度×0.2×100/0.2＝全血血糖含量（mg/100 mL）。计算结果即每100 mL血液内葡萄糖的质量（mg）。

5.注意事项

（1）血糖测定管必须符合标准，否则不能使用。

（2）试剂若已变质应废弃，重新配制。例如，碱性铜溶液有黄色沉淀或磷钼酸试剂变为蓝色均表示已变质，应重新配制。

（3）血液标本必须新鲜，不能放置过久。否则血糖易分解，致使血糖测定结果偏低。如不能及时测定，应先制成无蛋白血滤液后，放冰箱内保存。

正常参考值犬为3.30～6.70 mmol/L；猫为3.89～7.50 mmol/L。

表 4-1 血糖测定操作步骤

步骤		测定管	标准管	空白管
1	无蛋白血滤液/mL	2	0	0
	葡萄糖应用标准液/mL	0	2	0
	蒸馏水/mL	0	0	2
	碱性铜溶液/mL	2	2	2
2	混合后,在沸水中煮沸 8 min(严守时间),取出后浸于冷水中 2～3 min(不可摇动)			
3	磷钼酸试剂/mL	2	2	2
4	混合后,室温下静置 2 min			
5	蒸馏水加至/mL	25	25	25
6	混匀,待管内二氧化碳逸出后比色。选用 620 nm 滤光板比色,读取各管光密度			

6. 临床意义

(1)升高。血糖升高是肝糖原分解的加速或组织对葡萄糖利用的降低所致。

①病理性血糖升高,多见于糖尿病、胰腺炎、甲状腺功能亢进、肾上腺皮质功能亢进、肾上腺嗜铬细胞瘤、癫痫等。

②生理性或暂时性血糖升高,见于饲喂后 2～4 h 内、精神紧张、全身麻醉后、肺炎、肾炎、颅内压增高、颅脑外伤、缺氧窒息。

(2)降低。血糖降低是肝糖原分解的降低或组织对葡萄糖的利用增加所致。

①病理性血糖降低,多见于胰岛细胞腺肿或过多投给胰岛素、胰腺癌、胰岛细胞瘤、严重贫血、肾功能衰竭的慢性肾炎、肾上腺皮质功能减退、甲状腺功能减退、脑垂体功能减退。

②生理性血糖降低,多见于长时间剧烈运动之后、过分饥饿及哺乳期等。

(二)血清无机磷测定

血清中无机磷含量与钙有一定关系,通常钙、磷浓度(单位:mg/100 mL)的乘积等于 40,若二者的乘积小于 35,即可发生佝偻病或骨软化症等营养性骨病。血清无机磷测定的方法有氯化亚锡法、对苯二酚法和抗坏血酸法,以氯化亚锡法最为常用。其基本原理是用三氯醋酸除去蛋白,在无蛋白血滤液中加入钼酸试剂,使之与无机磷结合,生成磷钼酸,再加还原剂氯化亚锡,使其还原成蓝色的钼蓝,与同样处理的磷标准液比色,求出血清无机磷的含量。

正常参考值犬为 0.81～1.87 mmol/L;猫为 1.23～2.07 mmol/L。

临床意义:

(1)血清无机磷含量升高。见于肾脏炎症,尤其是晚期尿毒症阶段;甲状旁腺功能过低症;维生素 D 过多中毒期;低蛋白血症;幼龄动物;骨折愈合期;全血长期贮存造成酯化的磷酸盐被分解而磷被释放出来;高磷低钙的饲料。

(2)血清无机磷含量降低。见于营养缺乏及吸收不良,甲状旁腺功能亢进,维生素过多症,骨软化症,佝偻病,糖尿病酸中毒阶段等。

(三)血清氯化物测定

测定方法有硝酸汞滴定法、硝酸银滴定法和离子选择电极法等,以硝酸汞滴定法为常用。

正常参考值犬为104～116 mmol/L；猫为110～123 mmol/L。

临床意义：

（1）血清氯化物含量升高。见于氯化物排出减少，如急性或慢性肾小球肾炎所致的肾功能不全，或尿道、输尿管阻塞及心力衰竭时，肾排泄功能降低，氯化钠摄入或注射过多及呼吸性碱中毒等。

（2）血清氯化物含量降低。见于剧烈呕吐，严重腹泻，急性胃肠炎，急性胃扩张，小肠变位等，丢失大量含氯的胃液、胰汁及胆汁等，慢性肾上腺皮质功能减退，重症糖尿病，排尿过多，丢失大量氯化物，长期应用利尿剂或大量出汗及持续性拒食等。

（四）血清钠测定

常用的测定方法有醋酸铀镁比色法、火焰光度计法、原子吸收分光光度计法和离子选择电极法等。

正常参考值犬为138～156 mmol/L；猫为147～156 mmol/L。

临床意义：

（1）血清钠含量升高。临床上少见，但也可见于肾上腺皮质功能亢进、原发性醛固酮增多症、失水性脱水、过多输入高渗盐水及食盐中毒。

（2）血清钠含量降低。临床常见于以下症状。①胃肠道失钠：可见于幽门梗阻，呕吐，腹泻，胃肠道、胆道、胰腺手术后造瘘、引流等都可丢失大量消化液而发生缺钠。②钠排出增多：见于严重的肾盂肾炎、肾小管严重损害、肾上腺皮质功能不全、糖尿病、应用利尿剂治疗等。③皮肤失钠：大量出汗时，如只补充水分而不补充钠。大面积烧伤、创伤，体液及钠从创口大量丢失，也可引起低血钠。④抗利尿激素（ADH）过多：肾病综合征的低蛋白血症、肝硬化腹水、右心衰时有效血容量减低。

（五）血清钾测定

常用的测定方法有四苯硼钠比浊法、亚硝酸钴钠法、火焰光度计法、原子吸收分光光度计法和离子选择电极法等。

正常参考值犬为3.80～5.80 mmol/L；猫为3.80～4.60 mmol/L。

临床意义：

（1）血清钾含量增高。见于肾上腺皮质功能减退症、急性或慢性肾功能衰竭、休克、组织挤压伤、严重溶血、口服或注射含钾液过多等。

（2）血清钾含量降低。常见于钾盐摄入不足、严重腹泻、呕吐、肾上腺皮质功能亢进、服用利尿剂、胰岛素的作用、钡盐或棉籽油中毒。

（六）血清钙测定

血清钙测定的方法有乙二胺四乙酸二钠滴定法、火焰分光光度计法、高锰酸钾滴定法和离子选择电极法等。

正常参考值犬为2.57～2.97 mmol/L；猫为2.09～2.74 mmol/L。

临床意义：

（1）血清钙含量升高。见于甲状旁腺功能亢进、内服和注射维生素D过多、多发性骨髓瘤、胃肠炎和由于脱水而发生酸中毒时。

（2）血清钙含量降低。见于甲状旁腺功能减退、维生素D缺乏、骨软化症与佝偻病、产后低钙血症、慢性肾炎与尿毒症等。

(七)血清镁测定

血清镁测定常用钛黄比色法和原子吸收分光光度计法等。

正常参考值犬为 0.79～1.06 mmol/L；猫为 0.62～1.03 mmol/L。

临床意义：

(1)血清镁含量升高。见于肾功能衰竭、甲状腺功能减退、甲状旁腺功能减退及多发性骨髓瘤。

(2)血清镁含量降低。见于镁由消化道丢失，长期禁食，慢性腹泻吸收不良；镁由尿路丢失，慢性肾炎多尿期，长期使用利尿剂治疗；甲状腺功能亢进，甲状旁腺功能亢进；糖尿病酸中毒期，醛固醇增多症，长期使用皮质激素治疗时。

(八)血浆蛋白测定

测定血浆蛋白可采用双缩脲法、凯氏定氮法和电泳法。

正常参考值：总蛋白，犬为 60～78 g/L，猫为 65～81 g/L；白蛋白，犬为 29～40 g/L，猫为 31～42 g/L。

临床意义：

(1)血浆总蛋白含量升高。见于呕吐、腹泻等原因引起的脱水症及免疫球蛋白增加的疾病。

(2)血浆总蛋白含量降低。见于血液中水分增加；肝功能下降；营养不良和消耗增加；慢性消耗性疾病；重度烧伤、大出血、肾病综合征等，蛋白质丢失过多。

(3)白蛋白含量增多。常见于脱水症。

(4)白蛋白含量降低。见于营养不良，特别是恶性营养不良；血液稀释；肝系统疾病造成的合成白蛋白的能力下降；肾病综合征；蛋白丢失性肠道疾病等。

(5)球蛋白含量增多。见于细菌和寄生虫感染所引起的机体免疫反应增强，以及自体免疫性疾病时机体的免疫功能亢进。

(6)球蛋白含量降低。见于低 γ-球蛋白血症。

(九)血浆二氧化碳结合力测定

血浆二氧化碳结合力测定方法有量积法和酚红法。

正常参考值犬为 20～30 mmol/L；猫为 15～30 mmol/L。

临床意义：

(1)血浆二氧化碳结合力增高。见于肺通气和换气障碍导致的呼吸性酸中毒；呕吐、胃扩张、小肠变位等原因引起的代谢性碱中毒。

(2)血浆二氧化碳结合力降低。常见于代谢性酸中毒，如糖尿病酮症酸中毒、腹泻、肾功能不全；呼吸性碱中毒，如脑炎、哮喘等原因使呼吸加深加快，肺换气过度。

(十)血清酶学检验

宠物临床检验常测定的血清酶有肌酸磷酸激酶、谷草转氨酶、谷丙转氨酶、乳酸脱氢酶等。

1. 肌酸磷酸激酶(CPK)测定

常用肌酸显色法，犬正常值为 60～359 IU/L；猫正常值为 95～1 294 IU/L。对心肌炎、骨骼肌损伤及肌营养不良的诊断有特异性。当各种类型进行性肌萎缩、脑损伤时，CPK增高；不适当地注射抗生素可引起CPK增高。降低时一般无临床意义，老年犬低于幼龄犬。

2. 谷草转氨酶(GOT)测定

GOT又称为天冬氨酸转氨酶(AST)，常用测定方法有金氏比色法和赖氏比色法。

正常参考值犬为23～56 IU/L；猫为26～43 IU/L。

临床意义：

(1)血清GOT活性升高。见于急性肝炎、肝硬化、心肌炎及骨骼肌损伤。

(2)血清GOT活性降低。见于维生素B_6缺乏和大面积肝坏死。

3. 谷丙转氨酶(GPT)测定

GPT又称为丙氨酸转氨酶(ALT)，犬许多组织、器官中含有GPT，其中以肝脏含量最高。常用测定方法有金氏比色法和赖氏比色法。

正常参考值犬为21～66 IU/L；猫为6～64 IU/L。

临床意义：血清GPT活性升高见于犬传染性肝炎、猫传染性腹膜炎、马传染性贫血、肝脓肿、胆管阻塞、甲状腺功能降低、心脏功能不足、严重贫血、休克等。

4. 乳酸脱氢酶(LDH)测定

常用的测定方法为醋酸纤维薄膜电泳法和琼脂糖凝胶电泳法。

正常参考值犬为45～233 IU/L；猫为63～273 IU/L。

临床意义：LDH存在于肝、心肌、骨骼肌、肾等组织器官。肌肉损伤、肝疾病、贫血或急性白血病时，血液中LDH会升高。

(十一)肝功能检查

按肝代谢功能可分为胆色素代谢检查，如黄疸指数测定、血清胆红素定性和定量检查、尿胆色素检查；糖代谢检查，如血糖测定和糖耐量试验；蛋白质检查，如血浆总蛋白、白蛋白、球蛋白定量，白蛋白与球蛋白比和血清胶体稳定性试验；脂肪代谢检查，如脂蛋白、胆固醇、甘油三酯测定；血清酶活性测定，如谷草转氨酶(GOT)、谷丙转氨酶(GPT)。

(十二)肾功能试验

按检查的目的分为肾小球滤过功能试验、肾小管功能试验和肾血流量测定。常用的检查方法有血浆尿素氮测定、尿浓缩试验、加压素浓缩试验及酚红排泄或清除试验。

1. 血浆尿素氮(BUN)测定

常用方法为脲酶法。

正常参考值犬为1.80～10.40 mmol/L；猫为5.40～13.60 mmol/L。

临床意义：

(1)血浆尿素氮含量增加。见于肾功能衰竭、脱水、循环衰竭、尿路结石等肾前性或肾后性因素。

(2)血浆尿素氮含量降低。见于进行性肝炎、肝硬化、低蛋白性饲料、吸收紊乱及黄曲霉毒素中毒。

2. 尿浓缩试验

在限制饮水的条件下，通过观察尿液相对密度的变化，判定肾小管的重吸收功能。受试宠物禁水 12～24 h，于第 12 小时排出膀胱内尿液，测定尿相对密度，尿相对密度大于 1.025，表明肾脏浓缩尿液功能正常，可终止试验。相对密度小于 1.025 的，则继续禁水 12 h，若相对密度仍低于 1.025，指示有 2/3 的肾单位丧失浓缩尿液的功能。

3.酚红排泄或清除试验

犬猫静脉注射 0.5%酚红 1 mL(5 mg)，测定注射后尿液中酚红排泄的百分率，或多次测定注射后血浆中酚红的浓度，计算清除半衰期。在排除肾外性因素影响的酚红排泄或清除率降低，表明肾脏功能不全。此外，休克、脱水、心血管疾病时，酚红排泄也减少。

七、自动生化分析仪及临床应用

自动生化分析仪是一种把生化分析中的取样、加试剂、去干扰、混合、恒温、反应、检测、结果处理，以及清洗等过程中的部分或全部步骤进行自动化操作的仪器。它完全模仿并代替了手工操作，实现了临床生化检验中的主要操作机械化、自动化。

自动生化分析仪的结构分为分析部分和操作部分，二者可分为两个独立单元，也可组合为一体机。分析部分主要由检测系统、样品和试剂处理系统、反应系统和清洗机构等组成；操作部分就是计算机系统，储存所有的系统软件，控制仪器的运行和操作并进行数据处理。

(一)检测系统

检测系统(光度计)由光学系统和信号检测系统组成，是分析部分的核心。它的功能是将化学反应的光学变化转变成电信号。

1.光学系统

光学系统由光源、光路系统、分光器等组成。光学系统的作用是提供足够强度的光束、单色光及比色的光路。

(1)光源。自动生化分析仪的光源一般采用卤素灯，多为 12 W、20 V；波长为 340～800 nm，寿命为 800 h 左右。

(2)光路系统。光路系统包括从发出光源到信号接收的全部路径，是由一组透镜、聚光镜、光径(比色杯)和分光元件等组成的。有直射式光路和集束式光路系统及前分光和后分光之分。前分光的光路与一般分光光度计相同，即光源—分光元件—样品—检测器。后分光的光路是光源—样品—分光元件—检测器，将一束白光(混合光)先照射到样品杯，然后通过光栅分光，再用检测器检测任何一个波长的吸光度，后分光的优点是不需移动仪器的任何部件，可同时选用双波长或多波长进行测定，降低噪声，提高分析的精度和准确度，减少故障率。目前的全自动生化分析仪多采用后分光的光路，半自动生化分析仪也有少数采用后分光光路的原理。

直射式光路由于光束较宽，难以减少所测试反应液的体积。集束式光路则是通过一个透镜使光束变窄，可检测低至 180 μL 的反应混合体，使生化分析仪的超微量检测成为可能。近年来又出现了点光源技术。它的光束更小，照射到样品杯时仅为一个点，可使反应液的量降至 120 μL。

(3)分光元件。分光元件有滤片、全息反射式光栅和蚀刻式凹面光栅 3 种形式，均为紫外——可见光。全息反射式光栅是在玻璃上覆盖一层金属膜后制成的，有一定程度的相差，且易被腐蚀；蚀刻式光栅是将所选波长固定刻制在凹面玻璃上(1 mm 内可以蚀刻 4 000～10 000 条线)，有耐磨损、抗腐蚀、无相差等优点。滤光片均为干涉滤光片，有插入式和可旋转式滤光片槽、滤光片盘两种。插入式是将要用的滤光片插入滤光片槽中；滤光片盘是将仪器配备的滤光片都安装在此盘中，使用时旋转至所需滤光片处即可。滤光片多在半自动生化分析仪中使用。

(4)光径比色部分。光径是指比色杯的厚度，比色杯的厚度有 1 cm、0.6 cm 和 0.5 cm 3 种。光径小的可以节省试剂，减少样品用量，是目前的流行方式。光径小于 1 cm 时，仪器能自动校正为 1 cm。其比色方式有以下两种类型。

①流动式比色。通过吸液器将试管内的有色溶液吸入固定的比色杯，进行比色后再吸出，此为单通道比色系统。这种比色杯也称流动比色池。半自动生化分析仪的比色系统都采用这种方式。

②反应杯比色。反应杯兼作为比色杯，它以不同形式逐个连接在一起，按一定顺序通过光路，进行连续比色。近年来出现了一种袋式自动生化分析仪，它的反应杯是一种用特殊塑料制成的试验袋，比色方式也属于反应杯连续比色。

2. 信号检测器

信号检测器的功能是接收由光学系统产生的光信号，将其转换成电信号并放大，再把它们传送至数据处理单元。信号接收器一般为硅(矩阵)二极管，信号传送方式有光电信号传送和光导纤维传送两种，光导纤维传送技术更先进，可消除电磁波对信号的干扰，传送速度更快。

(二)样品和试剂处理系统

该系统包括放置样品和试剂的场所、识别装置、机械臂和加液器。功能是模仿人工操作识别样品和试剂，并把它们加入反应器中。

1. 样品架(盘)

样品架是放置样品管的试管架，试管架为分散式，通过轨道运输，可有单通路轨道和双通路轨道两种，后者可与样品前处理系统连接，实现实验室的全自动化。样品盘是圆形的，可以放置样品管或样品杯，通过圆周的机械运动传送样品。样品箱供放置样品盘用，一般为室温。有些大型仪器已设计了具有冷藏功能的放置标准物的圆形样品盘，以供随时进行标准和质控的测定。

2. 试剂盘

试剂盘用于放置实验项目所用的试剂。试剂箱供放置试剂盘用，可有 1～2 个，并多有冷藏装置(4～15 ℃)。

3. 识别装置

识别样品和试剂的一种方法是根据样品的编号及在样品架或盘上所处位置来识别；另一种方法则是条形码识读器识别。条形码识读器通过条形码对样品和试剂进行识别。

4. 机械臂

机械臂的功能是控制加液器的移动，根据仪器的指令携带加液器运动至指定位置。自动生化分析仪可有 2～4 个机械臂。它们分别是样品臂和试剂臂。

5. 加液器

加液器由吸量注射器和加样针组成。吸量注射器是用特殊的硬质玻璃或塑料制成的，包括阀门注射器和阀门。早期分立式生化分析仪的加液器由采样器和加第一试剂的加液器组合而成，也称稀释器。现代的加液器都是采用各自的管路和加样针进行样品和试剂的添加，加上特殊的冲洗技术，减少了交叉污染。目前较为先进的定量吸取技术是采用脉冲数字同步定位，定位准确，故障率低。如果加脱气装置，又可防止样品和试剂间的交叉污染，提高了加样的精度。加样针与静电液面感应器组成一体化探针。它具有自我保护功能，遇到障碍能自动停止并报警，可防止探针损坏。该系统可从特定的地点准确地吸取样品或试剂，并转移到指定的反应杯中。

6. 搅拌器

搅拌器由电机和搅拌棒组成，电机运转带动搅拌棒转动，速度可达每分钟数万转，使反应液被充分混匀。搅拌棒的下端是一个扁金属杆，表面涂有一层不黏性材料（如特力伦），也有采用特殊的防黏清洗剂，其作用是减少携带率，从而使交叉污染率降至最低水平。

（三）反应系统

反应系统由反应盘和恒温箱两部分组成。反应盘是生化反应的场所，有些兼作比色杯，置于恒温箱中。

自动生化分析仪通过温度控制系统保持温度的恒定，以保证反应的正常进行，其保持恒温的方式有 3 种。①干式恒温加热式，方便，速度快，不需要特殊防护，但稳定性和均匀性不足；②水浴式循环加热式，特点是温度准确，可达±0.1 ℃，但需要特殊的防腐剂才能保证水质洁净；③恒温液循环间接加热式，它的结构原理是在比色杯周围流动着一种特殊的恒温液，具有无味、无污染、不变质、不蒸发等特点，在比色杯与恒温液之间又有一个几毫米的空气夹缝，恒温液通过加热夹缝的空气达到恒温。恒温液循环间接加热式均匀性、稳定性优于干式恒温加热式，又有升温迅速，不需特殊保养的优点。恒温控制器可以对 25 ℃、30 ℃和 37 ℃ 3 种温度进行恒温，根据需要任意选择，半自动生化分析仪恒温器属于这种。全自动生化分析仪的温度控制器一般只能控制 37 ℃一种温度，少数也有可以控制 30 ℃和 37 ℃两种温度的。

（四）清洗机构

清洗装置一般由吸液针、吐液针和擦拭块组成。可有 5～9 段清洗，段就是冲洗的步骤。清洗的工作流程为：吸出反应液—吐入清洗剂—吸干—吐入去离子水—吸干—擦干。

清洗剂可有碱性和酸性 2 种；吐入的去离子水在一些大型仪器上可以加热成温水，并且可反复清洗 2～3 次，有些还可以风干。这些功能有效地提高了洗涤效果，减少了交叉污染的程度，并且提高了测定的精密度和准确度。

（五）数据处理系统

随着人工智能技术的进步，全自动生化分析仪的数据处理系统的功能日趋完善，主要表现在具有各种校准方法、测定方法、多种质量监控方式、项目间结果计算方法、各种统计功能、多种报告打印方式、数据储存和调用功能。

任务 11　尿液检验

尿标本应采集新鲜尿液，标本留取后应及时送检，不能在强光或阳光下照射。尿液可通过动物排尿时接取尿液，压迫膀胱，膀胱穿刺等方法采集，最好在早晨采集，因为此时尿液浓度最高。尿液检验包括物理检查、化学检验及尿沉渣显微镜检查3方面。

一、尿液物理检查

(一)尿量

正常尿量受饲料成分、饮水量、环境、体形大小及运动等因素的影响。健康犬猫一天排尿量,犬为0.5～1.0 L,猫为0.1～0.2 L,不同的个体差异变化很大,所以应根据具体情况判定异常与否。

(二)颜色

健康犬猫尿液一般为淡黄色至黄褐色,透明。与饮食及摄取水分的多少有关,有时服用药物也可导致颜色改变。尿液发红浑浊,静置后有红色沉淀,为血尿,多见于膀胱结石、肾炎、肾衰、膀胱炎、尿道结石、尿路出血等;尿液发红透明,静置后无沉淀产生,为血红蛋白尿,常见于溶血性疾病,如犬血孢子虫病及洋葱、大葱中毒等;尿色黄褐透明,为尿中含有胆红素或尿胆原,见于肝胆疾病;尿液呈乳白色,见于肾及尿路的化脓性炎症。

(三)气味

犬猫尿液正常时有臭味,病理情况下气味常发生变化。氨臭味为膀胱炎时尿素分解菌分解尿素或代谢性酸中毒时出现,腐败性气味则是在膀胱、尿路有溃疡、坏死或化脓性炎症时,大量的蛋白分解所致。

(四)相对密度

正常犬尿液的相对密度为1.018～1.060,猫为1.020～1.040。生理情况下,尿液相对密度增加见于宠物饮水过少、气温过高、尿量减少等;在病理情况下,凡是伴有少尿的疾病,如发热性疾病、便秘以及使机体脱水的疾病,则尿量减少而相对密度增加。同时膀胱炎、急性肾炎、糖尿病等疾病,也可使尿相对密度增加。尿液相对密度降低为低渗尿,见于慢性肾炎、尿毒症、尿崩症等。

二、尿液化学检验

(一)pH

健康犬猫尿液含有酸性磷酸盐而呈酸性,pH为6.0～7.0。病理性酸性尿液主要见于各种热性病、代谢性酸中毒(如大量运动、严重腹泻、糖尿病、尿毒症)及呼吸性酸中毒,投服氯化铵、维生素C等酸化剂时,尿液呈酸性;病理性碱性尿主要见于患膀胱炎、尿道炎、代谢性或呼吸性碱中毒时,使用碱性盐类药物如碳酸氢钠、柠檬酸钠、乳酸钠等时,尿液呈碱性。

(二)尿蛋白的检验

正常尿液中仅含有微量的蛋白质,不能通过普通的定性反应检出蛋白质。尿蛋白增多主要见于急性或慢性肾炎、膀胱炎、尿道炎症、多数热性传染性疾病。病理性蛋白尿可分为肾前、肾性和肾后3种。

肾前蛋白尿来自血液中血红蛋白、肌红蛋白和卟啉等;肾性蛋白尿起因于肾脏疾病及发热等;肾后蛋白尿由输尿管、膀胱、尿道和生殖器等的炎症或新生物而引起。

蛋白质的定性反应如下。

(1)硝酸法。取1支试管加35%硝酸1～2 mL,随后沿试管壁缓慢加入尿液,使两液重叠,静置5 min,观察结果。两液叠面产生乳白色环的判为阳性。乳白色环越宽,表明蛋白质含量越高。

(2)磺柳酸法。取酸化尿液少许置于载玻片上,加入20%磺柳酸溶液1～2滴,如有蛋白质存在,即产生白色浑浊。此法极为方便,灵敏度极高。

(3)快速离心沉淀法。取15 mL刻度离心管1支,加尿液15 mL,再加27%磺柳酸液2 mL,反复倒置混合数次,以1 500 r/min离心5 min。判定:每0.1 mL蛋白质沉淀物,即表示1 000 mL尿液中含有蛋白质1 g。

(4)试纸法。取试纸浸入被检尿液中,立刻取出,30 s后与标准比色板对比,按表4-2判定结果。

表4-2　蛋白质定性试验试纸法判定标准

颜色	结果判定	蛋白质含量/(g/100 mL)	颜色	结果判定	蛋白质含量/(g/100 mL)
淡黄色	－	<0.01	绿色	＋＋	0.1～0.3
浅黄绿色	＋(微量)	0.01～0.03	绿灰色	＋＋＋	0.3～0.8
黄绿色	＋	0.03～0.1	蓝灰色	＋＋＋＋	>0.8

(三)尿中潜血的检验

正常尿液中不含红细胞、血红蛋白和肌红蛋白。尿液中不能用肉眼直接观察出来的红细胞或血红蛋白称为潜血,可应用邻联甲苯胺法、改良邻联甲苯胺法检验。潜血阳性见于急性肾小球肾炎、膀胱结石、尿道结石、膀胱炎、肾盂肾炎、膀胱肿瘤、阴道损伤、发情期的雌性宠物等。此外,血红蛋白性血尿可见于巴贝斯虫病、自身免疫性溶血性疾病、严重烧伤、化学药物及某些植物中毒等。

1.原理

血红蛋白中的铁质有类似过氧化酶作用,可分解过氧化氢,放出新生态氧,使邻联甲苯胺氧化为联苯胺蓝而呈现绿色或蓝色。

2.试剂

1%邻联甲苯胺甲醇溶液(0.5 g邻联甲苯胺溶于50 mL甲醇中,贮存在棕色磨口瓶中),过氧化氢乙酸溶液(冰乙酸1份,3%过氧化氢2份,混合后贮存在棕色磨口瓶中)。

3.操作

取小试管1支,加入1%邻联甲苯胺甲醇溶液和过氧化氢乙酸溶液各1 mL,再加入被检尿液2 mL,如呈现绿色或蓝色为阳性,如保留原试剂颜色即为阴性。

4.判定

根据显色快慢和深浅,用符号表示反应强弱。"＋＋＋＋",立刻显黑蓝色;"＋＋＋",立刻显深蓝色;"＋＋",1 min内出现蓝绿色;"＋",1 min以上出现绿色;"－",3 min后仍不显色。

(四)尿中葡萄糖的检验

健康犬猫尿液中仅含有微量的葡萄糖,用一般化学试剂无法检出。若用一般方法能检出尿中含葡萄糖，称为糖尿。尿糖阳性可分为暂时性和病理性两类。暂时性糖尿为生理性的，可因血糖浓度暂时性超过肾阈而出现，如应激、饲喂大量含糖饲料、使用类固醇激素治疗及受吗啡、氯仿、乙醚、肾上腺素、阿司匹林影响等。病理性糖尿，可见于糖尿病、甲状腺功能亢进、肾上腺皮质功能亢进、肾脏疾病、脑神经疾病及肝脏疾病等。通常采用尿糖试纸和糖还原试验法，检验尿液中葡萄糖。

1. 试纸法

尿糖单项试纸附有标准色板（0～0.2 g/dL，分 5 种色度），可供尿糖定性及半定量使用。试纸为桃红色，应保存在棕色瓶中。

（1）操作。取试纸一条，浸入被检尿内，5 s 后取出，1 min 后在自然光或日光灯下，将所呈现的颜色与标准色板比较，判定结果。

（2）注意事项。尿样应新鲜；服用大量抗坏血酸和汞利尿剂等药物后，可呈假阴性反应，因本试纸起主要作用的是葡萄糖氧化酶和过氧化氢酶，而抗坏血酸和汞利尿剂可抑制酶的作用；试纸应在阴暗干燥处保存，不得暴露在阳光下，试纸变黄表示失效，应弃之不用。

2. 碱性铜法

（1）原理。葡萄糖含有醛基，在热碱溶液中能将硫酸铜还原为氧化亚铜，而出现棕红色的沉淀物。

（2）试剂（碱性铜试剂）。先将分析纯柠檬酸钠 173 g、无水硫酸钠 100 g 放于 700 mL 蒸馏水中加热溶解，再将分析纯硫酸铜 17.3 g 溶解于 100 mL 蒸馏水中，然后将其慢慢倾入已冷却的前液中，不断搅拌并加蒸馏水，使总量至 1 000 mL，过滤后保存在棕色瓶内备用。

（3）操作。取碱性铜试剂 5 mL 于试管内，加热煮沸（颜色不改变且冷却后无沉淀方可应用，否则试剂失效，应重新配制）；加入尿液 0.5 mL（切不可过多），在火焰上煮沸 1～2 min，边煮边摇动，保持沸腾状态，但应防止液体喷出试管外；冷却后观察结果，根据颜色变化用符号或文字报告，判定标准见表 4-3。

表 4-3 碱性铜法判定标准

试液变化情况	糖含量/(g/100 mL)	符号
试剂仍清晰呈蓝色（如有多量尿酸盐存在则有少许蓝灰色沉淀）	无糖	－
仅在冷却后有少量浅绿色沉淀	微量，＜0.5	＋
煮沸约 1 min 后，显少量黄绿色沉淀	少量，0.5～1	＋＋
煮沸约 15 s，即显土黄色沉淀	中等量，＞1～2	＋＋＋
开始煮沸时，即显多量红棕色沉淀	多量，＞2	＋＋＋＋

（五）尿中尿胆素原的检验

（粪）尿胆素原系葡糖醛酸胆红素在十二指肠内经细菌作用还原而形成。其中大部分随粪便排出，少部分经肠壁吸收回到肝。被吸收的尿胆素原在肝中有一部分被氧化成为胆红素，其余未被氧化部分随血流经肾脏而被排出。

健康宠物的尿中均含有少量的尿胆素原，尿胆素原随尿排出后，很容易被氧化为尿胆素。在临床检验中，常常检查尿胆素以证明尿胆素原的存在，二者的临床意义是一致的。定性检查可用改良艾（Ehrlich）氏法，定量可用光电比色法。

尿胆素原检查法——改良艾氏法简介如下。

1. 原理

尿胆素原在酸性条件中与对二甲氨基苯甲醛反应生成红色化合物。

2. 试剂

对二甲氨基苯甲醛试剂(80 mL 蒸馏水中加对二甲氨基苯甲醛 2 g,混合后缓缓加入 20 mL 浓盐酸,混合后试剂由浑浊变透明,保存于棕色瓶中备用),100 g 氯化钡试剂。

3. 操作

被检尿中若有胆红素,则取氯化钡试剂 1 份加被检尿 4 份混合后离心,胆红素被氯化钡吸附,上清液为不含胆红素的尿液;取不含胆红素的新鲜尿液 2 mL,加入对二甲氨基苯甲醛试剂 0.2 mL 混合,静置 10 min 后观察结果。

4. 结果判断

强阳性(+++),立即呈深红色;阳性(++),静置 10 min 后呈樱桃红色;弱阳性(+),静置 10 min 后呈微红色;阴性(—),静置 10 min 后,在白色背景下,从管口直观管底,不呈红色,经加温后仍不显红色。

5. 临床意义

尿胆素原增加,常见于肝炎、实质性肝病变、溶血性黄疸、胆道阻塞初期;尿胆素原减少,见于肠道阻塞、多尿性肾炎后期、腹泻、口服抗生素药物(抑制或杀死肠道细菌)。

(六)尿中酮体的检验

酮体是脂肪代谢的产物,包括乙酰乙酸、β-羟丁酸及丙酮。患糖尿病时,糖代谢紊乱加重,细胞不能充分地利用葡萄糖补充能量,只好动用脂肪,脂肪分解加速产生大量脂肪酸,超出了机体利用的能力而转化为酮体。

罗氏法介绍如下。

1. 原理

丙酮与亚硝基铁氰化钠(硝普钠)作用,呈红紫色反应。

2. 试剂

罗氏试剂(亚硝基铁氰化钠 3 g,硫酸铵 100 g,无水碳酸钠 50 g,混合后在乳钵内充分磨细,保存于褐色瓶中),28%浓氨水。

3. 操作

取被检尿 5 mL 于试管中,加罗氏试剂 1 g,振荡溶解,沿管壁加 28%浓氨水 1 mL 重叠其上,静置。如有丙酮和乙酰乙酸时,则在两液接触面上形成高锰酸钾样紫红色环。

4. 判定

“+++”,20 mg/dL 以上,立即显色;“++”,15～20 mg/dL,10 min 后显色;“+”,10～15 mg/dL,20 min 后显色;“±”,5 mg/dL,紫红色不鲜明。

5. 临床意义

酮体阳性见于糖尿病酮症、酮症酸中毒、饥饿、高脂饮食、严重呕吐、腹泻、消化吸收不良等。

三、尿沉渣显微镜检查

尿沉渣显微镜检查是一种简便、无创的实验室检查方法，宠物临床上主要用来检查肾实质性疾病，常可为疾病的活动性和严重性提供线索。在尿路感染、肾盂肾炎、急性肾小球肾炎、间质性肾炎、急性肾小管坏死和肾病综合征等的诊断中发挥重要作用。

显微镜检查可确定尿沉渣成分及含量。尿沉渣的成分主要分为两类。一类是有机沉渣，主要包括上皮细胞、红细胞、白细胞、脓细胞、各种管型及微生物等，在泌尿器官疾病的诊断上有重要的意义。另一类是无机沉渣，尿中无机沉渣主要是指盐类结晶和一些非结晶性物质。尿沉渣检查受尿液浓度、温度、酸碱反应的影响较大，样品采集质量控制比较困难。

(一)尿沉渣标本的制作和镜检

1. 标本制作

取新鲜尿液 5～10 mL 于离心管内，2 500 r/min 离心 5 min，弃去上清液，留下 0.2 mL 尿液，摇动离心管，使沉淀物充分混匀，用吸管吸取 1 滴滴在载玻片上，盖上盖玻片即成。

2. 标本镜检

尿沉渣镜检时，要使显微镜视野稍暗，以便发现无色而屈光力弱的成分。观察时，先用低倍镜观察标本，找到需详细检查的视野后，再换高倍镜仔细辨认细胞成分和管型。检查时，如遇到尿内有大量盐类结晶遮盖视野而妨碍对其他物质的观察，可微加温除去这类结晶后再镜检。

3. 结果报告

尿沉渣镜检结果报告时，细胞成分按各个高倍视野内最少至最多的数值报告，管型及其他结晶成分，按偶见、少量、中等量及多量报告，偶见是整个标本中仅见几个，少量是每个视野见到几个，中等量是每个视野数十个，多量是每个视野的大部甚至布满视野。

(二)无机沉渣检查

尿液中无机沉渣是指各种盐类结晶和一些非结晶形物，碱性尿和酸性尿的无机沉渣有所不同(图 4-4、图 4-5)。

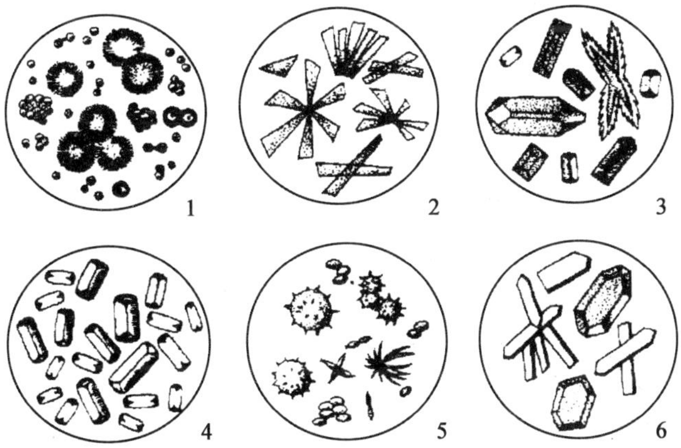

1. 碳酸钙结晶　2. 磷酸钙结晶　3、4. 磷酸铵镁结晶　5. 尿酸铵结晶　6. 马尿酸结晶

图 4-4　碱性尿液中的无机沉渣

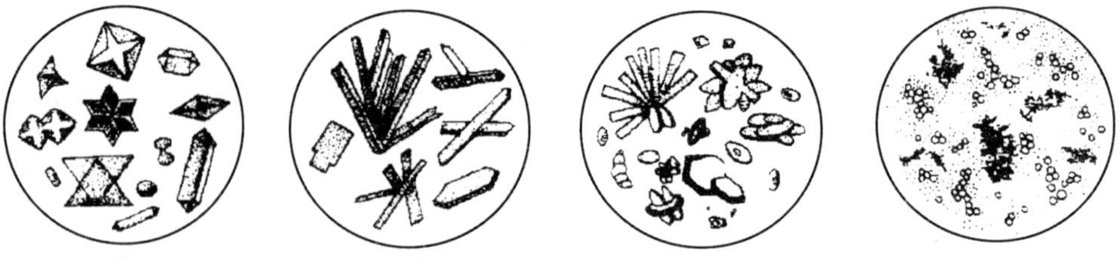

1.草酸钙结晶　2.硫酸钙结晶　3.尿酸结晶　4.尿酸盐结晶

图 4-5　酸性尿液中的无机沉渣

1.碱性尿液中的无机沉渣

（1）碳酸钙。草食动物尿液，其结晶多为球形，有放射性条纹，大的球形结晶为黄色，有时可见磨石状、哑铃状和十字形无色小晶体，或无色、灰白色无定型颗粒，加醋酸生成 CO_2 气泡而溶解。草食动物尿液中缺乏碳酸钙时，尿液变为酸性，如无明显饲养因素的影响，则为病态；若动物尿液中重新出现碳酸钙，表示疾病好转。

（2）磷酸钙。常见于弱碱性尿中，也见于中性或弱酸性尿中。多为单个无色三菱形结晶，呈星状或针束状，排列成禾束。也可形成无色不规则、大而薄的片状物，此时尿液表面形成一层薄膜。磷酸钙溶于醋酸及盐酸，而不溶于碱液。将尿液加热时，磷酸钙沉淀增多。磷酸钙结晶多量出现时，对诊断尿潴留、慢性膀胱炎等有一定意义。

（3）磷酸铵镁。结晶为无色、两端带有斜面的三角棱柱，或为六面体或多角棱柱体，偶尔呈雪花状或羽毛状，易溶于醋酸中，但不产生气泡，不溶于碱性液和热水中。新鲜尿液中出现磷酸铵镁是尿液在膀胱或肾盂中受细菌的作用，尿素被分解发酵产生氨，氨与磷酸镁结合生成的，见于膀胱炎和肾盂肾炎。但注意，尿样放置时间过久，可因发酵而产生磷酸铵镁。

（4）尿酸铵。黄褐色球状结晶，表面布满刺状凸起。在盐酸及醋酸中分解，形成菱形锭状结晶，在氢氧化钾中能溶解产生氨。加热溶解，冷却后又析出结晶。新鲜尿中出现尿酸铵结晶，表明有化脓性感染，如膀胱炎、肾盂肾炎。

（5）马尿酸。马尿的正常成分，其结晶呈棱柱状或针状，不溶于盐酸及醋酸，溶于氨水及酒精。动物服用苯甲酸及水杨酸制剂后，尿中马尿酸结晶增多。

2.酸性尿液中的无机沉渣

（1）草酸钙。常见于酸性尿液中，有时也见于中性或碱性尿液中。结晶为无色而屈光力强的四角八面体，有两条对角线呈西式信封状，晶体大小相差甚大。少见的形态为无色哑铃状、球状和各种不同的八面体。溶于盐酸，不溶于醋酸。见于各种动物的尿液中，犬尿液中尤为多见。马在慢性肾炎和某些代谢病时可大量出现，新鲜马尿中出现多量草酸钙结晶还应考虑结石。

（2）硫酸钙。尿液中少见。仅见于强酸性尿中，为无色细长棱柱状或针状结晶，聚积成束，常排列成放射状，有时为块状，与磷酸钙结晶相似。在酸及氨水中均不溶解，一般无临床意义。据报道，草食动物在胃肠炎及内服硫酸钠后，尿中出现硫酸钙结晶。

（3）尿酸结晶。因有尿色素附着而呈黄褐色。有锭状、块状、针状及磨石状。加热也不溶于水及酸，但能溶于碱液中。当肾脏功能不全，不能生成氨以中和尿中酸性物质时，可形成尿酸结晶。草食动物见于发热、传染病及寄生虫病。

3. 尿液中少见的特殊结晶

(1)酪氨酸。黑黄色纤细状结晶(图4-6),呈中央细而两端宽广的束状或簇状。常与亮氨酸同时出现。溶于氨水、盐酸及碱液中,不溶于酒精、醚和醋酸。在重剧神经系统疾病、肝脏病及慢性前胃弛缓引起中毒时,尿液中出现酪氨酸结晶。

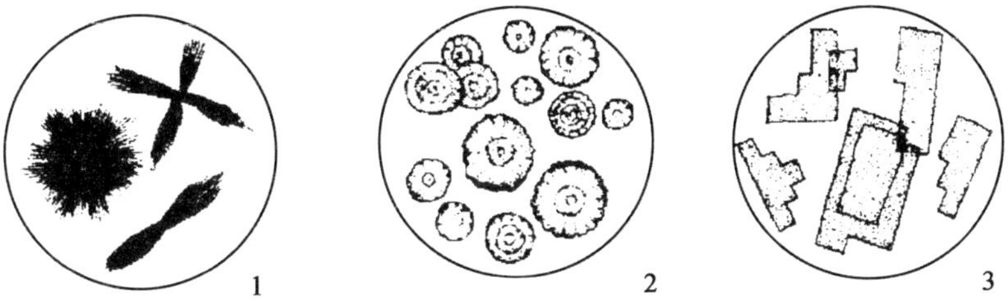

1. 酪氨酸结晶　2. 亮氨酸结晶　3. 胆固醇结晶

图4-6　尿液中少见的特殊结晶

(2)亮氨酸。淡黄色球形结晶(图4-6),具有同心性放射条纹,像木材的横锯面,折光力很强。易溶于酸及碱,不溶于酒精和醚。在急性肝病、磷及二硫化碳中毒、严重代谢障碍时,尿液中可出现亮氨酸结晶。

(3)胆固醇。尿液中少见,呈长方形、四方形缺一角的透明薄板状结晶(图4-6)。溶于醚、氯仿及热酒精。遇碘及硫酸可变为蓝色、绿色或红色。见于肾脂肪营养不良、肾淀粉样变性及肾棘球蚴等病。

(4)胱氨酸。极为少见,为五色、折光性很强、边缘清晰的六角形板状结晶,单独或多数相聚存在。蛋白质代谢障碍时,尿液中有过量胱氨酸出现,呈结晶状沉淀,是结石形成的诱因。风湿症及肝病时也有见到胱氨酸结晶的。

4. 尿液中磺胺结晶

服用磺胺类药物后,易在尿液中形成结晶。尿液中大量出现磺胺结晶时,有可能在肾盂、输尿管形成沉淀,发生损伤,是磺胺中毒的征兆。

(1)氨苯磺胺。游离的氨苯磺胺结晶为透明的长柱形。乙酰氨苯磺胺结晶为透明成束的粗叶状。乙酰基磺胺噻唑有两种状态,一种像中间紧捆的麦秆束或圆球状;另一种为六角形的结晶片。乙酰基磺胺嘧啶呈琥珀色,像一束麦秆状,其束偏于一端,结构不对称;也有呈暗色球形的。

(2)磺胺吡啶。结晶形态不一致,可为矛头形、船形或花瓣形等。

当疑为磺胺类结晶而辨认困难时,可用如下方法加以证明。

方法1:尿液沉淀后除去上清液,用酸性冷蒸馏水(蒸馏水中加醋酸少许)洗涤结晶2次或3次,至洗涤液加尿胆原醛试剂(见肝功能检验的尿胆原检查)后不再显色为止。将洗涤后的结晶置试管中,加蒸馏水1 mL、10%氢氧化钠液2～3滴,再加尿胆原醛试剂3～4滴,如呈黄色,证明为磺胺类结晶。

方法2:取普通白纸一小片,将一端浸入尿液中使之湿润,滴加20%盐酸液1滴,呈橙黄色为磺胺类结晶。

(三)有机沉渣检查

1. 血细胞

(1)红细胞。尿液中红细胞形态与尿液放置时间、浓度和酸碱度有关。新鲜尿中的红细胞形态比白细胞稍小,正面呈圆形,侧面呈双凹形,淡黄绿色;浓缩尿液及酸性尿液中的红细胞常皱缩,边缘呈锯齿状;碱性尿液和稀薄尿液中的红细胞呈膨胀状态;放置过久的尿液中的红细胞往往被破坏,只显阴影。健康动物尿液中一般无红细胞,当肾小球通透性增大时,血液中的蛋白质、红细胞可进入尿液中,尿蛋白试验阳性并有红细胞。尿液中出现红细胞不仅要考虑上述原因,还应考虑肾脏、输尿管、膀胱或尿道的出血。

(2)白细胞和脓细胞。尿液中的白细胞主要指形态和功能改变不大的分叶核中性粒细胞,比红细胞大;在新鲜尿液中容易识别;在酸性尿液中较完整,加10%醋酸酸化细胞核更清晰;在碱性尿液中常膨胀而不清晰。白细胞变为富有颗粒或结构模糊并常聚集成堆的,称为脓细胞。注意区别脓细胞与上皮细胞,尤其是肾上皮细胞,前者加醋酸后可见到1至多个小圆核。而上皮细胞仅有一个较大的圆形核。正常动物尿液中仅有个别白细胞而没有脓细胞,肾脏和尿路炎症(肾炎、膀胱炎),或脓肿破溃流向尿路时,尿液中可见多量白细胞或脓细胞。

2. 上皮细胞

(1)肾上皮细胞。多数呈圆形或多角形,轮廓明显,散在或数个集聚在一起,比白细胞约大1/3,有一个较大的圆形核,细胞质内有小颗粒。肾上皮细胞发生脂肪变性时,可在细胞质中见到屈光的脂肪颗粒。正常尿液中可见少量上皮细胞,肾小管病变时,肾上皮细胞可大量出现。

(2)尾状上皮细胞。来自肾盂、尿路和膀胱黏膜的深层,呈梨形或梭形,比脓细胞大2~4倍,有一个圆形或椭圆形的核。尿中出现时,表明尿路黏膜有炎症。若细胞包含在管型内,可确定由肾而来,肾小球肾炎时最多。

(3)扁平上皮细胞。细胞大而扁平,核小而圆,细胞边缘稍卷起,有时几个集聚在一起,易与其他上皮细胞区别。该细胞来自膀胱或尿道黏膜的表层,大量出现表明膀胱、尿道黏膜表层有炎症。但这种细胞也来自阴道黏膜的浅层,所以母畜尿中大量出现这种细胞时,要加以具体分析(图4-7)。

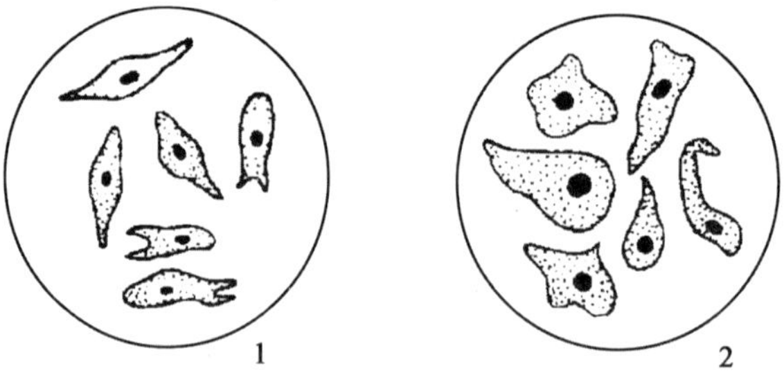

1. 肾盂、输尿管上皮细胞 2. 膀胱上皮细胞

图4-7 尿液中的上皮细胞

3. 管型(尿圆柱)

肾脏发生病变时,肾小球滤出的蛋白质类物质在肾小管内变性凝固而形成圆柱状结构即管型(图4-8),管型常和蛋白尿同时存在,尿中多量时,为肾脏有病理性变化的指征,其临床意

义同肾性蛋白质。

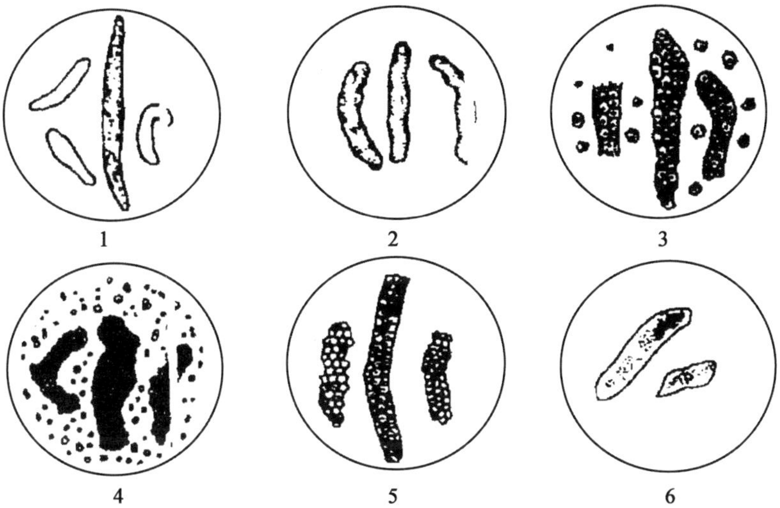

1.透明管型　2.颗粒管型　3.上皮细胞管型
4.红细胞管型　5.白细胞管型　6.血红蛋白管型

图 4-8　尿沉渣中的各种管型

(1)透明管型(玻璃样管型)。构造均匀,无色半透明,正常动物尿液中偶见,持续性多量存在时,表明肾脏有疾患。

(2)颗粒管型。在透明管型内有许多粗大或细小颗粒,可能是肾小管脱落的上皮细胞破坏变成的颗粒,也可能是蛋白质凝固的颗粒。颗粒管型较透明管型粗而短,因混有色素,呈黄色或褐色,见于肾实质病变,如肾小球肾炎。

(3)上皮细胞管型。由蛋白质与肾小管脱落的上皮细胞黏集而成,为肾上皮细胞脱落的指征,见于肾病、毒素反应及重金属中毒。

(4)红细胞管型。肾小球、肾小管出血所致,在透明或颗粒管型内有多量红细胞。见于肾脏出血性疾病。

(5)白细胞或脓细胞管型。此种管型内充满白细胞或脓细胞并常混有上皮细胞或红细胞,即所谓混合管型。见于肾盂肾炎、急性肾炎。

(6)蜡样管型。一般较粗,末端往往折断呈方形,边缘常有缺口,屈光度强,颜色较灰暗,肾小管有严重的变性和坏死时出现,提示肾脏长期而严重的病变,常见于重剧慢性肾炎。

任务 12　粪便检验

粪便检验对了解消化道、肝、胆、胰腺等器官的病理变化及消化与吸收功能有重要作用。粪便检验包括粪便的物理检查、化学检验及显微镜检查。

一、粪便采集

粪便采集前要明确目的,寄生虫检查时应将全部粪便送检;细菌学、病毒学检验时,应将标本放于消毒的清洁器皿内;做化学检验和显微镜检查时,应采集新排出且未接触地面的部分,放入清洁的器皿。必要时可由直肠直接采取。

二、粪便物理检查

(一)硬度

粪便稀软,见于消化不良;粪便干硬,见于便秘。

(二)颜色

黑褐色粪便,见于胃、十二指肠出血;粪便有血块、血丝,见于消化道下部出血,尤其多见于直肠或肛门出血;灰白色粪便,见于胆管阻塞;黄绿色粪便,见于钩端螺旋体病等引起的黄疸。

(三)气味

健康宠物的粪便无难闻的臭味。当消化不良及胃肠炎时,由于碳水化合物在肠内的发酵产酸,粪便酸臭;由于炎性渗出物中的蛋白质被微生物作用产生硫化氢,粪便有腐败臭味;消化道出血时多有腥臭味。

(四)异常混合物

1.黏液

正常粪便表面有极薄的黏液层。黏液量增多表示肠管有炎症或排便迟滞,肠炎或肠阻塞时黏液往往覆盖整个粪球,并可形成较厚的胶冻样黏液层,类似剥脱的肠黏膜。

2.伪膜

随粪便排出的伪膜由纤维蛋白、上皮细胞和白细胞所组成,常为圆柱状。见于纤维素性或伪膜性肠炎。

3.脓汁

消化道化脓性疾病时,粪便中混有脓汁。

4.粗纤维及食物颗粒

消化不良及牙齿疾病时,粪便内含有多量粗纤维及未消化食物颗粒。

5.血液

胃肠出血,出血性肠炎,犬冠状病毒感染及犬细小病毒感染,球虫、钩虫感染等时,粪便中含有血液。

6.粪便中常见寄生虫

粪便中常见寄生虫有蛔虫、绦虫及犬猫的钩虫。

三、粪便化学检验

(一)酸碱度测定

健康犬猫的粪便呈碱性。粪便的酸碱度与日粮成分及肠内容物的发酵或腐败过程有关,酸度增加,见于肠卡他引起的肠内糖类异常发酵;碱性增加,见于胃肠炎引起的蛋白质腐败分解增加。

1. 试纸法

取 2～3 g 粪便于试管内，加中性蒸馏水 8～10 mL 混匀，用广泛试纸测定其 pH。

2. 试管法

取 2～3 g 粪便于试管内，加中性蒸馏水 4～5 倍，混匀。置于 37 ℃温箱中 6～8 h，如上层液透明清亮，为酸性（粪便中磷酸盐和碳酸盐在酸性液中溶解）；如液体浑浊，颜色变暗，为碱性（粪便中磷酸盐类和碳酸盐类在碱性液中不溶解）。

（二）潜血试验

粪便出现不能用肉眼直接观察出来的血液为潜血。

1. 原理

同尿的血红蛋白检查。

2. 操作

取 2～3 g 粪便于试管中，加蒸馏水 3～4 mL，搅拌，煮沸后冷却破坏粪便中的酶类；取洁净小试管 1 支，加 1%联苯胺冰醋酸溶液和 3%过氧化氢溶液的等量混合液 2～3 mL，用 1～2 滴冷却粪便悬液，滴加于上述混合试剂上。如粪便中含有血液，立即出现绿色或蓝色，不久变为乌红紫色。

3. 结果判定

“＋＋＋＋”，立即出现深蓝色或深绿色；“＋＋＋”，0.5 min 内出现深蓝色或深绿色；“＋＋”，0.5～1 min 出现深蓝色或深绿色；“＋”，1～2 min 出现浅蓝色或浅绿色；“－”，5 min 后不出现蓝色或绿色。

4. 注意事项

氧化酶并非血液所特有，动物组织或植物中也有少量，部分微生物也产生相同的酶，所以粪便必须事先煮沸，以破坏这些酶类；被检宠物在试验前 3～4 d 禁食肉类及含叶绿素的蔬菜、青草；肉食宠物如未禁食肉类，则必须用粪便的乙醚提取液做试验（取粪便约 1 g，加冰醋酸搅成乳状，加乙醚，混合静置，取乙醚层）。

5. 临床意义

潜血阳性见于各种消化道出血疾病，如消化道溃疡、出血性胃肠炎、钩虫病及球虫病等。

（三）蛋白质检查

1. 原理

利用不同的蛋白质沉淀剂，测定粪便中黏蛋白、血清蛋白或核蛋白，以判断肠道内炎性渗出的程度。

2. 操作

取粪便 3 g 于研钵中，加蒸馏水 100 mL，适当研磨，使成 3%粪乳状液；取中试管 4 支，编号放在试管架上，按表 4-4 操作及判定结果。

3. 临床意义

正常宠物粪便中蛋白质含量极少，对一般蛋白沉淀剂不呈现明显反应；当消化、吸收功能下降时，蛋白试验可呈现阳性反应。健康宠物粪便中没有胆红素，仅有少量的粪胆素；在小肠炎症及溶血性黄疸时，粪中可能出现胆红素，粪胆素也增多。

表 4-4　蛋白质检查操作及结果判定

<table>
<tr><td rowspan="2">项目</td><td colspan="4">试管号</td></tr>
<tr><td>1</td><td>2</td><td>3</td><td>4</td></tr>
<tr><td>3%粪乳状液</td><td>15 mL</td><td>15 mL</td><td>15 mL</td><td>15 mL</td></tr>
<tr><td>试剂</td><td>20%醋酸液
2 mL</td><td>20%三氯醋酸液
2 mL</td><td>7%氯化汞液
2 mL</td><td>蒸馏水
2 mL</td></tr>
<tr><td colspan="5">混合后静置 24 h，观察上清液透明度，与对照管比较</td></tr>
<tr><td rowspan="2">阳性结果判定</td><td>透明，有黏蛋白</td><td>透明，有渗出的血清蛋白或核蛋白</td><td>透明，有渗出的血清蛋白或核蛋白</td><td rowspan="2">对照管</td></tr>
<tr><td>浑浊，无渗出的血清蛋白</td><td></td><td>红棕色，有粪胆素
绿色，有胆红素</td></tr>
</table>

(四)有机酸测定

1. 原理

粪便中的有机酸以及其他酸或酸性盐类能使粪便呈酸性反应，但用过量氢氧化钙中和时，有机酸与钙形成溶于水的有机酸钙，而其他酸或酸性盐与钙形成不溶于水的钙盐；加入三氯化铁水溶液使之形成絮状物而沉淀，过滤分离，除掉有机酸以外的酸或酸性盐；加酚酞指示剂，用 0.1 mol/L 盐酸溶液滴定，中和过剩的氢氧化钙；再以二甲氨基偶氮苯为指示剂，仍用 0.1 mol/L 盐酸溶液滴定，当盐酸把有机酸钙中的有机酸置换完毕后，多余的盐酸使指示剂变色，即为滴定终点。根据 0.1 mol/L 盐酸溶液的消耗量，间接推算有机酸的含量。

2. 操作

取粪便 10 g，加中性蒸馏水 100 mL 混匀；加入 30%三氯化铁水溶液 1 mL，1%酚酞酒精溶液 40～50 滴，再加氢氧化钙粉末 2 g，此时粪混悬液呈红色；放置 5 min 后过滤，取滤液 25 mL，用 0.1 mol/L 盐酸溶液滴定至淡玫瑰色(pH=8.7)；滴加 0.5%二甲氨基偶氮苯酒精溶液 10 滴，此时被检液呈黄色；以 0.1 mol/L 盐酸溶液滴定至黄色消退，变成橘红色为止；记录 0.1 mol/L 盐酸溶液的消耗量。

3. 计算

滴定 25 mL 滤液消耗的盐酸(mL)×4=100 mL 滤液中有机酸的含量(mol/L)。

4. 临床意义

粪便中有机酸含量可作为肠内发酵程度的指标，含量增高，表明肠内发酵过程旺盛。

(五)氨测定

1. 原理

氨为弱碱，用强酸直接中和时，无适当的指示剂，不能直接滴定。当加入甲醛后，放出盐酸，再用标准氢氧化钠溶液滴定，可间接推算出氨的含量。

2. 操作

取新鲜粪便 10 g,加蒸馏水 100 mL,混合后过滤;取滤液 25 mL,加中性甲醛溶液 5 mL(甲醛溶液 50 mL,加蒸馏水 50 mL,加 1%酚酞酒精溶液 2 滴,用 0.1 mol/L 氢氧化钠滴定至微红色),加 1%酚酞酒精溶液 10 滴;用 0.1 mol/L 氢氧化钠溶液滴定至淡玫瑰红色;记录 0.1 mol/L 氢氧化钠溶液的消耗量。

3. 计算

滴定 25 mL 滤液消耗的氢氧化钠(mL)×4=100 mL 滤液中氨的含量(mol/L)。

4. 临床意义

粪便中氨的含量可作为肠内腐败分解强度的指标,氨含量增高,表明肠内蛋白质腐败分解旺盛,形成大量游离氨。

四、粪便显微镜检查

(一)标本的制备

取不同层的粪便,混合后取少许置于洁净载玻片上或以竹签直接挑粪便中可疑部分置于载玻片上,加少量生理盐水或蒸馏水,涂成均匀薄层。必要时可滴加醋酸溶液或选用 0.01%伊红氯化钠染液、稀碘液或苏丹Ⅲ染色。涂片制好后,加盖玻片,先用低倍镜观察全片,后用高倍镜鉴定(图 4-9)。

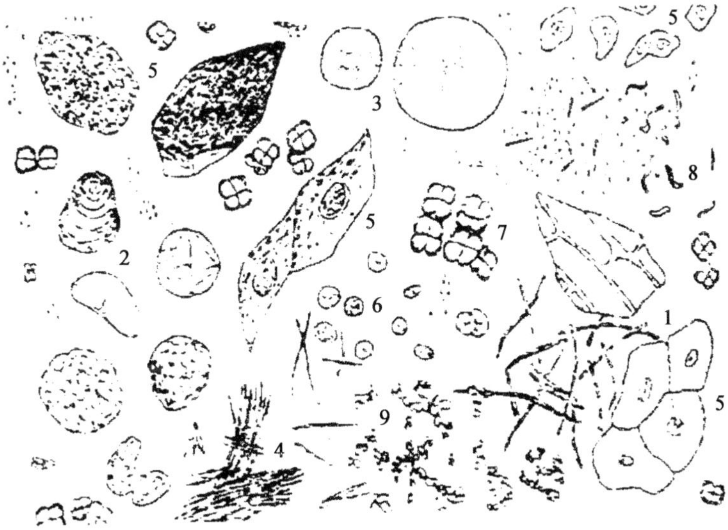

1. 细胞 2. 淀粉颗粒 3. 脂肪球 4. 针状脂肪酸结晶
5. 上皮细胞 6. 白细胞 7. 球菌 8. 杆菌 9. 真菌

图 4-9 粪便的显微镜检验所见

(二)饲料残渣检查

1. 植物细胞

粪便中常多量出现,形态多种多样。植物细胞无临床意义,但可了解胃肠消化能力的强弱。

2.淀粉颗粒

一般为大小不匀、一端较尖的圆形颗粒,也有圆形或多角形的,有同心层构造。用稀碘液染色后,未消化的淀粉颗粒呈蓝色,消化不完全的淀粉颗粒滴加稀碘液后呈棕红色。粪便中发现大量淀粉颗粒,表明消化功能障碍。

3.脂肪球和脂肪酸结晶

脂肪滴为大小不等、圆形的淡黄色小球,有明显折光性,特点为浮在液面、来回游动。脂肪酸结晶多呈针状,苏丹Ⅲ染色呈红色。粪便中见到大量脂肪球和脂肪酸结晶为摄入的脂肪不能完全分解和吸收,见于胰腺外分泌功能不足及各种原因的腹泻。

4.肌肉纤维

肌肉纤维常呈带状,也有呈圆形、椭圆形或不规则形,有纵纹或横纹,断端常呈直角形,加醋酸后更为清晰,有的可看见核,多为黄色或黄褐色,在食肉宠物粪便中多为正常成分。肌肉纤维过多时,可考虑胰液或肠液分泌障碍及肠蠕动增强。

(三)体细胞检查

1.白细胞及脓细胞

白细胞的形态整齐,数量不多,且分散不成堆。脓细胞形态不整,构造不清晰,数量多而成堆。粪中发现多量的白细胞及脓细胞,表明肠管有炎症或溃疡。

2.吞噬细胞

吞噬细胞比中性粒细胞大 3～4 倍,呈卵圆形、不规则叶状或伸出伪足呈变形虫样;胞核大,常偏于一侧,圆形,偶有肾形或不规则形;胞质内可有空泡、颗粒,偶见有被吞噬的细菌、白细胞的残余物;胞膜厚而明显。常与大量脓细胞同时出现,诊断意义与脓细胞相同。

3.红细胞

粪便中发现大量形态正常的红细胞,可能为后部肠管出血;有少量散在、形态正常的红细胞,同时又有大量白细胞时,为肠管的炎症;若红细胞较白细胞多,且常堆集,部分有崩坏现象的,是肠管出血性疾病。

4.上皮细胞

可见扁平上皮细胞和柱状上皮细胞。前者来自肛门附近,形态无显著变化;后者由各部肠壁而来,因部位和肠蠕动的强弱不同而形态有所改变。上皮细胞和粪便混合时一般不易发现,多量出现且伴有多量黏液或脓细胞时均为病理状态,见于胃肠炎。

五、粪便中寄生虫卵检查

(一)虫卵检查

1.直接涂片检查法

在载玻片上滴一些甘油与水的等量混合液,再用牙签或火柴梗挑取少量粪便,加入其中,混匀,夹去较大或过多的粪渣,使玻片留上一层均匀粪液,以能透视书报字迹为宜。在粪膜上覆以盖玻片,置显微镜下检查。检查时应顺序地查遍盖玻片下的所有部分。有时体内寄生虫不多,粪便中虫卵少,难以查出虫卵。

2. 集卵法

(1)沉淀法。取粪便 5 g,加清水 100 mL 以上,搅匀,40～60 目筛过滤,滤液收集于三角烧瓶或烧杯中,静置沉淀 20～40 min,倾去上层液,保留沉渣,再加水混匀,再沉淀,如此反复操作直到上层液体透明后,吸取沉渣检查。此法特别适用于检查吸虫卵和棘头虫卵。

(2)漂浮法。适用于检查线虫卵、绦虫卵和球虫卵囊。取粪便 10 g,加饱和食盐水 100 mL,混合,通过 60 目筛滤入烧杯中,静置 0.5 h,则虫卵上浮;用直径 5～10 mm 的铁丝圈,与液面平行接触以蘸取表面液膜,抖落于载玻片上检查。或者取粪便 1 g,加饱和食盐水 10 mL,混匀,筛滤,滤液注入试管中,补加饱和盐水溶液使试管充满,上覆以盖玻片,并使液体与盖玻片接触,其间不留气泡,直立 0.5 h 后,取下盖玻片,覆于载玻片上检查。在检查比重较大的猪后圆线虫卵时,则可先将粪便按沉淀法操作,取得沉渣后,在沉渣中加入饱和硫酸镁溶液进行漂浮,收集虫卵(图 4-10)。

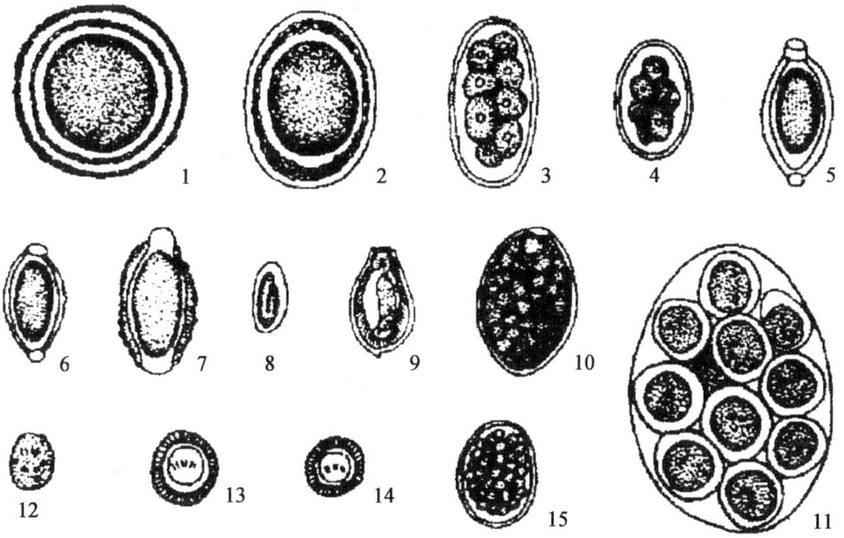

1. 犬蛔虫卵 2. 狮蛔虫卵 3. 犬钩虫卵 4. 巴西钩虫卵 5. 犬鞭虫卵 6. 毛细线虫卵 7. 肾膨结线虫卵 8. 血色食道线虫卵 9. 华支睾吸虫卵 10. 前殖吸虫卵 11. 犬腹孔绦虫卵 12. 线中绦虫卵 13. 泡状带绦虫卵 14. 细粒棘球绦虫卵 15. 裂头绦虫卵

图 4-10 犬体内寄生虫虫卵形态

沉淀法或漂浮法均使液体静置,待其自然下沉或上浮。但有些方法则将以上粪液置于离心管中离心,借助离心力以加速其沉浮过程。

(二)虫卵计数法

虫卵计数法是测定每克粪便中的虫卵数,以此推断宠物体内某种寄生虫的寄生数量,有时还用于使用驱虫药前后虫卵数量的对比,以检查驱虫效果。虫卵计数受很多因素影响,只能对寄生虫的寄生数量做大致判断。影响因素除虫卵总量不准确外,还有寄生虫的年龄、宿主的免疫状态、粪便的浓稠度、雌虫的数量、驱虫药的服用等,均影响虫卵数量和体内虫体数量的比例关系。虽然如此,虫卵计数仍常被作为某种寄生虫感染强度的指标。虫卵计数结果,常以每克粪便中虫卵数表示。

1. 斯陶尔氏法

在一小玻璃容器(如三角烧瓶或大试管)的 56 mL 和 60 mL 容量处各做一个标记;先取 0.4%的氢氧化钠溶液注入容器内,到 56 mL 处,再加入被检粪便溶液到 60 mL 处,加入一些玻璃珠,振荡使粪便完全破碎混匀;用 1 mL 吸管取粪液 0.15 mL,滴于 2~3 张载玻片上,覆以盖玻片,在显微镜下按顺序检查,统计虫卵总数时注意不可遗漏和重复。因 0.15 mL 粪液中实际含粪量是:0.15×4/60=0.01(g)。因此,所得虫卵总数乘 100 即为每克粪便中的虫卵数。此法适用于大部分蠕虫卵的计数。

2. 麦克马斯特氏法

本法是将虫卵浮集于一个计数室中计数。计数室是由 2 片载玻片制成。为了使用方便,制作时常将其一片切去一条,使之较另一片窄一些。在较窄的载玻片上刻以 1 cm 见方的区域 2 个,而后选取厚度 1.5 mm 的玻片切成小条垫于两载玻片间,以环氧树脂黏合。取粪便 2 g 于乳钵中,加水 10 mL 搅匀,再加饱和盐水 50 mL。混匀后,吸取粪液注入计数室,置显微镜台上静置 1~2 min 后,在显微镜下计数 1 cm^2 区域中的虫卵总数,求 2 个区域中虫卵数的平均数,乘以 200 即为每克粪便中的虫卵数。此法只适用于可被饱和盐水浮起的各种虫卵。

3. 片形吸虫卵计数法

取犬猫粪便 10 g 于 300 mL 容量瓶中,加入少量 1.6%氢氧化钠溶液,静置过夜。次日,将粪块搅碎,再加 1.6%氢氧化钠溶液到 300 mL 刻度处,摇匀,立即吸取此粪液 7.5 mL 注入离心管内,1 000 r/min 离心 2 min,倾去上层液体,换加饱和盐水再次离心,再倾去上层液体,再换加饱和盐水,如此反复操作,直到上层液体完全清澈为止。倾去上层液体,将沉渣全部分滴于数张载玻片上,检查统计虫卵总数,以检查统计总数乘以 4,即为每克粪便中片形吸虫卵的总数。

【考核评价】

某宠物医院为了规范操作,需制订一个血常规、血液生化检查操作指南,包括采血部位、操作步骤、各项目正常指标及诊断意义。

案例分析

案例 4-1

分析表 4-5 中两只病犬的血常规检验结果及各项目的诊断意义。

表 4-5 病犬血常规检验结果

项 目	病犬一	病犬二	参考范围
红细胞总数(RBC)/(个/L)	4.89×10^{12}	4.50×10^{12}	$(5.2\sim11.0)\times10^{12}$
白细胞总数(WBC)/(个/L)	12.5×10^{9}	9.5×10^{9}	$(6\sim17)\times10^{9}$
淋巴细胞百分比(LY%)/%	16	13	25
中性粒细胞比率(GR%)/%	56.2	52.4	63
中性粒细胞数目(GR#)/(个/L)	9.4×10^{9}	8.6×10^{9}	$(3\sim11.4)\times10^{9}$
单核细胞比率(MONO%)/%	12.61	15.61	3~10
单核细胞数目(MONO#)/(个/L)	1.05×10^{9}	1.25×10^{9}	$(0.15\sim1.35)\times10^{9}$

案例分析

案例 4-2

萨摩耶，公，8 月龄，体重 23 kg。

主诉：家里养的萨摩耶犬突然发病，腹泻、腹痛，有血便，不吃东西，喜欢喝水。

临床检查：体温 40.6 ℃，呼吸、心跳加快，弓背缩腰，步态踉跄，舌苔黄，鼻液黄而稠，眼眵分泌增多，小便短赤，可视黏膜黄染，明显贫血。

根据临床检查结果，还需做哪些实验室检验进行进一步确诊？

【知识拓展】

犬猫血液常规分析和生化分析项目英文缩写

中文名称	英文缩写	中文名称	英文缩写
红细胞	RBC	丙氨酸氨基转移酶	ALT/GPT
血细胞比容	HCT	天冬氨酸氨基转移酶	AST/GOP
血红蛋白	HGB	碱性磷酸酶	ALP
平均红细胞体积	MCV	γ-谷氨酰转移酶	GGT
平均红细胞血红蛋白量	MCH	肌酐	GRE
平均红细胞血红蛋白浓度	MCHC	血尿素氮	BUN
红细胞体积分布宽度(变异系数)	RDW-CV	总胆红素	TBIL
红细胞体积分布宽度(标准差)	RDW-SD	甘油三酯	TG
白细胞	WBC	胆固醇	CHOL
中性粒细胞百分比	GRAN%	淀粉酶	AMYL
中性粒细胞绝对数	GRAN#	脂酶	LPS
淋巴细胞百分比	LYM%	总蛋白	TP
淋巴细胞绝对数	LYM#	白蛋白	ALB
中间细胞百分比	MID%	球蛋白	GLOB
中间细胞绝对数	MID#	肌酸激酶	CK/CPK
血小板	PLT	乳酸脱氢酶	LDH
平均血小板体积	MPV	尿酸	UA
血小板体积分布宽度	PDW	胆汁酸	BA
血小板压积	PCT	葡萄糖	GLU
大血小板百分比	LPLT%	血纤维蛋白原	FIB

模块2

宠物疾病治疗技术

☞ 项目5　常用治疗技术

☞ 项目6　特殊治疗技术

☞ 项目7　外科手术治疗技术

项目5
常用治疗技术

【学习目标】

• 了解犬猫常用治疗技术的适应证，掌握犬猫导尿法、洗胃法、穿刺法的操作要领，学会犬猫临床常用注射法、投药法。

【素质目标】

• 培养学生具备工匠精神，对每一种治疗技术都精益求精，确保治疗的有效性。

• 融合劳动精神，使学生理解治疗技术是宠物医疗行业的核心，需要不断学习和实践。

【学习内容】

任务13　注射法

注射是防治宠物疾病常用的给药技术。将药液直接注入宠物体内，能很快产生药效。皮下注射、肌内注射、静脉注射，是临床常用的给药方法。个别情况下还可进行皮内、胸腹腔、心内、气管内及眼球结膜等部位注射。

(一)皮内注射

皮内注射指将药液直接注入皮内，适用于药物敏感试验和变态反应(如结核病)的诊断。常用小注射器和短针头注射。注射部位一般选择在肩胛部、颈侧中部上1/3处，大耳犬也可在耳部。注射时，对宠物施以安全保定，注射部位消毒。左手绷紧皮肤，右手持注射器将针头对着皮肤，使针头斜面朝上，注射器与宠物皮肤呈30°角，轻轻刺入皮肤至针尖斜面进入皮内(约0.5 cm)，推动针栓注入规定的药液，此时切忌按压注射部位。注射后，根据不同的注射目的，按照规定的时间观察局部反应。

(二)皮下注射

皮下注射指将药液注入皮下结缔组织内。常用于刺激性较小的注射液、疫(菌)苗、血清等。注射部位一般选择在肩胛部和臀部背部，也可在股内侧。猫应选择在皮肤较薄，易于进针的颈肩侧部或臀部背面。先对宠物进行安全保定，局部消毒。注射时左手食指、中指和拇指将皮肤掐起形成皱褶，右手持注射器将针头刺入皱褶处皮下1.5～2 cm，药液多时可分点注射。注射完毕拔出针头，局部涂以碘酊。

(三)肌内注射

肌内注射是临床上常用的给药方法。适用于药量小、刺激性较小、吸收较难的药剂，如水剂、乳剂、油剂等。刺激性较强的药物如氯化钙、高渗盐水等，不能进行肌内注射。有些疫(菌)苗也可肌内注射接种。通常用一次性注射器，注射部位多选择在肌肉丰满而且避开大血管及大神经干通过的部位。注射时，对宠物进行合适的保定、消毒，以左手拇指和食指将注射部皮肤绷紧，右手持注射器迅速将针头垂直刺入 2～3 cm。然后左手固定针管，右手回抽针栓无回血时注入药液，注射完毕拔出针头。注射时应特别注意勿伤及坐骨神经，以免造成后肢一定程度上的麻痹。

(四)静脉注射

静脉注射指将药液直接注入静脉血管内，随血液分布全身，可迅速发挥药效。主要用于大量补液、补钙、输血及注入急救强心等药物或刺激性较强的药物。药液量少时可选用 50～100 mL 注射器，药液量大时可用输液瓶或分体输液袋。注射部位一般选择前臂头静脉、后肢小腿外侧隐静脉。注射时，对宠物施以侧卧保定或输液台上俯卧保定。根据宠物体格大小，用止血带(气密芯)绑扎注射部位的近心端，或让助手用手指帮助固定，使用酒精消毒使其静脉怒张。注射前应排净气泡，沿静脉管使针头或头皮针与皮肤呈 15°～20°角刺入皮肤和血管内后水平进针，感觉阻力减少，如见回血，解除止血带或助手松开压紧的手，用抗过敏纸质胶带固定，一般先固定针头，后固定针尾和软管。适当控制推进速度或调整滴入速度(以防增加心脏负担)。注射完毕，左手用酒精棉球压迫针孔，右手快速拔出针头。为了防止针孔溢血或皮下形成血肿，继续压迫局部片刻。输液中应注意观察宠物有无异常反应，如有异常，应停止输液。漏出血管的药液若刺激性强或带有腐蚀性，则应向周围组织注入生理盐水加以稀释。如氯化钙注射液可注入 10%硫酸钠，使其变为硫酸钙和氯化钠，局部温敷，以促进吸收。长期反复注射药物时，应注意保护静脉，有计划地由远端到近端的次序选定注射部位，或考虑使用留置针。

(五)腹腔注射

腹腔注射指将药液直接注入腹膜腔，适用于静脉注射困难或直接治疗腹腔器官疾病时。注射前应将药液加温至 37～38 ℃，防止冷液刺激过大而引起腹腔器官痉挛。注射部位选择在耻骨前缘 2～5 cm 腹白线的两侧。以避开肝、肾、脾等实质性器官。注射时，将宠物进行倒提保定，局部常规消毒。左手固定注射部位，右手持注射器将针头垂直刺入腹膜腔 2～3 cm。回抽无气泡、血和脏器内容物后，即可缓慢注入药液。如需大量输入药液时，应进行侧卧保定，针头与皮肤呈 30°～45°角刺入，并将针头固定于皮肤上。注射完毕拔出针头，局部消毒。

(六)心内注射

心内注射指将药液直接注入心内。适用于急救，特别是在犬猫生命垂危时给予药物。注射部位在左侧第 3～4 肋间，肩关节水平线之下。注射时，对犬进行右侧卧保定，局部消毒。左手固定注射部位，右手持注射器使针头与皮肤垂直刺入 6～8 cm，此时能感觉心脏的跳动，回抽有血液则表明刺入正确，然后将药液注入心腔。注射完毕拔出针头，局部以碘酊棉球压迫。

(七)气管内注射

气管内注射指将药液直接注入气管内。适用于治疗气管、肺部疾病和肺部驱虫等。注射部位在颈腹侧上 1/3 下界的正中线上，于第 4、5 气管环间。注射时，将动物仰卧保定，局部消毒，左手固定注射部位，右手持注射器使针头与皮肤垂直刺入 1～1.5 cm，刺入气管后感觉阻力消失，回抽有气体，然后慢慢注入适量药液。其剂量不宜过多(一般犬为 1.0～1.5 mL，猫为

0.5～1.0 mL)；所注药液温度应与体温相等；为了防止或减轻咳嗽，可先注射 2%普鲁卡因 0.2～1 mL 以降低气管黏膜的敏感性。注射完毕拔出针头，局部消毒。

任务 14　投药法

一、经口投药法

经口投药法有自食法、舔食法、灌服法，当患病宠物尚有食欲和饮欲时，可将药物混入食物或溶解于饮水中，让其自采自饮。当患病宠物食欲不振，而药味又大，不宜自食时，可将药研成粉末混入调味剂或制成舐剂，用棒或镊柄涂于宠物舌根部或口腔上腭部，让其自行舔食。对于宠物拒食的可采用以下方法。

(一)片、丸剂(含胶囊片)给药

犬坐立保定。对性情温和的犬，以左手拇指通过犬的口角进入齿间隙，并向上推动硬腭，打开口腔。投药者以右手食指和中指的指端夹持药送入犬口腔的舌根部，然后快速地把手抽出来；对性烈不安、咬人的犬，用上述方法打开口腔后，最好用药匙或药丸钳将药置于舌根部。如出现吞咽动作，则说明药已咽下。如犬不吞咽，可刺激咽部或将犬鼻孔捏住，促使犬快速将药吞下。

给猫投药时，左手在猫头的后方，用拇指和食指在口角两侧保定猫头，右手食指向下压迫切齿打开口腔，用药匙或药丸钳将药放于猫口腔深处的咽部，迅速合拢口腔，如猫出现舌舔鼻动作，则说明药已咽下。

(二)液体药物(水、油剂)给药

1. 简易给药

常用塑料注射器或金属注射器、金属头小药瓶给药。适用于投服少量水剂药物。粉剂或研碎的片剂加适量水调匀，以及中药煎剂等也可用此法投服。犬猫呈犬坐式保定。头稍向上仰，操作者一手将嘴角上下唇撑开，形成袋状，另一手持注射器或药瓶将药液注入或倒入袋状口角，迅速将口角合拢，药液便进入口腔咽下。注意一次灌入量不宜过多，待药液完全咽下后再重复灌入，以防误咽。

2. 胃导管给药

此法适用于投入大量水剂、油剂或可溶于水的流质药液，方法简单，安全可靠，不浪费药液。对幼犬和病情较重的犬，不用镇静剂便可顺利投入。对处于兴奋状态的犬，投药前需给以镇静剂。

给药时对犬进行坐姿保定；猫装入猫袋内，仅头颈部暴露于袋外。打开口腔，选择大小适合的胃导管(幼犬选用直径 0.5～0.6 cm，成年犬选用 1.0～1.5 cm 的橡胶管或塑料管)，猫选用导尿胶管。投药前，用胃导管测量犬鼻端到第 8～9 肋骨的距离后，并在胃导管上做好记号。胃导管前端涂以润滑剂，插入口腔后从舌面上缓缓地向咽部推进，如出现咳嗽，提示胃导管插入气管，应重新插入。当犬出现吞咽动作时，顺势将胃导管推入食管直至胃内(判定插入胃内的标志：从胃管末端吸气呈负压，犬无咳嗽表现)。然后连接漏斗或大注射器，将药液灌入。灌药完毕，除去漏斗，压扁导管末端，缓缓拔出胃导管。

二、直肠投药法

直肠投药常用于宠物因严重呕吐，经口投药无效时，其作用比口服快，且无副作用。

1. 水、油剂给药

给药时提起犬猫两后肢，将尾拉向一侧。用 12—18 号橡胶导尿管经肛门插入直肠内，猫 3～5 cm，犬 8～10 cm，然后用注射器向导尿管内注入药液 30～100 mL，最后拔出导管，并压迫尾根片刻，以防因努责排出药液，然后松开保定。

2. 栓剂给药

适用于向肛门内插入消炎、退热、止血等各类栓剂。宠物行站立保定，左手抬起尾，右手持栓剂插入肛门，并将栓剂缓缓推入肛门约 5 cm，然后将尾放下，按压 3～5 min，待不出现肛门努责即可。

任务 15　导尿法

导尿指用人工的方法诱导动物排尿或用导尿管将尿液排出。本任务主要讨论导尿管导尿，其目的是缓解尿闭或采集尿液进行实验室检验，也可进行膀胱冲洗或给药。

(一)公犬导尿法

公犬侧卧保定，上后肢前方转位，暴露腹底部，长腿犬也可站立保定。助手一手将阴茎包皮向后退缩，另一手在阴囊前方将阴茎向前推，使阴茎龟头露出。选用低刺激消毒液清洗外尿道外口，选择适宜导尿管，并将其前端 2～3 cm 涂以润滑剂。操作者(戴乳胶手套)一手固定阴茎龟头，另一手持导尿管从尿道口慢慢插入尿道内或用止血钳夹持导尿管徐徐推进。导尿管通过坐骨弓尿道弯曲部时常发生推进困难，可用手指按压会阴部皮肤或稍退回导尿管调整其方位重新插入。一旦通过坐骨弓阴茎弯曲部，导尿管易进入膀胱。尿液流出，并接 20 mL 注射器抽吸。抽吸完毕，注入抗生素溶液于膀胱内，拔出导尿管。导尿时，常因尿道狭窄或阻塞而难以插入导尿管，小型犬种尿道细也可限制其插入。

(二)母犬导尿法

所用物品包括导尿管(可用人用橡胶导尿管)、注射器、润滑剂、照明光源、0.1%新洁尔灭溶液、2%盐酸利多卡因溶液、收集尿液的容器等应准备好。

多数情况母犬行站立保定，先用 0.1%新洁尔灭溶液清洗阴门，然后用 2%利多卡因溶液滴入阴道穹隆黏膜进行表面麻醉。操作者戴灭菌乳胶手套，将导尿管顶端 3～5 cm 处涂以灭菌润滑剂。一手食指伸入阴道，沿尿生殖前庭底壁向前触摸尿道结节(其后方为尿道外口)，另一手持导尿管插入阴门内，在前食指的引导下，向前下方缓缓插入尿道外口直至进入膀胱内。对于去势母犬，采用上述导尿法(又称盲目导尿法)，导尿管难以插入尿道外口。故母犬应仰卧保定，两后肢前方转位。用附有光源的阴道扩张器或鼻孔开张器打开阴道，观察尿道结节和尿道外口，再插入导尿管。接注射器抽吸或自动放出尿液。导尿完毕向膀胱内注入抗生素药液，然后拔出导尿管，解除保定。

（三）公猫导尿法

先肌内注射氯胺酮使公猫镇静；仰卧保定，两后肢前方转位。尿道外口周围清洗消毒。操作者将阴茎鞘向后推，拉出阴茎，在尿道外口周围喷洒1%盐酸丁卡因溶液。选择适宜的灭菌导尿管，其末端涂以润滑剂，经尿道外口插入，徐徐向膀胱内推进。导尿管应与脊柱平行插入，用力要均匀，不可硬行通过尿道。如尿道内有尿石阻塞，可先向尿道内注射生理盐水或稀醋酸3～5 mL，冲洗尿道内凝结物，确保导尿管通过。导尿管一旦进入膀胱，即有尿液流出。导尿完毕向膀胱内注入抗生素药液，然后拔出导尿管，解除保定。

（四）母猫导尿法

母猫的保定与麻醉方法同母犬。导尿前，用0.1%新洁尔灭溶液清洗阴唇，用1%盐酸丁卡因液喷洒尿生殖前庭和阴道黏膜。将猫尾拉向一侧，助手捏住阴唇并向后拉。操作者一手持导尿管，沿阴道底壁前伸，另一手食指伸入阴道触摸尿道结节，引导导尿管插入尿道外口。

任务16　灌肠法

灌肠是将某些药物、钡造影剂、营养液或水等经肛门灌入直肠内的一种方法。

（一）浅部灌肠法

浅部灌肠法是将药液灌入直肠或结肠内。常在患病宠物食欲废绝时，进行人工营养；便秘时，冲洗直肠或结肠积粪；患病宠物兴奋不安时，灌入镇静剂以及灌造影剂做X线检查等。药液灌入量成年犬每次100～200 mL，幼龄犬或猫50～100 mL。

灌肠时宠物站立保定。助手将尾抬起，肛门周围先用温水洗涤干净。犬可用灌肠器。操作者一手提装有药液的灌肠器吊筒，另一手将灌肠器开口徐徐插入肛门，然后高举吊筒，使药液流入直肠。猫可选用导尿管。插入肛门后，接50～100 mL的注射器，推入药液进行灌肠。由于猫的肠管、胃和食道整个长度不到2 m，灌液多了有可能从口腔出来，因此其量不宜过多。

灌肠后使宠物保持安静，以免引起排粪动作而将药液排出。对人工营养、消炎和镇静为目的的灌肠，在灌肠前应先把直肠内的积粪排出。

（二）深部灌肠法

对于肠套叠或扭转、胃内异物或食入毒物等，可采用深部灌肠，即将大量药液经肛门灌入前部肠管和胃内。但该方法危险性较大，临床上应慎用（易造成异物性肺炎或严重虚脱）。

可按浅部灌肠法进行保定。将药液加温至38～39 ℃，可灌入肥皂水、0.01%高锰酸钾溶液或生理盐水等。将溶液盛入灌肠器或吊桶内，助手将宠物尾巴拉向一侧。操作者将灌肠器或吊桶上的胶管缓慢插入肛门内并轻轻向直肠内推进（幼龄犬4～5 cm、成年犬8～10 cm）。加压灌肠器或高举吊桶，先灌入少量液体软化肛门内和直肠内积粪，待排净积粪后再灌入大量药液，直至宠物从口中流出灌入的溶液为止。灌入量：幼龄犬800～1 000 mL，成年犬1 500～2 000 mL。

任务 17 洗胃法

当犬猫误食毒物或有毒成分后，为促进毒物的排出，可采取洗胃法。

洗胃法基本同胃导管给药法。洗胃前先对宠物进行镇静或麻醉，然后做气管内插管，以防止宠物误咽。保定时应使宠物头、胸部稍低些，但不能因腹腔内脏器官重力前移压迫膈肌影响呼吸。用开口器打开口腔，再用适宜的胃导管缓慢插入，直至胃内。洗胃可用温水、生理盐水或温水加吸附剂（如活性炭），如毒物已确定，可适当加解毒剂，以提高洗胃效果。灌洗液量每次控制在每千克体重 5～10 mL，然后再放出或抽出灌洗液，可反复灌洗 10～15 次，直至灌洗液变清。因灌注次数多，量大，故洗胃时特别要注意宠物的呼吸状态，防止发生异物性肺炎。

任务 18 穿刺术

(一)腹腔穿刺术

腹腔穿刺指手术穿透腹壁，排出腹腔液体。多用于腹水症，减轻腹内压。也可通过穿刺，确定其穿刺液性质（渗出液或漏出液），进行细胞学和微生物学诊断，以及腹腔输液和腹腔麻醉等。

1. 穿刺部位

穿刺部位在耻骨前缘腹白线一侧 2～4 cm 处。

2. 穿刺方法

宠物侧卧保定，术部剪毛消毒，先用 0.5%盐酸利多卡因溶液局部浸润麻醉，再用套管针或 14 号针头垂直刺入腹壁，深度 2～3 cm。如有腹水经针头流出，使宠物站起，以利于液体排出或抽吸。术毕，拔下针头，碘酊消毒。

(二)胸腔穿刺术

胸腔穿刺指从胸腔抽吸积液或气体。用于排出胸腔积液、观察积液性质、进行细胞学检查和细菌培养、冲洗胸腔和注入药物等。

1. 穿刺部位

穿刺部位为病侧肩端水平线与第 4～7 肋间隙交点。若胸腔积液，穿刺点在第 4～7 肋间下 1/3 处；若气胸，则在其上 1/3 处。

2. 穿刺方法

术部剪毛、消毒，用 0.5%盐酸利多卡因溶液局部浸润麻醉。宠物站立保定为宜，也可侧卧保定。根据胸部 X 线检查结果（是胸腔积液还是气胸），确定其穿刺点。选 12—14 号注射针头，其针座接一 6～8 cm 长胶管，后者再与带有三通开关的注射器（20 mL）连接。通常针头在欲穿刺点后一肋间穿透皮肤，沿皮下向前斜刺至穿刺点肋间。再垂直穿透胸壁。一旦进入胸腔，阻力突然减小，停止推进，并用止血钳在皮肤上将针头钳住，以防针头刺入过深损伤肺脏。然后，打开三通开关，抽吸胸腔积液或气体。

如胸腔积液很多，可用胸腔穿刺器（也可用通乳针代替）。穿刺前，术部皮肤应先切一小口，再经此切口按上述方法将其刺入胸腔。拔出针芯，其套管再插一长 30 cm 聚乙烯导管至胸底壁。拔出针套，将导管固定在皮肤上。导管远端接一带三通开关的注射器，可连续抽吸排液。

（三）心包穿刺术

心包穿刺用于抽吸心包积液，以减少对心脏的压迫，也可用于检验心包液性质、注入药液、治疗心包膜炎症等。

1. 穿刺部位

穿刺部位在左侧胸壁下 1/3 与中 1/3 交界处的水平线与第 4 肋间隙交点处。

2. 穿刺方法

宠物用镇静剂后，右侧卧位保定。于第 4～6 肋间剪毛、消毒，局部用 1％盐酸利多卡因溶液浸润麻醉。选 16—18 号静脉注射针，其针座套一根 6～10 cm 长硬质胶管，后者再与带三通开关的注射器（20 mL）接头相连。按胸腔穿刺方法将针头刺入胸腔（注射器保持负压），慢慢向心脏方向推进。当针尖接触心包时，可察觉心脏搏动。继续进针，刺入心包，如有心包液进入注射器，证明穿刺正确。卸下注射器，将一细的聚乙烯导管经针头插入心包腔 5～6 cm。拔出针头，用胶布将体外导管固定在皮肤上。再将导管与注射器连接，可连续抽吸心包液，冲洗心包腔和注入药液。抽吸量大时，应密切注意心脏功能变化，必要时，应用心电图仪予以监护。另外，穿刺过程中，应防止发生气胸。

（四）脊髓穿刺术

脊髓穿刺术的目的是采取脊髓液进行化验来诊断某些疾病，也可向蛛网膜下腔内注射药物治疗某些疾病。

1. 穿刺部位

枕正中线与两个寰椎翼前外角隆起连线的交点上。经此点穿刺，针头进入寰枕关节的小脑延髓池内。

2. 穿刺方法

将宠物进行全身麻醉，伏卧保定或侧卧保定，将头部保定于保定台的边缘上，头向腹面屈曲使颈部长轴垂直，以增大枕骨与寰椎之间的间隙。术部剃毛、消毒。针头垂直刺入皮下，经项韧带慢慢向深部推进。定期拔出针芯以观察脑脊液是否流出。穿刺针要防止左右移动，严格掌握垂直方向。进针中偶尔感到穿过硬脑膜的阻力感消失时，针端即进入小脑延髓池内。拔除针芯，脑脊液即可流出。若针头内流出血液而无脑脊液，说明刺破了椎骨静脉丛的分支，此时，应更换穿刺针头，重新穿刺。如果在脑脊液中出现了新鲜血液，应停止穿刺，等 24 h 之后重新穿刺。

在针进入小脑延髓池内，针孔内看到液体时，立即接上脊髓液压力计测定其压力，然后抽吸 2 mL 脊髓液放入灭菌小瓶内。脑脊液的检查内容包括颜色、浑浊度、细胞计数及分类、蛋白质的测定等。必要时检查电解质含量，进行细菌计数和培养。穿刺完毕，拔下针头，术部消毒，术后5～7 d需注意宠物有无不良反应。

(五)膀胱穿刺术

膀胱穿刺用于因尿道阻塞引起的急性尿潴留，可缓解膀胱的内压，防止膀胱破裂。另外，经膀胱穿刺采集的尿液，可以减少在宠物排尿过程中收集尿液的污染，使尿液的化验和细菌培养结果更为准确，也可减少导尿引起医源性尿道感染的风险。

1. 穿刺部位

穿刺部位在耻骨前缘3～5 cm处腹白线一侧腹底壁上。也可根据膀胱充盈程度确定其穿刺部位。

2. 穿刺方法

宠物前躯侧卧，后躯半仰卧保定。术部剪毛、消毒，0.5%盐酸普鲁卡因溶液浸润麻醉。膀胱未充满尿液时，操作者一手隔着腹壁固定膀胱，另一手持接有7—9号针头的注射器，其针头与皮肤呈45°角向骨盆方向刺入膀胱，回抽注射器活检，如有尿液，证明针头在膀胱内。并将尿液立即送检化验或细菌培养。如膀胱充盈，可选12—14号针头，当刺入膀胱时，尿液便从针头射出。可持续地放出尿液，以减轻膀胱压力。穿刺完毕，拔下针头，消毒术部。

【考核评价】

在临床实施犬猫导尿过程中，因体格差异较大，一般难以找到合适的导尿管，根据导尿原理，给出一个解决方案。

案例分析

根据以下案例，给出处理建议和方法。

案例5-1

吉娃娃犬，雄性，2岁，体重1.7 kg。近期食欲不好，排尿困难，近几天不排尿。临床检查发现腹围增大，坐卧不宁，有排尿姿势。

案例5-2

藏獒，雄性，3岁，体重23 kg。腹围增大，腹腔有积液。

案例5-3

高加索犬，雄性，3岁，体重83 kg，性情未知，需要口服丸剂药品。

【知识拓展】

注射的原则

注射法是使用无菌注射器或输液器将药液直接注入动物体组织内、体腔或血管内的给药方法，是临床治疗上最常用的技术，具有药效迅速、剂量准确等优点。

(1)严格遵守无菌操作原则，防止感染。注射前须洗手、戴口罩。对被毛浓厚的动物，可先剪毛。用棉签蘸2%碘酊消毒注射部位，以注射点为中心向外螺旋式旋转涂擦，碘酊干后，用75%乙醇以同法脱碘，待干后方可注射。对于特定美容造型的犬猫和纯白犬猫，一般使用75%乙醇消毒即可，不必剪毛。

(2)认真执行查对制度,做好三查六对。三查:操作前查、操作中查和操作后查;六对:核对动物名称、药名、剂量、浓度、时间、用法。

(3)检查药液质量,如药液变色、沉淀、浑浊、药物有效期已过或安瓿有裂缝,均不能使用。多种药物混合注射需注意配伍禁忌。

(4)根据药液量、黏稠度及刺激性强弱选择注射器和针头。注射器须完好无裂缝、不漏气。针头应锐利、无钩、无弯曲,注射器和针头衔接须紧密。

(5)选择合适的注射部位,防止损伤神经和血管,不能在炎症、硬结、瘢痕及皮肤病处进针。应注意不同种属的动物,各种注射部位不同。

(6)注射药物按规定时间现配现用。临时抽取,以防药物效价降低或污染。

(7)注射前须排尽注射器内空气,以防空气进入形成空气栓子。排空时防止浪费药物,排空时针头应对墙角或垃圾桶,切勿面对人或者动物。

(8)进针后,推进药液前,应抽动活塞,检查有无回血。静脉注射须见有回血方可注入药液;皮下、肌内注射发现回血,应拔出针头重新进针,不可将药液注入血管内。

(9)运用无痛注射技巧。要分散动物的注意力,采取适当的体位,使肌肉松弛,注射时做到"二快一慢",即进针和拔针快,推注药液慢,但对骚动不安的动物应尽可能在短时间内注射完毕。对刺激性强的药物,针头宜粗长,进针宜深,以防疼痛和形成硬结。同时注射多种药物时,先注射无刺激性或刺激性弱的药物,后注射刺激性强的药物。如注射一种药物量大时,应采取分点注射。

【知识链接】

二维码5-1　T/CVMA 188—2024
犬猫食道饲管放置操作技术规范

二维码5-2　T/CVMA 193—2024
犬猫胸腔导管放置技术规范

二维码5-3　T/CVMA 196—2024
犬猫中心静脉临时导管操作技术规范

项目6
特殊治疗技术

【学习目标】

• 了解犬猫特殊治疗技术的适应证；掌握犬猫输血疗法、氧气疗法、安乐死术的操作要领。

【素质目标】

• 在学习输血疗法、氧气疗法等特殊治疗技术时，强调工匠精神，注重操作的精细和准确。

• 培养学生具备劳动精神，理解特殊治疗技术在宠物医疗中的重要性，并愿意投入时间和精力去学习。

【学习内容】

任务19 输血疗法

输血疗法是利用输入正常血液进行补血、止血、解毒的一种治疗措施。通过输血可迅速增加血容量及防止血液凝固，特别对一些重危病例抢救尤为重要。但输血疗法是一种代价高，且具有潜在危险的一种治疗方法，因此，只有在非常必要时才使用。在治疗的每一步都必须辨认和纠正潜在的问题，否则输血的效果都只是暂时性的。

1. 适应证与禁忌证

输血疗法适用于大出血、血浆损失过多、休克、贫血、出血性疾病（白细胞和血小板减少及纤维蛋白原减少）、白血病、蛋白质缺乏症及恶病质等。但患有严重的心脏疾病、肾脏疾病、肺水肿、肺气肿、血管栓塞症及脑水肿等疾病时禁用。

2. 血型与输血的关系

在理论上，输血时应输以同型血液或相合血液。但实践证明，各种宠物首次输血都可以选择任何一种同种宠物作供血者，而不必考虑它们血型是否相符，通常都不会发生严重危险。而无论何种宠物，受血后都能在3～10 d内产生免疫抗体，如果此时又以同一供血宠物再次输血，就容易产生输血反应。因此，临床上常常对需多次输血的宠物，准备多个供血宠物，并把重复输血的时间缩短在3 d以内。

异型血液的血清和红细胞相混合，会迅速凝集成团，随后发生溶血，从而出现输血反应，所以在输血前进行血液相合检验就更为安全。

3. 输血方法

宠物临床上常用的是间接输血法。其操作步骤是将抗凝剂置于灭菌的贮血瓶内，随后从供血宠物静脉采血（二者比例为 1∶9），边采血边轻轻晃动贮血瓶，使血液与抗凝剂充分混合，以防止血液凝固。采出需要血量后立即给宠物输入，输入速度要尽量缓慢。在输血过程中，要不断轻轻晃动贮血瓶，避免红细胞与血浆分离，给输入带来困难。

具体操作是：先倒挂贮血瓶或塑料贮血袋于支架上，排尽输血导管内的空气；消毒注射部位的皮肤，将输血针头刺入静脉，固定针头于皮肤；调节输血速度，一般为 4～6 mL/min，若大量失血或休克，则须快速输入；输血完毕，拔出针头，局部压迫止血；输血过程中，随时注意有无血液漏出血管外，针栓与导管接头处有无松脱。

4. 输血不良反应及其防治

在输血过程中应注意溶血反应、致热原反应、过敏反应等输血反应。

一旦出现上述反应及时处理。①减慢输血速度或中止输血。②轻者，可选用苯海拉明或异丙嗪。③较重者，可静脉注射或静脉滴注氢化可的松 100 mg。④紧急者，1∶1 000 肾上腺素 0.5～1 mL 皮下注射或静脉注射。⑤会厌水肿危及生命者，立即行喉插管术、气管插管术或气管切开术。

5. 输血的注意事项

（1）在输血中的一切操作均应严格执行无菌操作。

（2）采血时，须注意抗凝剂的应用量，血采入瓶中后，应充分混匀，以防出现血凝块；摇晃时要轻，以免破坏血细胞和产生气泡。在输血过程中，严防空气注入血管。

（3）输血时，密切注意患病犬猫的表现，出现异常反应，应立即停止输血。

（4）用枸橼酸钠作抗凝剂进行输血后，应立即补充钙剂。

（5）严重溶血的血液，不宜应用，应废弃。

任务 20　氧气疗法

氧气疗法的对象主要指那些组织缺氧的宠物。但组织缺氧主要是血流太慢或血中氧气浓度下降的原因。氧气疗法的目的是增加动脉血氧的张力，促使脑和其他组织氧张力恢复到正常水平。适用于因通气不足引起的低氧血症。在犬猫临床上，多用于垂危病例抢救，手术过程中和各种类型的缺氧症，如肺部疾病、呼吸道阻塞、胸部透创、麻醉中毒、心力衰竭以及某些中枢神经性疾病所引起的呼吸暂时麻痹等。

（一）给氧方法

1. 鼻导管给氧法

需氧气罐和医用流量表等吸入装置一套。检查流量表开关是否关紧，打开总开关，再慢慢打开流量表开关，连接鼻导管，观察氧气流出是否通畅，然后关闭流量表开关。用湿棉签清洁鼻腔，将鼻导管用水湿润后，自鼻孔轻轻插入鼻腔，用胶布将鼻导管固定于鼻面部。打开流量表开关，氧气流量通常以 4～6 L/min 为宜，可使吸入氧浓度达到 30%～45%。

2. 气管穿刺给氧法

此法适用于病情较重的宠物。选一粗的套管针经皮肤穿透环甲韧带或在两气管环间穿入气管,将长20~30 cm的柔软导管经套管针插入气管至气管的中段,并拔出套管针。导管前端侧壁多孔,后端接给氧装置,按2~4 L/min输氧。危急宠物必要时可进行气管切开,插入导管给氧。

3. 氧舱给氧法

此法尤其适用于清醒的幼龄宠物,患慢性肺部疾病或其他原因所引起的低氧血症需长期氧治疗的宠物也可用。将犬的头部或整体放入氧舱内。舱内氧气的浓度,可根据病情的需要进行调节,一般舱内氧气浓度应保持在40%~60%。可同时混入1.2%以上的二氧化碳,对兴奋呼吸中枢有明显作用。

(二)注意事项

(1)氧气是一种干燥气体,吸氧时应进行湿化(湿度35%~50%),如不经湿化直接进入呼吸道,可使呼吸道黏膜干燥和分泌物黏稠,有损纤毛运动。

(2)输入纯氧的时间不能超过12 h,否则可引起氧中毒或"氧烧伤",使肺泡膜受刺激和变厚,从而减弱氧和二氧化碳的正常弥散作用。

(3)输氧后如病情仍不能缓解,可能给氧不当。应仔细检查给氧导管有无阻塞或是否因氧流量过大、浓度过高而产生呼吸抑制。

任务21　安乐死术

安乐死术是对无治疗价值或预后不良的严重病例采取简便而无痛苦的致死方法,可减少治疗过程中不必要的浪费,同时也能减少宠物主人的痛苦心情。对凶猛宠物,可先使用846合剂、乙酰丙嗪、氯丙嗪等镇静药,使其安静,再施安乐死术。其常用的药物和方法有如下几种。

(一)饱和硫酸镁法

硫酸镁的使用浓度约为40 g/100 mL,以1 mL/kg体重的剂量快速静脉注射,可不出现挣扎而迅速死亡。这是因为镁离子具有抑制中枢神经系统快速意识丧失和直接抑制延髓的呼吸及血管运动中枢的作用,同时还有阻断末梢神经与骨骼肌接合部的传导,使骨骼肌弛缓的作用。

(二)戊巴比妥钠法

用5%戊巴比妥钠注射液以1.5 mL/kg体重的剂量快速静脉注射即可。幼龄犬猫静脉注射困难时,可用同等剂量施以腹腔内注射。建议剂量为体重在4.5 kg以内用2 mL,体重每增加4.5 kg,再追加1 mL。本品投予上述剂量,因深麻醉而引起意识丧失,呼吸中枢抑制及呼吸停止,导致心脏立即停止跳动。这期间,宠物由兴奋而变成嗜睡死亡,术者及宠物主人无须紧张。

(三)氯化钾法

用10%氯化钾以0.3~0.5 mL/kg体重剂量快速静脉注射即可。钾离子在血中浓度增高,可导致心动过缓、传导阻滞及心肌收缩力减弱,最后抑制心肌使心脏突然停搏而致死。但宠物在死前,常有剧烈痛苦、挣扎现象,现在一般不用氯化钾做安乐死术。

(四)吸入法

1.处死箱——二氧化碳(钠瓶或干冰)

二氧化碳浓度要高(至少40%,最好70%)。根据二氧化碳释放的方式和箱内的浓度,犬猫可能出现某种程度的应激状态。在将宠物置入箱内前先充气能改善效果。本法尤其适用于猫,当浓度大于60%时,猫于90 s内丧失知觉,并于5 min内死亡。

2.处死箱或面罩——氟烷或甲氧氟烷

这些药物可用于幼龄犬、幼龄猫或难以保定的猫。

【考核评价】

查阅相关资料,用列表的方式对比各种常用制氧和给氧设备(4种以上)的优缺点和使用成本。

案例分析

案例6-1

杜宾犬,3岁,公,体重18 kg。

临床检查第一心音特别急促,第二心音消失,为急促的浅表呼吸,前来急诊,制订一个急救方案。

案例6-2

中华田园犬,7岁,公,体重16 kg。

性情粗暴,有攻击人倾向。无治疗价值,主人建议做安乐死,制订一个合理廉价的方案。

【知识拓展】

雾化吸入疗法

雾化吸入疗法是用雾化装置将药物分散成微小的雾滴或微粒,使其悬浮于气体中,并进入呼吸道及肺内,达到洁净气道、湿化气道、局部治疗(如解痉、消炎、祛痰)及全身治疗的目的。目前雾化器主要有两种:超声雾化器和喷射雾化器。

超声雾化器是将电能转换成超声薄板的高频振动,高频振动使药液转化成气溶胶雾粒,是宠物门诊最常用的雾化设备。超声雾化器产生的气溶胶的微粒直径为 3.7～10.5 μm。临床上应用主要是对支气管类炎症,如咳嗽等,特别是对顽固性咳嗽有一定治疗和缓解的作用。

二维码6-1
超声波雾化器

喷射雾化器是将压缩空气或氧气(驱动力)以高速气流通过细口喷嘴,在喷嘴周围产生负压携带贮液罐药液卷进高速气流以细小雾粒喷出。临床上应用喷射雾化器可对支气管扩张剂、激素、抗过敏药和抗生素等药物进行雾化吸入治疗。

临床上通常将患病宠物装在一个有盖的箱体内,根据实际需求通入雾化药物。哮喘雾化时可用激素、β_2-受体激动剂、茶碱、抗胆碱等药物雾化吸入治疗；感冒和急性鼻炎发作可用大青根和1%麻黄素等药物雾化吸入治疗；咽喉炎、气管炎可用庆大霉素和地塞米松等药物雾化吸入治疗。

【知识链接】

二维码 6-2　T/CVMA 197—2024
犬猫全血输注技术规范

二维码 6-3　T/CVMA 198—2024
犬猫输血不良反应分类指南

项目7

外科手术治疗技术

【学习目标】

• 了解犬猫麻醉药物适应证和基本手术麻醉方法；熟悉手术基本操作技术；掌握犬猫手术治疗引流法和绷带包扎法。

【素质目标】

• 培养学生具备工匠精神，对外科手术的每一个步骤都精益求精，确保手术的成功率。

• 融合劳动精神，使学生理解外科手术是宠物医疗技术的重要组成部分，需要付出努力和汗水。

【学习内容】

任务22　麻醉方法

麻醉目的在于安全有效地消除手术疼痛，确保人和宠物安全，使宠物失去反抗能力，为顺利手术创造良好的条件。麻醉也是宠物疾病诊疗的重要环节。现今宠物临床麻醉大体分为3类，即局部麻醉、全身麻醉和电针麻醉。宠物临床上多用全身麻醉，局部麻醉较少选用。

（一）局部麻醉

局部麻醉是借助局部麻醉药的作用，选择性地作用于感觉神经纤维或感觉神经末梢，产生暂时的可逆性的感觉消失，从而达到无痛手术的目的。局部麻醉简便、安全，适用范围广，可在不少手术上应用。

1. 表面麻醉

将药液滴、涂或喷洒于黏膜表面，让药液透过黏膜，使黏膜下感觉神经末梢感觉消失。一般选用穿透力较强的局部麻醉药，如1%～2%丁卡因（常用于眼部手术）、2%利多卡因（常用于猫气管插管前的咽喉表面麻醉）等。该方法广泛用于眼、鼻、口腔、阴道黏膜的麻醉。

2. 浸润麻醉

将药液分点注射到皮下、黏膜下或深部组织内，使药液扩散麻醉周围组织中的神经纤维和末梢，使其失去感觉与传导刺激的作用。常用0.25%～1%盐酸普鲁卡因溶液或0.5%～1%盐酸利多卡因溶液。为了减少药物吸收的毒副作用，延长麻醉时间，常在药物中加入适量的盐酸肾上腺素。

3. 传导麻醉

将药液注入神经干周围，使该神经干所支配的区域产生麻醉作用，又称神经干阻滞麻醉。其优点是用药量少，麻醉的范围广。常用2%～3%盐酸普鲁卡因溶液或1%～2%盐酸利多卡因溶液。可用于睑神经、臂神经丛等的传导麻醉。

4. 椎管内麻醉

将局部麻醉药注射入椎管内，从而使某些脊髓神经被阻滞。根据局部麻醉药注入部位的不同，椎管内麻醉可分为蛛网膜下腔麻醉和硬膜外腔麻醉，临床上多用硬膜外腔麻醉。麻醉时进行椎管内穿刺的部位可选择在腰椎与荐椎间隙或第一、第二尾椎或荐椎与第一尾椎间隙。犬常用3%盐酸普鲁卡因溶液2～5 mL或1%～2%盐酸利多卡因溶液1～5 mL。

(二)全身麻醉

利用某些麻醉药的作用，抑制中枢神经系统，从而使犬猫全身不感疼痛，但仍保持延髓和平滑肌组织的功能，称为全身麻醉。

1. 全身麻醉前准备

麻醉前应注意检查宠物的全身状况。如患有心、肺、肝、肾等疾病，以及消瘦、贫血、中暑、长期热症、妊娠和老年者，最好不要用全身麻醉，以免发生危险。麻醉前犬猫禁食8～12 h，最好停止饮水2 h。必须进行血液学检查和尿液分析。

2. 全身麻醉前给药

麻醉前给药是在给予全身麻醉药前不久对患病宠物给予某种药物的总称。麻醉前给药的主要目的是使患病宠物有平静而安定的诱导麻醉和建立起平衡麻醉。麻醉前给药常用阿托品、东莨菪碱、乙酰丙嗪、氯丙嗪等。

3. 全身麻醉给药方法

全身麻醉药大多采用吸入或静脉注射给药法，其他的给药途径如肌内注射、口服，直肠、腹腔和胸腔内注射也有使用。

(1)吸入法。挥发性麻醉药主要是经半闭式或闭合式麻醉装置给药。氟烷、甲氧氟烷、安氟醚、氧化亚氮是维持外科麻醉的主要挥发性麻醉药。

(2)静脉注射。静脉注射麻醉作用迅速，常在极短时间内可达到预期麻醉程度。在静脉给药麻醉之前，一般先给予硫酸阿托品。由于静脉给药麻醉过快，深度难以掌握。故目前用超短时作用型巴比妥类做吸入麻醉前诱导麻醉的静脉注射，便于在气管内插管。

(3)肌内注射。肌肉给药迅速方便，也可用作静脉给药途径所需的保定工作，是目前临床上宠物较常用的一种麻醉，但是肌内注射给药其麻醉深度不如静脉注射或吸入麻醉给药那样容易控制。

(4)腹腔注射。腹腔注射麻醉剂的全身麻醉目前已较少用。这一给药途径常用于中效巴比妥类麻醉剂如戊巴比妥钠，对于凶猛的犬猫用这种药可能比别的途径较为容易。

(5)口服。口服麻醉药只用于数种宠物以产生镇静和催眠效应，或供不可接近的凶猛动物，特别是野生肉食动物麻醉之用。药物放在一块肉或其他食饵中给予。

4.常用麻醉剂及临床应用

(1)舒泰。由替来他明和唑拉西泮组成,舒泰具有诱导期短、副作用小、安全等特点。肌内注射,犬为7～25 mg/kg体重,猫为10～15 mg/kg体重;静脉注射,犬为5～10 mg/kg体重,猫为5～7.5 mg/kg体重。

(2)846麻醉剂。由保定宁60 mg、双氢埃托啡4 μg、氟哌啶醇2.5 mg复合而成的846麻醉剂是一种新的复合麻醉药,麻醉效果良好。用量:犬为0.05 mL/kg体重,猫为0.1 mL/kg体重,肌内注射。

(3)盐酸吗啡。通用剂量为1 mg/kg体重,皮下注射。

(4)氯胺酮。犬一般先皮下注射硫酸阿托品0.05 mg/kg体重和甲苯噻嗪1～2 mg/kg体重,10～20 min后肌内注射氯胺酮5～20 mg/kg体重;猫可先肌内注射硫酸阿托品0.1 mg/kg体重后,肌内注射氯胺酮10～30 mg/kg体重。

(5)硫喷妥钠。硫喷妥钠是属于超短时作用型的巴比妥类麻醉药。适用于短时间的手术和快速诱导麻醉,反复使用又可作为维持麻醉。如做诱导麻醉之用,可按每千克体重6～8 mg静脉注射,如果需要10～20 min的外科手术,应静脉注射15～25 mg/kg体重。注射时,约1/3剂量应在15 s内快速注射,然后停注30～60 s,剩下的在1～2 min注完,以产生所需的麻醉深度。

(6)硫戊巴比妥钠。硫戊巴比妥钠与硫喷妥钠一样是一种超短时作用型的硫代巴比妥类麻醉药。其作用与硫喷妥钠相同。在犬猫的常见诊疗中,本品广泛用于各种手术和检查,常配成4%的水溶液,仅供静脉注射。犬猫为16～20 mg/kg体重。

(7)氟烷。优点是麻醉力强,是乙醚的4～5倍,诱导快,苏醒也快,对呼吸道黏膜无刺激,患病宠物吸入无不适感,对肝、肾功能无损害。其缺点是对心肺功能产生明显的抑制作用。麻醉过深,出现一般易于纠正的呼吸暂停,能引起心跳缓慢,但麻醉前用阿托品可以防止。此外,本品还可引起血压下降。氟烷麻醉应注意药物浓度的控制,若控制不当,麻醉易过深或过浅。所以需要有精密的挥发器,上面标有0.1%～4%的刻度,以控制麻醉气体浓度。如果没有氟烷挥发器,可使用国产103型乙醚吸入麻醉机,在乙醚挥发瓶中注入5～10 mL氟烷,去掉挥发芯,将调节器开到3～4挡,使之快速到达所需要深度,再开到1～2挡处做维持麻醉。麻醉时,可根据患病宠物心率、呼吸、血压变化,调节挡位,控制麻醉深度。

(8)甲氧氟烷。甲氧氟烷是一种液态麻醉剂,在挥发前澄清无色,但在挥发后或放在汽化器中时,则变为琥珀色。本品颜色的变化并不改变麻醉效力,对宠物也不会产生不良作用。本品有一种水果样气味,无刺激性,易被患病宠物所吸入。各种浓度不具有爆炸性和易燃性。具有强大的麻醉作用,其麻醉强度大于氟烷、氧化亚氮。能产生极好的肌松弛和镇痛作用,缺点是在血中有较高的溶解度。这一性质使诱导麻醉期延长,难以控制和改变麻醉的深度,苏醒期长。此外,据报道甲氧氟烷对肝、肾损害严重。在国外,甲氧氟烷常用于小动物外科麻醉,为减少其用量,吸入麻醉前犬使用二甲苯胺噻唑(或二甲苯胺噻嗪),猫使用氯胺酮。吸入麻醉时,如没有专门挥发器,像氟烷那样,使用乙醚挥发器,去掉挥发芯,注入10 mL甲氧氟烷,并加一块纱布于瓶内(以增加挥发浓度),调节器开到1.5～2挡处做维持麻醉,可获得理想的麻醉效果。

任务23 手术基本操作技术

(一)组织切开

组织切开指用锐性分离的方法将组织分离开,是显露术野的重要步骤。

1.选择切口的要求

(1)切口应尽可能靠近病变部位,最好直接到达手术区。

(2)切口应与局部重要血管、神经走向接近水平,以免损伤这些组织。

(3)确保创液及分泌液的引流通畅。

(4)二次手术时,应避免在瘢痕上切开。

2.操作注意事项

(1)切口尺寸。切口大小要适宜。

(2)皮肤的切开。手术刀与皮肤垂直,力求一次完成切开皮肤。犬猫皮肤移动性较大,多用皱襞法切开。

(3)组织层次分明。按解剖层次分层切开,由外向内切口大小相同、整齐。

(4)皮下结缔组织和深筋膜切开与分离。多用钝性分离,配合锐性切开,严防损伤大血管和神经干。

(5)肌肉的切开。尽量沿肌纤维方向进行钝性分离,这样易于缝合和愈合。

(6)腹白线的切开。应先用镊子夹起腹白线两侧组织做一小切口,然后插入有沟探针或手术镊,用手术刀反挑式切开腹膜或用钝头剪剪开腹膜,防止损伤内脏。

(7)肠管的切开。应将病变肠管引出创外,做好隔离,严防污染。

(8)骨组织切开。应先锐性切开骨膜,再钝性分离,尽可能保持骨膜完整性,有助于骨组织愈合。

(二)组织分离

组织分离指用锐性或钝性分离方法将组织分离开,充分显露术野。

(1)锐性分离。多用手术刀或手术剪将组织切开或剪开。不同组织有不同锐性分离方法,如犬猫皮肤多用皱襞切开,或紧张切开。

(2)钝性分离。用刀柄、止血钳、手指等插入组织间隙内,用适当力量剥离、推开周围组织。

(3)硬组织分离。主要指骨组织的分离,多用骨科器械(如骨锯、骨钻、骨凿、骨钳、骨膜剥离器)将其锯断、凿开、钻孔等。

(三)止血

(1)纱布块止血。适用于毛细血管渗血和小血管出血。用温生理盐水纱布块压迫出血处数秒,即可止血。

(2)钳夹止血。适用于小血管出血。用止血钳前端夹住血管断端止血,应垂直钳夹血管,以减少组织损伤。

(3)结扎止血。适用于明显、较大的血管出血,是最可靠的一种止血方法。根据出血血管大小，在止血钳钳夹断端血管后，用缝线进行单纯或贯穿结扎止血。

(4)电凝和烧烙止血。电凝止血适用于浅表小出血或不易结扎的渗血。用止血钳夹住出血点，将高频电刀或电凝器与止血钳接触，待局部生烟即可。也可用电凝器直接与出血组织接触止血。烧烙止血适用于出血面积较大或出血部位较深的小血管或渗血。将电烙铁或其他烙铁烧得微红，接触或稍触压出血处，并迅速移开。

(5)局部药物止血。常用吸收性明胶海绵或0.1%肾上腺素、1%～2%麻黄素溶液浸湿纱布压迫止血。

(四)缝合

1. 缝合材料

临床上最常用的是丝线(非吸收性缝线)，抗组织张力强，价廉，易消毒，使用方便，打结安全性高。可根据组织张力大小，选择不同型号的丝线。肠线为吸收性缝线，临床上也较常用。普通肠线4～5 d即失去作用，铬制肠线10～20 d仍能保持抗组织张力。肠线常用于胃肠道、泌尿生殖道的缝合。尼龙线为非吸收性缝线，抗组织张力比丝线强，组织反应也小。单丝尼龙线常用于血管缝合，多丝尼龙线多用于皮肤缝合。但该线较硬，打结易滑脱，故常采用三重结打结。不锈钢丝抗组织张力强，对组织不起炎症反应，临床常用于固定骨折和缝合张力大的组织，如筋膜、肌腱等，也可用于皮肤缝合，以防其被犬猫舔断，创口裂开。

2. 缝合方法

(1)单纯对合缝合法。分为间断缝合和连续缝合。前者又分为结节缝合、减张缝合、“8”字形缝合等；后者分为单纯连续缝合和锁边缝合两种。

(2)内翻缝合。将缝合组织的边缘内翻，使缝合组织的表面平滑，多用于胃肠、膀胱等的缝合。内翻缝合也可分为连续全层内翻缝合、垂直褥式内翻缝合、连续水平褥式内翻缝合和荷包缝合。

(3)外翻缝合。将缝合组织的边缘向外翻出，使缝合处内面保持平滑。外翻缝合可分为间断垂直褥式缝合和间断水平褥式缝合。常用于皮肤、腹膜、血管等的缝合。

3. 打结

(1)打结的种类。方结(又称平结)是最常用的结，是由两个方向相反的单结组成的。外科结是将第一结扣线缠绕2次，其摩擦面较大，不易松开。三重结是打好方结后，再打一与第一结方向相同的结。

(2)打结的方法。分器械打结、单手打结和双手打结3种。犬猫手术常用器械打结。不论采取何种打结方法，都要在结扎时使两个牵拉点与结扣点尽量成一条直线，而且两端拉力相等。

4. 注意事项

(1)应根据组织的解剖层次分层缝合，不要遗留残腔。

(2)缝合时，应使用缝针垂直刺入和穿出，拔针时要按针的弧度方向拔出。

(3)针距要整齐、相等。

(4)打结线的松紧度应视不同组织而异。如肠管缝合，不能过紧，否则易撕裂组织；皮肤缝合打得过紧，皮肤易内翻等。

(5)较长的切口缝合，可先在切口中间缝合1针，再在两段中间缝合，这样可使切口缘对合整齐，防止吻合口皱褶。

任务 24　引流法

引流是指将创口、体腔或其他感染部位的液体引出体外以进行治疗的方法。但是，如果引流不当，也会引起感染和并发症。因此，每次手术是否需要引流，应按适应证严格掌握。

(一)适应证

一般用于手术之后防治创内出血、炎性渗出，以免形成血肿或渗出物积聚而继发感染；也用于创口严重感染，或已形成脓肿，可使其及时排出，促使创口尽早愈合；创口深难以缝合，可在创腔底部放置引流物，有利于渗血和渗液排出，防止形成无效腔；胃肠手术时，尤其是污染严重的胃肠道缝合或吻合，腹腔内安置引流管，防止腹腔感染；胸腔手术后，为了减压，放置胸腔闭式引流管，除排气、排液外，还有利于肺的膨胀。

(二)常用引流方法

1. 纱布条引流法

用于引流法的纱布条有药液纱布条(用药液浸泡灭菌纱布条制成)和凡士林纱布条(将纱布条浸入适量凡士林，高压灭菌制成)。纱布条只有当其纤维能吸收或渗出物缓慢地从创内流出时，才具有引流作用。一旦纱布饱和(仅数小时)，渗出液凝固或沉积在纱布条上，就会阻碍引流，故现在纱布条用于引流较少，仅适用于一般切口的引流，多用于维持创腔的开放。

2. 橡皮管引流法

橡皮管引流法也称彭罗斯氏引流法，是最常用的一种引流法。橡皮管软而有弹性，管壁薄，其直径为 0.64～2.54 cm，管壁上有若干个孔。液体借助重心和毛细管作用而引出。也可用乳胶管和硅胶管代替，在其一端管壁上剪若干个小洞。

3. 双腔管引流法

双腔管引流法又称积液引流法，多用于腹腔引流。由粗细不同的两根橡皮管制成，内、外管壁有若干小孔。使用时，将引流管外口连接于吸收器收集引流液。这种引流管，由于粗细管之间有空隙，允许空气进入，所以抽吸时不会吸附周围组织，能保证引流通畅，适用于腹腔内较多积液的引流和腹膜透析等。

4. 胸腔闭式引流

胸腔是一密闭的、呈负压状态的体腔。引流时，为使胸腔不与大气相通，常用“水封瓶”的方法将引流管淹没在水中，与大气隔绝，既保证胸腔负压状态，又可引出气体或液体。

装置方法是用 2 000～3 000 mL 磨口玻璃瓶塞上密封的橡皮塞。一瓶塞穿入长短两根玻璃管，长的插至瓶底，短的通过瓶塞即可。另一瓶塞穿入三根玻璃管，长管一根伸至瓶底，短管两根仅穿过瓶塞下方。前者长管接胸腔引流管，短管与后者一短管连接。后者长管与外界相通。各装置均保证无菌和不漏气。由于此种装置与吸引器连续轻度负压吸引，有助于胸腔内积液和空气的排出。

(三)引流护理及注意事项

(1)未感染的引流，应严格无菌操作，防止污染。观察和记录每种引流液的性质、颜色和数量。

(2)每天更换敷料和绷带,若引流量多,应增加更换次数。

(3)犬猫应套上颈圈,以防咬掉引流材料。

(4)引流管放置正确。切口内引流时,应将引流物放在切口较低的一端。体腔内引流时,必须放在最低的部位和接近需要引流的部位,但不要直接压迫血管和神经。同时,体腔内引流时,引流物最好不经过手术切口,以免使切口感染裂开,应在切口旁做一切口引出引流管。

(5)固定确实。不论是深部引流,还是浅部引流,都需要在体外固定。以防脱出或掉入体腔,一般浅部引流物可用别针固定,深部引流物需要缝线固定于皮肤上,要经常保持引流通畅。否则不仅达不到引流目的,反而有害。因此,要及时检查引流管,注意其不要被血凝块和坏死组织所堵塞。当引流的液体量确实减少时,应及时拔除引流管。

任务25　绷带包扎法

包扎是将绷带等材料固定在受伤部位以达到加压止血、保护创面、防止自我损伤、限制活动及促进创口愈合的治疗方法。

绷带有纱布绷带、棉布绷带、弹力绷带和胶带等多种。

(一)绷带

1.纱布绷带

纱布绷带是一种轻便的、保护性的绷带,常用来保护撕裂的伤口和外科切口,并提供一种最低限度的支撑力。有多种规格,长度一般6 cm,宽度有3 cm、5 cm、7 cm、10 cm及15 cm不等。可根据临床实际选用不同规格的纱布绷带。使用时防皱褶、滑脱。

2.棉布绷带

按上述规格用本色棉布制成,由于坚固耐用,不变形、断裂,故常用来固定夹板、肢体等,可用来对骨折外科手术前实施临时固定,为外科手术提供支持,防止水肿和软组织损伤等。

3.弹力绷带

弹力绷带是一种弹性网织品,柔软有弹性,包扎后有伸缩力,故常用于烧伤、关节损伤的包扎。

4.胶带

目前多用纸质低过敏胶带,具有透气性佳、可纵横双向撕贴、使用方便、低致敏性、无残胶、不损伤皮肤等特点。

(二)各种绷带的包扎方法

1.卷曲绷带的包扎方法

(1)环形包扎。环形缠绕,下一圈将上一圈完全遮盖,层层相应。多用于颈、掌、跖、腕等部位。环形包扎也是卷轴绷带包扎的基础。

(2)螺旋形包扎。用卷轴带进行螺旋状缠绕,每圈遮盖上一圈的1/3～1/2,常用于掌、跖、躯干及尾部等部位。

(3)蛇形包扎。斜形缠绕,各圈互不遮盖。此法用于固定夹板绷带的衬垫。

(4)交叉包扎("8"字形绷带)。此法以关节为轴心,一圈向上,一圈向下即上下交叉缠绕成"8"字形。主要用于腕、跗关节等部位。

(5)躯干包扎。一般采用3层包扎。创口覆盖灭菌纱布块后,先用弹力或纱布绷带螺旋缠绕,后用胶带固定。适用于犬猫胸腹部创伤、手术包扎及引流管的固定等。

(6)指(趾)部包扎。患部敷以灭菌纱布块,纱布绷带缠绕数层盖在纱布上,并用此绷带折转从远端向近端螺旋缠绕一层,再从近端向远端绕第2层。

(7)腕、跗关节以下损伤的包扎。先在患肢内、外侧各纵形贴长胶带一根,超出患肢远端一段距离。患部用灭菌纱布遮盖后,均匀地垫一层棉花,再螺旋缠绕纱布绷带或弹力绷带,并将突出的胶带反折贴到绷带上,最后再绕一层纱布绷带。

(8)罗伯特、琼斯绷带。用于肘、膝关节以下的骨折固定,有压迫和支撑作用。患肢内外侧各纵形贴长胶带一根,均匀地垫上棉花卷,一定要卷紧。再用纱布绷带包缠若干层,外加弹力绷带,并将垂出的胶带反折贴于绷带上,最后缠绷带一层。

(9)前肢悬系法。又称肩部悬系法,多用于肩关节手术、肩关节脱位和肩胛骨骨折等。用绷带在腕关节上方提起患肢呈水平状,并紧贴肩部向上越过肩峰沿对侧胸侧壁向下经肩关节后方、胸底壁到患肢,托起前臂部。然后,绷带到对侧肩关节前方,再经胸底壁到患侧。如此来回缠绕数圈,将患肢提起。此法可减轻患肢负重和限制其活动。

(10)后肢悬系法。又称"8"字形悬系法。常用于髋关节脱位整复之后,可免髋关节负重,保持后肢内展,髋关节外旋状态,有助于关节整复。方法是屈曲患肢髋、膝和跗关节后,用绷带将小腿提起,经股内侧到股外侧、小腿外侧,按此绕2～3周。然后从股外侧开始,经大腿后部,绕过跗关节到小腿外部,越过小腿的绷带,再从股内侧至股外侧。反复重复几次,后肢即可悬吊起来。

2. 夹板绷带的包扎方法

夹板绷带在犬猫临床中应用较广,主要用于外固定。此外,还具有保护、支撑等作用。常用于宠物四肢骨折和脱位的外固定,取材容易,方法简便,常用的有临时夹板(用于急救和长期制动)和预制夹板(用于长期外固定)。

临时夹板的材料可选用竹片、木片、硬纸壳、压舌板等。应因宠物和患部而制成大小、形状适宜的夹板,其长度应超过两个关节。预制夹板是用金属(铝条)、木材、纤维板和塑料结合宠物肢体形状制成的。

夹板绷带使用前,患部应清洗干净(长毛犬应剪毛),用酒精拭干,并用乙醚脱脂以增加胶带的黏固性。为防止夹板滑脱,患部两侧粘上两条长的胶带。然后包上较厚的棉花,用蛇形绷带加以固定。最后安置夹板,用弹性绷带或纱布绷带缠绕固定。包扎时用力要均匀,保持一定的压力。

3. 石膏绷带的包扎方法

石膏绷带主要用于四肢骨折、关节脱位整复后的外固定。它是由上过浆的纱布绷带加上煅石膏粉制成的。骨折部整复后,清洗患部被毛,擦干和消毒。肢体下部内外侧引出两条胶带。患肢套上弹性肢套或包1层纱布,再衬1层石膏带垫棉花。关节突起部位应多垫棉花。先从肢体下端向上螺旋缠绕,每一圈遮盖上一圈的1/2涂石膏泥,使其光滑。到达预定部位后再向下缠绕，一般缠绕2～3层。在包扎最后1层时，将两端露出的衬垫物和末端胶带反折，涂上石膏泥，将其粘贴在石膏绷带上。最后套上弹性肢套，保护其不被粪尿污染。

包扎1 d后，应检查宠物患肢及全身情况，防止过松和过紧。以后第1周和第2～3周复查1次。

石膏绷带根据病程来拆除，一般为3～4周。可用石膏振荡锯、石膏刀、石膏剪及石膏分离器等拆除石膏带。

（三）注意事项

（1）绷带要贴实，不要缠得过松，但也不可过紧。

（2）包扎开始和终了必须缠绕2圈，以免脱落和松散。

（3）包扎四肢时，由末端开始，指（趾）部最好露在外边，以便随时观察血液循环情况。如肿胀或变凉，应拆除绷带，重新包扎。

（4）绷带和皮肤均应保持清洁、干燥。潮湿绷带不可使用，否则绷带干后收缩，包扎过紧，阻碍血液循环。

【考核评价】

查阅相关资料，用列表的方式表明各种麻醉药品（5种以上）的优缺点和使用成本对比。

案例分析

案例7-1

阿拉斯加雪橇犬，公，3岁，体重38 kg。

临床诊断：身上有臭味，经确诊为脓皮症，其中有两处脓包较大，制订一个外科手术治疗方案。

案例7-2

泰迪犬，公，2岁，体重3 kg。

临床诊断：前臂骨折，试比较用哪种固定方法较好，说明操作流程和原因。

【知识拓展】

高频电刀

高频电刀（高频手术器）是一种取代机械手术刀进行组织切割的电外科器械。它通过有效电极尖端产生的高频高压电流与机体接触时对组织进行加热，实现对机体组织的分离和凝固，从而起到切割和止血的目的。现广泛用于宠物医院的一些常见外科手术中，如杜宾犬立耳术等，优势显著。

1. 分类

根据高频手术器的功能及用途，大致可分为以下类型。

（1）多功能高频电刀：具有纯切、混切、单极电凝、电灼、双极电凝。

（2）单极高频电刀：具有纯切、混切、单极电凝、电灼。

（3）双极电凝器：双极电凝。

(4)电灼器：单极电灼。

(5)内窥镜专用高频发生器：具有纯切、混切、单极电凝。

(6)高频氩气刀：具有氩气保护切割、氩弧喷射凝血。

(7)多功能高频美容仪：具有点凝、点灼、超高频电灼。

2.切割原理

高频电刀产生的高频高压电流通过高阻抗的组织时，会在组织中产生热，导致组织汽化或凝固。在电外科使用过程中，电阻为 100～2 000 Ω 不等。随着组织的凝固，细胞中的水分会发生汽化，使组织干燥，导致电阻不断增加，最后电流完全停止。

3.优点

(1)切割速度快、止血效果好、操作简单、安全方便。

(2)与采用传统机械手术刀相比，在临床上采用高频电刀可大大缩短手术时间，减少失血量及输血量，从而降低并发症及手术费用。

(3)与其他电外科手术器械(如激光刀、微波刀、超声刀、水刀、半导体热凝刀等)相比，高频电刀具有适应手术范围广、容易进入手术部位、操作简便、性价比合理等优越性。

二维码 7-1　高频电刀工作原理图

【知识链接】

二维码 7-2　T/CVMA 151—2024
猫全身麻醉前风险评估指南

二维码 7-3　T/CVMA 152—2024
犬全身麻醉前风险评估指南

模块3

宠物疫病

项目8
病毒性传染病

【学习目标】

• 了解犬猫常见病毒性传染病的病原；学会犬猫常见病毒性传染病的诊断方法；掌握犬猫常见病毒性传染病的防治措施。

【素质目标】

• 在学习病毒性传染病的过程中，强调工匠精神，注重病原的精细分析和诊断方法的准确性。
• 培养学生具备劳动精神，理解病毒性传染病的防控是宠物医疗的重要任务。
• 鼓励学生在学习过程中向劳模看齐，具备敏锐、果断的病毒性传染病防控精神。

【学习内容】

任务26　犬瘟热

犬瘟热(canine distemper，CD)是由犬瘟热病毒引起的犬科、鼬科和浣熊科等动物的一种急性、高度接触性传染性疾病。临床上以双相体温升高、急性鼻卡他和随后的支气管炎、卡他性肺炎、足垫变硬、严重胃肠炎和神经症状为特征。犬瘟热是当前养犬业和毛皮动物养殖业危害最大的疫病。

(一)病原

犬瘟热病毒(canine distemper virus，CDV)属于副黏病毒科，麻疹病毒属，有囊膜的RNA病毒，与麻疹病毒和牛瘟病毒具有很高的同源性，是可引起交叉免疫保护的共同抗原。

CDV对热和干燥敏感，50～60 ℃ 30 min即可灭活，在炎热季节CDV在犬群中不能长期存活，这可能是犬瘟热多流行于冬春寒冷季节的原因。在较低的温度下，CDV可存活较长时间。3%氢氧化钠溶液、3%甲醛溶液或5%石炭酸溶液可迅速杀灭这种病毒。

CDV经各种途径实验接种均可使雪貂、犬和水貂发病，也可实验感染其他动物，脑内接种乳小鼠、乳仓鼠和猫可产生神经症状；猪感染CDV强毒可产生支气管肺炎；兔和大鼠对非肠道接种具有抵抗力；猴和人类非肠道接种，感染不明显。CDV对不同易感动物的致病性有所差异，这种差异的存在与病毒本身的适应性有关。随着病毒对某种动物的适应，对该动物的致病力不断增加，而对其他动物的致病力相应降低。将CDV接种鸡胚绒毛尿囊膜，传3～10代后产生病变，适应于鸡胚80～100代的CDV对犬和貂的毒力减弱，可以用作弱毒疫苗。

(二)流行病学

CDV感染分布于世界各地。在自然条件下CDV可感染犬、貉、貂、小熊猫、黄鼠狼以及豺、狼、獾等多种犬科、鼬科和浣熊科动物，其中以1岁以下的动物最为易感。猫科动物如虎、豹、狮等也可感染发病，甚至致死。

CD的传染源，主要是病犬和带毒犬，其次是患CD的其他动物和带毒动物。病毒存在于肝、脾、肺、脑、肾、淋巴结等多种脏器与组织中，通过眼泪、鼻液、唾液、尿液以及呼出的空气等排出病毒，污染周围空气、饮水、食物、用具等。有些病犬临床恢复后，可长时间向外界排毒，成为不被人们注意的传染源。不少犬场因为购进带毒犬引起了本病流行。CDV的传染性极强，同一环境饲养的动物，无论采取怎样的隔离措施，最后还是难免互相传染。实验证明，传播途径主要是呼吸道，其次是消化道。通过飞沫、食物或不洁的医疗卫生用具，经眼结膜、口腔、鼻腔黏膜、阴道黏膜以及直肠黏膜而感染。

CD的发生流行具有明显的品种、年龄和季节性，而且似有2～3年流行一次的周期性。离乳至1岁的犬发病率最高，老年犬和哺乳犬虽有发病报道，但为数极少。纯种犬与当地土种犬相比，易感性明显增高。近年来，养犬业的快速发展，犬的频繁交流调运，以致犬群的免疫水平动荡不定，发病周期性不再明显。

（三）症状

CD的潜伏期随机体的免疫状况和所感染病毒的毒力与数量而不同，一般为3～6 d。多数病例首先表现为上呼吸道的感染症状，体温升高，食欲降低，倦怠，眼、鼻流出水样分泌物，并常在1～2 d内转变为黏液性、脓性。

以支气管肺炎和上呼吸道炎症状为主的病犬，鼻镜干裂，呼出恶臭的气体，排出脓性鼻液，严重时将鼻孔堵塞，病犬张口呼吸，并不时以爪挠鼻，眼睛因脓性结膜炎而分泌出大量脓性分泌物，严重时甚至将上下眼睑黏合到一起，角膜发生溃疡，甚至穿孔。病犬发生先干性后湿性的咳嗽，肺部听诊时，呼吸音粗粝，有湿啰音或捻发音。

以消化道炎症为主的病犬，食欲降低或完全丧失，呕吐，排带黏液的稀便或干粪，严重时排高粱米汤样的血便。病犬迅速脱水、消瘦，与病毒性肠炎的症状十分相似。尤其是那些离乳不久的幼犬，有时仅表现为出血性肠炎的症状，只有通过病原体检测，才可发现为CDV感染。

以神经症状为主的病犬，有的开始就出现，有的先表现为呼吸道或消化道症状，7～10 d后再呈现神经症状。病犬轻则口唇、眼睑局部抽动，重则流涎空嚼，或转圈、冲撞，或口吐白沫，牙关紧闭，倒地抽搐，呈癫痫样发作，持续时间数秒至数分钟不等，发作的次数也往往由每天几次发展到十几次，这样的病犬多半预后不良。也有的病犬表现为一肢、两肢或整个后躯抽搐麻痹、共济失调等神经症状，治愈后常留有肢体舞蹈、麻痹或后躯无力等后遗症。

呈现皮肤症状的病犬较为少见。少数患病的幼犬，可于体温升高的初期或病程末期于腹下、股内侧等皮肤薄、毛稀少的部位，出现米粒至豆粒大小的痘样疹，初为水疱样，后因细菌感染而延展为脓性，最后结痂脱落。也有少数病犬的足垫先表现为肿胀，最后表现过度增生、角化，形成所谓硬脚掌病。

（四）病理变化

CDV为泛嗜性病毒。对上皮细胞有特殊的亲和力，因此，病变分布非常广泛。新生幼犬感染CDV通常表现胸腺萎缩；成年犬多表现结膜炎、鼻炎、气管支气管炎和卡他性肠炎。表现神经症状的犬通常可见鼻端和脚垫的皮肤角化病。中枢神经系统的大体病变包括脑膜充血、脑室扩张和因脑水肿所致的脑脊液增加。

(五)诊断

根据流行病学资料和临床症状,可以做出初步诊断,确诊须通过病原学与血清学检查。

1. 抗原试纸检测法

利用 CDV 抗原快速检测试纸做定性检测,是宠物医院目前最常用的检测方法,检出率高,方便快捷。

2. 病毒分离与鉴定

从自然感染病例中分离病毒较为困难。组织培养分离 CDV 可用犬肾细胞、犬肺巨噬细胞和鸡胚成纤维细胞等。据报道剖检时直接培养病犬肺巨噬细胞,容易分离到病毒。另外,取肝、脾、粪便等病料,用电子显微镜可直接观察到病毒粒子,或采用免疫荧光试验从血液白细胞、结膜、瞬膜以及肝、脾涂片中检查出 CDV 抗原,也可在肺和膀胱黏膜切片或印片中检出包涵体。

3. 血清学诊断

血清学诊断包括中和试验、补体结合试验、酶联免疫吸附试验(ELISA)等方法。

(六)防治

感染 CDV 后出现临床症状之前的最初发热期间给予大剂量单克隆抗体进行防治,可使免疫状态增强到足以防止产生临床症状。犬感染 CDV 后,使用单克隆抗体配合使用 CD 特异转移因子与犬白细胞干扰素,继发感染可使用如头孢曲松钠等抗生素,解热可使用清开灵等药物。当出现神经症状时,可配合使用安宫牛黄丸,减少死亡,缓解病情。根据病犬的病型和病征表现以支持和对症疗法,加强饲养管理和注意饮食,具有一定的治疗作用。对于因出现腹泻而脱水的病犬,需要补充体液和电解质;对于表现出神经症状的病犬,症状进一步恶化者,可以考虑进行安乐死术。

一旦发生犬瘟热,为防止疫情蔓延,必须迅速将病犬严格隔离,彻底消毒,停止犬调动和无关人员来往,对尚未发病的假定健康犬和受疫情威胁的其他犬,可考虑用犬单克隆抗体或犬瘟热高免血清做紧急预防注射,待疫情稳定后,再注射犬瘟热疫苗。

患犬瘟热的康复犬能产生坚强持久的免疫力。因此,防治本病的合理措施是合理的免疫接种,必要时进行抗体水平检测。目前国内广泛使用的是犬瘟热病毒(CDV)、犬细小病毒(CPV)、犬传染性肝炎病毒(犬腺病毒 1 型,CAV-1)、犬腺病毒 2 型(CAV-2)、犬副流感病毒(CPIV)弱苗以及灭活的犬钩端螺旋体组成的六联苗和犬瘟热病毒、犬细小病毒、犬腺病毒 1 型、犬副流感病毒、狂犬病病毒(RV)五联苗。这些疫苗对我国警犬、军犬、实验用犬、宠物犬等病毒性疾病的预防起到积极的作用。

任务 27　犬细小病毒感染

犬细小病毒(canine parvovirus,CPV)感染是近年来发生于犬的一种烈性传染病。临床表现以急性出血性肠炎和非化脓性心肌炎为特征。

(一)病原

CPV 在分类上属细小病毒科,细小病毒属。病毒粒子呈圆形,二十面体立体对称,无囊膜，病毒核衣壳由32个长为3～4 nm的壳粒组成。病毒基因组为单股线状DNA。

CPV在抗原性上与猫泛白细胞减少症病毒(FPV)和水貂肠炎病毒(MEV)密切相关。

CPV对多种理化因素和常用消毒剂具有较强的抵抗力。在粪便中可存活数月至数年。甲醛、次氯酸钠、β-丙内酯、羟胺、氧化剂和紫外线均可将其灭活。

CPV在4 ℃条件下可凝集猪和恒河猴的红细胞，对其他动物如犬、猫、羊等的红细胞不发生凝集作用。CPV对猴和猫红细胞，无论是凝集特性还是凝集条件均与FPV不同，由此可区别CPV与FPV。

与多数细小病毒不同，CPV可在多种细胞培养物中生长。

(二)流行病学

CPV主要感染犬，也可见于貂、狐、狼等其他犬科动物和鼬科动物。各种年龄、性别和品种的犬均易感。但纯种犬和2～4月龄幼犬易感性较高，病死率也最高。本病一年四季均可发生，以冬春季节多发。饲养管理条件骤变、长途运输、寒冷、拥挤等均可促使本病发生。病犬为主要传染源，早期可通过粪便向外界排毒，康复犬仍可长期通过粪便排毒，健康犬主要通过饮水等经消化道感染病毒。因此，对病犬污染的饲具、用具、运输工具和饲养人员等进行严格消毒是防止本病传播的主要措施。

(三)症状

CP的潜伏期为7～14 d。多数呈现肠炎综合征，少数呈现心肌炎综合征。

呈肠炎综合征的病犬表现为经1～2 d的厌食、软便，间或体温升高(40～41 ℃)之后，迅速发展成为频繁呕吐和剧烈腹泻，排出恶臭的酱油样或番茄汁样血便，并迅速出现眼球下陷、皮肤失去弹性等脱水症状，很快呈现耳鼻发凉、末梢循环障碍、精神高度沉郁等休克状态。血液检查可见血细胞比容增加，白细胞减少，常在3～4 d内昏迷而死。

呈心肌炎综合征的病犬多见于流行初期，或缺少母源抗体的4～6周龄幼犬。常突发无先兆的心力衰竭，或在肠炎康复之后，突发充血性心力衰竭。表现为呻吟，干咳，黏膜发绀，呼吸极度困难；心有杂音，心跳加快，常在数小时内死亡。

(四)实验室检验

肠炎型的病犬主要表现白细胞减少，幼龄犬可低到0.1×10^9～0.2×10^9个/L，多数是0.5×10^9～2×10^9个/L；老年犬只有轻微的降低。因胃肠道黏膜受损，蛋白质缺失，造成低蛋白症，尤其是低白蛋白症。

(五)病理变化

1.肠炎型

病犬消瘦，腹部蜷缩，眼球下陷，可视黏膜苍白。肛门周围附有血样稀便或从肛门流出血便。小肠以空肠和回肠病变最为严重，内含酱油色恶臭分泌物，肠壁增厚，黏膜下水肿。黏膜弥漫性或局灶性充血，有的呈斑点状或弥漫性出血。大肠内容物稀软，酱油色，恶臭。黏膜肿胀，表面散在针尖大出血点。结肠肠系膜淋巴结肿胀、充血。肝大，色泽红紫，散在淡黄色病灶，切面流出多量暗紫色不凝血液。胆囊高度扩张，充盈大量黄绿色胆汁，黏膜光滑。肾多不肿大，呈灰黄色。脾有明显的肿大，被膜下有黑紫色出血性梗死灶。心包积液，心肌呈黄红色变性状态。肺呈局灶性肺水肿。咽背、下颌和纵隔淋巴结肿胀、充血。胸腺实质缩小，周围脂肪组织呈胶样萎缩。膈肌呈现斑点状出血。

2. 心肌炎型

病犬肺水肿，局部充血、出血，呈斑驳状。心脏扩张，左侧房室松弛，心肌和心内膜可见非化脓性坏死灶，心肌纤维严重损伤，可见出血性斑纹。

(六)诊断

根据流行特点，结合临床症状和病理变化可以做出初步诊断。

1. 抗原试纸检测法

利用 CPV 抗原快速检测试纸做定性检测。

2. 病毒分离与鉴定

将病犬粪便材料处理后接种猫肾、犬肾等易感细胞。通常可采用免疫荧光试验或血液试验鉴定新分离病毒。

3. 电镜和免疫电镜观察

病初粪便中即含有大量 CPV 粒子，因此可用电镜负染 CPV 粒子。为与非致病性犬微小病毒(MVC)和犬腺联病毒(CAAV)相区别，可于粪液中加适量 CPV 阳性血清，进行免疫电镜观察。

4. 血凝和血凝抑制试验

由于 CPV 对猪和恒河猴红细胞具有良好的凝集作用，应用血凝试验可很快检测出粪液中的 CPV。

(七)防治

CPV 感染的特点是病程短急、恶化迅速，心肌炎型病例常来不及救治即死亡；肠炎型病例及时合理治疗，可明显降低死亡率。常用的方法是在早期大剂量使用单克隆抗体的同时，进行止血、强心、补液、抗菌、消炎、抗休克等中西结合对症治疗，同时注意保暖、禁食等护理。实践证明，在腹泻期间，停喂牛奶、鸡蛋、肉类等高脂肪高蛋白食物，有利于减轻胃肠负担，提高治愈率。补液可根据犬的脱水程度与全身状况，决定所需添加的具体成分和静脉滴注量。通常在5%的糖盐水中加维生素 C、ATP、辅酶 A 等静脉滴注。呕吐严重的可肌内注射爱茂尔、甲氧氯普胺(灭吐灵)。止血可以用立止血(注射用血凝酶)。中国人民解放军军需大学军事兽医研究所研制的纯中药制剂犬痢康胶囊，配合使用云南白药和思密达(蒙脱石散剂)止泻保护肠黏膜作用特别明显。用口服补液盐深部灌肠或任其自饮，对纠正酸中毒、电解质紊乱和脱水，也可收到明显的效果。

疫苗免疫接种是预防本病的有效措施。为了减少接种手续，目前多倾向于使用 CDV、CPV、CAV-1、CAV-2、CPIV 和犬钩端螺旋体六联苗以及 CDV、CPV、CAV-1、CPIV 和狂犬病病毒五联苗，目前均已在临床上使用。

任务 28　犬传染性肝炎

犬传染性肝炎(infectious canine hepatitis，ICH)是由犬腺病毒 1 型(canine adeno virus type 1，CAV-1)引起的一种急性败血性接触性传染病，主要发生于犬，也见于其他犬科动物，以肝小叶中心坏死、肝实质细胞和上皮细胞出现核内包涵体、眼睛疾患、出血时间延长以及肝炎为特征。在狐狸则表现为脑炎。

（一）病原

本病的病原体为犬传染性肝炎病毒，又称犬腺病毒，在分类上属腺病毒科，哺乳动物腺病毒属。形态特征与其他哺乳动物腺病毒相似，呈二十面体立体对称，有衣壳，无囊膜。衣壳内由双股 DNA 组成的病毒核心。

CAV 包括 CAV-1 和 CAV-2 两种类型。两种类型具有共同的补体结合抗原，但其生化特性和核酸同源性不同。应用血凝抑制试验与中和试验可以将其加以区别。

本病的病毒对外界环境的抵抗力较强，对乙醚、氯仿有抵抗力。病犬肝、血清和尿液中的病毒，20 ℃可存活 3 d。碘酚和氢氧化钠可用于消毒。

（二）流行病学

ICH 一年四季均有发生，各种性别、年龄和品种的犬、狐对本病均易感，但其中以离乳至 1 岁的动物，发病率和死亡率为最高。如与犬瘟热混合感染，则死亡率更高。

本病的传播途径主要经消化道传染。病犬和带毒犬通过眼泪、唾液、粪、尿等分泌物和排泄物排出病毒，污染周围环境、饲料和用具等。易感犬通过舔食、呼吸而感染。通过眼内、皮下、肌肉、静脉、口服和气雾等人工接种均可引起发病，康复后带毒的动物是本病最危险的传染源，尿中排毒可达 6～9 个月。

（三）症状

本病在临床上分最急性、急性和慢性 3 型。最急性型见于流行的初期，病犬尚未呈现临床症状即突然死亡；急性型病犬则表现高热稽留、畏寒、不食、渴欲增强、眼鼻流水样液体，类似急性感冒症状。病犬高度沉郁，蜷缩一隅，时有呻吟，剑突处有压痛，胸腹下有时可见有皮下炎性水肿。也可出现呕吐和腹泻，吐出带血的胃液和排出果酱样的血便。血液检查可见白细胞减少和血凝时间延长。通常在 2～3 d 内死亡，死亡率达 25%～40%。恢复期的病犬，约有 1/4 出现单眼或双眼的一过性角膜浑浊，其角膜常在 1～2 d 内被淡蓝色膜覆盖，2～3 d 后可不治自愈，逐渐消退，即所谓“蓝眼”病变。慢性型病例见于流行后期，病犬仅见轻度发热，食欲时好时坏，便秘与下痢交替。此类病犬死亡率较低，但生长发育缓慢，有可能成为长期排毒的传染源。

（四）实验室检验

当肝实质广泛损伤时，谷丙转氨酶（ALT）、天冬氨酸转氨酶（AST）、碱性磷酸酶（ALP）、乳酸脱氢酶（LDH）等血清酶活性增高。发病早期白细胞减少，包括淋巴细胞减少和中性粒细胞减少，随后无并发症的康复犬可发生中性粒细胞减少和淋巴细胞增多。在病毒感染期间可见弥漫性血管内凝血，血小板数量明显减少，凝血酶原时间（PT）、凝血酶时间（TT）和激活凝血激酶时间（APTT）延长。

（五）病理变化

各型病例的病理变化差异较大，最急性型和急性型病例，齿龈黏膜通常苍白，有时有小点状出血，扁桃体水肿出血。在实质器官、浆膜、黏膜上可见大小、数量不等的出血斑点。浅表淋巴结和颈部皮下组织水肿、出血，腹腔内充满清亮、浅红色液体。肝大，呈斑驳状，表面有纤维素附着。胆囊壁水肿增厚、灰白色、半透明，胆囊浆膜被覆纤维性渗出物，胆囊的变化具有诊断意义。脾肿大、充血。肾出血、皮质区坏死。肺实变。肠系膜淋巴结肿大、充血。中脑和脑干后部可见出血，常呈两侧对称性。

(六)诊断

ICH 早期症状与犬瘟热等疾病相似，有时还与这些病混合发生，因此根据流行病学、血液分析、临床症状和病理变化仅可做出初步诊断。特异性诊断必须进行病毒分离鉴定和血清学诊断。

1. 病毒分离鉴定

可采取病犬血液、扁桃体、肝、脾等材料处理后接种犬肾原代细胞或传代细胞，随后可用血凝抑制试验或免疫荧光试验检测细胞培养物中的病毒抗原。

2. 血凝和血凝抑制试验

急性或亚急性 ICH 病犬肝脏中含有大量病毒粒子。根据 CAV-1 可凝集人“O”型红细胞，且此种凝集作用既可被 CAV-1 血清所抑制，又可被 CAV-2 血清所增强的原理，建立了 ICH 的血清学诊断方法。本法既可通过病料中血凝抗原的检测用于急性病例的临床诊断，也可通过血清中血凝抑制抗体检查用于免疫力测定和流行病学调查。

(七)防治

对于病程短急，且全身症状严重者，治疗效果均不理想。病程较长的病例，应及时注射大剂量 CAV 高免血清的同时，进行保肝、支持疗法，防止继发感染等对症治疗。支持疗法可口服或静脉滴注葡醛内酯(肝泰乐)，对于眼睛疾患可以结膜下注射眼氨肽。

加强饲养管理和环境卫生消毒，防止病毒传入。坚持自繁自养，如需从外地购入动物，必须隔离饲养检查后方可混群。一旦发病，须立即控制疫情发展。

关于免疫接种，国外已成功地应用甲醛灭活疫苗和弱毒疫苗进行免疫接种。国内多使用六联苗或五联苗进行预防接种。

任务 29 犬轮状病毒感染

犬轮状病毒感染是由犬轮状病毒(canine rota virus，CRV)引起的犬的一种急性胃肠道传染病，临床上以腹泻为特征。

(一)病原

CRV 属于呼肠孤病毒科，轮状病毒属。轮状病毒粒子抵抗力较强，粪便中的病毒可存活数个月，对碘伏和次氯酸盐有较强的抵抗力，能耐受乙醚、氯仿和去氧胆酸盐，对酸和胰蛋白酶稳定。95%乙醇和 67%氯胺是有效的消毒剂。

(二)流行病学

患病及隐性感染的带毒犬是主要的传染源，病毒存在于肠道，随粪便排出体外，经消化道传染给其他犬。轮状病毒具有交互感染性，可以从人或犬传给另一种动物，不同来源的病毒间还有重配现象。只要病毒在人或一种动物中持续存在，就有可能造成本病在自然界中长期传播。本病多发生于晚冬至早春的寒冷季节，幼龄犬多发。卫生条件不良，腺病毒等合并感染时，可使病情加剧，死亡率升高。

(三)症状

病犬精神沉郁,食欲减退,不愿走动,一般先吐后泻,粪便呈黄色或褐色,有恶臭或呈无色水样便。脱水严重者,常以死亡而告终。

(四)病理变化

CRV 感染主要局限于小肠,特别是下 2/3 处的空肠和回肠部。小肠绒毛萎缩,柱状上皮细胞肿胀、坏死、脱落,使水分吸收障碍,引起腹泻。有的肠段弥漫性出血,肠内容物呈黄绿色并混有血液。其他脏器一般无明显病变。

(五)诊断

根据临床特点可以做出初步诊断。确诊尚需做实验室检查。

早期大多数采用电镜及免疫电镜,也有人采用补体结合、免疫荧光、反向免疫电泳、乳胶凝集等试验。近年主要采用 ELISA,此法可用来检测大量粪便标本,方法简便、精确、特异性强,可区分各种动物的轮状病毒。

(六)防治

发现病犬,立即隔离并对症施治,以经口补液为主,让病犬自由饮用葡萄糖氨基酸溶液或葡萄糖甘氨酸溶液(葡萄糖 43.2 g、氯化钠 9.2 g、甘氨酸 6.6 g、柠檬酸 0.52 g、柠檬酸钾 0.13 g、无水磷酸钾 4.35 g,溶于 2 000 mL 水中)。呕吐严重者可静脉注射葡萄糖氯化钠注射液和碳酸氢钠注射液。有继发细菌感染时,应使用抗生素类药物。

目前尚无有效的犬轮状病毒疫苗。因此,应对犬加强饲养管理,提高犬机体的抗病能力,认真执行综合性防疫措施,彻底消毒,消除病原。

任务 30 犬冠状病毒感染

犬冠状病毒(canine corona virus,CCV)是引起犬急性胃肠炎的重要病原之一,既可单独致病,也可与犬细小病毒、犬轮状病毒和魏氏梭菌等病原混合感染,呈现急性胃肠炎综合征,表现为剧烈呕吐、腹泻、精神沉郁及厌食。

(一)病原

CCV 在分类上属冠状病毒科,冠状病毒属。核酸型为单股 RNA,病毒粒子形态多样,多呈圆形或椭圆形。

CCV 对乙醚、氯仿、脱氧胆酸盐敏感,对热敏感,易被甲醛、紫外线等灭活,但对酸和胰酶有较强的抵抗力,20~22 ℃ pH 3.0 条件下不能灭活,这是病毒经胃后仍有感染活性的原因。

CCV 存在于感染犬的粪便、肠内容物和肠上皮细胞内,在肠系膜淋巴结及其他组织中可发现病毒。

CCV 可在多种犬的原代和继代细胞上增殖并产生细胞病变,包括犬肾、胸腺、滑膜细胞。

(二)流行病学

CCV 仅感染犬科动物,犬、貂、狐均有易感性,不同年龄、性别、品种均可感染,幼犬的发病率和死亡率较高。

病犬经呼吸道、消化道随口涎、鼻液和粪便向外排毒，污染饲料、饮水、笼具和周围环境，直接或间接地传给易感动物。CCV 在粪便中可存活 6～9 d，在水中也可保持数天的传染性，因此一旦发病，则很难制止传播流行。

本病一年四季均可发生，以冬季多发，可能与 CCV 对热敏感，对低温有相对的抵抗力有关。过高的饲养密度，较差的饲养卫生条件，断乳、分窝、调运等饲养管理条件突然改变，气温骤变等都会提高感染和临床发病的概率。CCV 经常和犬细小病毒、犬轮状病毒、人类星状病毒等混合感染，往往可从一窝患肠炎的幼犬中同时检出这几种病毒，诊断时应予以注意。

(三)症状

本病传播迅速，数日内即可蔓延全群，人工感染潜伏期 24～48 h，自然病例潜伏期 1～3 d。病犬嗜睡、衰弱、厌食，最初可见持续数天的呕吐，随后开始腹泻，粪便呈粥样或水样，黄绿色或橘红色，恶臭，混有数量不等的黏液，偶尔可在粪便中看到少量血液，临床上很难与犬细小病毒区别，只是 CCV 感染时间更长，且具有间歇性，可反复发作。

(四)实验室检验

病毒可从粪便中分离出来。细胞致病作用只在犬的细胞培养上产生，而在其他动物的细胞上则不生长。从临床病例中取粪便进行超速离心，负染色后在电镜下观察，可见到冠状病毒的典型形态。

(五)病理变化

本病表现为不同程度的胃肠炎变化。早期病例可见小肠局部发炎臌气，后期病例出现整个小肠炎性坏死，肠系膜淋巴结出血水肿，肠系膜血管呈树枝样淤血，浆膜紫红；肠黏膜脱落，肠内容物呈果酱样，胃黏膜也见有小血。小肠常套叠，脾肿大。多数病犬不发热，白细胞数略有降低，通常可在 7～10 d 内康复。有些犬，特别是幼龄犬在发病后 24～36 h 死亡。临床上通常突然出现腹泻，有时在腹泻前出现呕吐。粪便为橘黄色，有时出现血便。丧失食欲和嗜睡为常见症状。

(六)诊断

CCV 感染引起的肠炎，很难和其他传染性肠炎区分，CCV 感染的临床病理等缺乏特征性变化，临床症状也不一致。确诊须通过病原学检查。

1. 抗原试纸检测法

利用 CCV 抗原快速检测试纸做定性检测。

2. 病毒分离、电镜观察

取粪便悬液负染后进行电镜检查是检测 CCV 最迅速的方法。病毒分离最好使用 A-72 细胞，从粪便和小肠内容物分离病毒成功率最高。

(七)防治

特异性治疗采用抗血清。应强调采用支持疗法以确保维持电解质和体液平衡。同时采用广谱抗生素以防止继发细菌性感染，并给予良好护理。

由于病犬粪便中含有大量的传染性病毒粒子，所以对病犬的严格隔离和保持良好的卫生条件尤为重要。一旦有该病发生，如不进行粪便处理和适当的消毒，就会在犬群中迅速传播。1∶30 浓度的漂白粉水溶液和 0.1%～1%甲醛溶液是经济有效的消毒剂。目前国内外已有疫苗用来预防。

任务 31 犬副流感病毒感染

犬副流感病毒(canine parainfluenza virus,CPIV)感染是犬以咳嗽、流涕、发热为特征的呼吸道传染病。CPIV 是幼龄犬咳嗽的病原之一,主要感染幼龄犬。病理变化以卡他性鼻炎和支气管炎为特征。近年来研究认为,CPIV 也可引起急性脑脊髓炎和脑内积水,临床表现为后躯麻痹和运动失调等症状。

(一)病原

CPIV 在分类上属副黏病毒科,副黏病毒属。核酸型为单股 RNA。病毒粒子呈多形性,外有囊膜,内含螺旋对称的核衣壳。CPIV 粒子表面含有血凝素和神经氨酸酶。可凝集人"O"型、鸡、豚鼠、大鼠、兔、犬、猫和羊的红细胞。

(二)流行病学

CPIV 可感染各种年龄、性别和品种的犬,但幼龄犬多发,且病情较重。常突然发生,传播迅速,且常与近期发病犬或带毒犬接触有关。急性期病犬是最主要的传染源。自然感染途径主要是呼吸道。

(三)症状

本病是犬的主要呼吸道传染病。自然感染病例,常突然发病,出现频率和程度不同的咳嗽,以及不同程度的食欲降低和发热,随后出现浆液性、黏液性甚至脓性鼻液。单纯 CPIV 感染常可在 3~7 d 自然康复,继发性咳嗽可持续数周,甚至死亡。

犬副流感病毒 2 型也可感染脑组织和肠道,引起脑脊髓炎、脑室积水和肠炎。病犬以后肢麻痹为特征的临床症状和肠炎症状。

(四)病理变化

可见鼻孔周围有浆液性或黏液性或脓性鼻漏,结膜炎,扁桃体炎,气管、支气管炎,有时肺部有点状出血。神经型主要表现为急性脑脊髓炎和脑内积水,整个中枢神经系统和脊髓均有病变,前叶灰质最为严重。

(五)诊断

与犬呼吸道传染病的临床表现非常相似,不易区别。确诊需进行病毒分离鉴定和血清学调查。从病犬分离 CPIV,在细胞培养物上极易生长并可产生细胞病变。另一显著特点是 CPIV 具有红细胞吸附作用,可用于鉴定。因此,细胞培养是分离和鉴定病毒的最好方法。

(六)防治

临床上采用化痰止咳剂,可减轻病情。采用胸腺素、犬用白细胞干扰素、注射高免血清,具有一定的防治作用。预防接种英特威、梅里亚等进口或国产疫苗。除此之外,应搞好犬舍的卫生,保持犬舍空气清新,防止忽冷忽热。

当犬感染 CPIV 时,常常继发感染支气管败血波氏杆菌、支原体等。因此,应用广谱抗生素防止继发感染,减轻病情,促使病犬早日恢复。

任务32 犬疱疹病毒感染

犬疱疹病毒(canine herpesvirus,CHV)感染可引起多种病型。新生幼犬多呈致死性感染,大于21日龄的犬主要表现上呼吸道症状,同时可造成母犬不育、流产和死胎,以及公犬的阴茎炎和包皮炎。

(一)病原

CHV在分类上属疱疹病毒科,甲型疱疹病毒亚科。具有疱疹病毒所共有的形态特征。

CHV只有1个血清型,对温热的抵抗力较弱。56 ℃ 4 min就可杀死CHV,但CHV对低温的抵抗力较强。

(二)流行病学

CHV只能感染犬,小于14日龄幼犬的体温偏低,恰好处于CHV的最适增殖温度,因此,易感性最高,常可造成致死性感染。CHV主要通过唾液、鼻液、尿液向外排毒,传播途径为呼吸道、消化道和生殖道。新生幼犬也可经胎盘感染。

(三)症状

本病的潜伏期为4~6 d,小于21日龄的幼犬可引起致死性感染。初期病犬痴呆,抑郁,厌食,软弱无力,呼吸困难,压迫腹部有痛感,排黄色稀粪。有的病犬表现鼻炎症状,浆液性鼻漏,鼻黏膜表面广泛性斑点状出血。皮肤病变以红色丘疹为特征,主要见于腹股沟、母犬的阴门和阴道以及公犬的包皮和口腔。病犬最终丧失知觉,角弓反张,癫痫。病犬多在临床症状出现后24~48 h死亡。康复犬有的表现为永久性神经症状,如运动失调、失明等。

21~35日龄的犬主要表现流鼻涕、打喷嚏、干咳等上呼吸道症状,大约持续14 d,症状较轻。如发生混合感染,则可引起致死性肺炎。

母犬的生殖道感染以阴道黏膜弥漫性水泡状病变为特征。妊娠母犬可造成流产、死胎。公犬可见阴茎和包皮病变,分泌物增多。

(四)病理变化

新生幼犬的致死性感染以实质器官,尤其是肝、肾、肺的弥漫性出血、坏死为特征。胸腹腔内可见浆液-黏液性渗出。肺充血、水肿,肺门淋巴结肿大;脾充血、肿大;肠黏膜表现有点状出血。偶尔可见黄疸和非化脓性脑炎。

(五)诊断

新生幼犬感染CHV后发病急,死亡率高。实质器官,尤其是肾的局灶性出血具有诊断意义。急性感染期,CHV可从肾上腺、肾、肺、脾和肝等多种实质器官中分离到。在康复犬或老年犬,CHV通常仅存在于口腔黏膜、上呼吸道和外生殖道,不易分离成功。新分离病毒的鉴定可采用电镜观察、免疫荧光试验或中和试验进行。血清中和试验可作为回顾性诊断和流行病学调查的手段。

（六）防治

对新生幼犬急性全身性感染治疗无效。在流行期间给幼犬腹腔注射 1～2 mL 高免血清可减少死亡。提高环境温度对病犬有利。对出现上呼吸道症状的病犬可用阿昔洛韦进行防治，选用广谱抗生素防止继发感染。

由于 CHV 感染率低，且免疫原性较差，故疫苗研制进展不快。

任务 33　犬传染性气管支气管炎

犬传染性气管支气管炎又称仔犬咳嗽，是指除犬瘟热外的以咳嗽为特征的犬接触传染性呼吸道疾病，可侵害任何年龄的犬。其临床特征是病犬干咳，咳后间或有呕吐，咳嗽也往往随运动或气温的变化而加重，夜晚尤为明显。

（一）病原

本病是多种病毒、细菌、支原体单一或混合感染所致。引起犬传染性气管支气管炎的病毒有犬腺病毒 2 型（CAV-2），犬副黏病毒（CPmV），犬腺病毒 1 型（CAV-1），呼肠孤病毒 1 型、2 型、3 型和犬疱疹病毒。其中 CAV-2 和 CPmV 是仔犬咳嗽较常见的致病因子，它们可以破坏呼吸道上皮，导致各种细菌或霉形体入侵，引起严重的呼吸道疾病。CAV-2 引起的仔犬咳嗽又称“犬窝咳”。CAV-2 和 CAV-1 相似，抵抗力中等，可在环境中存活数月。季铵盐类消毒剂可有效杀灭 CAV-2。

（二）流行病学

CAV-2 通过呼吸道分泌物散毒，经空气尘埃传播。健康犬吸入病原体污染的空气，经呼吸道感染。环境因素如寒冷，可增加犬的易感性。

（三）症状

本病突出的症状是阵发性咳嗽，继而干咳或作呕以清除喉中的黏液。喉部轻压可诱发咳嗽。无继发细菌感染时，体温往往正常。原发病是自限性的，最初 5 d 症状严重，继发或并发细菌感染可使病程延长，病情加剧。当分泌物堵塞部分呼吸道时，听诊可闻粗粝的肺泡音及干啰音。混合感染严重的犬，体温升高，精神沉郁，食欲不振，流脓性鼻汁。

（四）防治

在出现（或为防止）继发感染时，应注射广谱抗生素。作用于中枢的镇咳药对本病最有效，如枸橼酸喷托维林片，效果不明显时用磷酸可待因。也可以配合使用各种糖浆，有支气管扩张现象可用盐酸溴己新配合治疗。临床上使用广谱抗病毒药物或犬用白细胞干扰素，配合射干抗病毒注射液和穿琥宁注射液，对本病疗效较好。

预防可用犬腺病毒 2 型、犬副感病毒、犬细小病毒、犬疱疹病毒和钩端螺旋体多价疫苗接种，可防止相应病原体的感染，6 个月后重复接种。支气管败血波氏杆菌疫苗是一种鼻内接种的活的无毒株。肌内注射用的灭活波氏杆菌苗为细菌培养物或浸出液。

任务34 狂犬病

狂犬病(rabies)，又名恐水症，俗称疯狗病，是由狂犬病病毒(RV)引起的人和所有温血动物共患的一种急性直接接触性传染病。临床表现极度兴奋、狂躁、流涎和意识丧失，终因局部或全身麻痹而死亡。典型的病理变化为非化脓性脑炎，在神经细胞胞质内可见内基氏小体。

(一)病原

RV在分类上属弹状病毒科，狂犬病病毒属。病毒粒子呈子弹状或杆状，一端圆形，一端平坦或稍凹。核酸型为单股RNA，外围以螺旋状对称排列的蛋白质壳粒，表面有脂蛋白囊膜，囊膜上有纤突，排列整齐，为六边形蜂房状结构。

经中和试验研究证实，该病毒群有4个血清型。血清1型(原型株为CVS11)为最典型的RV；血清2型(蝙蝠型)是从尼日利亚以果实为生的蝙蝠的混合血中分离到的；血清3型是从人体内分离到的；血清4型是从南非病人体内分离到的。自然界中分离的RV的流行毒株称“街毒”。将其直接接种到兔和其他动物脑中，进行长时间的连续继代，结果潜伏期缩短和固定化，末梢感染性减少，尼氏小体出现频度降低及神经组织亲和性增强，发生上述性状变化的病毒称为“固定毒”。

RV可被日光、紫外线、超声波、1%～2%肥皂水、70%酒精、0.01%碘液、丙酮、乙醚等灭活。对酸、碱、苯酚(石炭酸)、新洁尔灭、甲醛、升汞等消毒液敏感。RV不耐湿热，56 ℃ 15～30 min或100 ℃ 2 min即可灭活，但在冷冻或冻干状态下可长期保存。RV能抵抗自溶和腐烂，在自溶的脑组织中可保持活力达7～10 d。

RV可在5～6日龄鸡胚绒毛尿囊膜、卵黄囊、尿囊腔中生长，鸡胚成纤维细胞对RV高度易感。适应于鸡胚成纤维细胞的毒株，可用于制备疫苗。

RV还可在小鼠、仓鼠、兔、犬及人的原代或继代细胞中生长，并产生明显的细胞病变。我国人用狂犬病疫苗是用仓鼠肾细胞制备的。

(二)流行病学

几乎所有温血动物都对RV易感。犬、猫等动物对RV高度易感，应及时进行有效的疫苗接种。

RV主要存在于患病动物的延脑、大脑皮质、海马回、小脑和脊髓。唾液腺和唾液中也有大量病毒，并随唾液排出体外。主要通过咬伤的皮肤黏膜感染；也可通过气溶胶经呼吸道感染；人误食患病动物的肉或动物间相互蚕食可经消化道感染；在人、犬、牛及实验动物中也有经胎盘垂直感染的报道。

本病一年四季均可发生，春夏季节发病率稍高，可能与犬的性活动以及温暖季节人畜移动频繁有关。本病流行的连锁性特别明显，以一个接着一个的顺序呈散发形式出现。伤口的部位越靠近头部和前肢或伤口越深，发病率越高。年龄与性别之间无差异。

(三)症状

本病潜伏期长短不一，一般14～56 d，最短8 d，最长数月至数年。潜伏期的长短与咬伤部位的深度、病毒的数量与毒力等均有关系。病型分为狂暴型和麻痹型。

犬：狂暴型为3期，即前驱期、兴奋期和麻痹期。前驱期为1～2 d。病犬精神抑郁，喜藏暗处，举动反常，瞳孔散大，反射功能亢进，喜食异物，吞咽障碍，唾液增多，后躯软弱。兴奋期为2～4 d。病犬狂暴不安，攻击性强，反射紊乱，喉肌麻痹。狂暴与抑郁交替出现，麻痹期为1～2 d。病犬消瘦，张口垂舌，后躯麻痹，行走摇晃，最终全身麻痹而死亡。

猫：多表现为狂暴型。前驱期通常不到1 d，其特点是低度发热和明显的行为改变。兴奋期通常持续1～4 d。病猫常躲在暗处，当人接近时突然攻击，因其行动迅速，不易被人注意，又喜欢攻击头部，故比犬的危险性更大。此时病猫表现肌颤，瞳孔散大，流涎，背弓起，爪伸出，呈攻击状。麻痹期通常持续1～4 d，表现运动失调，后肢尤其明显。头、颈部肌肉麻痹时，叫声嘶哑，随后惊厥、昏迷而死。约25%的病猫表现为麻痹型，在发病后数小时或1～2 d内死亡。

(四)病理变化

无特征性变化。濒死期宠物表现痛苦状，消瘦，脱水，头、体表和四肢有外伤。死于狂犬病的犬，胃空虚，存在毛发、石块等异物。胃黏膜充血、出血、糜烂，肠道和呼吸道呈现急性卡他性炎症变化。脑软膜血管扩张充血，轻度水肿，脑灰质和白质小血管充血，并伴有点状出血。

(五)诊断

1. 综合性诊断

典型病例根据临床症状，结合咬伤病史，可做出初步诊断。

2. 病原学检验

对怀疑为狂犬病的宠物，取其脑组织、唾液腺或皮肤等标本，直接检测其中的RV或进行病毒分离，是确诊狂犬病的重要手段。

3. 血清学检验

在狂犬病的预防工作中，检测血清中的RV抗体是评价疫苗效果的一个重要指标。检测和观察感染者血清中抗体情况，对狂犬病的诊断和预后也有重要价值。

(六)防治

野生动物是狂犬病的自然宿主，对其唯一可行的防制原则是减少已证实的媒介动物的群体数量，并避免这些动物与犬、猫和人接触。

从世界范围来讲，由犬传播给人类的狂犬病数量居第1位，其次是猫。在控制犬的狂犬病方面，有两种方法已证实十分成功，即对有主家犬、军犬、警犬、实验用犬进行疫苗接种，同时取缔无主的游荡犬。

狂犬病的疫苗接种分为两类，对犬等动物，主要进行预防接种；对人则是在被疯犬或其他动物咬伤后24 h内做紧急接种，于第一次注射后3 d、7 d、14 d、28 d再行注射，共5次，必要时用人狂犬病免疫球蛋白(20 IU/kg体重)或抗狂犬病马血清(40 IU/kg体重)，以1/2量在伤口周围浸润注射，其余做肌内注射，可防止发病。对于经常接触犬、猫和野兽，具有较大感染危险的兽医师或其他人员，也应考虑进行预防性接种。

狂犬病是一种人兽共患的烈性传染病，主要对人构成威胁。犬、猫等动物，一旦发病，应立即向有关部门报告疫情，扑杀发病动物，房舍和周围环境彻底消毒，避免疫情扩散。

任务35　猫泛白细胞减少症

猫泛白细胞减少症(feline panleukopenia)又称猫瘟热或猫传染性胃肠炎，主要是幼龄猫的一种高度接触性传染病。本病广泛存在于世界各地，我国近年来已蔓延到多数地区，成为当前主要的猫烈性传染病之一。

(一)病原

病原体为猫细小病毒。病毒能抵抗56 ℃ 30 min的加热作用，在低温条件下可存活较长时间。漂白粉、6%次氯酸钠、4%甲醛和1%戊二醛在室温下作用10 min即可使病毒灭活。

(二)流行病学

猫感染细小病毒后，即使在感染的早期，病毒即可随粪便、尿液、唾液和呕吐物排出体外。在急性期，蚤类和其他吸血昆虫可能传播病毒。康复猫的粪便、尿液中仍可排毒数月至1年以上。病猫和病愈后的带毒猫是本病的传染源。病毒随排泄物和分泌物污染的饲料、饮水、用具及周围环境而扩大传播。在自然情况下，本病主要通过直接接触或经消化道传染。

各年龄猫都可感染，但主要发生于幼龄猫。根据我国的调查，主要发生在1岁以下的幼龄猫，其发病率占80%以上；流行迅速而广泛，多呈急性经过，死亡率达90%以上；本病多发生在冬末至春季，12月份至翌年3月份的发病率占全年的55%以上；全窝幼龄猫同时发病的也较多见。

由于宠物猫能获得良好的免疫，因此受感染威胁的动物主要是那些野生猫、非驯化猫以及未接种疫苗的猫科动物。

(三)症状

病猫倦怠，呕吐为最常见症状，病猫体温升高至40 ℃以上，持续24 h左右后下降至常温，但经2～3 d又可上升，呈典型的双相热型。临床症状依感染时猫的年龄和免疫状态不同有所区别。怀孕母猫感染时，可导致流产、死胎及其他繁殖障碍。如果胎儿可以存活，通常产生脑发育不全或视网膜发育异常。出生后3～4周幼龄猫可发生同样的临床表现，较大的幼龄猫则表现典型的胃肠及全身性感染症状。最急性感染病程短急，由于继发菌血症和内毒素血症，并伴有小肠损伤和泛白细胞减少症，常在感染后24 h致死。症状包括腹痛、严重沉郁、体温降低等。由于病程进展迅速，可能见不到比较典型的胃肠症状，对于这些猫通常可通过组织病理学检查做回顾性诊断；急性感染的典型症状包括脱水、呕吐、腹痛、出血性肠炎及发热等，在严重流行时幼龄猫几乎全部死亡，病程超过6 d以上的猫，有可能经过较长时间的恢复期后痊愈。

(四)病理变化

除最急性病猫外，剖检可见脱水和消瘦变化；空肠和回肠局部充血，脾肿大，肠系膜淋巴结水肿、坏死。多数病例长骨的红髓变为液状或半液状，这点具有一定的诊断价值。组织学检查时，于肠管上皮细胞可见嗜酸性和嗜碱性2种包涵体，但病程在3～4 d及以上者，往往消失。

(五)诊断

根据流行病学、病史、典型的临床症状(如双相热型)、白细胞大量减少及病理变化等可做出初步诊断。

血液学变化表现为白细胞总数常从正常的(5.5～19.5)$\times 10^9$ 个/L 降至 4.0$\times 10^9$ 个/L 以下,红细胞总数常从正常的(5.0～10.0)$\times 10^{12}$ 个/L 降至 3.0$\times 10^{12}$ 个/L 以下。为了确诊,应采取相应病料检验。

为了分离病毒,对急性期病猫可采取各组织脏器和排泄物,对病死猫应采取脾脏和胸腺。分离的病毒可在 4 ℃条件下凝集猪红细胞,可以作为辅助诊断的手段之一。常用的血清学诊断法为血凝抑制试验和免疫荧光试验。

(六)防治

目前尚无特效药,主要是对症、支持性方法治疗。按 2 mL/kg 体重肌内注射高免血清,病猫在患病期间应禁食和饮水,否则可加重呕吐。可采用支持疗法、补充体液和电解质以维持其平衡,并通过非肠途径注射敏感抗生素,以防止受损肠道中的细菌入侵。对某些体液严重失衡者可输以血浆及其他胶体物质,对剧烈呕吐的病猫可用盐酸甲氧氯普胺或 654-2 等止吐药等。

预防本病的有效措施是及时给猫预防接种,有灭活苗和弱毒苗两种,其中弱毒苗免疫效果较好,但因其对脑部组织发育具有明显影响,故只能用于 4 周龄以上的猫。通常有猫泛白细胞减少症单苗或与猫疱疹病毒、猫杯状病毒三联苗可供选择。

任务 36 猫病毒性鼻气管炎

猫病毒性鼻气管炎(feline viral rhinotracheitis)又称猫传染性鼻气管炎,是由猫疱疹病毒 1 型(feline herpes virus,FHV-1)引起的猫的一种急性高度接触性上呼吸道疾病,以发热,频频打喷嚏,精神沉郁和由鼻、眼流出分泌物为特征。主要侵害仔猫,发病率可达 100%,死亡率约 50%。

(一)病原

FHV-1 在分类上属疱疹病毒科,甲型疱疹病毒亚科,具有疱疹病毒的一般特征。病毒外有囊膜,核酸型为双股 DNA。

FHV-1 对外界环境抵抗力较弱,对酸(pH<3.0)、热和脂溶剂敏感,甲醛和酚类易将其杀灭。在−60 ℃条件下可存活 180 d, 50 ℃ 4～5 min 即灭活。干燥条件下,12 h 内即失去活性。

FHV-1 在感染猫的鼻、咽、喉、气管、结膜、舌的上皮细胞内定位增殖,有的甚至可扩展到全身。FHV-1 易在猫肾、肺、睾丸细胞和兔肾细胞内增殖。

FHV-1 经乙醚处理后仍能在 37 ℃条件下凝集猫红细胞,采用血凝试验及血凝抑制试验可检测病毒抗原和抗体。FHV-1 在血清学上属单一型。它与猫泛白细胞减少症病毒、伪狂犬病病毒、猫杯状病毒及人单纯疱疹病毒均无交叉反应。

(二)流行病学

FHV-1 主要通过鼻与鼻的直接接触或吸入含病毒的飞沫经呼吸道传染,也可垂直传染给仔猫。病猫由鼻、眼、咽的分泌物排出病毒。康复猫能长期带毒和排毒。

(三)症状

发病初期体温升高,上呼吸道感染症状明显,出现阵发性咳嗽,打喷嚏,流泪,结膜炎,食欲减退,体重下降,精神沉郁,鼻腔分泌物增多,开始为浆液性,后变为脓性。

仔猫患病约 15 d 死亡,继发感染死亡率更高。成年猫感染以结膜炎症状出现,眼上出现白色斑点。角膜充血,口腔糜烂溃疡,进食困难,由口腔不断流出黏性分泌物,有臭味。

慢性的以鼻窦炎、溃疡性结膜炎和眼球炎为主要特征,重者可造成失明,鼻腔炎症可使呼吸道狭窄,以至呼吸困难,窒息。

成年猫死亡率为 20%~30%。猫经过治疗耐过 7 d 后可逐渐恢复健康。

(四)病理变化

病初,鼻腔、鼻甲骨、喉头和气管黏膜呈弥漫性充血。较严重病例,鼻腔、鼻甲骨黏膜坏死,眼结膜、扁桃体、会厌软骨、喉头、气管、支气管甚至细支气管的部分黏膜上皮也发生局部灶性坏死,坏死区上皮细胞中可见大量的嗜酸性核内包涵体。慢性病例可见鼻窦炎病变。表现下呼吸道症状的病猫,可见间质性肺炎、支气管炎、细支气管炎及其周围组织坏死。

(五)诊断

FHV-1 所致疾病,与猫杯状病毒(FCV)感染、猫细小病毒(FPV)感染和猫肺炎(衣原体感染)在临诊上很难区分,只有靠特异性的血清学检验或病原分离才能确诊。

(1)传染早期取上呼吸道黏膜上皮细胞做包涵体检查。

(2)中和试验及血凝抑制试验具有诊断意义。

(3)病猫眼结膜和上呼吸道黏膜的涂片或切片标本,用 FHV-1 荧光抗体染色,可做出准确快速的诊断。

(4)最可靠的诊断是分离病毒。在急性发热期,以灭菌棉拭子在鼻咽、喉头和结膜部取样,接种于原代猫肾细胞,逐日观察有无细胞病变,对新分离病毒,可用已知 FHV-1 免疫血清进行中和试验鉴定。

(六)防治

目前尚无特效药,主要是对症性、支持性方法治疗。注射猫用抗多病球蛋白有一定疗效。

(1)选用敏感广谱抗生素防止继发细菌感染及其后遗症。

(2)结膜炎可用封闭疗法:头孢菌素 0.05 g/kg 体重、地塞米松 0.5 mg/kg 体重、2%普鲁卡因 0.15 mg/kg 体重混合,结膜下封闭,1 次/d,也可用眼氨肽结膜下注射。也可用氯霉素眼药水与可的松眼药水交替点眼。

(3)口腔溃疡可用碘甘油涂布口腔,口服多种维生素。

(4)脱水不食的猫可静脉注射补给液。

(5)注意补充营养,可使用宠物营养膏。使用消炎药要注意投以益生菌恢复肠道功能,如妈咪爱等。

预防主要是用猫三联疫苗进行免疫接种。建立良好的通风环境和消毒措施,注意环境卫生,降低饲养密度,发现病猫及时隔离、消毒,防止接触传播。要保证病猫的饮食。当病猫因为鼻涕太多影响到嗅觉时,可以选择一些味道浓烈的食品(如罐头妙香包)。如病猫拒绝吃东西,在有必要的情况下,可用注射器强行喂食。

任务 37 猫杯状病毒感染

猫杯状病毒(feline calicivirus,FCV)感染是猫的一种多发性呼吸道疾病,主要表现为鼻炎、气管炎等上呼吸道症状,双相发热,浆液性和黏液性鼻漏,结膜炎,极度沉郁,发病率高,死亡率低。

(一)病原

FCV 在分类上属杯状病毒病科,杯状病毒属。核酸型为单股 RNA,病毒无囊膜,在胞质内增殖,有时呈结晶状或串珠状排列。

FCV 对乙醚、氯仿和脱氧胆酸盐等脂溶剂具有抵抗力;对酸的敏感性介于肠道病毒和鼻病毒之间,pH 4～5 时稳定,pH 3 时失去活力;50 ℃ 30 min 即灭活。FCV 无血凝性,只有 1 个血清型。

FCV 可在猫肾细胞、舌细胞、胸腺细胞系、肺细胞上增殖。

(二)流行病学

自然条件下,仅猫科动物对 FCV 易感,7～84 日龄的猫均可感染发病,但常发生于 56～84 日龄的猫。病猫和带毒猫是该病的主要传染源。大量病毒可随分泌物和排泄物排出,污染笼具、地面等,或直接传给易感猫。

(三)症状

本病的潜伏期为 2～3 d,自然病程 7～10 d。常见和最有特征性的症状是口腔溃疡。舌和硬腭的溃疡最常见,尤其是腭中裂周围。舌部水疱破溃后形成溃疡,鼻黏膜有时也可出现类似病变。

病猫精神欠佳,体温 39.5～40.5 ℃,打喷嚏,口腔和鼻眼分泌物增多,有时出现流涎和角膜炎。鼻眼分泌物初呈浆液性、灰色,后呈黏液性,4～5 d 后则可呈黏液脓性。偶尔可见痢疾和温和性白细胞减少症状。严重病例可发生肺炎而表现呼吸困难等症状。少数病例仅能引起发热和肌肉疼痛而无呼吸道症状。

(四)病理变化

病猫的舌、腭病变部初为水疱,后期水疱破溃形成溃疡。溃疡的边缘及基底有大量中性粒细胞浸润。肺部可见纤维素性肺炎及间质性肺炎。

支气管及细支气管内常有单核细胞、脱落的上皮细胞和大量蛋白性渗出物。继发细菌感染时,则可呈现典型的化脓性支气管肺炎的变化。严重病例,其大脑和小脑的石蜡切片可见中等程度的局灶性神经胶质细胞增生及血管套形成。

(五)诊断

猫的呼吸道症状可由多种病原引起,此病的确诊较为困难。当出现特征性口腔溃疡而怀疑本病时,可刮取眼结膜组织或采取扁桃体活组织进行荧光抗体试验,以检测抗原的存在。

急性期,可采取眼结膜组织、鼻腔分泌物、咽部及溃疡部组织,用猫源细胞进行病原分离。

病毒的鉴定可用补体结合试验、免疫扩散试验及免疫荧光试验进行。

(六)防治

无特异性疗法,可采取以下措施。

1. 对症治疗

口腔溃疡严重时,可用冰硼散或华素片吹患部,或用棉签涂擦碘甘油于患部。鼻炎症状明显时,可用麻黄素、氢化可的松和庆大霉素混合滴鼻。出现结膜炎时,眼结膜下注射眼氨肽或用5%硼酸溶液洗眼再用吗啉胍与氯霉素眼药水交替滴眼。

2. 预防

严格隔离病猫和带毒猫,防止病毒扩散。用FCV与FPV、FHV-1的三联苗免疫接种。应用广谱抗生素防止继发感染。

任务38 猫肠道冠状病毒感染

猫肠道冠状病毒感染是由猫肠道冠状病毒(feline enteric corona virus, FECV)引起的猫的一种以呕吐、腹泻和中性粒细胞减少为主要特征的肠道传染病,主要引起42~84日龄的猫肠炎。

(一)病原

FECV在分类上属冠状病毒科,冠状病毒属。病毒有囊膜,囊膜表面有许多放射状排列的纤突。间接荧光抗体法检查时,该病毒与猫传染性腹膜炎病毒(FIPV)、犬冠状病毒(CCV)和猪传染性胃肠炎病毒(TGEV)具有交叉免疫反应。FECV对外界理化因素抵抗力弱,一般消毒剂均可使其灭活。

(二)流行病学

FECV主要使42~84日龄的猫发病,经消化道传染。35日龄以下仔猫因初乳中含特异性抗体而很少发病。42~84日龄猫感染时常表现为肠炎症状。成年猫则多呈隐性感染。病后康复90~120 d的带毒猫可随粪便排出大量病毒,引起易感猫发病。

(三)症状

本病常使断奶仔猫发病。病初仔猫体温升高,精神沉郁,食欲不振。随后发生呕吐,腹泻,肛门肿胀。严重时出现脱水症状。无继发感染时多能自愈,死亡率较低。疾病急性期,血液中嗜中性粒细胞降至50%以下。感染后10~14 d,免疫荧光抗体滴度可达1∶(32~1 024)。

(四)病理变化

尸体剖检常无明显病变,自然感染的青年猫可见肠系膜淋巴结肿胀,肠壁水肿,粪便中有脱落的肠黏膜。

(五)诊断

肠炎明显时应怀疑本病,但确诊困难。组织培养和病毒分离较难取得成功。检测病猫体内 FECV 中和抗体的滴度有助于诊断。病毒主要存在于小肠和肠系膜淋巴结，可用冷冻切片荧光抗体法检测。有效的诊断方法是通过电镜观察病猫粪便中有无 FECV 粒子。

(六)防治

根据脱水严重程度及时补液，对症治疗。

FECV 广泛分布于猫群中，许多无临床症状的猫均可成为带毒者，并通过粪便排毒，因此，该病的预防较困难。加强饲养管理是预防本病的根本措施，平时应注意猫舍卫生，各年龄猫分开饲养，对失去母源抗体保护的断奶仔猫，加强护理，以降低发病率。

任务 39　猫白血病

猫白血病病毒(feline leukemia virus，FeLV)是一种外源性 C 型反转录病毒，感染猫产生两类疾病。一类是白血病，表现为淋巴瘤、成红细胞性白血病或成髓细胞性白血病；另一类是免疫缺陷疾病，表现为免疫反应低下，易继发感染，胸腺萎缩，淋巴细胞、中性粒细胞减少，骨髓红细胞系发育障碍引起贫血，与猫免疫缺陷病毒(FIV)引起的疾病均称为猫获得性免疫缺陷综合征，即猫艾滋病(FAIDS)。

(一)病原

FeLV 在分类上属反转录病毒科，肿瘤病毒亚科，C 型肿瘤病毒属，哺乳动物 C 型肿瘤病毒亚属。病毒核酸型为单股 RNA，含有反转录酶，有囊膜。

与 FeLV 及所感染细胞有关的抗原有 3 类：囊膜抗原、病毒粒子内部抗原和肿瘤病毒相关细胞膜抗原(FOCMA)。根据囊膜抗原的不同，FeLV 分为 A、B、C 3 个亚群或血清型。3 个亚群常以混合状态存在。这是引起免疫缺陷病和白血病两类疾病的原因。

FeLV 对紫外线有一定的抵抗力。对乙醚和脱氧胆酸盐等脂溶剂敏感，56 ℃ 30 min、一般消毒剂及酸性环境(pH<4.5)即可灭活。

FeLV 可在猫、人、犬和猫源细胞上增殖。猫胚接种，可在 24 h 内获得较高滴度的病毒。

(二)流行病学

FeLV 能引起不同性别和品种的猫感染，幼龄猫较成年猫易感。FeLV 不感染人。

FeLV 在猫群中以水平传播方式为主，也可垂直传播。病毒经呼吸道传播比经消化道传播更易进行。病毒在气管、鼻腔、口腔上皮细胞和唾液腺上皮细胞内复制。处于潜伏期的猫即可通过唾液排出高滴度的病毒。本病病程较短，死亡率高，病猫常在发病 28 d 内死亡。

(三)症状

本病潜伏期较长，症状多种多样。

1. 与 FeLV 相关的肿瘤性疾病

(1)消化道淋巴瘤：常表现食欲减退，体重减轻，黏膜苍白，贫血，有时呕吐或腹泻等症状。主要以肠道淋巴组织或肠系膜淋巴结出现 B 细胞性淋巴瘤为特征。此型病例约占全部病例的 30%。

(2)多发性淋巴瘤:常表现消瘦、精神沉郁等症状,全身多处淋巴结肿大。瘤细胞常具有T细胞的特征。此型病例约占全部病例的 20%。

(3)胸腺淋巴瘤:胸腺组织不同程度被肿瘤组织所替代。由于肿瘤形成和胸腔积液增多,呼吸和吞咽困难,病猫常发生虚脱。瘤细胞常有T细胞的特征。此型病例多见于青年猫。

(4)淋巴白血病:临诊上出现间歇热,食欲下降,机体消瘦,黏膜苍白,黏膜和皮肤上有出血点,血液学检验白细胞总数增多等典型症状,脾脏、肝脏肿大,淋巴结轻度至中度肿胀。

2. 免疫抑制

由 FeLV 所致的免疫抑制引起的感染、贫血和白细胞减少是 FeLV 阳性猫死亡的主要原因。

(四)病理变化

本病病理变化复杂。淋巴结肿瘤为主的病猫,常可在病理切片中看到正常淋巴组织被大量含有核仁的淋巴细胞替代。骨髓也可见到大量成淋巴细胞浸润。胸腺淋巴瘤时,剖检可见胸腔有大量积液,涂片检查,有大量未成熟淋巴细胞。

(五)诊断

若病猫持续性腹泻,触诊全身淋巴结肿大,X线检查或B超检查胸腺出现病理性萎缩,血液及淋巴组织中淋巴细胞减少,经淋巴细胞转化实验证明其细胞免疫功能降低,即可做出初步诊断。确诊需进行血清学和病毒学检验。

FeLV 的分离可采用病猫淋巴组织或血液淋巴细胞与猫的淋巴细胞系或成纤维细胞系共同培养的方法进行。

酶联免疫吸附试验、免疫荧光技术、中和试验、放射免疫测定等方法可检测病猫组织中的 FeLV 抗原及血清中抗体水平,进行 FeLV 的诊断和分型。

(六)治疗

血清学疗法可治疗 FeLV 引起的肿瘤。放射性疗法可抑制胸腺淋巴肉瘤的生长,对于全身性淋巴结肉瘤也具有一定疗效。但不管何种方法,治疗均不易彻底,且患猫在治疗期及症状消失后均能散毒,因此,有的学者不赞成对病猫施以治疗,而建议扑杀。

(七)预防

最有效的预防措施是建立无 FeLV 猫群。新引进猫时,必须进行 FeLV 检疫,确认无 FeLV 感染后方可混群饲养。

目前国外已有疫苗可供使用。

【考核评价】

某宠物医院计划制作一个犬猫常见传染病的宣传单,用列表形式描述犬猫常见传染病病原生物学特性、发病症状、诊断和治疗方法。

案例分析

分析以下案例，根据病史和临床检查，提出诊断方法，制订防治措施。

案例 8-1

拉布拉多犬，公，4 月龄，体重 8 kg。

主诉：接种疫苗，该犬咳嗽频繁，鼻涕增多，喜欢饮水。

临床诊断：眼鼻流黏液性脓性分泌物，体温 39.8 ℃，呼吸急促，听诊呼吸音粗粝，有湿啰音。

案例 8-2

京巴犬，公，白色，23 月龄，体重 5 kg。

主诉：已按程序接种了犬五联弱毒苗，该犬食欲不振，呕吐，腹泻。

临床诊断：表现里急后重，腹泻物中带血，恶臭，肛门括约肌极度松弛，脱水，消瘦，体温 40 ℃，脉搏数 79 次/min，呼吸数 30 次/min。

案例 8-3

博美犬，公，棕色，8 月龄，体重 3.2 kg。

主诉：未接种免疫，该犬精神沉郁。

临床诊断：脚掌增厚，口唇、眼睑局部、四肢肌肉阵发性抽搐，体温 41 ℃。

案例 8-4

古代牧羊犬，公，3 岁，体重 32 kg。

主诉：最近老拉稀，呕吐，不吃东西。

临床诊断：粪便呈番茄汁样，腥臭，严重脱水。

案例 8-5

大白熊犬，母，3 岁，体重 33 kg。

主诉：最近老拉稀，呕吐，不吃东西。

临床诊断：呕吐和腹泻，吐出带血的胃液和排出果酱样的血便，“蓝眼睛”。

【知识拓展】

犬瘟热病毒单克隆抗体

1975 年，单克隆抗体技术（monoclonal antibody technique）由英国科学家 Milstein 和 Kohler 发明，并获得 1984 年诺贝尔生理学或医学奖。1984 德国人 G. J. F. Kohler、阿根廷人 C. Milstein 和丹麦科学家 N. K. Jerne 由于发展了单克隆抗体技术，完善了极微量蛋白质的检测技术而分享了诺贝尔生理学或医学奖。其原理是 B 淋巴细胞能够产生抗体，但在体外不能进行无限分裂；而瘤细胞虽然可以在体外进行无限传代，但不能产生抗体。将这两种细胞融合后得到的杂交瘤细胞具有两种亲本细胞的特性。免疫反应是人类对疾病具有抵抗力的重要因素。当动物体受抗原刺激后可产生抗体。抗体的特异性取决于抗原分子的决定簇，各种抗原分子具有很多抗原决定簇，因此，免疫动物所产生的抗体实为多种抗体的混合物。用这种传统方法制备抗体效率低、产量有限，且动物抗体注入人体可产生严重的过敏反应。此外，要把这些不同的抗体分开也极困难。单克隆抗体技术的出现，是免疫学领域的重大突破。

犬瘟热病毒单克隆抗体（CDV McAb）是利用细胞融合技术，将犬瘟热病毒免疫的 BALB/c 小鼠脾细胞与 SP2/0 瘤细胞融合，制备出能分泌犬瘟热病毒单克隆抗体的杂交瘤细胞株，从中培养、筛选出特异性的杂交瘤细胞，接种生物反应器进行连续罐流培养，经浓缩纯化后制备的高效高特抗体，即为治疗和预防犬瘟热病毒的单克隆抗体制剂。由于单克隆抗体的分子质量小，特异性极强，可迅速到达被病毒侵染的组织和细胞杀灭病毒，达到快速治愈的目的，是目前用于治疗和预防犬瘟热病毒效果较好的生物制剂。本品中和抗体效价不低于 1∶1 024。

（一）原理

犬瘟热病毒单克隆抗体可通过淋巴循环系统快速通过病毒侵染的组织和细胞，抑制病毒对宿主细胞的侵染及病毒的复制，达到杀灭犬体内病毒的目的，同时又可参与犬体内的其他抗病毒保护机制，如免疫调理、抗体依赖细胞介导的细胞毒作用和抗体依赖补体介导的细胞毒作用，从而进一步激活犬体内的细胞免疫系统，发挥更大的杀灭病毒的作用。由于犬瘟热病毒单克隆体分子量小，特异性极强，可以部分通过血脑屏障，进入神经细胞，所以对出现神经症状的病犬也有一定的治疗作用。

（二）适应证

（1）治疗：每千克体重 0.5～1.0 mL，腹股沟内侧肌内注射，但是日常治疗中，许多兽医师往往使用静脉注射，治疗前期建议用量适当加大，将单克隆抗体加入生理盐水中混合地塞米松静脉输液给药有一定的风险。

（2）预防：体重 10 kg 以下犬，每只肌内注射 4～6 mL；体重 10～25 kg 犬，每只肌内注射 6～10 mL；体重 25 kg 以上犬，每只肌内注射 10～15 mL。可保护犬 1 周免受犬瘟热病毒的感染。

（三）保存及有效期

－18 ℃以下冷冻保存，有效期 2 年；开瓶后保存于 4 ℃，环境下 1 周内有效。忌反复冻融。

【知识链接】

二维码 8-1 T/CVMA 176—2024
猫支气管败血波氏菌
感染诊断技术规范

二维码 8-2 T/CVMA 177—2024
猫疱疹病毒感染
诊断技术规范

二维码 8-3 T/CVMA 178—2024
犬和猫细小病毒
PCR 检测方法

二维码 8-4 T/CVMA 179—2024
猫白血病病毒
核酸检测方法

二维码 8-5 T/CVMA 180—2024
猫免疫缺陷病病毒
核酸检测方法

二维码 8-6 T/CVMA 181—2024
猫杯状病毒感染
诊断技术规范

项目9
细菌性传染病

【学习目标】

• 了解犬猫细菌性传染病病原的生物学特性；掌握犬猫破伤风、结核病、肉毒梭菌毒素中毒的诊断方法和防治措施。

【素质目标】

• 融合工匠精神，使学生能够精确诊断并有效治疗细菌性传染病。

• 培养学生劳动精神，理解细菌性传染病的防控需要付出努力和时间。

【学习内容】

任务 40　破伤风

破伤风(tetanus)发生于世界各地，是由破伤风梭菌引起的人兽共患传染病。以特异性嗜神经型毒素所致的患病宠物运动神经中枢应激性增高、肌肉持续痉挛收缩为特征。

(一)病原

病原为破伤风梭菌，是一种厌氧性革兰阳性菌。

破伤风梭菌能产生两种毒素，一种为嗜神经毒素，能引起该病的典型临诊症状；另一种为溶血毒素，能引起马和兔的红细胞溶解。

破伤风梭菌的繁殖体对一般理化因素抵抗力不强，但其芽孢的抵抗力极强，在干燥环境中能存活 10 年以上。

(二)流行病学

破伤风梭菌及其芽孢在自然界中分布甚广，生锈的铁钉及其他金属锈蚀物表面也极易带菌。自然感染由于伤口污染含有破伤风梭菌芽孢的物质而引起。但并非所有伤口均可感染，必须具备一定条件。只有在厌氧情况下才能引起发病。因而不能通过直接接触传播，常表现为散发。钉伤、刺伤、脐带伤、阉割伤等可引起感染。

本病季节性不明显，不同品种、年龄、性别的易感动物均可发病。

(三)症状

本病的潜伏期 5～10 d，长的可达 21 d。受伤部位越靠近中枢，发病越迅速，病情也越严重。

犬猫对破伤风梭菌抵抗力较强，临诊上局部性强直较常见，表现为靠近受伤部位的肢体发生强直和痉挛，暂时性牙关紧闭。少数病例出现全身强直性痉挛，除兴奋性和应激性强外，病犬可呈典型木马样姿势，脊柱僵直或向下弯曲，口角向后，耳朵僵硬竖起，瞬膜突出外露。有时出现呼吸、咀嚼和吞咽困难。疾病过程中患病宠物神志清醒，体温不高，有饮食欲。

急性病例2～3 d内死亡；慢性病例3～10 d死亡；仅局部强直的病犬、病猫一般预后良好。

（四）病理变化

剖检一般无明显特征性病变，仅可在浆膜、黏膜及脊髓膜等处发现小出血点，四肢和躯干肌肉结缔组织发生浆液性浸润。因窒息死亡的则血液凝固不良，呈黑紫色，肺充血、水肿。

（五）诊断

根据病犬和病猫的特殊临诊症状和创伤史等，即可初步诊断。但应注意与急性风湿、脑炎、狂犬病等的鉴别诊断。脑炎、狂犬病有时也会出现牙关紧闭，角弓反张，肌肉痉挛等症状，但瞬膜不突出，有意识扰乱、昏迷以及麻痹现象。急性风湿病症状的肌肉痉挛发生于局部，且有疼痛和结节性肿胀变化，无应激反应增强的现象。

从伤口分离细菌较难，必要时可细菌培养或动物接种进行确诊。

（六）防治

本病关键在于尽早发现、尽早治疗。治疗原则为：加强护理，消除病原，中和毒素，镇静解痉等对症疗法。

1. 加强护理

将病犬或病猫置于干净、光线幽暗、安静的环境中，冬季应注意保暖，减少各种刺激因素。采食困难者，给予易消化、营养丰富的食物和足够的饮水。

2. 消除病原

破伤风梭菌主要存在于感染创中，应对病犬、病猫的创伤应及时进行清创和扩创术，用3%过氧化氢（双氧水）、1%高锰酸钾或5%～10%碘酊进行创口消毒，然后撒布碘仿硼酸合剂，并在创伤周围组织分点注射青霉素，消除感染。

3. 中和毒素

这是特异性治疗破伤风的方法，早期使用破伤风抗毒素，疗效较好。一般犬猫破伤风抗毒素用量为100～1 000 IU/kg体重，静脉注射或分点注射于创伤周围组织。静脉注射时，为防止发生过敏反应，患病宠物可预先注射糖皮质激素或抗组胺药。皮下注射精制破伤风类毒素2 mL，可提高机体的主动免疫力。

4. 镇静解痉与其他对症疗法

患病犬猫出现强烈兴奋和强直性痉挛时，可按1～5 mg/kg体重肌内注射氯丙嗪，或按0.5～1 mg/kg体重肌内注射静松灵；采食和饮水困难者，可每天进行补液、补糖；酸中毒时，可静脉注射5%碳酸氢钠；喉头痉挛造成严重呼吸困难，可施行气管切开术；体温升高有肺炎症状时，可用抗生素和磺胺类药物。

预防主要是防止外伤，一旦发生外伤应及时进行外科处理。对较深的创伤，注射破伤风抗毒素或类毒素，以增强机体的免疫力。进行犬猫去势术时，可注射破伤风抗毒素进行预防。

任务41　结核病

结核病(tuberculosis)是由结核分枝杆菌引起的人、畜和野生动物共患的慢性传染病。其特征是多种组织器官形成肉芽肿和干酪样钙化结节。

(一)病原

结核分枝杆菌简称结核杆菌,可分为牛型、人型和禽型三型。它不产生芽孢、荚膜,无鞭毛,不能运动,为专性需氧菌,革兰染色阳性。

该菌对外界环境有相当的抵抗力,在水和粪便中可存活5个月,在土壤中可存活7个月。对常用消毒剂、链霉素、异烟肼、利福平等敏感。

犬对牛型及人型结核分枝杆菌易感。猫对牛型结核分枝杆菌则更易感。

(二)流行病学

开放性结核病患者、患畜是本病的传染源。其能通过多种途径向外界散播病原。含大量结核分枝杆菌的痰液、咳嗽形成的气溶胶或被这种痰液污染的尘埃为主要的传播媒介。犬和猫结核分枝杆菌主要通过呼吸道和消化道感染。

临诊上犬猫感染禽型结核分枝杆菌则极少。

(三)症状

犬猫结核病多为亚临床感染。有时则在病原侵入部位引起原发性病灶。犬常表现为支气管肺炎、胸膜上有结节形成和肺门淋巴结炎,并引起发热、食欲下降、体重下降、呼吸啰音和干咳。如果病理损伤发生于口咽部,犬猫表现为吞咽困难、干呕、流口水及扁桃体肿大等。猫的原发性肠道病灶比犬多见,主要表现为消瘦、贫血、呕吐、腹泻等消化道吸收不良症状。肠系膜淋巴结常肿大,有时在腹部体表就能触摸到。某些病例腹腔渗出液增多。禽结核分枝杆菌感染主要表现全身淋巴结肿大、食欲减退、消瘦和发热,实质性脏器形成结节或肿大。

结核病灶蔓延至胸膜和心包膜时,可引起胸膜、心包膜渗出增多,临床上表现为呼吸困难、发绀和右心衰竭。猫的肝、脾等脏器和皮肤也常见结节及溃疡。骨结核时可见跛行及自发性骨折。有的还出现咯血、血尿及黄疸等症状。

(四)病理变化

患结核病的犬猫极度消瘦,剖检时在许多器官可发现多发性的灰白色至黄色有包囊的结节性原发性病灶。犬的原发性病灶常在肺及气管、淋巴结,猫的则在回盲肠淋巴结及肠系膜淋巴结。犬的继发性病灶多分布于胸膜、心包膜、肝、心肌、肠壁和中枢神经系统,猫的则常见于肠系膜淋巴结、脾脏和皮肤。通常继发性结核结节较小(1～3 mm),但在许多器官也可见到较大的融合性病灶。有的结核病灶中心积有脓汁,外周被包囊,包囊破溃后,脓汁排出,形成空洞。随着病程的发展,部分干酪样坏死组织能够进一步钙化。

在病理组织切片上,可见到结核病灶中央发生坏死,并被炎性浆细胞及巨噬细胞浸润。病灶周围常有组织细胞及成纤维细胞形成的包膜，有时中央部分发生钙化。在包囊组织的组织细胞及上皮细胞内常可见到短链状或串珠状具抗酸染色性的结核分枝杆菌。

（五）诊断

大多数患猫、患犬无明显症状，怀疑本病时应结合如下诊断进行确诊。

1. 血液、生化及透视检验

患结核病的宠物常伴有中等程度的白细胞增多和贫血，人血白蛋白含量偏低及球蛋白血症。肺结核时，X线透视检验可见气管支气管淋巴结炎和间质性肺炎的变化。疾病后期也可见肺硬化、结节形成、肺钙化灶。发生继发性结核时，也可见肝、脾、肠系膜淋巴结及骨组织的相似病变。

2. 皮肤试验

对于犬，皮内接种0.1～0.2 mL卡介苗，阳性犬48～72 h后出现红斑和硬结。但要注意被感染犬可能出现急性超敏反应，试验有一定风险。由于猫对结核菌素反应微弱，故一般此法不应用于猫。

3. 血清学检验

血清学检验包括血凝（HA）试验及补体结合反应（CF），具有较大的诊断价值，尤其是补体结合反应的检出率可达50%～80%。

4. 细菌分离

先将病料用4% NaOH处理30 min，再用0.3%新洁尔灭处理去除杂菌，然后接种于改良罗氏培养基进行培养。或将淋巴结、脾和肉芽等可疑病料，腹腔接种于豚鼠、兔、小鼠和仓鼠，以鉴定结核分枝杆菌的种别。

直接取病料做成抹片或涂片，抗酸染色后镜检，可直接检测到细菌。也可用荧光抗体法检验病料中的结核分枝杆菌。

（六）防治

对犬猫结核病，首先应考虑其对公共卫生构成的威胁，最好施以安乐死并进行消毒处理。

确有治疗价值的，可选用下列药物：异烟肼，4～8 mg/kg体重，2～3次/d；利福平，10～20 mg/kg体重，分2～3次内服；链霉素10 mg/kg体重，每8 h肌内注射1次（猫对链霉素较敏感，故不宜采用）。需注意的是，药物治疗结核病仅能促进病灶愈合，停止向体外排菌，防止复发，而不能杀死体内所有结核分枝杆菌。

出现全身症状时，可对症治疗。治疗过程中，应给宠物以营养丰富的食物，增强机体自身的抗病能力。

对犬猫定期检疫，将可疑及患病宠物尽早隔离。人或牛发生结核病时，与其经常接触的犬猫应及时检疫。对开放性结核患犬或患猫，无治疗价值者尽早扑杀，尸体焚烧或深埋。加强饲养管理，平时不用未经消毒的牛奶及生杂碎饲喂犬猫。

任务 42　肉毒梭菌毒素中毒

肉毒梭菌毒素中毒病是因为摄食肉毒梭菌毒素而发生的中毒性疾病，临诊上以出现运动中枢和延脑麻痹的症状为特征，死亡率很高。本病是猫的一种重要食物中毒病，人和其他动物也可发生。

（一）病原

肉毒梭菌是一种专性厌氧的革兰阳性菌。肉毒梭菌及其芽孢一般对动物没有危害。但是当其在尸体、肉类、饲料、罐头食品内繁殖时能产生毒力很强的神经毒素——肉毒梭菌毒素。该毒素能耐受胃酸、胃蛋白酶和胰蛋白酶的作用，在消化道内不被破坏；耐高温，煮沸 100 ℃在液体中需 15～20 min、固体食物需经 2 h 才被破坏。该毒素有 8 种类型，我国已发现的有 A、B、C、E、110 型，其中 C 型、E 型毒素最易引起猫和其他哺乳动物发病。

（二）流行病学

肉毒梭菌的芽孢广泛存在于自然界中。自然发病主要因动物摄食腐肉、腐败饲料或被毒素污染的饲料、饮水而引起。犬对该毒素的抵抗力较强、发病少，猫则多发。大群发病者不多见。健康易感动物与患病动物直接接触也不会受到传染。

（三）症状

动物肉毒梭菌毒素的中毒程度取决于摄入体内毒素量的多少及动物的敏感性。潜伏期数小时至数天，中毒越严重症状出现越早。中毒犬，初期发生由后肢向前延伸，进而引起四肢瘫痪的进行性、对称性肢体麻痹，此时尾巴仍可摆动。反射功能下降，肌肉松弛。发生肉毒梭菌毒素中毒的病犬、病猫体温一般不高，神志清醒。由于下颌肌张力减弱，可引起下颌下垂，吞咽困难，流涎。严重者则两耳下垂，眼睑反射较差，视觉障碍，瞳孔散大。有时可见结膜炎和溃疡性角膜炎。严重中毒的，出现呼吸困难，心律不齐，便秘及尿潴留，最后由于呼吸麻痹而窒息死亡。发生肉毒梭菌毒素中毒的犬猫死亡率较高，若能恢复，也需较长时间。

（四）病理变化

动物肉毒梭菌毒素中毒死后剖检一般无特征性病理变化，有时在胃内可发现石块、骨片等异物；口内有咀嚼不全的食物；舌脱出于口腔外。咽和会厌软骨黏膜有灰黄色黏液性覆盖物，黏膜上有出血点。胃肠黏膜卡他性炎症和小出血点。心内膜、心外膜点状出血。肺充血、淤血、水肿。中枢和外周神经系统无肉眼可见病变。

（五）诊断

根据疾病临床特征，结合流行病学特点，可做出初步诊断。确诊则需在可疑饲料、病死犬猫尸体、血清及肠内容物内查到肉毒梭菌毒素。

采取可疑饲料或胃肠内容物，以 1∶2 比例加入灭菌生理盐水或蒸馏水，研磨为混悬液，置室温 1～2 h，离心沉淀或过滤，取上清或滤过液，分为两份：一份不加热灭活，供毒素试验用；另一份 100 ℃加热 30 min，作为对照。第 1 组小鼠皮下或腹腔注射 0.2～0.5 mL 上清液；第 2 组注射加热过的上清液；第 3 组先注射多价肉毒抗毒素，然后注射不加热的上清液。如果被检材料中有毒素存在,则第1组试验小鼠1～2 d发病,出现流涎、眼睑下垂、四肢麻痹、呼吸困难等典型症状,最后死亡;而第2、3组正常。为了快速做出诊断,也可采取上述滤液0.1～0.2 mL注射于鸡的两侧眼睑皮下,一侧注射未加热的滤过液,另一侧注射加热的滤过液作对照。30 min至2 h后,实验侧麻痹,逐渐闭合,对照侧仍正常,可证明滤液中有肉毒梭菌毒素。

由于肉毒梭菌广泛分布于自然界,仅从可疑饲料和动物尸体内分离出肉毒梭菌并不能确诊。

(六)防治

1. 中和毒素

中毒初期应用多价抗毒素治疗效果较好,猫每次肌内注射或静脉注射3～4 mL。对犬可应用C型抗毒素治疗。因迄今为止肉毒梭菌毒素中毒的犬皆由C型毒素引起,也可肌内注射或静脉注射5 mL多价抗毒素。应注意的是,抗毒素仅能中和肠道中未被吸收或已进入血液循环但仍未与神经末梢结合的毒素,若毒素已进入神经末梢,再应用抗毒素则效果不佳。

2. 对症治疗

对于因食用可疑饲料而中毒的犬猫,应促使胃肠内容物排出,减少毒素的吸收,可催吐、洗胃、灌肠和服用泻剂。心脏衰弱的可用强心剂;出现脱水的则进行补液。

肉毒梭菌毒素加热80 ℃ 30 min或100 ℃ 10 min就可失去活性,故饲喂犬猫的食物应尽量煮沸、不让犬猫接近腐肉等。

【考核评价】

通过查阅资料,走访宠物医生,制订一个宠物医院如何合理使用抗生素的方案。

案例分析

分析以下案例,根据病史和临床检查,提出初步诊断,制订合理的治疗措施(模拟开具处方)。

案例9-1

比特犬,母,3.5岁,体重26 kg。

主诉:攻击一只藏獒,被藏獒主人用木棒打,木棒上生锈的铁钉刺入几处,曾流血。

临床检查:肢体发生强直和痉挛,牙关紧闭。病犬呈典型木马样姿势,口角向后,耳朵僵硬竖起,瞬膜突出外露。

案例9-2

中华田园犬,公,5.5岁,体重17 kg。

主诉:吃了邻居给的过期污染肉品,1 d后犬精神沉郁,尾巴仍可摆动,但有瘫痪症状。

临床检查:吞咽困难,流涎。两耳下垂,眼睑反射较差,视觉障碍,瞳孔散大。

【知识拓展】

临床常用药物动力学

药物名称	用法用量	半衰期	代谢途径	用药次数	不良反应及注意事项
青霉素	4 IU/kg iv ih	0.5～1 h	肾脏排泄	3 次/d	过敏,呕吐,休克
氨苄西林	25 mg/kg iv ih	较长	肾脏排泄	2～4 次/d	过敏,呕吐,休克
阿莫西林	20～25 mg/kg po	较长	肾脏排泄	2 次/d	过敏,呕吐,休克
头孢氨苄	10～20 mg/kg po	较短	肾脏排泄	3 次/d	恶心,呕吐,腹泻
头孢拉定	20～40 mg/kg ih iv	较短	肾脏排泄	3 次/d	长时间使用应加入维生素 B,维生素 K 幼犬孕犬慎用
头孢哌酮	15～30 mg/kg ih iv	较长	肾脏排泄	2 次/d	
头孢他定	20 mg/kg iv ih	较长	肾脏毒性	2 次/d	不与 $NaHCO_3$ 合用
头孢曲松	10～40 mg/kg iv ih	较长稳定	肾脏毒性	2 次/d	有胃肠道反应,孕犬慎用
链霉素	8～13 mg/kg ih im	较短	肾脏代谢	2 次/d	过敏,休克,猫慎用
阿米卡星	10 mg/kg ih iv	2～2.5 h	肾脏排泄	2 次/d	耳毒性、肾毒性较大
林可霉素	10 mg/kg ih iv	4～5 h	肝代谢肾排泄	2 次/d	休克,孕犬慎用
庆大霉素	2～5 mg/kg ih iv	2～3 h	肾脏排泄	2 次/d	肾毒、耳毒性大,静注慎用
土霉素	20～50 mg/kg po ih	9.6 h	肾脏排泄	2 次/d	孕犬、哺乳期犬、幼龄犬禁用
灰黄霉素	50 mg/kg po	10 h 左右	肝代谢	1 次/d	孕犬慎用,呕吐,恶心
酮康唑	20 mg/kg po	8 h	胆汁排泄	2 次/d	孕犬、孕猫慎用
克霉唑	20 mg/kg po	8 h 左右	肝肾毒性大	3 次/d	消化道反应
SD	70～140 mg/kg iv	12～13 h	肝代谢肾排出	1 次/d	呕吐,易损伤肾脏
SMZ	70～140 mg/kg po	12～13 h	肝代谢肾排出	1 次/d	幼龄犬、幼龄猫及妊娠后期忌用
拜有利	5 mg/kg iv ih	5 h	肾脏排泄	1～2 次/d	幼龄犬忌用
毒克	0.1 mL/kg ih	5 h	肾脏排泄	1～2 次/d	幼龄犬忌用
倍福康	0.1 mL/kg iv ih	5 h	肾脏排泄	1～2 次/d	幼龄犬忌用
多西磺	0.1 mL/kg ih	20 h 左右	肝肠循环肾排泄	1 次/d	幼龄犬慎用
甲硝唑	15 mg/kg iv	10 h 左右	肝代谢肾排出	3 次/d	孕犬、孕猫、哺乳期禁用
洛美沙星	2.5～5 mg/kg iv	5～8 h	肾脏排泄	2 次/d	胃肠反应,幼龄犬慎用
沙拉沙星	10～15 mg/kg iv	5～8 h	肾脏排泄	2 次/d	胃肠反应,幼龄犬慎用
氧氟沙星	3～5 mg/kg iv	5 h	肾脏排泄	2 次/d	胃肠反应,幼龄犬慎用
阿奇霉素	10～20 mg/kg iv	68～76 h	肝代谢排泄	1 次/d	肝损伤,有胃肠反应
左氧氟沙星	3～5 mg/kg iv	5.8～8 h	肾脏排泄	2 次/d	胃肠反应,幼龄犬慎用
氟罗沙星	3～5 mg/kg iv	10～12 h	肾脏排泄	1 次/d	胃肠反应,幼龄犬慎用
氟苯尼考	0.5～1 mL/kg ih	48 h	肝代谢肾排出	1 次/2 d	抑制骨髓造血,肝肾损害

续表

药物名称	用法用量	半衰期	代谢途径	用药次数	不良反应及注意事项
柴胡	1～2 mL	不明	不明	1～2 次	过敏
清开灵	1～2 mL/kg iv ih	不明	不明	1～2 次/d	过敏
双黄连	1～2 mL/kg iv ih	不明	不明	1～2 次/d	过敏
穿琥宁	10～200 mg iv	不明	不明	1～2 次/d	孕犬慎用，忌酸碱性药物配合
当归	1～2 mL im	不明	不明	1 次/d	过敏
鱼腥草	1～3 mL im	不明	不明	1～2 次/d	过敏
特比萘芬	20 mg/kg po	16 h	肝代谢，排泄慢	1 次/d	胃肠反应
伊曲康唑	25 mg/kg po	20～30 h	肝代谢肾排出	1 次/d	胃肠反应，肝肾损伤
氟康唑	10～25 mg/kg po	24～30 h	肾排出	2 次/d	孕犬、孕猫、哺乳期慎用

附录：常用处方缩写

用法	sig	皮下注射	ih	肌内注射	im
静脉注射	iv	静脉滴注	ivgtt	口服	po
立刻	st	一天一次	qd	每晚一次	qn
一天两次	bid	一天三次	tid	一天四次	qid
每 *X* 小时一次	q*X*h	必要时	prn 或 sos	葡萄糖水	GS
生理盐水	NS	葡萄糖盐水	GNS		

【知识链接】

二维码 9-1　NY/T 4142—2022
动物源细菌抗菌药物
敏感性测试技术规程
微量肉汤稀释法

二维码 9-2　NY/T 4143—2022
动物源细菌抗菌药物
敏感性测试技术规程
琼脂稀释法

二维码 9-3　NY/T 4144—2022
动物源细菌抗菌药物
敏感性测试技术规程
纸片扩散法

项目10
其他传染病

【学习目标】

• 了解犬猫钩端螺旋体、立克次体、皮肤真菌病的病原；掌握钩端螺旋体病、立克次体病、皮肤真菌病的诊断方法和防治措施。

【素质目标】

• 培养学生具备工匠精神，对其他传染病的诊断方法精益求精。
• 融合劳动精神，使学生理解其他传染病的防控同样重要，也需要付出努力和实践。

【学习内容】

任务43　钩端螺旋体病

钩端螺旋体病(leptospirosis)是犬、猫和人等多种动物共患的自然疫源性疾病。临诊上主要有表现发热、黄疸、血红蛋白尿、出血性素质、流产、皮肤黏膜坏死、水肿等。

(一)病原

钩端螺旋体具有庞大的群体，繁殖能力和旋转能力较强，是一种独特的微生物，分致病性和非致病性两大类。我国从犬分离的钩端螺旋体达8个型。革兰染色阴性。在暗视野显微镜下可见钩端螺旋体旋转、屈曲、前进、后退或围绕长轴做快速旋转。

钩端螺旋体生长缓慢，培养基要求高，常需柯索夫培养基。

(二)流行病学

钩端螺旋体几乎遍布世界各地，几乎所有温血动物均可感染。国外已从170多种动物、我国也从80多种动物中分离到钩端螺旋体。钩端螺旋体可以在宿主肾脏中长期存活，经常随尿排出污染水源而成为该病的传染源。鼠类是我国南方稻田型钩端螺旋体的主要传染源，感染后多健康带菌长达数年，是本病自然疫源的主体。

钩端螺旋体的传播既可经直接接触传播、间接接触传播，又可经胎盘垂直传播。经皮肤、黏膜和消化道等直接接触传播只能引起个别发病。间接通过被污染的水感染可导致大批发病。

患病犬可以从尿液间歇或连续性排出钩端螺旋体，污染周围环境。在临诊症状消失后，仍可通过尿液间歇性排菌达数月至数年。

雄犬、幼犬易发本病，症状也较严重。流行有明显的季节性，一般夏秋季节为流行高峰，冬春季节比较少见。

(三)症状

动物感染钩端螺旋体后的临诊症状，取决于患病动物的年龄、免疫状态及病原的毒力。

超急性钩端螺旋体感染表现为严重的钩端螺旋体血症，可迅速致死。初期发热，体温39.5～40 ℃，震颤和广泛性肌肉触痛，呼吸迫促，心跳快而紊乱，呕吐、迅速脱水和微循环障碍。尔后出现呕血、鼻出血、便血、黑粪症和体内广泛出血等出血性素质。病犬极度沉郁，体温下降，休克。

急性或亚急性感染以发热、厌食、呕吐、脱水、烦渴，黏膜充血、淤血、出血，少尿或无尿，黄疸为主要特征。干性及自发性咳嗽和呼吸困难的同时，可出现结膜炎、鼻炎和扁桃体炎等症状。耐过病犬，肾功能障碍症状，常于感染发病后2～3周恢复。如病犬肾大面积受损，则出现多尿或烦渴等症状，甚至出现尿毒症症状，口腔恶臭，严重者发生昏迷。

有的犬则表现出现明显的肝衰竭症状，出现体重减轻、腹水、肝脑病。

大部分感染钩端螺旋体犬仅表现亚临床感染或取慢性经过，症状不明显。

猫感染钩端螺旋体，往往临床症状较温和。

(四)病理变化

病犬及病死犬常可见黏膜呈黄疸样变化，浆膜、黏膜和某些器官表面出血。舌及颊部可见局灶性溃疡，扁桃体常肿大；呼吸道水肿，肺充血、淤血及出血，胸膜面常见出血斑点。

肺脏组织学变化包括微血管出血及纤维素性坏死等。肝大，色暗，质脆；肾肿大，表面有灰白色坏死灶，有时可见出血点，慢性病例肾纤维变性、肾萎缩，剖检仅见肾和肝炎症；心脏呈淡红色，心肌脆弱，切面横纹消失，有时夹杂灰黄色条纹；胃肠黏膜水肿、出血；全身淋巴结，尤其是肠系膜淋巴结肿大，呈浆液性、卡他性以至增生性炎症。

剖检病猫仅见肾和肝炎症。

(五)诊断

急性、亚急性病例，根据较明显的症状、剖检时肾及肝不同程度的损害，结合流行病学特点，可做初步诊断。慢性病例，由于症状不明显，病变也不典型，诊断较为困难，确诊应结合下列检验进行综合诊断。

1. 微生物学检验

(1)病料。在未使用抗生素、急性发病初7 d常以血液，中后期以脊髓液和尿液作为病原检验的分离材料。死后检验，最好在动物死亡1 h内进行，最长不得超过3 h，否则组织中菌体大部分发生溶解而难以检出。病料采集后立即用暗视野显微镜及荧光抗体染色后检验，病理组织中菌体常用吉姆萨及镀银染色检验。

(2)分离培养。用柯索夫培养基或捷氏培养基培养钩端螺旋体，应加入5%～20%兔的灭能血清，接种后置25～30 ℃，每隔5～7 d用暗视镜观察1次。

(3)动物接种。用病料或钩端螺旋体培养物接种实验动物。幼龄豚鼠(体重小于 150 g)，对致死型钩端螺旋体血清型敏感，接种3～5 d后出现症状，表现为行动迟缓，食欲下降，再过1～2 d后出现黄疸，死前体温下降。临死前扑杀，观察病变，检验菌体和接种培养基。

(4)早期诊断。应用PCR技术进行钩端螺旋体病早期诊断，该方法具有很高的敏感性和特异性。

2. 血清学检验

常用微量凝集试验和补体结合试验。

(六)防治

对犬的急性钩端螺旋体病主要应用抗生素治疗和针对肾病的支持疗法。首选青霉素及其衍生物,但不能消除带菌状态。在应用青霉素治疗后可使用四环素、氨基糖苷类或氟喹诺酮类。多西环素(强力霉素)可用于急性病例或跟踪治疗。对于肾病患犬主要采用输液疗法,也有个别病例可用血液透析。腹泻时用收敛剂,口腔发生溃疡时,用 0.1%高锰酸钾溶液冲洗,再涂以碘甘油。部分病犬因慢性肾衰竭或弥散性血管内凝血而死亡,严重病例可施安乐死术。

预防主要应包括 3 方面内容。

(1)消除传染源、对犬群定期检疫、消灭犬舍中的啮齿动物等。

(2)消毒和清理被污染的饮水、场地、用具,防止疾病传播。

(3)预防接种,用犬钩端螺旋体和出血黄疸钩端螺旋体二价菌苗或流感、伤寒、钩端螺旋体和玻摩那钩端螺旋体的四价菌苗接种犬,通过间隔 2~3 周进行 3~4 次注射,一般可保护 1 年。

任务 44　立克次体病

一、艾利希体病

艾利希体病(Ehrlichiosis)是犬的一种世界范围内的急性-慢性细胞内传染病,由蜱传播。主要以呕吐、黄疸、进行性消瘦、脾肿大、眼部流出黏液脓性分泌物、畏光和后期严重贫血等为特征。幼龄犬死亡率较成年犬高。

(一)病原

艾利希体(Ehrlichia canis)为专性细胞内寄生的革兰阴性小球菌种群。

(二)流行病学

本病主要发生于热带和亚热带地区,主要以蜱作为贮藏宿主和传播媒介。通常情况下,蜱因摄食感染犬的血细胞而感染,菌体在蜱体内可存活 155 d 以上。越冬的蜱可在来年感染易感犬,蜱是本病年复一年传播的主要贮藏宿主。急性期后的病犬可带菌 29 个月,临床上用这些犬的血液给其他犬做输血治疗时,可将艾利希体病传给易感犬,这也是一条重要的传播途径。该病主要在夏末秋初发生,多为散发,也可呈流行性发生。

(三)症状

根据犬的年龄、品种、免疫状况及病原不同而表现不同症状。

1. 犬单核细胞型

急性阶段主要表现为精神沉郁、发热、食欲下降、嗜睡、口鼻流出黏液脓性分泌物、呼吸困难、体重减轻、淋巴结病、四肢或阴囊水肿。疾病发展及严重程度与感染菌株,犬的品种、年龄、免疫状态以及是否并发感染有关。

2. 犬粒细胞型

临床上表现为一肢或多肢跛行，肌肉僵硬，呈高抬腿姿势，不愿站立，弓背，关节肿大和疼痛，体温升高。

3. 犬循环血小板减少症

除个别病例出现眼前色素层炎外，一般没有明显的临床表现。

（四）病理变化

白细胞，特别是单核和中性粒细胞的胞质内可见到病原体。急性期的特征是一般血象正常，但可能见轻度白细胞增多或白细胞和血小板减少。随着病情的发展，骨髓再生不良，造成明显的血小板和白细胞减少，贫血，进而淋巴网状细胞增生，血管周围有淋巴细胞和浆细胞浸润，侵害脾、肺和中枢神经系统等各种器官。

（五）诊断

根据临床症状和病理变化可做出初步诊断。间接免疫荧光试验、补体结合试验和白细胞层涂片检查病原体均有诊断意义。

（六）防治

及时隔离病犬，及时治疗。常选用四环素类抗生素治疗，可按每千克体重 22 mg/kg 体重，口服，3 次/d。注意用药持续时间，如果治疗见效，至少应持续 3～4 周。对慢性病例，可能要持续 8 周。除抗生素治疗外，每 1～2 周用福来恩喷剂等药物喷洒犬和犬舍，控制蜱，给新来的犬驱除蜱。对康复犬要重复检查，以防 1～2 个月后复发。

二、血巴尔通体病

血巴尔通体病（Haemobar Tonellosis）是世界范围内由血巴尔通体引起的猫和犬以免疫介导性红细胞损伤，导致动物贫血和死亡为特征的疾病。

（一）病原

猫血巴尔通体（*Haemobartonella felis*）和犬血巴尔通体（*H. canis*）分别为猫和犬的病原体。它们在血管系统内繁殖，呈小圆点、球形、环形或杆状，以不同的数量附着在红细胞表面。

（二）流行病学

传播有多种途径，既可通过蜱和蚤的吸吮水平传播，也可通过胎盘垂直传播，还可经输血传播。

（三）病理变化

血细胞变化主要是发生溶血性贫血。急性期血细胞压积常低于正常，可持续一个月或更长时间，且有明显的波动。出现中度白细胞增多。病原体在血中可能会突然减少，使血涂片检查难以做出诊断。慢性型白细胞数正常，后期白细胞减少。

（四）症状

急性期体温升高。出现贫血，精神沉郁，食欲不振，身体虚弱，出现异食癖、体重下降、黄疸、脾肿大等症状，最后衰竭死亡。

(五)诊断

确诊主要是制作外周血涂片,应用瑞氏-吉姆萨染色检查,鉴定血液中的血巴尔通体。但血巴尔通体血症是一过性的,有临诊症状而没有发现血巴尔通体的并不能排除此病。

(六)治疗

四环素是本病的首选药物,同时用糖皮质激素或其他免疫抑制性药物终止免疫介导性红细胞损伤。对四环素有抗性的菌株可选用替硝唑(每千克体重 40 mg,连用 21 d)。

任务 45　皮肤真菌病

寄生于犬、猫等多种动物被毛、表皮、趾爪角质蛋白组织中的真菌所引起的各种皮肤疾病,统称为皮肤真菌病(dermatomycosis)。特征是在皮肤上出现界线明显的脱毛圆斑,潜在性皮肤损伤,具有渗出液、鳞屑或痂、发痒等。世界各地均有发生,本病为人兽共患病,人医称为"癣"。

(一)病原

犬猫皮肤真菌病的病原性真菌有小孢子菌属和毛癣菌属两个属。小孢子菌属包括犬小孢子菌和石膏样小孢子菌;毛癣菌属只有须毛癣菌。须毛癣菌又分为亲动物型和亲人型。猫皮肤真菌病病原 98%为犬小孢子菌,2%为石膏样小孢子菌和须毛癣菌。犬的皮肤真菌病病原 70%为犬小孢子菌,20%为石膏样小孢子菌,10%为须毛癣菌。

(二)流行病学

犬猫皮肤真菌病的流行和发病受季节、气候、年龄、性成熟和营养状况等影响较大,炎热潮湿季节发病率比寒冷干燥季节高。犬小孢子菌能使猫全年感染发病。

感染猫 90%不呈现临床症状,但成为重要传染源。年老、弱小及营养差的宠物比成年、体质强及营养好的宠物更易受感染。

皮肤真菌主要是通过直接接触,或接触被污染的刷子、梳子、剪刀、铺垫物等媒介物而传染。犬猫与人、其他动物能互相传染。

皮肤真菌生命力极强,能存活 5～7 年。石膏样小孢子菌不但能在土壤中长期存活,还能繁殖。因而动物和人,尤其是幼龄犬猫和儿童易被感染发病。

皮肤真菌病愈后的动物,对同类和其他种类病原性真菌再感染具有抵抗力,通常维持几个月到一年半不再被感染。皮肤真菌病又是一种自限性疾病,患病动物在 1～3 个月内,由于自身因素可不加医治而自行减轻,直到自愈。

(三)症状

患病犬猫的面部、耳朵、四肢、趾爪和躯干等部位皮肤常有典型病变。表现为被毛脱落,呈圆形、椭圆形、无规则的或弥漫状迅速向四周扩展(直径 1～4 cm)。

通常急性感染病程为 2～4 周,若不及时治疗转为慢性,往往可持续数月,甚至数年。

(四)病理变化

感染皮肤表面伴有鳞屑或呈红斑状隆起;有的形成痂,有痂下继发细菌感染而化脓的,称为"脓癣"。痂下的圆形皮损呈蜂巢状，并有许多小的渗出孔。石膏样小孢子菌和须毛癣菌的慢性感染，有时会出现大面积皮肤损伤。

(五)诊断

根据病史、流行病学、临床症状、病理变化等可做出初步诊断。确诊需进行实验室检验和真菌培养鉴定等。

1. 伍德氏灯检查

用伍德氏灯在暗室里照射患病宠物的被毛、皮屑或皮损区，凡出现绿黄色荧光的为犬小孢子菌感染，石膏样小孢子菌感染很少看到荧光，须毛癣菌感染无荧光出现。

2. 病原菌的检验

从患病皮肤边缘采集被毛或皮屑，放在载玻上，滴加几滴10%～20%氢氧化钾溶液，在弱火焰上微热，待其软化透明后，覆以盖玻片，用低倍或高倍镜观察。犬小孢子菌感染，可见到许多呈梭状、厚壁、带刺，含有6个分隔的大分生孢子。石膏样小分孢子菌感染，可看到多呈椭圆形、带刺、多分隔的大分生孢子。须毛癣菌感染，可看到毛干外呈链状的分生孢子。亲动物型的须毛癣菌产生圆形小分生孢子，它们沿菌丝排列成串状；而大分生孢子呈棒状，壁薄，光滑。有的品系产生螺旋菌丝。

3. 真菌培养

将病料接种在沙氏葡萄糖琼脂培养基上，在室温条件下培养。犬小孢子菌培养3～4 d，有白色到浅黄色菌落生长，1～2周后有羊毛状菌丝形成，表面浅黄色绒毛状，中间有粉末状菌丝，背面呈橘黄色为其特征。石膏样小孢子菌菌落生长快，浅黄色到黄棕色，表面平坦至颗粒状结构，背面呈浅黄色到黄棕色。须毛癣菌亲动物型的菌落，白色到淡黄色，表面平坦呈粉末状，背面一般呈棕色到黄棕色，也可能为深红色。亲人型的菌落表面为白色棉花样结构。

4. 动物接种

选择兔、猫、犬等易感动物，先剃掉接种处被毛，洗净，用细砂纸轻轻擦皮肤至不出血，再取病料或培养菌落抹擦皮肤使之感染。一般几天后就出现发炎、脱毛和结痂等病变。

(六)治疗

通常有两种治疗方法。

1. 外用药物

每天1～2次涂布达克宁、曲咪新乳膏、皮康霜、克霉唑等软膏或癣净直至痊愈。用前将患部及其周围剪毛，洗去皮屑和结痂等污物后，再涂软膏。研制的癣螨净887浴液和癣螨净886擦剂，在临床上使用效果较好。

2. 内服药物

内服药物有灰黄霉素和酮康唑等。

(1)灰黄霉素。犬每天40～120 mg/kg体重，猫20～50 mg/kg体重，将药碾碎，1次或分几次拌食饲喂，连用几周，直到治愈。服药期间增饲脂肪性食物，可促进药物的吸收。灰黄霉素会引起胎儿畸形，妊娠宠物禁口服。

(2)酮康唑。每天10～30 mg/kg体重，分3次口服，连用2～8周。此药在酸性环境下较易被吸收，故用药期间不宜喝牛奶和饲喂碱性食物。其副作用是厌食、消瘦、呕吐、腹泻和妊娠宠物死胎等。

对慢性和重剧的皮肤真菌病，必须内服药物治疗，或内服和外用药物同时治疗。

（七）预防

预防本病无特效措施，可采取以下措施。

（1）加强营养，饲喂全价平衡商品性犬猫食品，增强宠物机体的抵抗力。

（2）发现犬猫患有皮肤真菌病，立即隔离，对用具进行严格消毒杀菌。

（3）定期检疫，凡是阳性者，隔离治疗。新引进的宠物，隔离观察 30 d，确为阴性，方能混群饲养。

（4）平时应注意卫生，以预防器械、用具的污染和控制病原性真菌的传染。

（5）确诊犬猫患有皮肤真菌病后，要让宠物主人了解此病对公共卫生的危害性和采取相应的防传播措施。

（6）接触患病宠物的人，要特别注意防护。患有皮肤真菌病的人，应及时治疗，以免散播并传染给犬猫。

【考核评价】

制订一个针对不同品系、不同年龄阶段犬猫真菌病的用药方案。

案例分析

根据以下案例，制订合理的诊断和治疗方案。

案例 10-1

巴吉度犬，母，3.5 岁，体重 16 kg。

临床检查：头上、眼皮上有厚厚的结痂，去掉结痂，发现有渗血。用力挤一下，有红色脓汁迸出，还伴发着一股恶臭。

案例 10-2

英国短毛猫，公，2 岁，体重 6 kg。

临床检查：脸部、身体、四肢及尾巴等部位的毛发会脱落，患处周围有大量头皮屑一样的皮屑，由于痒而抓破多处。

案例 10-3

猎狐㹴，公，2 岁，体重 8 kg。

临床检查：体温 40.1 ℃，食欲废绝，黏膜充血，少尿，黄疸，呼吸困难，眼睛结膜炎。

【知识拓展】

伍德氏灯

伍德氏灯（Wood's lamp）是一种特殊的 365 nm 紫外线灯，简称"伍氏灯"。伍德氏灯号称皮肤的"显微镜"，作为皮肤科临床应用的一种检测手段，针对范围十分广泛，临床应用于如痤疮、头癣、白癣、花斑癣、红癣、腋毛癣、某些色素性疾病、神经纤维瘤、皮肤肿瘤等的检测。

工作原理:真菌在生长代谢过程中利用了动物毛中的色氨酸,其代谢产物在伍德氏灯照射下能够发出特征性的金黄色或黄绿色荧光。

伍德氏灯对皮肤真菌感染检测摒弃了传统刮取皮屑,然后在显微镜下镜检的方法,在一个相对较暗的房间里,直接照射皮肤病患处,观察其荧光型,从而判断皮肤是否感染真菌及感染发生的程度。实践中,石膏样小孢子菌、犬小孢子菌和石膏样毛癣菌在生长代谢过程中利用了被毛中的色氨酸,其代谢产物在伍德氏灯照射下能够发出特征性的亮绿色荧光;黄癣病的发出特征性的暗绿色荧光;白癣病的发出特征性的亮绿色荧光。

二维码 10-1 伍德氏灯

二维码 10-2 真菌荧光颜色对照表

项目11

寄生虫病

【学习目标】

• 了解蠕虫病、原虫病、蜘蛛和昆虫病的病原生物学特性；掌握常见蠕虫病、原虫病、蜘蛛和昆虫病的诊断方法和防治措施。

【素质目标】

• 在学习寄生虫病的过程中，强调工匠精神，注重诊断的准确性和治疗的精细性。
• 培养学生具备劳动精神，理解寄生虫病的防控是宠物医疗的重要一环。
• 引导学生向劳模学习，具备认真、负责、专业的寄生虫病防控精神。

【学习内容】

各种体内外寄生虫都不同程度地通过夺取犬猫的营养，损害犬猫的组织细胞，分泌毒素毒害犬猫以及骚扰犬猫，影响犬猫的生长发育，传播多种疾病，严重地危害犬猫健康。有些人和犬猫共患的寄生虫病，会危害人的生命健康。因此，了解犬猫寄生虫的生物学特性，掌握犬猫寄生虫病的防治是非常重要的。

寄生虫感染犬猫的途径常有以下几种：经口感染、经胎盘感染、经皮肤感染、经吸血昆虫感染、经接触感染。

任务46　蠕虫病

一、蛔虫病

蛔虫病是犬猫常见的寄生虫病。寄生在犬、猫、犬科动物、猫科动物的小肠中，分布于全国各地。常引起幼龄犬猫发育不良、生长缓慢，严重感染时可导致死亡。

(一)病原

有犬弓首蛔虫、猫弓首蛔虫、狮弓首蛔虫。

犬弓首蛔虫和猫弓首蛔虫常称为犬蛔虫和猫蛔虫，狮弓首蛔虫常称为狮蛔虫(图 11-1)。

犬蛔虫，虫体浅黄色，头端有 3 片唇，有狭长的颈翼膜，头部向腹部弯曲。雄虫长 50～110 mm，尾端弯曲，有交合刺两根；雌虫长 90～180 mm，尾端直，阴门开口于虫体前半部。虫卵近圆形，卵壳厚，表面呈蜂窝状，大小为(68～85) μm×(64～72) μm。

猫蛔虫，成虫与犬蛔虫相似，只是颈翼膜短而宽，虫体前端如箭头状。雄虫长 30～60 mm，有交合刺两根；雌虫长 40～100 mm。虫卵结构与犬蛔虫虫卵相似，直径为 64～70 μm。

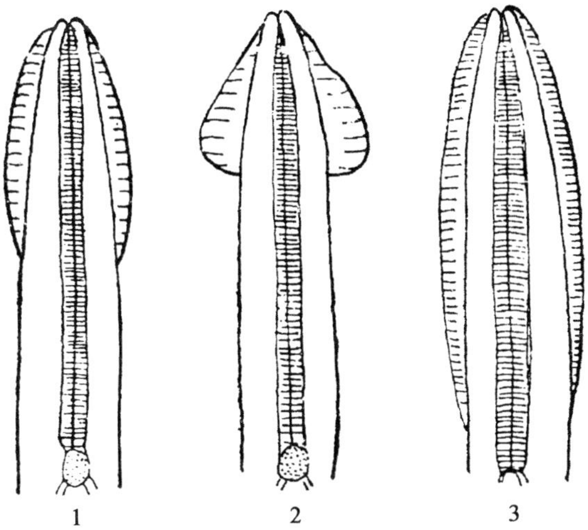

1. 犬蛔虫 2. 猫蛔虫 3. 狮蛔虫

图 11-1 蛔虫

狮蛔虫，虫体头端常向背侧弯曲，有狭长而对称的颈翼膜，有 3 片唇，唇缘有细小的锯齿状缺刻。雄虫长 35～70 mm，有两根交合刺，无尾翼膜；雌虫长 30～100 mm，阴门开口于虫体前 1/3 与中 1/3 交界处，尾直而尖细。虫卵近似圆形，卵壳光滑，大小为(49～61) μm×(74～86) μm。

(二)生活史

犬蛔虫虫卵随粪便排出体外，在适宜条件下，经 10～15 d 发育为感染性虫卵，幼犬吞食感染性虫卵后，在小肠内孵出幼虫，幼虫钻入肠壁，经淋巴系统到肠系膜淋巴结，后经血流到达肝、肺。幼虫穿过肺毛细血管，经肺泡、细支气管、支气管、气管、喉头到口腔，再被吞入小肠发育为成虫。幼犬从吃进感染性虫卵到幼虫发育为成虫需 4～5 周时间。年龄稍大的犬感染后，幼虫常随血流到达各种组织器官内形成包囊，囊内的幼虫不能进行发育，但其尸体如被其他犬类吞食，幼虫仍可发育成为成虫。感染性虫卵如果被成年母犬吞食后，幼虫随血流在其体内各组织器官中形成包囊，幼虫不发育，但保持活力。当母犬怀孕后，包囊内幼虫激活移行到胎儿体内引起感染，幼犬出生后 3 周，小肠内可出现成熟的蛔虫。

新生幼犬可吮吸初乳中的幼虫而感染，幼虫不经过移行而在小肠中直接发育为成虫。

也有吞食贮藏宿主如蚯蚓、蟑螂、鸟类、啮齿类动物体内包囊的幼虫而被感染的。这时幼虫在犬的胃壁、胃内发育一定时间后再到小肠内发育为成虫。

狮蛔虫的生活史比较简单，其虫卵在外界适宜条件下经 3～6 d 发育为感染性虫卵，被犬猫吞食后，幼虫在小肠内逸出，钻入小肠壁内发育一段时间再返回肠腔，经 3～4 周发育为成虫。小鼠可作为狮蛔虫贮藏宿主。犬猫捕食鼠类后，也可感染狮蛔虫。

(三)致病作用

成虫比较粗大，寄生数量多时，刺激肠壁，可引起卡他性肠炎、肠壁出血；严重时，虫体常集结成团，造成肠堵塞、扭转、套叠甚至发生穿孔、肠壁破裂。蛔虫可游走窜入胃、胆管或胰管，引起呕吐，如堵塞肝胆管，可引起犬猫死亡。蛔虫幼虫在体内移行时，可损伤肠壁、肺毛细血管和肺泡壁，引起肠炎、肺炎。

蛔虫在小肠内寄生，大量夺取营养，使犬猫营养不良、消瘦；其代谢产物和分泌的毒素对犬猫呈现毒害，可引起造血器官、神经系统中毒，发生过敏反应等。

（四）症状

主要症状为渐进性消瘦，食欲不振，营养不良，黏膜苍白，呕吐，异嗜，先下痢后便秘。偶见有癫痫性痉挛，幼龄犬猫腹部膨大，生长发育受阻。

（五）诊断

可根据临床症状并结合粪便检验发现虫卵进行确诊。

（六）治疗

治疗药物很多，常用以下几种。

(1)驱蛔灵(哌嗪)：100 mg/kg 体重，1 次内服，对成虫有效；200 mg/kg 体重，1 次内服，可驱除 1～2 周龄幼犬体内的未成熟蛔虫。

(2)丙硫苯咪唑：22 mg/kg 体重，内服，1 次/d，连用 3 d。

(3)甲苯达唑：22 mg/kg 体重，内服，1 次/d，连用 3 d。

(4)左旋咪唑：10 mg/kg 体重，内服，1 次/d，连用 3 d。

(5)伊维菌素：0.2～0.3 mg/kg 体重，皮下注射，每周 1 次。柯利犬和有柯利犬血统的犬禁用。

(6)妊娠母犬可使用拜尔内虫逃、汽巴驱虫药和康达广谱驱虫药等进口口服驱虫药品，效果明显。

（七）预防

保持环境、食槽、食物、饮水的清洁卫生；及时清除粪便；对犬猫进行定期驱虫。

二、钩虫病

钩虫寄生在犬、猫的小肠，主要是十二指肠内。钩虫病病原为钩口科中钩口属、极口属和弯口属的一些线虫，常见的有犬钩口线虫和狭头弯口线虫。

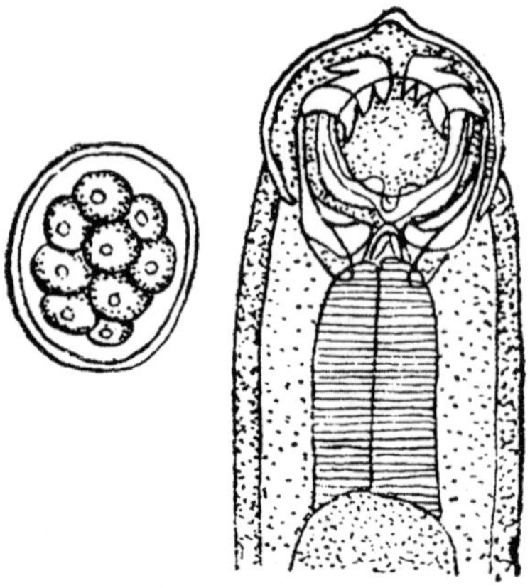

图 11-2 犬钩口线虫头部及虫卵

（一）病原

犬钩口线虫，虫体淡黄色，头端稍向背侧弯曲，口囊发达(图 11-2)。口囊前缘腹面两侧各有 3 个钩状牙齿。雄虫长 10～12 mm，有发达的交合伞，两根等长的交合刺；雌虫长 14～16 mm，阴门开口于虫体后 1/3 前部，尾端尖锐。虫卵呈短椭圆形，浅褐色。新鲜虫卵内含 8 个卵细胞，虫卵大小为(56～75) μm×(34～47) μm。

狭头弯口线虫，虫体淡黄白色，较犬钩虫小，两端尖细，口弯向背面。口囊发达，呈漏斗状，其腹面前缘两侧各有一片半月状切板。雄虫长 5～8.5 mm，交合伞发达，两根等长的交合刺；雌虫长 7～10 mm，尾端尖细。虫卵与犬钩口线虫虫卵相似，大小为(65～80) μm×

(40～50) μm。

(二)生活史

犬钩口线虫虫卵随粪便排出体外，在外界适宜的条件下，经 12～30 h 孵出幼虫(杆状幼虫)，幼虫再经 1 周时间蜕化为感染性幼虫(带鞘丝状幼虫)。

经口感染犬的幼虫钻入食道黏膜，进入血液循环，最后经呼吸道、喉头、咽而到达小肠发育为成虫。

经皮肤感染犬的幼虫，钻入皮肤血管，随血流到右心、肺，穿破毛细血管和肺组织，经肺泡、细支气管、支气管、气管，随痰液进入口腔，吞咽后进入小肠发育为成虫。此途径较为常见。

母犬也可经胎盘将幼虫感染给胎儿或经乳汁感染给幼犬。

狭头弯口线虫的生活史与犬钩口线虫相似，以经口感染的途径较为多见。

(三)致病作用

犬钩口线虫和狭头弯口线虫的幼虫侵入皮肤时，引起发痒和皮炎。移行时，可破坏肺组织，引起局部出血和炎症。

成虫在寄生过程中以它们强大的口囊吸附在宿主的肠黏膜上，利用牙齿或切板刺破黏膜大量吸血，引起黏膜出血、溃疡。且虫体能分泌抗凝血素，并有不断移位吸血的习惯，使伤口失血更多，长期慢性失血，导致宿主体内铁质和蛋白质损耗。犬猫出现缺铁性贫血。严重感染时，患病宠物骨髓腔内充满透明的胶状物，红细胞的生成受到抑制，引起死亡。

(四)症状

钩虫病多发生于夏季，狭小潮湿的犬窝、猫舍更易发生。严重感染时，犬猫主要表现为进行性贫血，黏膜苍白，被毛粗乱无光泽，食欲减退，消瘦，异嗜，呕吐，消化障碍；下痢与便秘交替发作，粪便带黑色或血液，呈柏油状，最后因极度衰弱而死亡。

胎内感染和初乳感染 3 周龄内幼犬，可引起严重贫血，导致昏迷或死亡。

(五)诊断

根据临床症状、粪便检验发现虫卵或尸体剖检发现虫体，即可确诊。

胎内或初乳感染的急性病例，严重贫血症状常出现在虫卵排出之前。

(六)治疗

应用以下药物时，配合对症疗法。

(1)吡喹酮：5～10 mg/kg 体重，1 次内服，5 d 后再服 1 次。

(2)二碘硝基酚：犬 10 mg/kg 体重，1 次内服。

(3)双羟萘酸噻嘧啶：犬 6～25 mg/kg 体重，1 次内服。

(4)丙硫苯咪唑：10 mg/kg 体重，口服，1 次/d，连服 3 d。

(5)左旋咪唑：10 mg/kg 体重，口服，1 次/d，连服 3 d。

(6)伊维菌素：0.05 mg/kg 体重，1 次皮下注射。

(7)口服拜尔内虫逃、汽巴驱虫药和康达广谱驱虫药。

(七)预防

保持犬窝、猫舍的干燥、干净，及时清理粪便。地面经常用石炭酸、热碱水、沸水或石灰乳消毒。

三、毛首线虫病

毛首线虫(狐毛首线虫),整个虫体外形很像一根鞭子,故又称鞭虫。犬鞭虫寄生于犬的盲肠,主要危害幼犬,严重感染可引起死亡。

(一)病原

毛首线虫呈乳白色。虫体前部细长呈丝状为食道部,后部短粗为体部。虫体长 45～75 mm。雌虫后部钝直,阴门开口于虫体粗细交界处;雄虫尾端卷曲,有一根交合刺。虫卵呈腰鼓状,黄褐色,两端有卵塞,壳厚、光滑,大小为(52～80) μm×(27～40) μm。

(二)生活史

成虫排出的虫卵随粪便到外界,在适宜的条件下,约经 3 周发育为感染性虫卵。犬吞食了感染性虫卵后,幼虫在小肠中孵出,钻入小肠前部黏膜内,发育 2～10 d 后,进入盲肠内发育为成虫。从吞食感染性虫卵到幼虫发育成熟为 11～12 周。

(三)致病作用

病变局限于盲肠和结肠。虫体寄生时,将其头部深深钻入黏膜,引起急性或慢性卡他性炎症,有时有出血性炎症,常是瘀斑性出血。严重感染时,盲肠和结肠黏膜有出血性坏死、水肿、溃疡以及结节。虫体吸血常导致患犬贫血。

(四)症状

轻度感染时,无明显症状;严重感染时,常出现食欲不振,消瘦,贫血,下痢,粪便中常带有黏膜和血液。幼犬生长发育迟缓,甚至死亡。

(五)诊断

生前诊断根据临床症状并结合粪便检验虫卵,或死后剖检发现虫体即可确诊。

(六)治疗

(1)左旋咪唑:10 mg/kg 体重,口服,1 次/d,连服 3 d。

(2)丙硫苯咪唑:10 mg/kg 体重,口服,1 次/d,连服 3 d。

(3)双羟萘酸噻嘧啶:犬 5～10 mg/kg 体重,1 次内服。

(4)甲苯达唑:犬 22 mg/kg 体重,内服,1 次/d,连用 3 d。

(5)口服拜尔内虫逃、汽巴驱虫药和康达广谱驱虫药。

(七)预防

及时清除粪便,保持犬窝干净、干燥、光照充足以杀死虫卵。

四、犬恶丝虫病

犬恶丝虫寄生于犬心脏的右心室及肺动脉(少见于胸腔、支气管),引起循环障碍、呼吸困难、贫血等症状。犬恶丝虫除感染犬外,猫、狐、狼等肉食动物也可感染。此病在我国广为分布,广东地区犬恶丝虫的感染率高,可达 50%左右。

(一)病原

犬恶丝虫为细长白色的丝虫。雄虫体长 12～16 cm,尾部短而钝,后端呈螺旋状弯曲,有窄侧翼膜，两根不等长的交合刺；雌虫体长 25～30 cm，尾端直，阴门开口于食道后端，胎生，幼虫为微丝蚴，不带鞘（图 11-3）。

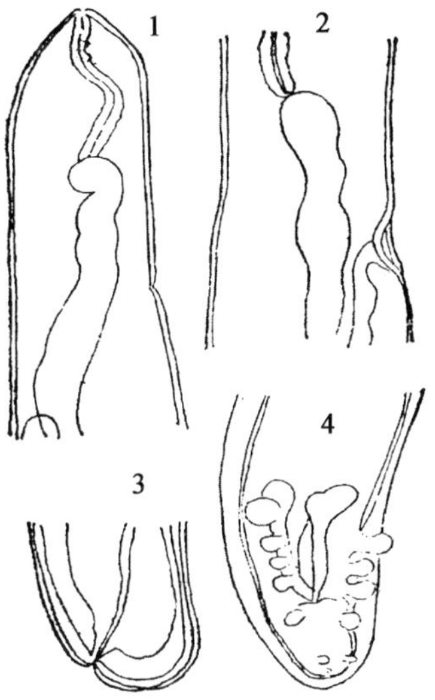

1. 虫体前端　2. 阴门部
3. 雌虫后端　4. 雄虫后端
图 11-3　犬恶丝虫

（二）生活史

生活史中需犬蚤、按蚊或库蚊作为中间宿主。雌虫在犬体内产出能自由活动的微丝蚴。蚤、蚊吸血时把微丝蚴吸食入消化道内，微丝蚴到马氏管中发育，经 5 d（蚤体内）或 10 d（蚊体内），成熟的幼虫穿破马氏管到喙部；当蚤、蚊吸食健康犬血时，犬即被感染，幼虫经皮下淋巴或血液循环到心脏和犬血管内。虫体到达性成熟期需 6～9 个月，在犬体内能生存数年。

幼虫可经胎盘而感染动物胎儿。

（三）致病作用

成虫寄生于宿主的右心室、肺动脉和大静脉内，刺激心内膜引起心内膜炎并继发心肥大和右心室扩张；肝动脉出现内膜炎，间有静脉淤血而出现腹水；肺上有小结节，内含有幼虫，出现无气肺。

（四）症状

主要症状为循环障碍，呼吸困难及贫血，心悸亢进，脉细小而弱，心脏有杂音；腹围增大；伴发慢性支气管炎，咳嗽剧烈。病程末期血液色淡，红细胞减少，血液中出现幼稚型红细胞。严重病犬渐趋消瘦衰弱而死亡。

病犬也常伴发结节性皮肤病（化脓性肉芽肿炎症），皮肤瘙痒，结节常溃疡；在结节周围的血管内常有微丝蚴。

（五）诊断

根据临床症状，结合外周血液内微丝蚴检验，进行确诊。

血液检验方法是：取全血（晚上采血）1 mL 加 2%甲醛 9 mL 混合，1 000～1 500 r/min 离心 5～8 min，除去上清液，取 1 滴沉淀物和 1 滴 0.1%亚甲蓝混合，置显微镜下检查，发现微丝蚴即可确诊。现已有犬恶丝虫检验试剂盒可用于临床诊断。

（六）治疗

（1）硫胂胺钠：0.22 mL/kg 体重，静脉注射，2 次/d，间隔 6～8 h，连用 2 d。

（2）左旋咪唑：10 mg/kg 体重，口服，1 次/d，连服 3 d；治疗后第 7 天进行血液检验，微丝蚴阴性时，则停止用药。

（3）菲拉辛：1 mg/kg 体重，口服，3 次/d，连用 10 d。

（4）枸橼酸乙胺嗪（海群生）：22 mg/kg 体重，口服，3 次/d，连用 14 d。

（5）伊维菌素：0.05～0.1 mg/kg 体重，1 次皮下注射。

（6）口服拜尔内虫逃、汽巴驱虫药和康达广谱驱虫药。

(七)预防

用杀虫剂防止和消灭中间宿主蚤、蚊虫。也可采取池塘和水库养鱼消灭蚊虫。

对犬用药物进行预防。在每年的 5—10 月份蚊虫活动季节,用左旋咪唑,剂量为 10 mg/kg 体重,每天分 3 次内服,连喂 5 d 为 1 个疗程,隔 2 个月重复治疗 1 次;或用伊维菌素,剂量为 0.06 mg/kg 体重,每月 1 次皮下注射。

对流行犬恶丝虫病地区的犬,定期血检,阳性犬及时治疗。

五、犬类丝虫病

犬类丝虫寄生于犬的肺部,包括欧氏类丝虫、褐氏类丝虫、乳类丝虫。欧氏类丝虫寄生于犬的气管和支气管;褐氏类丝虫寄生于犬的肺实质;乳类丝虫寄生于犬的肺实质和细支气管。

(一)病原

欧氏类丝虫雄虫体长 5.6～7.0 mm,尾端钝圆,交合伞退化,有两根短而不等长的交合刺;雌虫粗壮,阴门开口于肛门附近。虫卵大小为 80 μm×50 μm,卵壳薄。幼虫尾部呈"S"状(图 11-4)。

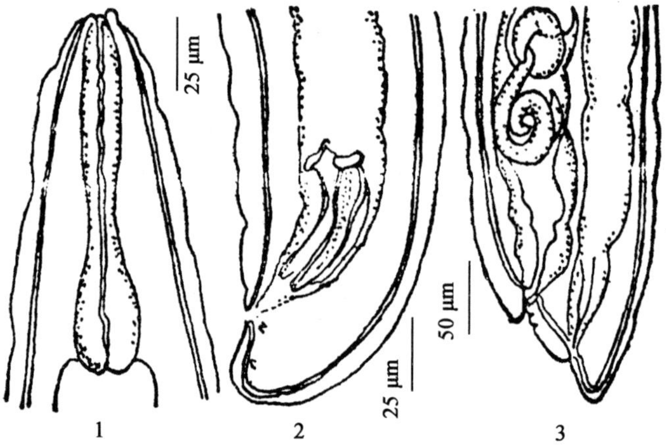

1.虫体前端 2.雄虫后端 3.雌虫后端

图 11-4 欧氏类丝虫

(二)生活史

属直接发育。在唾液或粪便中已有第 1 期幼虫,幼虫很快发育为感染性幼虫。含有感染性幼虫的唾液或粪便污染了食物、水源或环境。

6 周内幼犬易获得感染,母犬舔幼犬时也可能感染幼犬。犬感染后,幼虫经过淋巴、门静脉系统移行到心、肺、细支气管,寄生于气管分叉处。从感染幼虫到成虫约需 10 周。

(三)致病作用

虫体在寄生过程中,在气管或支气管黏膜内、黏膜下产生结节。结节为灰白色或粉红色,直径为 1 cm 以下。结节内有腔,虫体寄生于其中。严重感染时,气管分叉处出现广泛的出血性病变。

(四)症状

主要感染幼犬,幼犬感染后,其症状取决于感染程度和结节数目的大小。最明显的临床症状为顽固性的咳嗽,呼吸困难,食欲降低,消瘦,严重者可引起死亡。某些感染群死亡率可达75%。

(五)诊断

用支气管窥镜检查或显微镜下发现痰液及粪便中的幼虫进行诊断。但幼虫数量不会太多,加之雌虫产卵不是连续性的,必须多次、细心检验方可确诊。

(六)治疗

丙硫苯咪唑:10 mg/kg 体重,口服,1次/d,连服3 d。

(七)预防

母犬在繁殖前应进行驱虫。新购入的犬要隔离观察,确认健康后方可合群饲养。犬饲养场地应及时清扫、消毒,保持卫生。

六、肺毛细线虫病

肺毛细线虫寄生于犬猫的支气管和气管,少见于鼻腔和额窦。

(一)病原

肺毛细线虫病(图11-5)虫体细长,乳白色。雄虫体长15~25 mm,尾部有两尾翼,一根纤细的交合刺,外包交合刺鞘;雌虫体长20~40 mm,阴门开口于食道的末端。卵为短腰鼓状,呈淡绿色,壳厚上有纹理,两端各有卵塞,大小为(59~80) μm×(30~40) μm。

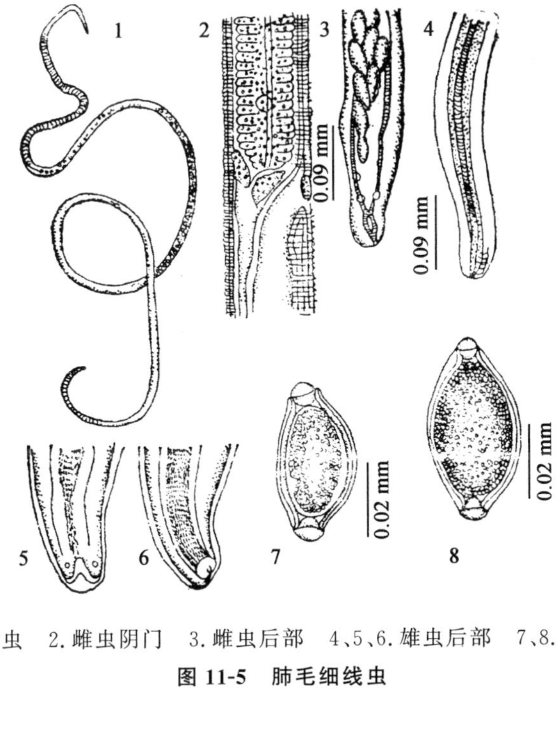

1.雌虫 2.雌虫阴门 3.雌虫后部 4、5、6.雄虫后部 7、8.虫卵

图11-5 肺毛细线虫

(二)生活史

属直接发育。雌虫在细支气管和气管内产卵,卵随痰液上行到喉、咽,咽下后随粪便排出体外,在外界适宜条件下,经 5～7 周,发育为感染性虫卵。犬猫吞食感染性虫卵后,幼虫在小肠中逸出,然后钻入肠黏膜,随血液移行到肺,幼虫在肺中发育 40 d 后变为成虫。

(三)致病作用

主要是幼虫在肺部移行所造成的肺泡损伤;成虫寄生时对支气管、细支气管产生的机械性和化学性刺激引起的如鼻炎、慢性支气管炎、气管炎等炎症性病变。

(四)症状

主要症状为流涕,咳嗽,呼吸困难,继而消瘦,贫血,被毛粗乱。

(五)诊断

根据临床主要症状,结合粪便、鼻液虫卵检验进行诊断,注意与毛首线虫虫卵相区别。

(六)治疗

(1)左旋咪唑:5 mg/kg 体重,皮下注射,1 次/d,连用 5 d,停药 9 d 后,再按上法重复治疗 2 次;或 4.4 mg/kg 体重,皮下注射,1 次/d,连用 2 d,2 周后,按 8.8 mg/kg 体重,皮下注射 1 次。

(2)甲苯达唑:6 mg/kg 体重,2 次/d,口服,连用 5 d。

(3)口服拜尔内虫逃、汽巴驱虫药和康达广谱驱虫药,1 个疗程。

(七)预防

及时清除粪便,保持犬窝、猫舍的清洁卫生、干燥。

七、猫圆线虫病

猫圆线虫(莫名猫圆线虫)寄生于猫的细支气管和肺泡内,猫是唯一的终末宿主。野生小鼠和其他啮齿动物常可作为贮藏宿主。

(一)病原

虫体乳白色,呈丝状。雄虫体长 7.5 mm,交合伞短,分叶不清楚,两根不等长交合刺;雌虫体长 9.86 mm,阴门开口近虫体后端。虫卵大小为 80 μm×70 μm。

(二)生活史

雌虫产卵于肺泡管。卵进入邻近的肺泡,形成小结节。卵在结节边缘孵出第 1 期幼虫,幼虫移行到细支气管,上行到气管,经喉、咽而被咽下进入肠道,然后随粪便排到体外。幼虫在外界(存活 2 周左右时间)进入中间宿主蜗牛和蛞蝓内,也可进入贮藏宿主(如啮齿动物、蛙、蜥蜴和鸟类)体内。当猫吞吃了含有感染性幼虫或贮藏宿主而被感染。幼虫进入胃,穿过腹膜和肠腔进入肺中,约经 1 个月发育成熟。成虫寿命为 4～9 个月。

(三)症状

中度感染时,猫主要出现咳嗽,打喷嚏,厌食,呼吸急促症状;严重感染时(少见)则出现剧咳,消瘦,腹泻,厌食,呼吸困难,常引起死亡。剖检时,肺表面有大小不等的灰色虫卵结节,结节内含有虫卵和幼虫,胸腔内充满乳白色液体,内含有虫卵和幼虫。

(四)诊断

对可疑病例采取贝尔曼氏法检验粪便,发现大量幼虫即可确诊。幼虫长 360 μm,尾部呈波浪状弯曲,背侧有一小刺。

(五)治疗

(1)左旋咪唑:10 mg/kg 体重,口服,1 次/d,连服 3 d。

(2)丙硫苯咪唑:20 mg/kg 体重,口服,1 次/d,连用 5 d 为一疗程,间隔 5 d 后,再重复一个疗程。

八、旋毛虫病

旋毛虫寄生于哺乳动物的体内。成虫寄生于小肠黏膜,幼虫寄生于横纹肌内形成包囊。旋毛虫寄生的宿主范围非常广,人、猪、犬、猫、鼠类以及多种野生动物都可以寄生,鸟类可以实验感染,是一种重要的人兽共患寄生虫病。

(一)病原

旋毛虫成虫细小,肉眼几乎难以辨识。旋毛虫(图 11-6)虫体前细后粗,前端为食道,后部为肠管和生殖器。雄虫长约 1.0 mm,尾部有 2 个生殖瓣,无交合刺;雌虫长约 3.0 mm,子宫内含有发育的幼虫,胎生。

(二)生活史

旋毛虫成虫与幼虫寄生于同一个宿主体内,宿主感染时,先为终末宿主,后变为中间宿主。犬猫吞食含有包囊幼虫的其他动物肌肉而被感染,包囊被溶解,幼虫逸出进入小肠黏膜内发育为成虫。雄虫、雌虫交配后,雄虫死去,雌虫钻入淋巴间隙,向淋巴间隙或淋巴管内、乳糜管内产出大量的幼虫。幼虫随淋巴液和血流进入全身的骨骼肌内,在骨骼肌内发育并刺激肌纤维

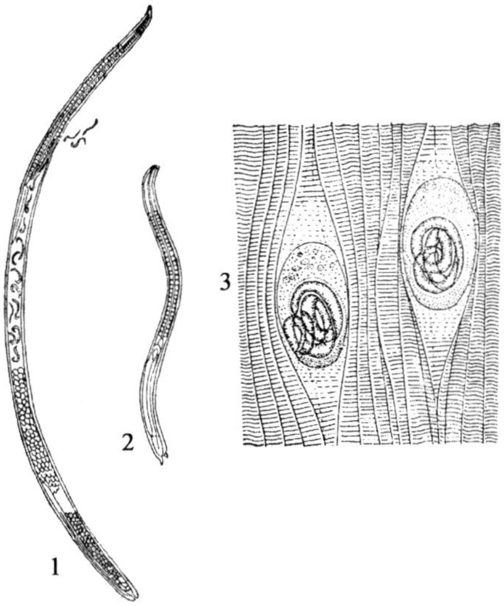

1.雌虫 2.雄虫 3.肌肉内的幼虫包囊

图 11-6 旋毛虫

形成包囊。幼虫在包囊内卷曲盘绕，进一步发育为感染性幼虫。这一过程需7～8周，包囊呈梭形，其长轴与肌纤维平行，其中一般含有1条幼虫，也有达6～7条的。约半年后，包囊开始钙化，但幼虫仍保持生命力，除非虫体被钙化，未钙化的幼虫在包囊内可存活数年至25年。

（三）流行病学

旋毛虫病分布于世界各地，广泛流行。原因有三点：一是旋毛虫的宿主范围广，感染范围广，世界各地的多种野生动物和家养动物都易感；二是感染来源广，多种家养动物和野生动物可传播本病，甚至许多海洋动物、甲壳动物都能感染且传播；三是肌肉中包囊幼虫对外界的抵抗力很强，−12 ℃时可保持生命力57 d，在腐败的肉或尸体内可存活100 d以上，盐渍或烟熏不能杀死肌肉深部的幼虫。

鼠旋毛虫感染率较高，且常互相残食，一旦旋毛虫侵入鼠群，就会长期在鼠群中保持平行感染。因此鼠类或其他动物的腐败尸体，可在相当长的时间内保存旋毛虫的感染力。

而犬的活动范围广，吃到多种动物尸体的机会多，因此其感染率较高。如沈阳在21只犬中查得6只犬为阳性，昆明在9只犬中查得6只犬为阳性，而在5 000头猪中仅查得1头为阳性。

（四）致病作用

旋毛虫病主要是人的疾病，不及时治疗可引起死亡。

而犬和家畜以及其他动物感染后，致病力较轻，一般无明显的症状，有时可见食欲减退、呕吐、腹泻、肌肉疼痛、麻痹、运动障碍等。

（五）诊断

因无特异性症状，生前很难诊断。可在临床中试用ELISA方法进行免疫学诊断。

死后诊断是在肌肉中发现旋毛虫。主要取动物左右膈肌脚一小块进行检查，方法如下。

(1)压片法。当肉眼发现膈肌纤维内有细小的白点时，将膈肌撕去肌膜和脂肪，剪成麦粒大小，置于两载玻片之间，压片镜检，肌纤维内有旋毛虫包囊幼虫即可确诊。

(2)消化法。将肌肉剪碎(或绞碎)，用人工胃液消化，使幼虫由肌纤维间的包囊内释放出来，然后镜检幼虫。

(3)旋毛虫抗原试纸条快速诊断法。取待检肌肉研磨或充分剪碎，生理盐水稀释静置，插入试纸浸湿，试纸条出现两条棕红色“||”线时，判为阳性。

（六）治疗

因动物生前无明显发病症状，一般未采用治疗手段。但丙硫苯咪唑对旋毛虫成虫、幼虫效果好。伊维菌素能驱除成虫，对幼虫驱除效果差些。

（七）预防

加强肉类食品卫生检验，对阳性肉按“肉品卫生检验试行规程”处理；加强养殖场地饲养管理，消灭养殖场内的鼠类和其他啮齿动物。

九、华支睾吸虫病

华支睾吸虫寄生于犬猫的胆管、胆囊内，其病又称肝吸虫病，主要流行于我国的华中、华南、华北等地，东北地区也有报道。其他动物包括人也感染，是一种人兽共患病。

(一)病原

雌雄同体，虫体扁平，柔软，半透明，前端稍长，后端钝圆，葵花籽状；体长 10～25 mm，宽 3～5 mm。口吸盘略大于腹吸盘，食道短，两条盲管伸达虫体后端；两个树枝状的睾丸，前后纵列于虫体后部，缺雄茎、雄茎囊和前列腺；分叶状的卵巢分于睾丸前方，两者之间有一椭圆形的受精囊，卵黄腺分布于虫体中部两侧，子宫盘绕在卵巢之前直到腹吸盘前缘，生殖孔位于腹吸盘前缘；排泄囊呈“S”状弯曲，位于虫体后端；虫卵黄褐色，卵壳厚，形似灯泡，内含毛蚴，顶端有盖，盖的两旁有肩样小突起，底端有一小突起(图 11-7)。虫卵大小为 29 μm×17 μm。

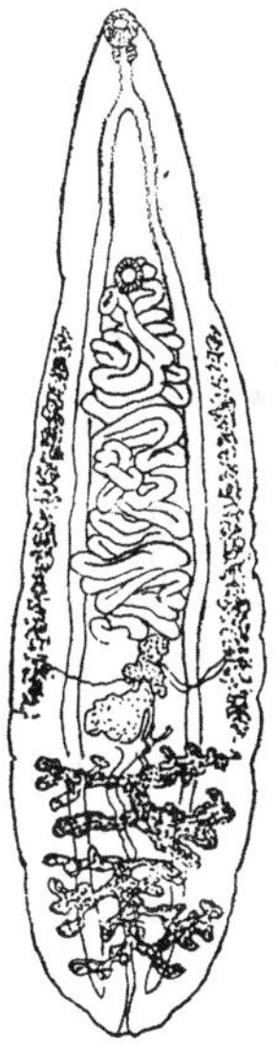

图 11-7 华支睾吸虫腹面观

(二)生活史

成虫排出的虫卵经胆汁进入肠道，随粪便排出体外，落于水中，被第一中间宿主淡水螺吞食，毛蚴在螺的消化道孵出，进入螺的淋巴系统，发育为胞蚴、雷蚴和尾蚴。成熟的尾蚴离开螺体游于水中，遇到第二中间宿主淡水虾或鱼，即钻入其肌肉内，形成囊蚴。犬猫吞食了含有囊蚴的生鱼或未煮熟的鱼、虾而感染，幼虫在十二指肠内破囊而出，移行到胆管或钻入肠壁经血流到达胆管，幼虫约经 1 个月后发育为成虫。

(三)致病作用

虫体寄生于犬猫的胆管和胆囊内，机械性刺激胆管和胆囊壁，引起炎症，使管壁增厚，胆汁分泌不畅，影响消化功能；大量虫体寄生时，阻塞胆管，胆汁分泌障碍，可引起黄疸；虫体分泌的毒素，可引起贫血，水肿；虫体长时间寄生，可引起肝结缔组织增生，肝细胞变性萎缩，导致肝硬化。

(四)症状

多表现为慢性经过。因胆管炎、胆囊炎和肝功能障碍，犬猫主要表现食欲降低，消化不良、下痢等症状，最后出现贫血、消瘦、水肿。病程较长时，常继发其他疾病而死亡。

病理剖检常见胆囊肿大，胆管变粗，胆汁浓稠；胆管、胆囊内有许多虫体、虫卵；肝表面结缔组织增生，有的有肝硬化或脂肪变性。

(五)诊断

在流行地区，根据临床症状以及有以生鱼、生虾饲喂犬猫的习惯，可怀疑为本病。

(六)治疗

(1)吡喹酮：5～10 mg/kg 体重，1 次口服。

(2)丙硫苯咪唑：30 mg/kg 体重，口服，1 次/d，连用 12 d。

(3)三氯苯丙酰嗪(海涛林)：50～60 mg/kg 体重，口服，1 次/d，5 次为一疗程。

(4)六氯对二甲苯：50 mg/kg 体重，1 次/d，连用 10 d。

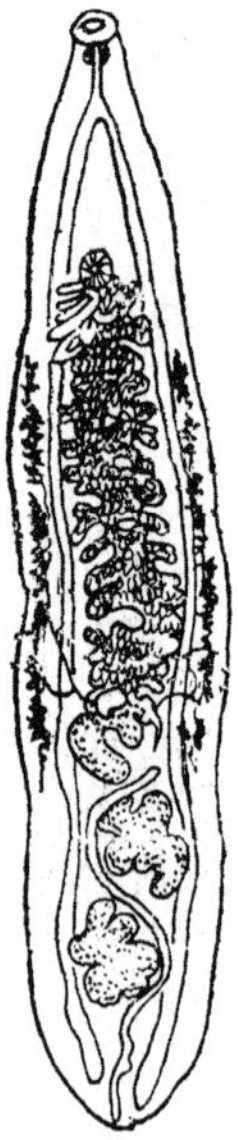

图 11-8 猫后睾吸虫

十、后睾吸虫病

后睾吸虫(猫后睾吸虫,图 11-8)寄生于犬猫胆管内,偶尔寄生于小肠或胰管内。

(一)病原

后睾吸虫形态与华支睾吸虫相似。新鲜虫体呈淡黄色,虫体长 7～12 mm,宽 2～3 mm,体表光滑,两盲肠末端几乎达虫体后部;睾丸分叶,排泄囊从其中间通过,无雄茎囊和前列腺,有不发达的射精管。卵巢小,位于虫体后 1/3 起始处,卵黄腺占据虫体中 1/3 部的两侧处。虫卵大小为(26～30) μm×(11～15) μm,有卵盖,卵含有毛蚴。

(二)生活史

后睾吸虫的生活史与华支睾吸虫相似,其第一中间宿主为李氏豆螺,第二中间宿主是淡水鱼类。

后睾吸虫的致病作用、临床症状及防治等详见华支睾吸虫病。

十一、绦虫病

寄生于犬猫的绦虫种类很多,它们的成虫对犬猫的危害很大,它们的幼虫多寄生在家畜(或人)的体内,也严重地危害了家畜和人的健康,绦虫病是重点防治的疾病。

(一)病原

1. 犬复孔绦虫

犬复孔绦虫寄生于犬猫的小肠内,偶见于人。雌雄同体,呈白色或黄白色,虫体长 10～50 cm,宽 3 mm,由许多节片组成,分为头节、体节、孕节三个部分(图 11-9)。头节上有 4 个吸盘,1 个顶突,顶突上有 3～4 排小钩,成熟节片内含有两套生殖器官。卵巢和卵黄腺在节片两侧形成葡萄球状,子宫分离为许多单个的贮卵囊,呈网状,每个贮卵囊内含 2～40 个虫卵。虫卵呈圆形,透明,直径 35～50 μm,卵壳薄,内含六钩蚴。

成虫排出的孕卵节片自犬猫肛门逸出或随粪便排出体外。节片破裂后,虫卵散开,被中间宿主蚤类幼虫吞食,六钩蚴在其肠内孵出,移行至胸腔内发育成为似囊尾蚴。一个成熟的蚤体内多达 56 个似囊尾蚴。犬猫咬食了含有似囊尾蚴的蚤即感染,约经 3 周后,似囊尾蚴在犬猫小肠内发育为成虫。

2. 泡状带绦虫

泡状带绦虫是寄生于犬猫小肠内的一种较大型虫体。虫体长 75～500 cm,头节呈梨形或肾形,顶头有两列小钩,成熟节片内有一套生殖器官,睾丸 600～700 个,分布节片中部,卵巢呈两叶状,位于节片的后半部。孕卵节片内子宫每例有 5～10 个粗大分支,每支又有小分支,充满虫卵。虫卵近似椭圆形,大小为(38～39) μm×(0.03～0.035) μm。

泡状带绦虫以猪、牛、羊、鹿等动物作为中间宿主,其幼虫称为细颈囊尾蚴,常寄生在中间宿主的大网膜、肠系膜、肝脏、横膈膜甚至肺等处,犬猫主要吞食有细颈囊尾蚴或带有细颈囊尾

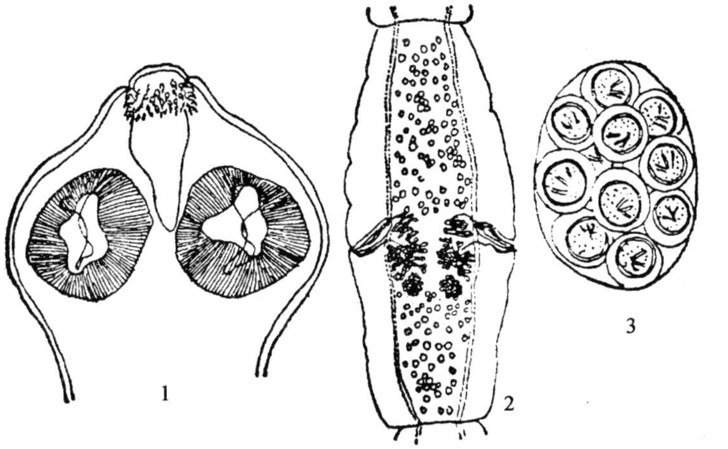

1. 头节　2. 成熟节片　3. 含有虫卵的卵囊

图 11-9　犬复孔绦虫

蚴的脏器而感染，细颈囊尾蚴在其小肠内发育为成虫。

3. 豆状带绦虫

豆状带绦虫因虫体节片边缘呈锯齿状又称锯齿带绦虫。寄生于犬的小肠，偶见于猫，虫体长 60～200 cm，顶突发达，上有两列小钩。成熟节片内部结构与泡状带绦虫基本相似。虫卵呈圆形，直径为 32～37 μm。

豆状带绦虫以兔、野兔等啮齿动物为中间宿主，其幼虫称为豆状囊尾蚴(图 11-10)，蚴虫体小，呈葡萄状，主要寄生于兔的肝脏、网膜、肠系膜和腹腔内，寄生数量为数个，数十个，甚至 200 多个。

图 11-10　豆状囊尾蚴

4. 多头绦虫

多头绦虫是寄生于犬科动物小肠内的多头属的绦虫，有多头多头绦虫、连续多头绦虫和斯氏多头绦虫，下面着重介绍多头多头绦虫。

多头多头绦虫，寄生于犬科动物的小肠内。虫体长 40～80 cm，顶头不发达，有两列小钩。成熟节片内有一套生殖器官，睾丸 200 多个，卵巢呈蝴蝶形，孕卵节片内子宫有 18～26 对侧枝(图 11-11)。虫卵为圆形，直径 20～37 μm。

多头多头绦虫以牛、羊、骆驼等为中间宿主，其幼虫称为多头蚴，主要寄生在中间宿主的脑内，有时也能在延脑或骨髓中发现，人也偶然感染。犬类主要是吞食了含有多头蚴的脑组织而感染，多头蚴在犬小肠内发育为成虫。

另外，连续多头绦虫，虫体长 20～75 cm。其幼虫称为连续多头蚴，呈包囊状，豌豆大至鸡蛋大，囊壁上有 100～250 个头节，常寄生于野兔、家兔、松鼠等啮齿动物的皮下、肌肉、腹腔脏器、心肌、肺等处，形成小儿拳大的包囊，其中含有多数头节(图 11-12)。犬吞食了含有连续多头蚴的中间宿主的脏器而感染，在其小肠内发育为成虫。

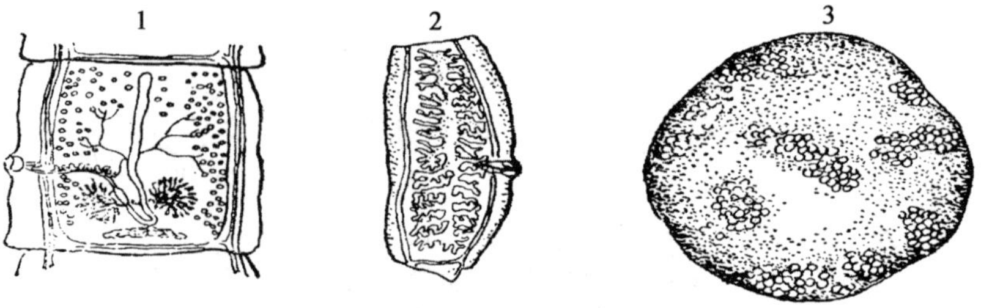

1. 成熟节片 2. 孕卵节片 3. 多头蚴

图 11-11 多头多头绦虫

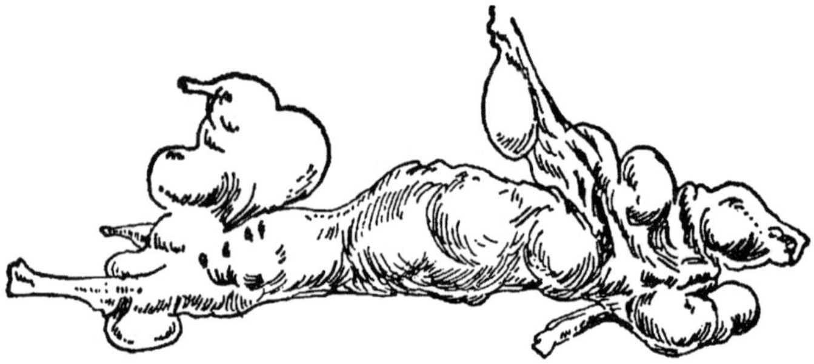

图 11-12 连续多头蚴

斯氏多头绦虫，虫体长 20 cm，其幼虫为斯氏多头蚴，寄生于羊的肌肉、皮下、胸腔与食道等处，偶见于心脏与骨骼肌。犬吞食了含有斯氏多头蚴的羊的脏器而感染。

5. 细粒棘球绦虫

细粒棘球绦虫(图 11-13)寄生于犬、狼等肉食动物的小肠，虫体很小，长 2～6 mm，由一个头节和 3～4 个节片组成。其幼虫称为细粒棘球蚴，寄生于多种家畜、多种野生动物和人的肝、肺以及其他各种器官。为包囊状结构，小的仅有黄豆大，大的直径达 50 cm，含囊液。

6. 阔节裂头绦虫

阔节裂头绦虫成虫寄生于犬猫的小肠内，虫体较大，长约 10 m，由数千个节片组成。孕卵节片内子宫盘曲呈玫瑰花状。虫卵近卵圆形，窄端有卵盖，卵壳稍厚，内含许多卵黄细胞和一个胚细胞，大小为(55～76) μm×(41～56) μm。

阔节裂头绦虫在发育过程需要两种中间宿主。第一中间宿主为剑水蚤，在其体腔内形成原尾蚴；第二中间宿主为淡水鱼类，在其鱼肉内发育为裂头蚴。

犬猫主要吞食了含有裂头蚴的生鱼或未煮熟的鱼而感染。

图 11-13 细粒棘球绦虫

(二)致病作用

大量绦虫体寄生于犬猫小肠时，以其小钩和吸盘损伤宿主的肠黏膜，引起肠炎。虫体聚集成团时，可堵塞肠管，导致小肠梗阻、套叠、扭转甚至肠破裂。虫体生长速度快，大量吸取宿主营养，使犬猫生长发育受阻，体质衰弱。虫体分泌的毒素常引起犬猫神经中毒。

(三)症状

轻度感染时常不显症状或偶有消化不良的现象。严重感染时，精神沉郁，出现呕吐，慢性肠卡他，贪食，异嗜，渐进性消瘦，营养不良。有的出现剧烈兴奋、扑人。有的发生痉挛或四肢麻痹，下痢。有时患病犬猫肛门口常有成链节片吊着。

(四)诊断

根据临床症状，结合粪便检验发现虫卵即可确诊。也可根据患病犬猫肛门口常夹着尚未落入地面的孕卵节片以及粪便中混有孕卵节片，进行确诊。

(五)治疗

(1)氢溴酸槟榔素：犬 1～2 mg/kg 体重，1 次内服。

(2)吡喹酮：犬 5 mg/kg 体重，猫 2 mg/kg 体重，1 次内服。

(3)氯硝柳胺(灭绦灵)：犬猫 100～150 mg/kg 体重，1 次内服。但对细粒棘球绦虫无效。

(4)盐酸丁萘脒：犬猫 25～50 mg/kg 体重，1 次内服。驱除细粒棘球绦虫时 50 mg/kg 体重，1 次内服，间隔 48 h 再服 1 次。

(5)丙硫苯咪唑：犬 10～20 mg/kg 体重，口服，1 次/d，连用 3～4 d。

(六)预防

(1)对军犬、警犬，每年应进行 4 次预防性驱虫(每季度 1 次)。

(2)在军犬、警犬繁殖场，驱虫应在犬交配前 3～4 周内进行。

(3)不以屠宰家畜的废弃脏器或未经无害化处理的非正常肉类食品喂养犬猫。

(4)在阔节裂头绦虫病流行地区，最好不要喂犬猫生鱼、虾。

(5)经常用蝇毒灵、溴氢菊酯等药物杀灭犬猫周围环境和体表的蚤和虱。

任务 47　原虫病

原虫是单细胞动物，结构简单，由细胞质和细胞核构成。原虫种类多，它们多寄生在宿主体内的血液、肌肉、肠上皮细胞、肝、脾、肾、脑和生殖道等多种组织和脏器。但不同的种类又各有其一定的寄生部位。

一、弓形虫病

犬猫弓形虫病是由刚地弓形虫引起的一种原虫病。除寄生于犬猫外，还寄生于哺乳动物包括人、禽类和若干冷血动物等体内。宿主范围很广，是一种人兽共患寄生虫病。

犬猫多为隐性感染，也有出现明显症状甚至死亡的。

(一)病原

弓形虫为细胞内寄生虫，根据其发育阶段不同分为各种类型，滋养体和包囊两型出现在中间宿主体内；裂殖体、配子体和卵囊只出现在终末宿主的体内。

1. 滋养体

滋养体见于急性病例，呈新月形、香蕉形或弓形，一端稍尖，一端钝圆，大小为(4～7) μm×(2～4) μm，经吉姆萨或瑞氏法染色后，胞质呈浅蓝色，有颗粒，核为紫红色。

2. 包囊

包囊见于慢性病例或无症状病例，呈卵圆形，囊膜较厚而富有弹性，囊内含有数十个至数千个滋养体。包囊的直径 50～60 μm，最大的可达 100 μm。

3. 裂殖体

裂殖体呈长卵圆形，内有许多条形的裂殖子。

4. 配子体

有大小配子体，均呈卵圆形，小配子体色淡，核疏松，大配子体核致密。

5. 卵囊

卵囊呈椭圆形，有两层囊壁，表面光滑，大小为 10 μm×12 μm。

(二)生活史

1. 在猫体内发育

猫吞食了已孢子化的卵囊或含有包囊型虫体的其他动物组织，子孢子或滋养体进入猫的消化道，侵入肠上皮细胞内进行裂殖生殖和配子生殖，最后产生卵囊。卵囊随粪便排出体外，在外界适宜条件下，经 2～4 d，形成感染性卵囊(内含 2 个孢子囊，每个孢子囊内有 4 个子孢子)。也有一些子孢子或滋养体进入淋巴、血液循环，被带到全身各脏器和组织中。侵入有核细胞内，以内出芽的方式进行无性繁殖，最后形成包囊型虫体。包囊型虫体抵抗力较强，可在宿主体内存活数年。

2. 在犬和其他动物体内发育

当犬和其他动物吞食了含有滋养体或包囊的肉类或被感染性卵囊污染的食物、饮水等后，子孢子或滋养体就通过淋巴、血液循环侵入有核细胞内，在胞质内以内出芽的方式进行无性繁殖，产生大量的滋养体(急性发作)或在一些脏器组织中形成包囊型虫体(慢性病例)。

(三)症状

犬的症状类似犬瘟热。患犬出现发热，精神委顿，厌食，呼吸困难，咳嗽，贫血，下痢，运动共济失调，孕犬早产或流产等。

患猫出现发热，黄疸，咳嗽，呼吸急促，贫血，运动失调，后肢麻痹，肠梗阻等，也有出现脑炎症状或妊娠猫早产、流产的。

(四)诊断

必须通过实验室诊断查出弓形虫或特异性抗体，方能确诊。实验室诊断有以下 3 种方法。

1. 镜下观察

取可疑病犬或尸体的组织或体液做涂片、压片或切片，置显微镜下观察有无弓形虫。

2. 动物接种

将可疑病料接种小鼠、天竺鼠和家兔等实验动物体内，然后取实验动物的腹水、血液等做成涂片观察是否有虫体。

3. 血清学诊断

可用补体结合反应、间接血凝试验、间接荧光抗体试验、酶联免疫吸附试验等进行诊断。

（五）治疗

(1)磺胺嘧啶:10 mg/kg 体重,每天分 4～6 次投服,连用 14 d。

(2)乙胺嘧啶:0.5～1 mg/kg 体重,每天分 4～6 次投服,连用 14 d。

以上两种药物同时使用疗效更好,为防止药物引起的贫血,应同时投服甲酰四氢叶酸,剂量为每天 1 mg/kg 体重。

(3)磺胺氨苯砜(SDDS):5 mg/kg 体重,1 次/d,连用 5～7 d。

（六）预防

犬窝、猫舍经常保持清洁卫生,定期消毒,杜绝猫粪及其排泄物对环境、食物、饮水等的污染。死于本病的或可疑的动物尸体应严格处理掉,禁止饲喂犬猫,防止污染环境。

二、球虫病

球虫病也称为等孢球虫病。有犬等孢球虫、二联等孢球虫、芮氏等孢球虫和猫等孢球虫。寄生于犬猫小肠、大肠黏膜上皮细胞内。主要危害幼犬、幼猫。

（一）病原

1. 犬等孢球虫

卵囊呈宽卵圆形,两层薄而光滑的卵壁,无色,大小为(34～40) μm×(28～34) μm,经 4 d 完成孢子发育。

2. 二联等孢球虫

卵囊呈宽椭圆形,两层薄而光滑的卵壁,无色,大小为(10～14) μm×(10～12) μm,经 1 d 或更长时间完成孢子发育。

3. 芮氏等孢球虫

同上,卵囊大小为(21～28) μm×(18～23) μm,经 4 d 完成孢子发育。

4. 猫等孢球虫

卵囊呈宽卵圆形,两层光滑的卵壁,淡粉红色,大小为(38～51) μm×(27～29) μm,经 3 d 完成孢子发育(图 11-14)。

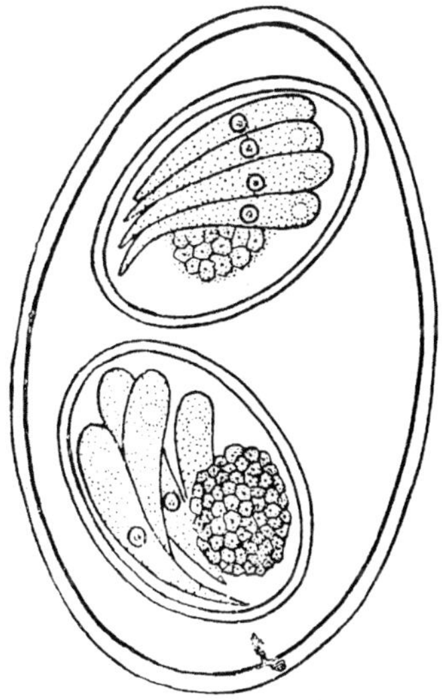

图 11-14 猫等孢球虫的卵囊

（二）生活史

上述几种球虫的生活史相似,以犬等孢球虫为例讲述。

犬等孢球虫的卵囊随犬粪便排出体外,在外界适宜条件下,形成具有感染性的孢子化卵囊(卵囊内含有 2 个孢子囊,每个孢子囊内含有 4 个子孢子)。犬吞食后即被感染,子孢子在肠中逸出，钻入肠黏膜上皮细胞内进行裂殖生殖，形成裂殖体(内含8～12个裂殖子)，裂殖体破裂，裂殖子逸出，侵入新的肠上皮细胞内，重复裂殖生殖，由于裂殖生殖过程中大量破坏肠黏膜，引起肠发炎，上皮细胞崩解、血管破裂、消化功能障碍等。经过若干世代裂殖生殖之后，进入配子发育阶段，一部分裂殖子发育为大配子体，形成许多大配子；另一部分裂殖子发育为小配子体，形成许多小配子。大小配子接合成为合子，合子周围迅速形成2层卵壁，成为卵囊，随粪便排出体外。

(三)症状

严重感染时，幼犬和幼猫出现水泻或排出泥状粪便或带黏液的血便，轻度发热，精神沉郁，食欲不振，消化不良，消瘦，贫血。感染后3周以上，临床症状消失，大多数犬猫可自然康复。

病理剖检，可见整个小肠出血性炎症，肠黏膜肥厚，黏膜上皮剥蚀。犬回肠下段严重。

(四)诊断

根据下痢、结合粪便检验发现卵囊，即可确诊。但应注意与其他原虫卵囊区别。

(五)治疗

(1)氨丙啉：犬50～100 mg/kg体重，混入食物中，连用4～5 d。

(2)磺胺二甲氧嘧啶：犬每次55 mg/kg体重，用药1 d；每次27.5 mg/kg体重，用药2～4 d，或至症状消失为止。

(3)磺胺六甲氧嘧啶：每天50 mg/kg体重，连用5 d。

(六)预防

加强犬窝、猫舍、食槽和饮水等清洁卫生，防止球虫卵囊污染。母犬在生产前10 d饮用氨丙啉溶液以作预防(9.7%的氨丙啉溶液1～2大汤匙混于4.5 L水中即成)。

三、犬巴贝斯虫病

巴贝斯虫广泛寄生于各种哺乳动物，由蜱传播，寄生于犬的红细胞内。犬巴贝斯虫病是一种犬严重的原虫病，引起严重贫血和血红蛋白缺乏。

寄生于犬的巴贝斯虫种是犬巴贝斯虫和吉氏巴贝斯虫。吉氏巴贝斯虫是我国流行的主要虫种，在江苏和河南的部分地区呈地方性流行，对犬，特别是军犬、警犬危害严重。

(一)病原

吉氏巴贝斯虫虫体很小，多位于红细胞的边缘或偏中央，多呈环形、椭圆形、圆点形、小杆形等，偶尔也可见到成对的小梨籽形虫体，其他形状的虫体较少见。犬巴贝斯虫为一种大型虫体，典型虫体呈梨籽形，一端尖，一端钝，长4～5 μm，梨籽形虫体之间可以形成一定的角度。

(二)生活史

巴贝斯虫发育过程中需要蜱作为终末宿主。发育过程分为3阶段。蜱在吸动物血液时，将巴贝斯虫的子孢子注入动物体内，形成裂殖体和裂殖子，红细胞破裂，虫体又侵入新的红细胞。反复几代后形成大小配子体。蜱再次吸血的时候，配子体进入蜱的肠管进行配子生殖，形成合子。合子进入各种器官反复分裂形成更多的动合子。动合子侵入蜱的卵母细胞，在子代蜱发育成熟和采食时，进入子代蜱的唾液腺，生殖形成形态不同于动合子的子孢子，在子代蜱吸血时，将巴贝斯虫子孢子传给动物。

（三）症状

疾病多呈慢性经过。病初精神沉郁，喜卧，四肢无力，身躯摇摆，发热，呈不规则间歇热，体温在40～41 ℃，食欲减退或废绝，营养不良，明显消瘦。结膜苍白，黄染。常见有化脓性结膜炎。从口、鼻流出具有不良气味的液体。尿液呈黄色至暗褐色，如酱油样，且血液稀薄。常在病犬皮肤上，如耳根部、前臂内侧、股内侧、腹底部等皮肤薄、被毛少的部位可以找到蜱。

（四）诊断

根据临床症状、当地以往流行情况、血涂片检查发现虫体和体表检查发现蜱即可确诊。

（五）治疗

以下药物有较好的疗效。

(1)硫酸喹啉脲：0.5 mg/kg体重，皮下注射或肌内注射。对早期病例疗效较好。如出现以兴奋为主的副作用，可以将剂量减为0.3 mg/kg体重，多次给药。

(2)三氮脒：11 mg/kg体重，配成1%溶液皮下注射或肌内注射，间隔5 d再用药1次。在应用以上药物治疗的同时，应根据机体的相应症状，对症治疗。

(3)咪唑苯脲：5 mg/kg体重，配成10%溶液，皮下注射或肌内注射，间隔24 h重复1次。

（六）预防

(1)做好灭蜱工作，在蜱出没的季节消灭犬体、犬舍以及运动场的蜱。

(2)引进犬的时候要在非流行季节，尽可能不从流行地区引进。

四、阿米巴病

阿米巴病是一种寄生于肠道的原虫病，主要寄生于大肠黏膜，感染猴、犬、猫、猪等。起病缓慢，以顽固性腹泻为其主要特征。

（一）病原

虫体形态多变。滋养体直径为7～60 μm，平均略大于20 μm，外质透明，内质较稠密，含有细胞核及被吞噬的红细胞。染色后，可见细胞核一个，直径4～7 μm，核的中央可见核仁。新排出粪便内的滋养体非常活跃，依靠伪足行动。但在慢性感染时不常见伪足。包囊呈圆形，直径为5～20 μm，囊壁较厚。

（二）生活史

宠物食入包囊而感染。包囊在宿主的肠道内脱囊，以二分裂方式进行繁殖，形成滋养体，滋养体以其伪足运动，侵入肠壁，破坏组织，致使肠壁局部坏死，形成溃疡。在一定的情况下，滋养体转变为包囊，随粪便排出体外。

（三）症状

急性的表现为严重下痢，可导致死亡。慢性的表现为间歇性或持续性腹泻，里急后重，厌食，体重下降。

（四）诊断

在粪便中发现滋养体或包囊即可确诊。

(五)治疗

犬可用甲硝唑(灭滴灵),10 mg/kg 体重,口服,2 次/d,连用 1 周。或用呋喃唑酮(痢特灵),2 mg/kg 体重,口服,3 次/d,连用 1 周。

任务 48 蜘蛛、昆虫病

蜘蛛、昆虫种类多,分布广。它们除直接损害宿主外,很多种类在寄生过程可以传播某些细菌性、病毒性、寄生虫性疾病,常可导致某些传染病的暴发、流行,造成大批宠物死亡。在临床上应引起重视。

一、疥螨病

有犬疥螨、猫背肛螨,寄生于犬猫皮肤内。

(一)病原

1. 犬疥螨

犬疥螨(图 11-15)呈圆形,微黄白色。背面稍隆起,腹面扁平,雌螨大小为(0.33～0.45) mm×(0.25～0.35) mm,雄螨大小为(0.2～0.23) mm×(0.14～0.19) mm。口器为假头,假头后方有一对粗短的垂直刚毛;胸腹部有 4 对足,粗而短;第 1、2 对足突出体缘;雄螨第 1、2、4 对足的末端有吸盘,第 3 对足的末端为刚毛;雌螨第 1、2 对足的末端有吸盘,第 3、4 对

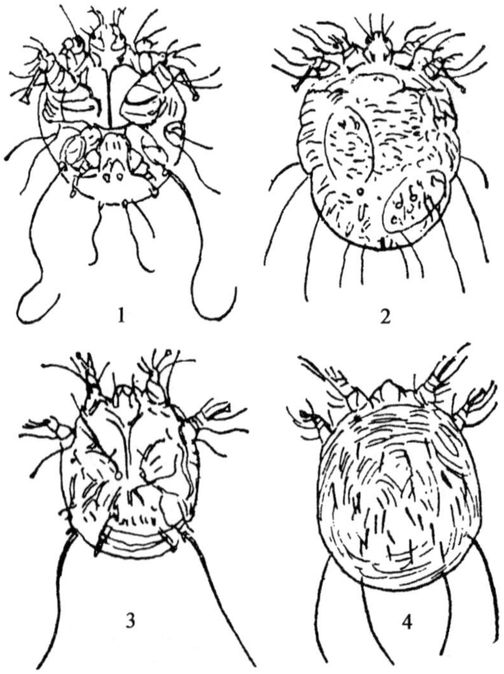

1. 疥螨雄虫腹面 2. 疥螨雌虫背面 3. 背肛螨雄虫腹面 4. 背肛螨雌虫背面

图 11-15 疥螨和背肛螨

足的末端为刚毛，吸盘有柄。虫体背面有细横纹、锥突、鳞片和刚毛。虫卵呈椭圆形，大小为 150 μm×100 μm。

2. 猫背肛螨

猫背肛螨形态、构造与疥螨相似，只是虫体比疥螨小，背肛螨雄虫大小为 0.17 mm×0.247 mm，背肛螨雌虫大小为 0.122 mm×0.147 mm。背面的鳞片、锥突和刚毛细小不等。

(二)生活史

螨属不完全变态。发育过程包括卵、幼虫、若虫和成虫 4 个阶段。雌雄虫交配后，雄虫死亡，雌虫在宿主表皮内挖凿隧道，在隧道内产卵，卵经 3～8 d 孵化为幼虫，幼虫移至皮肤表面，在毛间的皮肤上开凿小穴，在里面经 3～4 d 蜕化变为若虫。若虫再钻入皮肤形成浅穴道，并在里面经 3～4 d 蜕化变为成虫。整个发育过程为 2～3 周，雌虫产卵后 3～5 周死亡。

猫背肛螨的生活史与疥螨相似。

(三)症状

由于螨采食时直接刺激和分泌有毒物质的刺激，皮肤出现剧痒和炎症。

幼犬症状严重，病变先起始于头部、口、鼻、眼、耳部和胸部，后遍及全身。病变部发红，有小丘疹、水疱或脓疱，或水疱、脓疱破溃后形成黄色痂皮。剧烈痒感，常因摩擦而使患部严重脱毛。

猫背肛螨主要寄生在猫的面部、鼻、耳以及颈部等处。严重感染时，使皮肤增厚、龟裂，出现棕色痂皮，常引起死亡。

(四)诊断

根据临床症状结合皮肤刮取物检验发现螨虫，即可确诊。

皮肤刮取物检验法：在病变皮肤和健康皮肤交界处，剪去该部的被毛，用消过毒的外科手术刀的刀刃垂直刮取皮肤病料，一直刮到轻微出血为止，刮取的病料置于载玻片上，滴加 50% 的甘油水溶液，加盖另一块载玻片，用手搓压玻片，使病料散开，置显微镜下检查，可见活螨。也可采用其他检验方法。

(五)治疗

治疗螨虫的药物很多，在施用药物治疗前，应先用温肥皂水刷洗患部，除去污垢和痂皮。

(1)伊维菌素：0.05 mg/kg 体重，1 次皮下注射，1 次/周，连续使用，也可使用害获灭、通灭等进口药品，柯利犬系禁用。

(2)口服拜宠爽、大宠爱，安全，临床效果较好。

(3)福来恩喷剂和滴剂效果显著。

(六)预防

保持饲养场光照充足，通风良好，干燥。对患病犬猫及早隔离治疗。对同群的犬猫进行预防性杀螨，被污染的场所及用具用杀螨剂处理。

二、耳痒螨病

犬猫的耳痒螨病是由犬耳痒螨和猫耳痒螨引起的，通过直接接触进行传播，特别是在犬的哺乳期。常造成耳部瘙痒和继发感染。

(一)病原及生活史

耳痒螨是椭圆形,足体凸出。雄虫第4对足不发达,不能伸出体边缘,是第3对足长度的¼;雌虫第3、4对足无吸盘(图11-16)。其发育经过卵、幼螨、若虫和成虫4个阶段,均在耳壳表面完成,寄生于宠物耳壳皮肤表面,采食脱落的上皮细胞。生活史33周。

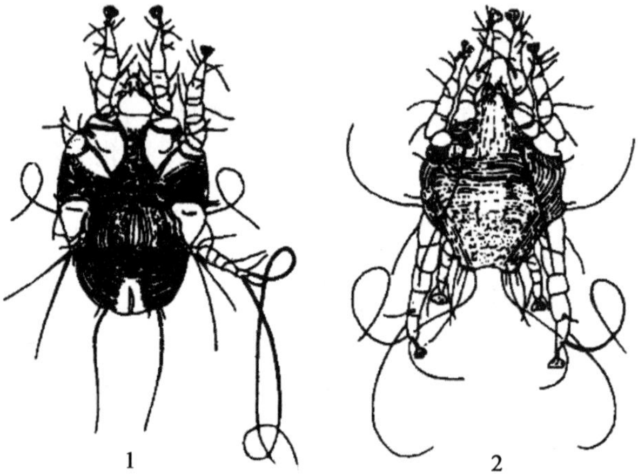

1.雄性 2.雌性

图11-16 耳痒螨

(二)症状

犬猫的耳痒螨有高度传染性,有瘙痒感,犬猫常自己抓伤。常见犬猫摇头,有时甚至出现耳血肿、发炎或过敏反应,在外耳道有厚的棕黑色痂皮样渗出物。犬猫耳痒螨的早期感染常是双侧性的,进一步发展则整个耳郭广泛性感染,鳞屑明显,角化过度,严重的感染可蔓延到头前部。犬猫的耳痒螨常见侵害外耳道,也可引起耳和尾尖部瘙痒性皮炎,有时因耳痒螨感染而引起同侧后肢爪部的暂时性皮炎。

(三)防治

先清洁外耳道,再向耳内滴注、涂擦伊维菌素类杀螨药。皮下注射伊维菌素,配合应用抗生素和皮质类固醇。临床经验表明,如犬猫不让接触其患耳,可向耳内喷洒福来恩,也有较好的疗效。

三、犬蠕形螨病

犬蠕形螨寄生于犬的毛囊和淋巴结内,偶尔也能引起猫发病。

(一)病原

虫体细长,呈蠕虫状。体长为0.25～0.3 mm,宽约0.04 mm,分为前、中、后3部分。口器位于前部,中部有4对很短的足,后部细长,上有横纹密布(图11-17)。雄虫的生殖孔开口于背面,雌虫的生殖孔在腹面。

(二)生活史

犬蠕形螨发育经过卵、幼虫、若虫和成虫4个阶段,全部在犬体上进行。雌虫在毛囊或皮脂腺内产卵，卵孵出幼虫，幼虫蜕皮变为前若虫，再蜕皮变为若虫，最后蜕皮变为成虫。整个发育期为25～30 d。

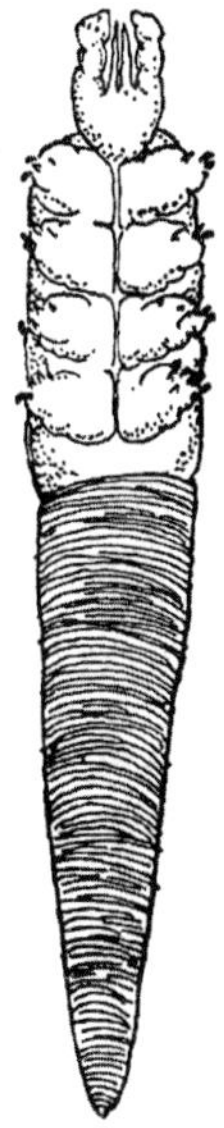
图 11-17　犬蠕形螨腹面

(三)症状

本病多发生于5～6月龄的幼犬。当犬的身体瘦弱，缺乏营养或某种维生素时，发病的可能性较大。

常寄生于面部与耳部，严重时可蔓延到全身。病部脱毛，皮肤增厚，发红并有糠皮状鳞屑，随后皮肤变淡蓝色或红铜色，如化脓菌感染，则产生小脓疱，流出脓汁和淋巴液，干后成为痂皮，重者因贫血及中毒而死亡。

(四)诊断

根据临床症状及镜检皮肤结节或脓疱内容物发现虫体，即可确诊。

(五)治疗

(1)伊维菌素：0.05 mg/kg体重，1次皮下注射，1次/周，连续使用。也可使用害获灭、通灭等药品，柯利犬系禁用。

(2)口服拜宠爽、大宠爱。

(3)配合使用福来恩滴剂。

(4)使用双甲脒药浴。

对重症病犬除局部应用杀虫剂外，还应全身应用抗生素，防止细菌继发感染。

(六)预防

患病犬隔离治疗，饲养场地用双甲脒、二嗪哝等喷洒处理。

四、毛虱病

犬毛虱(图11-18)寄生于犬的体表，也可在小猫身上发现。雄虱长约1.74 mm，雌虱长约1.92 mm，淡黄色。具褐色斑纹。虱体扁平，分头、胸、腹三部，头比胸宽，无眼，触角1对，咀嚼式口器，胸部有3对粗短的足。

图 11-18　犬毛虱

猫毛虱寄生于猫体表，虱体长约1.2 mm，淡黄色，腹部白色，具黄褐色条纹，头呈三角形。

(一)生活史

毛虱发育属不完全变态，经过卵、若虱和成虱3个阶段。雌虱、雄虱交配后，雌虱产卵于宿主毛上，卵经7～10 d孵化为若虱，若虱经3次蜕皮变为成虱，整个发育期约为1个月。毛虱一生均在宿主身上度过，离开宿主的毛虱，在外界只能生存2～3 d。

(二)致病作用与症状

毛虱以毛和皮屑为食，采食时，引起宠物皮肤瘙痒和不安，影响采食和休息。因啃咬而损伤皮肤，可引起湿疹、丘疹、水疱和脓疱等。严重时，导致犬猫脱毛、食欲不振、消瘦，幼龄犬猫发育不良。

(三)诊断

根据临床症状以及在犬猫体表发现虱体,即可确诊。

(四)治疗

(1)伊维菌素:皮下注射,1 次/周,连续使用。也可使用害获灭、通灭等药品,柯利犬系禁用。

(2)口服拜宠爽、大宠爱。

(3)配合使用福来恩滴剂。

(4)使用双甲脒药浴。

(五)预防

加强平时饲养管理,犬窝、猫舍保持清洁干燥,光照充足,饲养密度适宜。对犬猫要定期检查,发现虱病及时治疗。

五、吸血虱病

犬吸血虱又称犬颚虱。雄虱长 1.5 mm,雌虱长 2 mm,淡黄色,背腹扁平,头部较胸部窄,呈圆锥状,触角短,口器为刺吸式,胸部有 3 对粗短的足(图 11-19)。

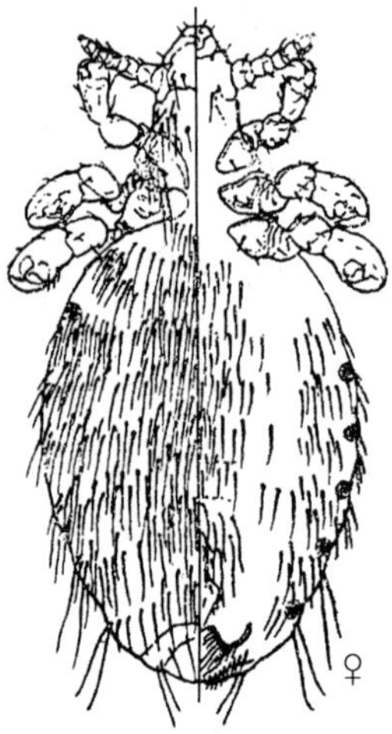

图 11-19 犬颚虱

(一)生活史

吸虫虱发育史属于不完全变态,经过卵、若虱和成虱 3 个阶段,雌虱产卵于宿主毛上,卵经 9～10 d 孵化为若虱,若虱经 3 次蜕皮后发育为成虱,整个发育期需 30～40 d。

(二)致病作用与症状

吸血虱在吸血时,分泌含有毒素的唾液,刺激了宿主皮肤上的神经末梢,产生痒感,引起犬起卧不安,影响采食和休息,导致患犬消瘦,发育不良,抵抗力下降。吸血虱密集时,还可引起化脓性皮炎,出现脱毛、脱皮现象。

(三)诊断

治疗和预防可参考毛虱病。

六、蚤病

犬猫常见的蚤有犬栉首蚤、猫栉首蚤。犬栉首蚤只寄生于犬及野生犬科动物身上;猫栉首蚤主要寄生于犬和猫,有时也寄生于其他温血动物。寄生时,常引起犬猫皮炎。也是犬绦虫的传播者。

(一)病原

蚤体呈深褐色,雄蚤长不足 1.0 mm,雌蚤长可超过 2.5 mm(图 11-20)。

(二)生活史

蚤发育史属于完全变态,经过卵、幼蚤、蛹、成蚤 4 个阶段。雌蚤在宿主被毛上产卵,卵从

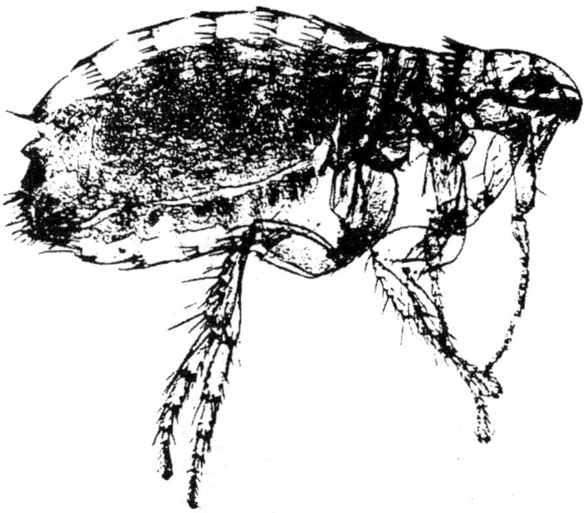

图 11-20 蚤

毛上掉下来，在适宜的条件下经 2～4 d 孵化为幼蚤，大约 2 周后化为蛹，再经 3～4 d 变为成蚤。整个发育期需 18～21 d 或更长时间。成蚤在低温、高湿条件下，不吃食也能存活 1 年或更长时间，但在高温、低湿条件下，几天后死亡。

(三)症状

由于蚤寄生时刺激皮肤，引起瘙痒。犬猫不停地蹭痒引起皮肤炎症，出现脱毛、皮肤破溃，被毛上有蚤的黑色排出物，下背部和脊柱部位有粟粒大小的结痂。

(四)诊断

根据临床症状，犬猫体表上有跳蚤和黑色排泄物即可确诊。

(五)治疗

临床上许多有机磷酸盐类制剂、氨基甲酸酯类制剂对蚤类都非常有效，但都具有一定的毒性，用时一定要谨慎，特别是猫很敏感，更要小心。

除虫菊酯类毒性较小，可用于幼犬、幼猫。

伊维菌素和阿维菌素类药物毒性较小。

口服拜宠爽、大宠爱，配合使用福来恩滴剂，可以杀死成蚤及阻断其繁殖过程，是目前较理想的杀蚤方法。

(六)预防

及时清扫犬猫饲养场所，保持干净、干燥；对周围环境用杀虫剂喷雾除蚤；对患病犬猫进行驱蚤治疗。

七、蜱病

(一)病原

蜱包括硬蜱和软蜱两大类，寄生于许多动物的体表。

1. 硬蜱

硬蜱又称草爬子、狗豆子、壁虱、扁虱，是犬的一种重要外寄生虫。

寄生于犬身上的硬蜱主要有血红扇头蜱、二棘血蜱、长角血蜱、草原革蜱和微小牛蜱等。下面以血红扇头蜱为例讲述。

血红扇头蜱，雄虫长为 2.7～3.3 mm，宽为 1.6～1.9 mm。雌虫长约 2.8 mm，宽约 1.6 mm。呈长椭圆形，背腹扁平，由假头与躯体两部分组成。形态特征是：假头基呈三角形，盾板无花斑，有眼，气门板呈逗点状，有肛后沟。雄蜱腹面有肛侧板(图 11-21)。

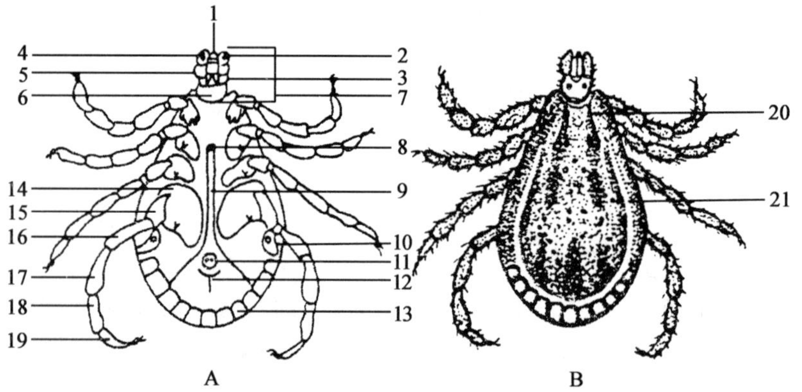

A. 腹面观　B. 背面观

1. 口下板　2. 须肢第四节　3. 须肢第一节　4. 须肢第三节　5. 须肢第二节　6. 假头基　7. 假头　8. 生殖孔　9. 生殖沟　10. 气门板　11. 肛门　12. 肛沟　13. 缘垛　14. 基节　15. 转节　16. 股节　17. 胫节　18. 前跗节　19. 跗节　20. 颈沟　21. 侧沟

图 11-21　硬蜱(雄性)

硬蜱是不完全变态的节肢动物，其发育过程包括卵、幼虫、若虫和成虫 4 个阶段。一般硬蜱在动物体上进行交配，交配后，吸饱血的雌蜱离开宿主落地，爬到缝隙内或土块下静伏不动，经 4～8 d，待血液消化和卵发育后，开始产卵，经过 2～3 周或 1 个月以上，幼虫孵出。幼虫爬到宿主体上吸血，经过 2～7 d 吸饱血后落到地面，蜕化变为若虫。若虫再侵袭动物，吸饱血后再落到地面，蛰伏数十天，蜕化为性成熟的成虫。雌虫产卵后 1～2 周内死亡，雄虫一般能活 1 个月左右。

血红扇头蜱主要生活在农区和野地，活动季节为每年的 4—9 月份。

2. 软蜱

寄生于犬体表的软蜱主要有拉合尔钝缘蜱和乳突钝缘蜱等。

软蜱呈卵圆形，显著的特征是躯体背面无盾板，由弹性的革状外皮构成，上有乳头状或颗粒状或圆的凹陷或星形的皱褶等结构。假头隐于虫体前端之下，背面看不到，大多无眼，腹面有肛前沟、肛后沟和生殖沟(图 11-22)。

软蜱的发育过程也包括卵、幼虫、若虫和成虫 4 个阶段，幼虫和若虫在犬体上吸血和蜕化，若虫阶段有 1～7 期，最后一期若虫吸饱血后离开犬体表蜕化变为成虫。整个发育过程一般需

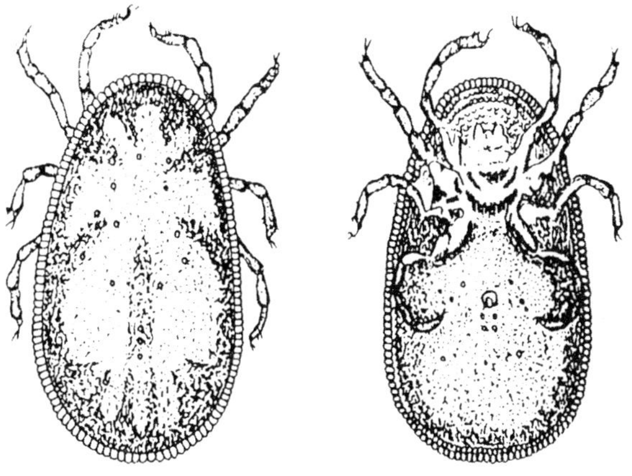

1.背面　2.腹面

图 11-22　软蜱

要 1～12 个月，寿命可达 15～25 年。耐饥饿能力强。

(二)致病作用与症状

硬蜱、软蜱均是吸血动物，当它们寄生在犬体表时，损伤皮肤，病犬出现瘙痒、烦躁不安，经常摩擦、抓挠或啃咬皮肤，导致寄生部位出血、水肿、发炎和角质增生，或继发伤口蛆病。

由于大量吸食血液，引起患犬贫血，消瘦，发育不良等。如大量寄生于犬后肢时，可引起后肢麻痹；如寄生在趾间，可引起跛行。

蜱在寄生过程中，还能传播病毒性、细菌性传染病和某些原虫病，如出血热、布鲁氏菌病、巴贝斯虫病、埃利希体病等，可直接或间接地造成人、动物死亡。

(三)防治

(1)消灭犬体上的蜱，可用手捉或用煤油、凡士林等油类涂于寄生部位，使蜱窒息后用镊子拔除。拔蜱时，应使蜱体与犬的皮肤成垂直地往上拔，以避免蜱的口器断落在犬体内，引起局部炎症。捉到的蜱应立即杀死。

有条件可以使用福来恩喷剂和滴剂，蜱虫死亡后从犬身上掉下。

(2)可用 0.1％辛硫磷、0.05％蝇毒磷、1％美曲膦酯(敌百虫)、0.5％毒杀芬、0.5％马拉硫磷等药液对犬的体表进行喷洒、药浴或洗刷，均能杀灭犬体上的蜱类，但要防止犬舔食。也可用苏云金杆菌的制剂——内晶菌灵，喷洒于犬的体表，能使 70％～90％蜱死亡。

(3)消灭犬舍内的蜱，可以用泥巴堵塞犬舍内所有的缝隙和裂口，然后用石灰乳粉刷，或用敌敌畏烟剂熏杀。

【考核评价】

为了规范寄生虫病临床用药，要求为某品牌连锁宠物医院制订一个针对不同消费层次客户、不同种类犬猫的各类寄生虫病防治方案。

案例分析

分析以下案例，根据病史和临床症状，提出初步诊断，制订治疗措施（模拟开具处方）。

案例 11-1

哈士奇，公，1.5 岁，体重 26 kg。

临床检查：患部脱毛，皮肤发红、变厚多皱纹，皮脂腺分泌增强，覆盖有银白色黏性的糠皮样鳞屑；少部分会出现黑头、丘疹和小的红色突起。结痂通常表面存在继发感染，有毛囊炎、脓皮病症状，皮肤红铜色，发出难闻的臭味。

案例 11-2

苏格兰牧羊犬，公，3 岁，体重 22 kg。

临床检查：脸、四肢等患部脱毛，皮肤变厚、多皱纹、发红，有毛囊炎、脓皮病症状；食欲废绝，皮肤红铜色，毛发粗糙，发出难闻的臭味。

案例 11-3

巴哥犬，公，2 岁，体重 6 kg。

临床检查：经常用爪挠耳朵，耳朵内有大量类皮屑样分泌物，并发出难闻的气味。

案例 11-4

牛头梗，公，5 岁，体重 21 kg。

临床检查：机体出血、水肿、发炎和角质增生，部分伤口有蛆病，身上有不明血吸虫体寄生。

案例 11-5

博美犬，母，怀孕 45 d，3 岁，体重 3 kg。

主诉：怀孕 45 d，有一天在粪便中发现了虫子。

临床检查：贫血，消瘦，被毛没有光泽。

【知识拓展】

柯利犬系为什么不能用伊维菌素类药物

伊维菌素是阿佛曼链霉菌（*Streptomyces avermitilis*）发酵产生的半合成大环内酯类抗寄生虫药，对体内、外寄生虫特别是某些线虫（圆虫）类和节肢动物类具有良好的驱杀作用。

伊维菌素通过与线虫及节肢动物神经细胞或肌肉细胞中谷氨酸为阀门的氯离子通道的高亲和力结合，导致细胞膜对氯离子通透性增加，使虫体抑制性递质 γ-氨基丁酸的释放随之增加。γ-氨基丁酸能作用于突触前神经末梢，引起神经细胞或肌肉细胞的超极化，减少兴奋性递质释放，从而阻断神经信号传递，使肌细胞失去收缩能力，进而导致虫体神经系统麻痹而死亡。哺乳动物的外周神经递质为乙酰胆碱，γ-氨基能神经元仅出现于中枢神经系统内，而伊维菌素不易透过血脑屏障，所以哺乳动物不易受影响。但临床中由于使用剂量的不合理以及某些品种如柯利犬系自身基因突变等，时有中毒发生。

华盛顿州立大学兽医学院临床药理实验室通过分子生物学研究发现，多数柯利犬系具有多元抗药性基因(*MDR*1)突变。该基因编码P-糖蛋白,P-糖蛋白具有从脑中泵出许多药物和毒素的作用。具有突变基因犬不能合成P-糖蛋白,无法将药物泵出脑,导致伊维菌素在脑部蓄积,从而引起神经学异常。中毒犬通常需要长期住院治疗,且可能死亡。研究显示,美国大约每4只柯利犬就有3只具有突变*MDR*1基因,而法国和澳大利亚情况与此相当,所以估计世界各地的柯利犬情况也相似。*MDR*1基因突变也见于苏格兰牧羊犬、澳大利亚牧羊犬、古代英国牧羊犬、德国牧羊犬、边境牧羊犬、长毛惠比特犬及这些品种的杂交犬。伊维菌素易感性与性别、柯利犬眼睛畸形以及被毛类型无关。

有许多类型的药物据报道能引起柯利犬中毒,从止泻药如洛哌丁胺到抗寄生虫药及化疗药。随着研究的深入将有更多的易感药物被发现。具有*MDR*1基因突变犬的易感药物还包括:洛哌丁胺、多柔比星、长春碱、环孢霉素、地高辛、乙酰丙嗪、布托啡诺等。

中毒犬只主要表现为呼吸抑制及中枢神经抑制症状(超量使用伊维菌素还可能引起妊娠母犬流产),先期表现为呻吟,流涎,步态蹒跚,继而出现全身震颤性痉挛,头后仰、脖颈与四肢痉挛,舌麻痹伸出口外,舌面干裂,眼球完全被第三眼睑覆盖。后期呼吸快而浅表,心音弱而心率缓慢,血压及体温下降,四肢及耳端变冷,听觉、痛觉、关节反射及肠蠕动音消失,最后死亡。

伊维菌素中毒没有特效解毒药,主要采取对症治疗及液体支持疗法。静脉和经口给予营养及预防褥疮发生是对症治疗和支持疗法的目的。口服给药患病动物应着重排出伊维菌素,可使用活性炭、盐类泻药等。同时静脉补液,铺设垫子,翻转患病动物避免褥疮,并治疗可能的心动过缓。印防己毒素可能是特效解毒药,一些报道采用该药治疗伊维菌素中毒,以每分钟1 mg速度静脉输注8 min。印防己毒素是有效的γ-氨基丁酸拮抗剂,能增加中枢神经系统神经元的兴奋性。但印防己毒素安全剂量范围很窄,并不是伊维菌素中毒的理想解毒药。也可采用毒扁豆碱治疗犬伊维菌素中毒,它是不带电的乙酰胆碱酯酶可逆抑制剂,能穿透血脑屏障。毒扁豆碱对昏迷动物有一定的作用,这可能是由于受影响的神经元内乙酰胆碱浓度增加的缘故。昏迷动物可能出现短暂的兴奋性增加。对兽医师来说该药的优点在于:确诊伊维菌素中毒,可治疗更严重的病例并给动物主人以希望。

采用多元抗药性基因的诊断方法,兽医师可以通过检测判断犬是否具有突变基因,以判断药物是否可以使用,避免犬发生中毒。伊维菌素还会影响犬只的繁殖,母犬会出现死胎、畸形,公犬会导致精子活性降低,建议使用过伊维菌素的犬只半年内不要进行繁殖。

二维码 11-1　害获灭

二维码 11-2　通灭

【知识链接】

1. http://www.ipd.org.cn(中国疾病预防控制中心寄生虫病预防控制所)。

2. https://www.cadc.net.cn(中国兽医网)。

3. https://www.cvma.org.cn(中国兽医协会)。

模块4

宠物普通病

项目12
内科疾病

【学习目标】

• 了解犬猫消化系统疾病、呼吸系统疾病、循环系统疾病、泌尿系统疾病、神经系统疾病、营养代谢性疾病、中毒性疾病、内分泌系统疾病的概念、病因、症状；掌握犬猫常见内科疾病的诊断方法和防治措施。

【素质目标】

• 培养学生具备工匠精神，对内科疾病的诊断和治疗精益求精。
• 融合劳动精神，使学生理解内科疾病的防治是宠物医疗的基础工作。

【学习内容】

任务49　消化系统疾病

一、口炎

口炎是口腔黏膜的炎症。临床上以流涎、咀嚼障碍及口腔黏膜潮红肿胀为特征。按炎症的性质分为卡他性口炎、水疱性口炎、溃疡性口炎、霉菌性口炎和坏疽性口炎，临床上以溃疡性口炎最为常见。

（一）病因

1. 机械性刺激

由尖锐的牙齿、牙结石、异物（如钉子、铁丝）、骨头、鱼刺等直接损伤口腔黏膜，继发感染而引起。

2. 化学性刺激

误食生石灰、氨水、强酸强碱等或经口投服刺激性强烈的药物，均可引起本病。

3. 继发于其他疾病

常继发于舌伤、咽炎、牙结石、猫传染性鼻气管炎以及慢性代谢性疾病（如微量元素、B族维生素缺乏）等。此外，白色念珠菌、梭形芽孢杆菌、螺旋体感染也可引起口炎。

（二）症状

患病犬猫通常食欲丧失，咀嚼缓慢而疼痛、吞咽困难，大量流涎；口腔黏膜红、肿、热、痛。

口腔感觉过敏，抗拒检查；出气常带有难闻的恶臭。下颌淋巴结肿大，有时有轻度发热。

1. 水疱性口炎

口腔黏膜上可见大小不等的水疱。

2. 溃疡性口炎

口腔黏膜发生糜烂、坏死和溃疡。常并发或继发于全身性疾病，如猫传染性鼻气管炎等。

3. 霉菌性口炎

口腔黏膜上形成柔软、灰白色、稍隆起的斑点，病灶的周围潮红，表面覆有白色坚韧的被膜。常发生于长期或大剂量使用广谱抗生素病史的犬猫。

4. 坏疽性口炎

在溃疡面覆盖污秽的灰黄色油脂状假膜。下颌淋巴结肿大、坚硬。

(三)治疗

治疗原则：确定并消除病因，积极控制炎症的蔓延。

1. 消除病因

找出病因，并尽可能加以排除，必要时在全身麻醉后进行，如拔除口腔黏膜上的异物、修整锐齿等。

2. 继发性口炎应积极治疗原发病

细菌性口炎，选用有效的抗生素治疗，如口服或肌内注射氨苄西林、头孢菌素、喹诺酮类药物等。霉菌性口炎，选用制霉菌素软膏或两性霉素 B(0.5～1 mg/kg 体重，静脉注射，隔日 1 次)。坏疽性口炎，应全身应用抗生素，如青霉素 40 万～160 万 IU，或青霉素和链霉素合用(链霉素 25 mg/kg 体重)，肌内注射，2 次/d。

3. 对症治疗

一般可用生理盐水，或 2%～3%硼酸溶液，或 2%～3%碳酸氢钠溶液冲洗口腔，2～3 次/d；口臭严重时，可用 0.1%高锰酸钾溶液冲洗口腔或华素片粉末吹喷口腔表面；口腔分泌物过多时，用 1%明矾液冲洗口腔。口腔黏膜或舌面发生溃疡时，在冲洗口腔后，用碘甘油涂布创面，1～2 次/d。久治不愈的溃疡，可涂擦 5%～10%硝酸银溶液进行腐蚀，促进愈合。

4. 加强护理

患病犬猫喂以既营养丰富又易消化的流质食物或进口营养膏。当不能进食时，应输注葡萄糖、电解质溶液、复方氨基酸等制剂以维持营养。必要时可注射复合维生素 B 和输注脂肪乳，为增强黏膜抵抗力，可应用维生素 A 制剂。

二、咽炎

咽炎是咽黏膜及其深层组织的炎症。临床上以吞咽障碍、咽部肿胀、触压时敏感为特征。

(一)病因

咽炎按病因分为原发性咽炎和继发性咽炎两种类型。

1. 原发性咽炎

犬猫患此病比较少见。多因物理或化学物质刺激而引起。如犬猫吞食骨头、鱼刺等异物时刺伤，热食、热水烫伤，吞食冰冻食物、刺激性强烈的药物等刺激所致。

2. 继发性咽炎

多继发于口炎、扁桃体炎、感冒或邻近组织器官炎症。还常见于狂犬病、犬瘟热、犬钩端螺旋体病、犬传染性肝炎、猫泛白细胞减少症、猫尿毒症、维生素A缺乏症等。

本病在短头品种犬多见，因为该品种犬软腭过长或侧室外翻，引起饮水或食物倒流。

(二)症状

初期采食缓慢，并逐渐呈现采食吞咽困难或绝食。常有空口吞咽、流涎、呕吐、咽部黏膜充血肿胀和下颌淋巴结肿大等症状。若疼痛严重，拒绝饮水。咽部触诊，敏感性增加，人工诱咳阳性。有的犬猫出现全身症状而表现乏力、拒食、咳嗽和体温升高。

咽炎多取急性经过，无并发症时，经适当治疗，多数可于1～2周治愈。

(三)诊断

根据吞咽障碍、咽部肿胀及触压敏感基本可进行确诊。

(四)治疗

治疗原则：加强饲养管理，消除炎症。

1. 加强饲养管理

将患病犬猫置于温暖、干燥、通风良好的犬窝或猫舍内。对轻症犬猫，可给予流质食物，并勤饮水；对重症病例，应该禁食，静脉注射10%～25%葡萄糖液，并辅以维生素类药物或行营养性灌肠(切忌用胃管经口投药)。

2. 消除炎症

采用0.25%普鲁卡因青霉素溶液5～10 mL进行咽喉周围皮下封闭有很好疗效，或用2%～3%硼酸液蒸气吸入，或青霉素肌内注射，2～3次/d。也可用复方醋酸铅溶液在咽部冷敷，经2～3 d改用20%硫酸镁溶液温敷。

三、扁桃体炎

扁桃体炎是扁桃体受感染或刺激而发生的炎症，可分为原发性和继发性炎症、急性和慢性炎症。慢性扁桃体炎发生于短头颅犬种。

(一)病因

原发性扁桃体炎常为某些细菌(如溶血性链球菌和葡萄球菌)、病毒(如犬传染性肝炎病毒)感染所致。物理或化学物质刺激扁桃体窝，可引起本病。邻近器官炎症的蔓延、慢性呕吐、幽门痉挛、支气管炎等，常可继发本病。

(二)症状

1. 急性扁桃体炎

食欲不振、流涎、呕吐、吞咽困难，重症犬体温升高，颌下淋巴结肿胀，常有轻度的咳嗽。扁桃体潮红肿胀，由隐窝向外突出，表面有白色渗出物，有的可见坏死灶或形成溃疡。

2. 慢性扁桃体炎

以反复发作为特征，隐窝上皮纤维组织增生，口径变窄或闭锁，扁桃体表面失去光泽，呈

"泥样"。

(三)诊断

根据临床症状可做出初步诊断,开口拉出舌头可查明扁桃体肿胀及充血程度。犬的恶性淋巴瘤和鳞状细胞癌也可引起扁桃体肿大,应注意鉴别。

(四)治疗

(1)及时对因治疗。

(2)抗菌消炎:青霉素 40 万～160 万 IU,肌内注射,2 次/d。皮下注射磺胺二甲氧嘧啶,首次 0.2～1 g,次日减半。

(3)局部处理:急性扁桃体炎初期,可在颈部冷敷。除去扁桃体黏膜上的渗出液,涂擦复方碘甘油溶液。

(4)支持疗法:对采食困难的犬猫,静脉注射 5%葡萄糖生理盐水溶液,肌内注射复合维生素 B、维生素 C 等,1～2 次/d。尽可能避免口腔投药以减少刺激。

(5)手术疗法:对反复发作的慢性炎症,应在炎症缓和期手术摘除扁桃体。

四、多涎症

大量唾液从口流出的现象称为多涎症,因唾液腺分泌亢进而表现出来的流涎状态称为真性流涎症,而因吞咽困难表现的流涎状态称为假性流涎症。犬在高温情况下分泌大量稀薄唾液,属生理现象(有助于散热)。

(一)病因

1. 真性流涎症

常见于刺激唾液腺分泌的药物及毒物中毒(如铋、汞、砷、吗啡、乙醚、有机磷);作用于副交感神经和交感神经的药物以及苦味药物的应用;口腔器官炎症、唾液腺感染;胃的反射性兴奋(如胃炎、急性胃扩张、胃扭转);神经系统疾病(如癫痫、晕车症)及痉挛、恐惧等心理性刺激或某些传染病(如狂犬病、神经性犬瘟热)的经过中都可发生流涎。

2. 假性流涎症

常见于颅骨骨折、下颌骨骨折、换牙、下颌关节炎、扁桃体炎、咽炎、食道炎,或因口、咽或食道异物及唇、舌或咽麻痹等,导致唾液吞咽障碍。

(二)症状

口唇周围有很多泡沫样唾液是最明显的症状。当分泌亢进而无吞咽障碍时,唾液全部咽下,胃呈膨胀状态,有的出现反射性呕吐。假性流涎症常伴有唇下垂或舌脱出。

(三)治疗

主要治疗原发病。对药物或毒物中毒引起的流涎应催吐或洗胃,选用解毒剂。对神经性或反射障碍引起的流涎,应使用镇静剂、安定剂。对严重持续流涎未确定病因的,可用阿托品 0.05～0.1 mg/kg 体重,口服或皮下注射,制止流涎。

五、食道梗阻

食道梗阻是指食团或异物停滞于食道内,致使咽下障碍的一种疾病。临床上以突然发病、呕吐或哽噎、咽下障碍为特征。食道梗阻分为完全梗阻和不完全梗阻。多发生于食管的胸腔入口与心基底部之间或心基底部与膈的食道裂孔之间。犬的食道梗阻约比猫多6倍。

(一)病因

粗大的饲料团块(如骨块、软骨块、肉块、鱼刺)、混于饲料中的异物(如铁丝、针、鱼钩)及由于嬉戏而误咽的物品(如手套、木球、玩具)都可使食管发生阻塞。

饥饿过甚,采食过急(成群争食),或采食中受到惊恐而突然扬头吞咽,或呕吐过程中从胃内反逆食物进入食道后突然滞留是发生本病的常见诱因。

(二)症状

1.不完全梗阻

动物有不太明显的骚动不安、呕吐和哽噎动作,摄食缓慢,拒食大块的食物(如肉块、骨头),吞咽小心,有疼痛表现。仅能使液体食物通过食道入胃,而固体食物停滞于食道内或逆呕出来。

2.完全梗阻及尖锐异物或穿孔性异物引起的阻塞

患病动物突然停止采食,高度不安,头颈伸直,大量流涎,不断做哽噎或呕吐动作,吐出大量带泡沫的黏液和血性分泌物,常用后肢搔抓颈部,动物表现极度痛苦,或发生阵咳,甚至窒息。尖锐异物或穿孔性异物易引起食道坏死或穿孔而伴发局部脓肿、胸膜炎、脓胸等,多取死亡转归。

(三)诊断

根据病史和突然发生的特征性临床症状(多为进食时突发吞咽困难、流涎、哽噎或呕吐等),以及胃管插至梗阻部位不能前进等容易做出诊断。有条件的可做X线检查或食道内窥镜检查以确定异物的位置和性质及食道损伤程度。

(四)治疗

治疗原则:除去食管内梗塞物及对症治疗。临床上应根据阻塞物的种类采取不同的措施。

1.上段食道阻塞

动物麻醉后,用钳子钳住异物小心取出,也可用食道内窥镜和异物钳将异物取出。

2.坚硬难消化异物阻塞

以催吐或手术取出梗塞物为上策,因异物入胃后易引起肠梗阻。应用催吐方法只适用于非尖锐异物阻塞。

3.饲料团块阻塞

催吐排除异物或用胃管将阻塞物送入胃中。

(1)催吐:可选用阿扑吗啡0.04～0.08 mg/kg体重,皮下注射。

(2)胃管推送法:首先镇静或麻醉,然后应用植物油或液体石蜡10～20 mL灌服以润滑食道,同时皮下注射3%硝酸毛果芸香碱3～20 mg(犬),插入胃管将阻塞物送入胃中。

4.尖锐的或穿孔性的异物阻塞

以手术为上策,切开食道还是切开胃,主要取决于阻塞物体大小和位置。如果条件允许,可用食道内窥镜和异物钳将异物取出。

5. 控制继发感染

梗阻物排除后，选用有效的抗生素连续注射数日。同时补充营养和水分，如静脉注射葡萄糖氯化钠或行营养性灌肠，其后给予流质食物，逐渐恢复常食。

六、胃炎

胃炎是胃黏膜的急性或慢性炎症，以呕吐、胃压痛及脱水为特征。临床以急性胃炎多见，慢性胃炎多见于老年宠物或急性胃炎未能及时治疗发展而来。该病是宠物的常见病。

(一)病因

1. 外源性因素

(1)最常见病因是采食腐败变质的食物，由细菌毒素或霉菌毒素刺激胃黏膜引起。

(2)摄入异物，如包装材料、破布、木棒、毛发、石块、小玩具等机械刺激。

(3)服用或误食某些药物和化学物质(如重金属、清洁剂、化肥、除草剂等)。

(4)摄入青草和植物有时也会引起胃炎。

2. 内源性因素

(1)感染性因素：细菌感染可以引起胃炎，但细菌性胃炎发病率不高，因胃的酸性环境不利于细菌生长。急性胃炎多见于犬瘟热、犬传染性肝炎、犬冠状病毒感染、犬细小病毒感染和猫泛白细胞减少症等的经过中。

(2)内寄生虫感染：见于蛔虫、绦虫、球虫、弓形虫等感染。

3. 全身性疾病和过敏反应

如尿毒症、肝病、急性胰腺炎、肾炎、休克、脓毒症，甚至应激反应，都可以成为胃炎的发病原因；饲喂蛋、牛奶或鱼肉等，有时可引起个别犬猫变态反应性胃炎。

4. 慢性胃炎

病因尚未完全查明。

(1)中枢神经功能失调，影响胃的功能，可能与本病有关。

(2)急性炎症因素的长期刺激、胃酸缺乏、营养不足、内分泌功能障碍等，均可引起本病。

(二)症状

1. 急性胃炎

经常性急性呕吐、精神沉郁和腹痛是主要症状。宠物有极度渴感，但饮水后即发生呕吐。若为腐蚀剂引起的胃炎，呕吐物中含有血液及胃黏膜碎片。宠物拒食或偶有异嗜。常因腹痛而表现不安，腹部紧张，抗拒触诊前腹部。前肢向前伸展，体躯伏卧于凉地上。若持续呕吐，出现脱水、消瘦、电解质紊乱和碱中毒等。

2. 慢性胃炎

主要表现为与采食无关的间歇性呕吐，呕吐物常混有少量血液。食欲不振，逐渐消瘦，轻度贫血，最后发展为恶病质状态。

(三)诊断

根据病史、临床症状可初步建立诊断。单纯性胃炎，特别是急性胃炎，一般经对症治疗多可奏效，也可作为治疗性诊断。内窥镜检查胃黏膜的变化（如充血、肿胀，表面附有黏液或黏膜皱缩、增厚等）即可确诊。胃液检查胃酸减少或缺乏，胃液中含有上皮细胞、白细胞、黏液及细菌是慢性胃炎的特点。临床上注意与胃内异物、急性胰腺炎鉴别。

(四)治疗

治疗原则：除去病因，保护胃黏膜，止吐，纠正脱水、电解质及酸碱平衡紊乱。

1. 食饵疗法

首先应限制饮食，禁食 24 h 以上。在此期间为防止一次性大量饮水后引起呕吐，可多次给予少量的饮水或让其舔食冰块（以能维持口腔湿润即可）。然后喂以糖盐米汤、稀饭、青菜汤或高糖低脂低蛋白易消化的流质食物，应少食多餐，数日后逐步恢复正常饮食。

2. 镇静止吐

对持久性、顽固性呕吐的犬猫，应镇静止吐。

(1)抗胆碱能药物可以减少胃的蠕动和痉挛，降低胃壁平滑肌副交感神经的兴奋，减少胃酸分泌和减轻呕吐。如阿托品、东莨菪碱（不用于猫）。

(2)吩噻嗪类安定药（如氯丙嗪 0.5～1 mg/kg 体重肌内注射），对阻断内脏受刺激而引起的呕吐有效，可用于反复呕吐的病例。但只能止吐，对治疗胃炎并无帮助。

(3)甲氧氯普胺（胃复安）（10～20 mg/kg 体重肌内注射，2 次/d），或爱茂尔等止吐药物有良好效果。

3. 清理胃内容物

采用催吐剂，犬可用苯巴比妥钠、盐酸阿扑吗啡，猫可灌服 0.2%～0.5%硫酸铜。也可口服胃黏膜保护剂，如思密达、白陶土、氢氧化铝、碱式硝酸铋等。当有害物质进入肠道后，可用泻剂如液体石蜡 10～50 mL 内服。

4. 制止脱水及维持酸碱平衡

在发生脱水、电解质或酸碱平衡紊乱时，可用 5%葡萄糖和复方氯化钠溶液等量混合，每日 40～60 mL/kg 体重，静脉注射或分 2 次腹腔内注射，以补充丧失的体液，并配合维生素 B_1、维生素 C，同时注意补充钾离子和防止碱中毒。也可给予口服补液盐溶液，任其自由饮用或行营养性灌肠（每日 50～80 mL/kg 体重，分 2～3 次经直肠灌入）。

5. 对症治疗

对细菌、病毒感染或继发肠炎时，可选用抗生素和抗病毒药物，必要时肌内注射地塞米松（犬 2～10 mg、猫 0.5～5 mg），以增强机体抗炎、抗毒素作用。对严重病例，如胃出血或溃疡病例，应用维生素 K_1 或酚磺乙胺（止血敏）等止血药，同时给予制酸剂-H_2 受体阻断剂（如甲腈咪胍，4 mg/kg 体重肌内注射，2～3 次/d），能阻断壁细胞的组胺受体，减少犬猫胃酸的产生，可用于治疗胃和十二指肠溃疡、反流性食管炎、急性胃出血和胃酸分泌过多综合征。对胃酸缺乏的病例，可灌服稀盐酸 0.5～3 mL，2～3 次/d。

6. 健胃助消化

可口服妈咪爱、乳酶生、丽珠肠乐、胃蛋白酶、淀粉酶、多酶片、健胃消食片等。

七、胃扩张-扭转综合征

胃扩张是由于胃的分泌物、食物或气体聚积而使胃发生扩张的疾病。胃扭转是胃幽门部从右边转向左侧，被挤压于肝脏、食管的末端和胃底之间，并导致贲门不通的疾病。胃扭转后很快发生胃扩张(胃内蓄积的气体和液体既不能通过食管，也不能通过十二指肠而引起胃扩张)，因此称为胃扩张-扭转综合征。本病经过急剧，如不及时治疗，会迅速引起死亡。本病多见于大型犬、胸部狭长的犬，且多见于中年犬或老年犬，雄性比雌性发病率高。家猫也可发生胃扭转。

(一)病因

1. 胃扩张

胃扩张有两种类型，以胸部深而狭小的犬(如赛犬属的犬)较为常见。

(1)第一型(缓发型)。由于采食增加，经过相当时期，胃发生代偿性增大。其促发因素有寄生虫、不适当的饮食和胰液分泌减少。

(2)第二型(速发型)。发病急剧，胃由于分泌物、食物和气体聚积而发生急性扩张。直接原因是采食大量干燥难消化或易发酵食物，继之剧烈运动并饮用大量冷水。肠梗阻、便秘等机械阻塞也可引起胃扩张。

2. 胃扭转

犬的幽门移动性较大，如因胃内容物过多而使胃韧带松弛或断裂时，就可发生本病。本病往往发生于饱食后打滚、跳跃、迅速上下楼梯时的旋转、摇摆和滚动等情况下。胃扭转使胃的贲门和幽门发生闭锁，胃、脾血液循环受阻，导致急性胃扩张。

(二)症状

1. 过食性胃扩张

腹部显著增大，并出现急性腹痛症状。可见嗳气、流涎和呕吐，触诊腹前部增大变硬。严重者会发生虚脱。而继发于营养不足或胰腺炎的胃扩张，通常不产生胃部症状。

2. 急性胃扩张

不论有无胃扭转，宠物首先呈现剧烈腹痛，卧地翻滚、嚎叫不安，然后迅速发生腹部膨大，大量流涎、呕吐或干呕。腹部叩诊呈鼓音或金属音，急剧冲击胃下部，可听到拍水音。由于扩张的胃压迫横膈膜使呼吸困难，心跳加快，严重者可窒息休克。

通过细致的腹部触诊，可在两侧肋下部摸到膨大呈球状囊袋的胃，并可确定胃内容物的性质(如积液、积食、积气)。

(三)诊断

根据病史、体征及腹部触诊即可做出胃扩张的初步诊断。X线检查有助于确定胃内容物的性质。胃扭转和急性胃扩张的临床症状相同，难以确切鉴别。若胃导管能插入胃内，就可排除胃扭转。但有时无并发症的急性胃扩张病例，也不能插入胃导管，确诊需依赖手术及X线检查。

(四)治疗

胃扩张-扭转综合征应做急症处理。治疗原则是：排除胃内容物，镇痛，抗休克。胃扭转应尽早手术整复。

1. 放气催吐，排除胃内容物

首先必须尽力缓解气胀，可插入胃管排出胃内积气；如不能如愿，则必须用注射针头，经腹壁插入扩张的胃内进行放气。对单纯过食性胃扩张，可在放气后，皮下注射阿扑吗啡（2～10 mg）促其呕吐，以排除胃内容物，缓解症状。

2. 镇痛

度冷丁（哌替啶）5～10 mg/kg 体重或双氯芬酸钠 1.5～3 mg/kg 体重，肌内注射或皮下注射。

3. 手术治疗

若放气后症状不能立即获得显著改善，或胃扭转病例应及时进行剖腹手术整复和使胃排空。

胃扭转手术整复：局部浸润麻醉或全身麻醉，切开腹壁（由剑状软骨到脐的后方），由口腔插入粗的胃管，将扭转部整复到正常位置。胃整复困难时，预先用连接吸引装置的穿刺针穿刺，排除胃内气体后再整复。并将胃与腹壁固定防止复发。如果胃内容物洗不出来或胃内有大的异物，应行胃切开术。术后给予抗生素 4～6 d，做过胃壁手术的犬猫应禁食 5～7 d，其间静脉注射或直肠灌注营养液，而后给予流质食物，逐渐恢复常食。

4. 抗休克

出现休克时，应进行抗休克治疗。可给予强心剂、呼吸兴奋剂及氢化可的松 5～20 mg 或地塞米松 2～10 mg（用生理盐水或葡萄糖溶液稀释后静脉滴注）。同时大量补给电解质溶液，皮下或肌内注射复合维生素 B、三磷酸腺苷二钠（0.1～0.4 mg/kg 体重），并配合抗生素治疗。

5. 加强饲养管理

急性期应禁食 24 h，3 d 内给予流质食物，然后给予无刺激性的软食，至少 3 次/d，同时给予健胃助消化药物，逐渐恢复正常饮食。

八、肠炎

肠炎是小肠黏膜的急性或慢性炎症。临床上以消化紊乱、呕吐、腹痛、腹泻及自体中毒体征为特征。本病既可作为仅侵害小肠的一种独立的疾病，但更常见的是涉及胃或结肠的更广泛的炎症性疾病。通常所说的“肠炎”，是包括胃炎、小肠炎、结肠炎的统称。肠炎按其病因分为原发性和继发性 2 种类型。肠炎是犬猫最常见的内科病。

（一）病因

1. 原发性肠炎

主要是由于犬猫采食腐败变质的食物、动物废弃物及病原微生物所污染的食物饮水，或者误食喷雾剂、毒饵、重金属、刺激性药物、异物等。饲喂大量难消化的蚕豆、豌豆和谷物（粟、玉米等）后常发生本病。某些特异性食物的过敏反应常导致急性肠炎。长期使用抗生素引起肠道菌群紊乱常呈现慢性肠炎。

2. 继发性肠炎

常见于某些传染病，如犬瘟热、犬细小病毒病、犬传染性肝炎、犬冠状病毒感染、猫泛白细胞减少症等；钩端螺旋体、沙门菌、大肠埃希菌、变形杆菌和弧菌是肠炎的常见病原菌。某些寄生虫感染，如绦虫、蛔虫、弓形虫、钩虫、球虫感染也常伴发肠炎。

3. 饲养管理不当

营养不良，过度疲劳、感冒等因素，降低机体的抵抗力，使胃肠屏障功能减弱，平时在胃肠道内的不引起致病作用的细菌(如大肠杆菌、变形杆菌、沙门菌和弧菌等),由于毒力增强而致发本病。

(二)症状

肠炎的主要症状是腹泻、腹痛、呕吐、发热和毒血症。

病初,主要表现消化不良及粪便带有黏液。当炎症波及黏膜下层组织时,呈现持续而剧烈腹痛、腹壁紧张、触诊敏感或抗拒腹检,经常伏卧于凉的地面或以肘及胸骨支于地面,后躯高起做"祈祷姿势",食欲废绝。

当以胃、小肠炎症为主时,频发呕吐,呕吐物初期为食糜,以后为泡沫样黏液。粪便常混有血液呈黑褐色或黑红色甚至混有黏膜碎片。口腔干燥,灼热,口臭、舌苔厚,结膜潮红或黄染。

以大肠炎症为主时,呈现剧烈腹泻,粪便稀软、水样或胶冻状,粪便恶臭,含有黏液、血液(粪便表面附血丝或血块)、黏膜组织,有时混有脓汁。病至后期,由于肛门松弛,呈现排粪失禁或里急后重现象。听诊肠音增强,有时可闻带金属调的肠音,后期肠音沉衰。

全身症状重剧,体温升高,脉搏细数,黏膜发绀。脱水体征明显,眼球下陷,皮肤弹性减退,血液浓稠,尿量减少。自体中毒体征明显,虚弱无力,肢端发凉,脉搏细数,肌肉震颤,体温下降,昏迷等。

慢性病例,除反复腹泻或腹泻与便秘交替出现和轻度的营养不良外,其他症状不明显。

(三)诊断

根据病史和临床症状,容易诊断,但原因诊断则需依靠实验室工作。粪便检验可以证明有无寄生虫和原虫。进行粪便培养,可以确定有无病原菌。

(四)治疗

治疗原则:抗菌消炎、缓泻止泻、强心补液防止自体中毒。

1. 食饵疗法

首先应禁食 24 h,只给少量饮水或口服补液盐。然后可喂以糖盐米汤 100～500 mL,3 次/d。或给予无刺激性饮食,如肉汤、菜汤、牛奶、淀粉糊等,然后逐渐调整,直至恢复正常饮食为止。

2. 抗菌消炎

控制和预防继发感染,是治疗肠炎的根本措施,适用于各种病型并应贯穿于整个病程。选用有效抗菌药物:如氟苯尼考、拜有利、庆大霉素(连用一般不超过 3 d)、氟喹诺酮类、磺胺类等抗菌药物,也可选用甲硝唑 25 mg/kg 体重静脉注射。

3. 缓泻止酵,清理胃肠

适用于患病宠物排粪迟滞,或排恶臭稀粪,排粪不畅的情况。在患病的早期,可用硫酸钠、人工盐适量内服。炎症明显时用植物油类缓泻剂(如花生油或液体石蜡等)。

4. 收敛止泻

适用于肠内积粪已基本排除,粪便臭味不大,而仍剧泻不止的非传染性肠炎的犬猫。常用吸附收敛药物,如思密达 0.5～2 g、活性炭 0.5～2 g、鞣酸蛋白 0.5～2 g、碱式硝酸铋 0.2～1 g,内服,3 次/d,或 0.1%高锰酸钾 50～200 mL 内服或灌肠。

5. 强心补液防自体中毒

可选用林格液 100～500 mL、维生素 C 0.2～1 g、维生素 B_1 50～200 mg、25%葡萄糖液 5～20 mL、5%碳酸氢钠 1～2 mL/kg 体重，静脉滴注，1～2 次/d；强尔心液（氧化樟脑液）2～20 mg 或安钠咖 100～200 mg/kg 体重，肌内注射，1～2 次/d。

6. 对症治疗

呕吐严重应止吐，可选用胃复安或盐酸氯丙嗪；出血用止血剂；传染性胃肠炎可采用抗血清治疗；寄生虫性胃肠炎以驱虫为主。后期应用健胃剂（如胃蛋白酶、乳酸菌素片）。

九、小肠梗阻

肠梗阻是犬猫的一种急腹症，发生部位主要为小肠（由于犬猫食道和小肠内径相差较大），包括机械性阻塞、肠变位及功能性因素引起的阻塞。临床上以剧烈腹痛，持续性呕吐，全身症状重剧，病程短急为特征。本病发生急剧、发展迅速，预后慎重，治疗不及时，死亡率高。

（一）病因

1. 异物阻塞及肠腔闭塞

异物阻塞及肠腔闭塞多由果核、橡皮、弹性玩具、石块、木块、布条、塑料等异物引起；粪便秘结、肠道寄生虫等也可引起阻塞。肠道内外肿瘤、肠道手术后形成瘢痕及疝等，使肠腔闭塞，造成肠道内容物运转障碍。

2. 肠变位

肠变位包括肠套叠、肠嵌闭、肠绞窄、肠扭转等。临床以肠套叠多发，是指一段肠管及其附着的肠系膜套入邻近一段肠管内的肠变位。犬的肠套叠较多见，尤以幼龄犬发病率较高。多见于前段肠管套入后段肠管，以空肠、回肠套入结肠最多见，有时也发生盲肠套入结肠、十二指肠套入胃内。

主要由于过度活动和肠道的痉挛性蠕动所致。常见于犬细小病毒感染、犬瘟热、急性肠炎、寄生虫病等，造成肠蠕动功能失调；食入大量冰冷食物或冷水，刺激肠道产生剧烈蠕动，引起近端肠道套入远端肠道；幼龄犬离乳后采食新的食物引起吸收不良、反复剧烈呕吐、腹泻、肠肿瘤和肠道局部增厚变形等，也能引起肠套叠。

3. 功能性因素

支配肠壁的神经紊乱或发炎、坏死，导致肠蠕动减弱或消失；肠系膜血栓，导致肠血液循环发生障碍，继而肠壁肌肉麻痹，肠道内容物滞留。

（二）症状

肠梗阻部位越接近胃，其症状越急剧，病程发展越迅速。最显著的症状是持续性呕吐、精神沉郁、废食等，由肠变化引起的肠梗阻可见腹痛逐渐加剧。

初期表现腹部僵硬，抗拒腹部触诊。呕吐是早期症状，不完全梗阻仅在采食固体食物时发生呕吐，以慢性腹泻或便秘为主要症状。完全梗阻时，腹痛不安，饮欲亢进。呕吐，初期呕吐物中含有不消化食物和黏液，随后呕吐物中含有胆汁和肠内容物。排粪减少，排出煤焦油样稀粪，以后排粪停止。肠套叠时粪便多呈稀薄黏液性血便，呈现里急后重。由呕吐导致机体脱水、电解质紊乱和伴发碱中毒。套入长度不等，个别套入部可突出肛门外，似直肠脱出。当肠道突出肛门外时，用钝性探子插入直肠和突出肠道之间进行探诊；当肠套叠时，探子插入很深；当直肠脱时，探子插入困难。

腹部触诊时可触及肠管内有质地坚实的团块，触压敏感，其前方肠道由于充满气体和液体而扩张增粗富有弹性，后方肠道空虚。肠套叠时可触摸到敏感的粗细为正常肠管 2 倍左右、有弹性似香肠样质地的套叠肠段，有时可触摸到套入肠段的末端突然变细。

（三）诊断

根据病史、临床症状及腹部触诊可建立诊断。腹部紧张可施行浅麻醉或注射氯丙嗪以利于检查。

1. X 线检查

阻塞前部肠管扩张，有特征性气体征象。站立位时，可见液体与气体之间的水平线，阻塞部以下的肠道呈空虚征象。肠套叠可见 2 倍肠管粗细的圆筒状软组织阴影，严重时，套叠部的肠壁间有气体阴影或出现双层结构。

2. 肠道造影

投服钡剂或发泡剂后，肠道造影可确定阻塞部位。

3. 探查

必要时剖腹探查，以便及时治疗。

4. 超声诊断

腹部超声是诊断肠套叠的首选方法，快速准确。

（四）治疗

1. 手术疗法

立即进行外科手术治疗，并采取补充体液和电解质、调整酸碱平衡，应用广谱抗生素控制感染等对症治疗措施。

2. 保守疗法

肠套叠初期可试用温肥皂水灌肠；有时用止痛药和麻醉药，可使初期肠套叠自然复位。也可采用腹壁触诊整复：一只手握住套叠部肠管的前端往前牵引，另一只手从套入肠段的断端往前轻轻挤压，可望复位。

十、肠便秘

肠便秘是肠蠕动功能障碍，肠内容物不能及时后送而滞留于大肠内，水分进一步吸收，内容物变干、变硬，致使排粪过少或排粪困难的现象。便秘是犬猫的常见病，尤多发于老年犬猫。虽然犬猫对大肠便秘有较强的耐受性，粪便能在结肠内停留数日而无不良反应，但是滞留时间太长，水分被吸收，粪便变得越来越干，因而难以排出。结肠壁受到粪便的压迫会发生不可逆的退行性变化，引起排粪功能障碍和继发巨大结肠症。

（一）病因

1. 饲料和环境因素

食入多量骨头、异物和毛发，与粪便混在一起，便形成大的硬粪块。另外，环境突然改变、缺乏运动，也会打乱原有的排便习惯。

2. 直肠及肛门受到机械性压迫或阻挡

引起排粪疼痛的各种肛门疾病（如肛窦炎、肛门囊肿、肛瘘），直肠狭窄及肠管内外梗阻（如会阴疝，骨盆骨折愈合遗留骨盆腔狭窄，前列腺肥大囊肿，盆腔器官及结肠、直肠、肛门肿瘤等），由于排粪不畅及开始排粪就感到疼痛，遂使正常排粪的便意消失。

3. 不能使宠物采取正常排粪姿势的疾病

如骨盆骨折、髋关节脱位或肢体骨折等。

4. 其他引起肠弛缓的因素

如老年性肠弛缓；内分泌异常，如甲状旁腺功能亢进及甲状腺功能减退会影响平滑肌的正常功能而发生便秘。在某些慢性病经过中，由于脱水和衰弱而引起便秘。许多药物也可引起便秘，如抗胆碱能药、抗组胺药、硫酸钡、利尿药和阿片类药物。某些神经源性疾病也会引起便秘，如腰荐部脊髓或神经损伤，使肛门括约肌丧失排便反射。

（二）症状

主要表现为排粪迟滞，里急后重。宠物经常试图排粪，反复努责而排不出粪便，常因疼痛而鸣叫，有时仅排少量附有血液和黏液的干粪。初期精神、食欲多无变化，久之出现食欲不振甚至废绝。宠物腹围膨大，腹痛，背腰弓起，有时出现呕吐。结肠梗阻有时可发生积粪性腹泻，排出褐色水样粪便。腹部触诊可触及肠管内成串的秘结粪块，肛门指检敏感，在直肠内有干燥、秘结的粪块。X线检查，可根据钡餐在胃肠道的运行情况，清晰可见肠管扩张状态，其中含有致密粪块等异物阴影。

（三）诊断

根据排粪困难的病史和触诊摸到大肠内成串的干硬粪块，按压时有疼痛表现及肛门指检，不难确诊。

（四）治疗

治疗原则：疏通肠管，促进排粪。

1. 单纯便秘

可采用温水或2%小苏打水或温肥皂水反复灌肠，每次20～200 mL，并在腹部适当按压肠内粪块。灌肠时需特别注意压力不可过高（尤其是对猫），否则极易造成直肠壁穿透。也可用甘油5～30 mL或开塞露5～10 mL，肛门注入。服用缓泻药，如果导片，每次1～2片，或硫酸钠（或硫酸镁）5～30 g，或液体石蜡10～80 mL。也可选用中药芒硝、大黄各5～15 g，共为末，用蜂蜜调和内服，同时服用口服补液盐，疗效较好。对直肠后段、肛门便秘时可在全身麻醉后用镊子破碎粪块并取出。

用上述方法无效时，应手术取出粪块，加强护理，采取补液，强心等措施。

粪便排出后的恢复期，可投服适当润滑性泻剂，如液体石蜡或蓖麻油10～60 mL，促进肠内容物排出。适当运动，合理调配饲料，饮水要充足。

2. 继发性便秘

主要治疗原发病。

十一、胰腺炎

胰腺炎分为急性胰腺炎和慢性胰腺炎。急性胰腺炎是由胰腺酶消化胰腺自身所引起的急性炎症。临床上以突发前腹部剧痛、腹膜炎、休克为特征。胰腺腺泡组织的包囊内含有消化酶的酶原粒，如胰腺内的酶原被激活，就会引起腺体自体消化，产生严重的炎症反应。但腺泡组织如不往小肠内分泌消化酶，就会影响消化和发生继发性营养不良。急性胰腺炎分为水肿型和出血型(败血型)胰腺炎，前者早期治疗预后尚可，后者死亡率极高。

慢性胰腺炎是指胰腺的反复发作性或持续性炎症变化，胰腺呈广泛性纤维化，局灶性坏死，胰泡和胰岛组织的萎缩和消失，假囊肿形成和钙化。临床上以呕吐、腹痛、黄疸、脂肪泻、糖尿病为特征。仅偶见于家猫。

犬猫的胰腺炎较多，但有临床症状的较少见，多在死后剖检时才能发现病变。犬发病率比猫高，雌犬多于雄犬。尽管各种年龄的犬都可患病，但以幼龄犬和中年肥胖雌犬更为常见。

(一)病因

胰腺炎有多种原因，损伤可能是主要因素。自然病例多为水肿型胰腺炎，实验发病的为急性出血性胰腺炎。

1. 肥胖

患急性胰腺炎的犬多为肥胖犬。饲喂高脂食物可以改变胰腺细胞内酶的含量而诱发急性胰腺炎，饮食中的脂肪含量和犬猫的营养状况是急性胰腺炎发病的重要因素。

2. 高脂血症

在急性胰腺炎患犬中，多伴有高脂血症。高脂血症可以引起胰腺炎，反之，急性胰腺炎又可以诱发高脂血症，并改变血浆脂蛋白酶。脂肪饮食能产生明显的食饵性脂血症(乳糜微粒血症)，继而发生胰腺炎，尤其当血液中清除乳糜微粒的机制受到损害时(如患甲状腺功能低下或糖尿病)，更易发生急性胰腺炎。

脂血症导致胰腺炎的机理不详。有研究者认为，位于胰腺毛细血管床的酯酶能水解血液内的脂肪，释放出脂肪酸，可造成胰腺内局部酸中毒和血管收缩，由于局部缺血和炎症释放出更多的酯酶进入血液循环，从而造成胰腺炎。

3. 胆管疾病

由于胆管和胰腺间质的淋巴管互通，所以，胆管疾病可以通过淋巴管扩散至胰腺而发病。

4. 感染

胰腺炎可见于犬猫某些传染性疾病过程中，犬传染性肝炎、犬猫弓形虫病和猫传染性腹膜炎是涉及胰腺的传染病(因为可以引起胆管肝炎诱发胰腺炎)。中毒性疾病、腹膜炎、肾脏病、败血症等过程中，病毒、细菌或毒物等经血液、淋巴而侵害胰腺引起炎症。

5. 十二指肠液或胆汁反流

十二指肠液或胆汁反流进入胰管和胰间质，是急性胰腺炎的原因之一。因胆汁中的溶血卵磷脂和未结合的胆盐对胰腺的毒性甚大。

6. 慢性胰腺炎

多由急性局限性胰腺炎发展而来，或由胆道、十二指肠感染以及胰管狭窄等所致。

(二)症状

1.急性胰腺炎

多数患病宠物表现严重呕吐和腹痛,病犬采取以肘及胸骨支地而后躯高起的“祈祷姿势”,有的则找阴凉地方,腹部紧贴地面躺卧。精神沉郁、厌食、发热、黄疸。腹部膨胀,紧张有压痛。腹泻乃至血性腹泻。部分病例呈现烦渴,饮水后立即呕吐,呼吸急促,心动过速,脱水。严重病例出现昏迷或休克(胰岛素突然大量释放引起低血糖,或钙与血中的脂肪酸结合导致低血钙所致)。

急性出血型胰腺炎的临床症状与急性水肿型胰腺炎相似,但症状更严重。腹痛是经常出现的症状,比较弥漫而不局限于局部。腹胀、腹泻和呕吐都较急性水肿型胰腺炎严重,粪便常带血。急性出血型胰腺炎的病犬常常发生休克。

2.慢性胰腺炎

特征是反复发作持续性呕吐和腹痛。常见症状是排粪次数增多,粪便发油光,呈橙黄色或黏土色,有酸臭味,含有未完全消化的食物。由于吸收不良或并发糖尿病,宠物表现贪食。又因粪中含脂肪较多,尾毛和会阴部污染呈油污样。触诊胰腺或周围脂肪(猫)不规则。生长停滞,明显消瘦。

(三)诊断

1.急性胰腺炎

无确定诊断的特定指征,确切诊断比较困难。只能通过实验性治疗来诊断。

(1)实验室检查。白细胞总数和中性粒细胞增多,血清中淀粉酶及脂肪酶的浓度升高(达正常的2倍),但血清淀粉酶多于发病2～3 d后恢复正常。其他有助于胰腺炎诊断的实验室指标有低血钙、一时性的高血糖症和谷丙转氨酶升高,禁食时的高脂血症可作为急性胰腺炎的诊断依据。严重胰腺炎病例由于胰腺和附近器官发炎引起液体渗出而有腹水,腹水中含有淀粉酶具有诊断意义。

(2)探查。必要时进行剖腹探查和腹腔镜检查以确定诊断。

(3)X线检查。可发现上腹部密度增加,但X线检查正常也不能排除胰腺炎。

2.慢性胰腺炎或胰腺发育不全

由于缺乏胰蛋白酶,粪便中含有脂肪和不消化肌肉纤维可作为诊断依据。

(1)胰蛋白酶活性检验。可以区别肠道内缺乏胰蛋白酶所致消化不良与肠道本身吸收功能障碍所致吸收不良。检验方法有X线检查、消化试验和明胶试管试验。

(2)粪便显微镜检查。在卢戈氏碘液中加少许新鲜粪便混合为乳浊液,取1滴在载玻片上,待稍干燥后在高倍镜下观察。不消化的肌肉纤维被染为褐色,或有大量的淀粉颗粒被染成蓝色,或有橘黄脂肪滴时说明缺乏脂肪酶。如与正常宠物对比,可增加可靠性。

(四)治疗

1.急性胰腺炎

(1)避免刺激胰腺分泌:最重要的是禁食(包括水和药物),同时维持水和电解质平衡,常用5%葡萄糖生理盐水或复方氯化钠注射液50～500 mL、复方氨基酸20～100 mL分次静脉注射,维生素C注射液0.2～1 g、维生素B_1注射液100 mg,静脉注射。

抗胆碱能药可用于阻抑胰腺分泌，如肌内注射阿托品或口服异丙酰胺 0.03 mg/kg 体重或溴丙胺太林（普鲁本辛）5～15 mg，3 次/d。

（2）抗菌消炎：以广谱抗生素或多种抗生素联合应用效果较好，如头孢菌素、卡那霉素或庆大霉素、喹诺酮类或普康素、保得胜、牧特灵等，肌内注射，2～3 次/d；或青霉素、链霉素合并应用。

（3）镇痛抗休克：镇痛可肌内注射双氯酚酸钠或镇痛新（喷他佐辛）等，必要时，每隔 6～12 h 重复一次。抗休克用氢化可的松 5～20 mg 或地塞米松 2～10 mg 溶于葡萄糖溶液中静脉注射。

（4）手术疗法：当胰腺坏死时，应立即手术切除坏死的胰腺。

（5）对症治疗：维生素 K_3 注射液 1～2 mg/kg 体重肌内注射有利于止血。有脂肪泻者，补给胰酶制剂、维生素 K、维生素 A、维生素 D、维生素 B_{12}、叶酸及钙制剂。恢复期可喂以少量低脂饮食，逐步调整至正常饮食。

2. 慢性胰腺炎

（1）食饵疗法；应用高碳水化合物和低脂肪食物，逐渐均衡营养，少食多餐，每日至少饲喂 3 次。

（2）交换消化酶疗法：将胰蛋白酶或胰粉制剂混于食物中进行代替疗法，将胰酶与碳酸氢钠合用作用更强。同时补充维生素 K、维生素 A、维生素 D、维生素 B_{12}、叶酸及钙制剂。

十二、肝炎

肝炎是肝细胞变性、坏死的一种急性病。临床上以黄疸、消化紊乱、出现神经症状及肝功能障碍为特征。

（一）病因

1. 中毒

化学毒物如四氯化碳、氯仿、鞣酸等，能直接损伤肝细胞，引起急性实质性肝炎或肝坏死。误食砷、汞、铜、硒、磷等毒物，农药，杀鼠剂，杀虫剂，或采食有毒植物、霉变食物等，也是引起肝炎的常见病因。猫对防腐剂比犬敏感，长期采食含防腐剂食物因蓄积而中毒。药物中毒（如反复投予氯丙嗪、睾酮、氟烷、阿司匹林、扑热息痛、酚类药物等），可引起中毒性肝炎。因猫肝脏中缺乏葡糖醛酸转移酶，故猫的中毒性肝炎在临床上比犬多见。

2. 病毒、细菌、寄生虫感染

如传染性肝炎病毒、疱疹病毒、猫传染性腹膜炎病毒、结核分枝杆菌、化脓性细菌（如葡萄球菌、化脓杆菌）感染、钩端螺旋体病、肝吸虫病、巴贝斯虫及胃肠炎等经过中，由于毒素刺激肝脏，经常伴发实质性肝炎。

3. 其他因素

心力衰竭时，由于血液循环障碍，门静脉和肝淤血，肝窦状隙内压增高，压迫肝实质，也可引起肝细胞营养不良而引发本病。有人认为，蛋氨酸缺乏可引起肝硬化，胱氨酸缺乏可引起急性重型肝炎。

（二）症状

精神沉郁，全身无力，行动迟缓。有的则先兴奋，以后转为昏睡，甚至昏迷。眼结膜出现不同程度的黄染。常有微热，体温可升高至 39.5 ℃左右，但也有体温不高的病例。患病犬猫心跳减慢、脉搏减少，常有轻微的腹痛，弓腰及皮肤瘙痒。

呈现慢性消化不良症状，食欲减退、呕吐，其特点是粪便起初干燥，随后稀软，臭味大，粪色淡，严重时呈灰白色。

急性肝炎在肝区触诊有疼痛反应。肝区叩诊，肝大明显时肝浊音区增大。

尿色发暗或变黄，尿中可检出胆红素、蛋白质。血清胆红素增多，定性试验直接反应及间接反应均呈阳性。麝香草酚浊度、硫酸锌浊度均升高。血清酶活力改变，有诊断意义的指标是在肝损伤时天冬氨酸氨基转移酶(AST)及丙氨酸氨基转移酶(ALT)的活性均升高。

急性肝炎如发现早，及时除去病因并适当治疗，可在短时间内康复。如转为慢性时，除经常伴发消化不良外，其他症状多不明显，当肝硬化时可出现腹水，预后大多不良。

(三)诊断

临床上，根据黄疸，消化紊乱，粪便干稀不定、恶臭、色淡，肝区触诊、叩诊的变化以及按一般消化不良治疗效果不明显等，可初步诊断为急性肝炎。如肝功能和尿液检验结果有相应变化，则可确诊，但应注意与下列疾病相鉴别。

1. 犬传染性肝炎

常伴发热(达 41 ℃)，呈流行性，尤易侵袭幼龄犬，确诊需借助特异性诊断(如病毒分离、血清学试验)。

2. 猫传染性腹膜炎

呈流行性，1～2 岁猫多发，有持续性发热(39.5～41 ℃)症状，呼吸困难，腹部膨大且有大量腹水(腹水相对密度大)。

3. 急性消化不良

无黄疸，多不发热，肝功能检验无变化，按消化不良治疗容易收效。

4. 钩端螺旋体病

多发生于夏秋季节，以 7—9 月份较多。血液、尿液中可检出病原体，血清学试验阳性。

(四)治疗

急性肝炎的治疗原则：除去病因，积极治疗原发病，保肝利胆，增强肝脏解毒功能等。

1. 食饵疗法

对患病宠物喂以富含糖类、维生素和优质蛋白质的易消化食物，减少脂肪类食物。

2. 保肝利胆

为了增强肝脏功能，用 25%葡萄糖 10～100 mL、林格液 20～200 mL、复方氨基酸 10～100 mL、5%维生素 C 注射液 2～6 mL，静脉注射，1～2 次/d；维生素 B_1、维生素 B_2、维生素 B_6 或复合维生素 B，肌内注射，1～2 次/d。为促进胆汁排泄，内服人工盐或硫酸镁或硫酸钠 10～30 g。为增强肝脏解毒功能，内服谷氨酸(0.5～2 g/次)或肝泰乐(犬 0.1～0.2 g/次)，2～3 次/d。

3. 控制感染

选用对肝脏损害较轻的抗生素，如氨苄西林、头孢类抗生素等。配合糖皮质激素如地塞米松 1～5 mg，肌内注射或静脉注射。

4. 对症治疗

根据病情，可适当选用清肠健胃剂。有出血倾向时应用止血剂，如 1% 维生素 K_3 1～5 mL，肌内注射，也可应用钙制剂。对衰弱宠物可给予同化激素如苯丙酸诺龙，促进蛋白质合成。多种维生素对恢复肝细胞功能有一定效果。

十三、腹膜炎

腹膜炎是由细菌感染或化学物质刺激所引起的腹膜炎症。根据临床表现分为急性腹膜炎和慢性腹膜炎；根据腹膜内有无感染病灶分为原发性腹膜炎和继发性腹膜炎；根据病因分为细菌性腹膜炎和非细菌性腹膜炎；根据炎症的范围或程度又分为局限性腹膜炎和弥漫性腹膜炎。犬多数为继发性腹膜炎。

(一)病因

1. 急性腹膜炎

主要继发于下列疾病。

(1)消化道穿孔。如消化道的异物、肠套叠及肠梗阻等时，肠破裂，消化道内容物漏入腹腔，导致腹膜受到刺激和感染。

(2)膀胱穿孔。主要发生于插入导尿管失误或尿道阻塞导致膀胱破裂，尿液刺激腹膜。

(3)生殖器穿孔。常见于子宫蓄脓症及子宫扭转等。

(4)创伤。腹壁穿透创、腹部挫伤、腹部外科手术感染、脏器与腹膜粘连以及肿瘤破裂或腹腔内注入刺激性药物等。

2. 慢性腹膜炎

多发生于腹腔脏器炎症的扩散或急性腹膜炎的持续发展，逐步转为慢性弥漫性腹膜炎。

(二)症状

1. 急性腹膜炎

主要表现为剧烈的持续性腹痛，体温升高。呈弓背姿势，精神沉郁，食欲不振，反射性呕吐，呈胸式呼吸。触诊腹壁紧张卷缩，压痛明显处有温热感。腹腔积液时，下腹部向两侧对称性膨大，叩诊呈水平浊音，浊音区上方呈鼓音。

2. 慢性腹膜炎

常发生肠管粘连妨碍肠蠕动，表现消化不良和腹痛。

X 线检查以腹部呈毛玻璃样、腹腔内阴影消失为特征。腹水中可见中性粒细胞和巨噬细胞(但初期不易发现)等。临床上注意与腹水的鉴别诊断。

(三)治疗

1. 应用抗生素控制感染及抗休克

常用抗生素主要有氨苄西林、头孢菌素、罗红霉素、喹诺酮类等。对于休克病犬，要改善循环，纠正脱水，用林格液 100～500 mL、地塞米松 2～10 mg、头孢菌素 200～2 000 mg，静脉滴注，1 次/d。

2. 穿刺放液

腹腔内渗出液过多，要及时穿刺放液，同时注入 0.2% 普鲁卡因青霉素 10 mL。

3. 制止渗出

葡萄糖酸钙溶液 5～40 mL，静脉注射，可制止渗出。

4. 对因治疗

对腹腔脏器穿孔、粘连及破裂的，行剖腹修复术。腹腔装置清洗导管，术后每日清洗。无并发感染时，可于第 7 天拆除清洗导管。

十四、肛门囊炎

肛门囊炎是肛门囊内的腺体分泌物贮于囊内，刺激黏膜引起的炎症，若发生感染，可发展成脓肿，甚至破溃形成瘘管。小型犬易发本病，猫也可患此病。

在肛门两侧稍下方，相当于时钟 4 时和 8 时的位置，各有一个囊，称为肛门囊，呈球形。中型犬的肛门囊直径为 1 cm 左右。肛门囊以 2～4 mm 长的管道开口于肛门黏膜与皮肤交界处，把犬尾部上举时，开口部突出于肛门，易于看到。肛门囊壁内衬腺体，分泌灰色或褐色含有小颗粒的恶臭皮脂样分泌物，分泌物聚于囊内，然后经管道排出。

（一）病因

长期饲喂高脂肪性食物，使粪便松软或变稀。或肛门囊壁腺体分泌物分泌过多，肛门括约肌功能不良，肛门囊管道阻塞或脂溢性体质时，都能造成囊内分泌物的滞留，引起炎症，若细菌感染，囊内化脓，形成脓肿或蜂窝织炎。

（二）症状

肛门囊肿胀，局部发痒，宠物具有擦肛行为，并试图啃咬肛门部位。当肛门囊感染时，分泌物变得稀薄发黄，混有脓汁，气味难闻。

如果肛门囊排泄管口长期阻塞，腺体膨胀，突出其周围皮肤，使肛门向外突出，用手指触压有弹性。宠物走路时，两后肢向外摆动不自然，排便困难，大便时烦躁不安，排便后常以肛门着地，两前肢拖动整个躯体的“划船状”前行。抗拒对肛门周围触压。

肛门囊化脓时，可自行破溃愈合，也可反复发作使肛门囊肿与外界相通，肛门探诊可见瘘管。此外，肛门囊肿，排粪时发生疼痛，往往成为继发便秘的原因。

（三）治疗

1. 排除内容物

单纯肛门囊排泄管口阻塞时，可用拇指和食指挤压肛门囊开口部或将戴手套的食指涂上液体石蜡或肥皂水伸入肛门内，拇指在肛门外对准肿胀囊体轻轻挤压，使其内容物排空。

2. 局部消炎

排除肛门囊内容物后，向肛门囊内注入消炎软膏、抗菌药物或施行肛门周围封闭。对化脓囊体，应先排空囊内脓汁，再用生理盐水或 0.1%高锰酸钾溶液冲洗，然后进行局部消炎处理，2～3 次即可奏效。对顽固性复发病例，可囊内注入复方碘甘油，3 次/d，连用 4～5 d，或在肛门附近隔日做药物封闭，必要时配合静脉注射广谱抗生素的全身疗法，直至痊愈。

3. 肛门囊切除术

已形成瘘管的肛门囊肿或难以治愈病例，可行外科摘除术。但应注意不要损伤肛门括约肌和肛提肌。

任务50 呼吸系统疾病

一、感冒

感冒是以上呼吸道黏膜炎症为主症的急性全身性疾病。临床特征是体温突然升高，打喷嚏、畏光流泪，伴发结膜炎和鼻炎。本病多发生在早春晚秋气候多变的季节，是呼吸器官的常发病，尤以幼龄犬猫多发。

(一)病因

1. 管理不当

突然遭受寒冷刺激是本病最常见的原因，如圈舍条件差，防寒保暖能力差，受贼风侵袭，潮湿阴冷，垫草长久不换，运动后被雨淋风吹。

2. 应激

长途运输、过度劳累、营养不良等，造成机体抵抗力下降，可促进本病的发生。

(二)症状

本病常在遭受寒冷作用后突然发病。患病犬猫精神沉郁，表情淡漠，食欲减退或废绝；眼半闭，结膜充血潮红伴轻度肿胀，畏光流泪多眵。体温升高，脉搏增数，呼吸加快，往往伴有咳嗽。初流水样鼻液，后变浓稠。呈现鼻黏膜充血、肿胀，鼻黏膜发痒，常有前肢抓鼻等鼻炎症状。严重时畏寒怕冷，弓腰战栗。胸部听诊，肺泡呼吸音增强，心音增强，心跳加快。

(三)诊断

本病的诊断依据是受寒冷作用后突然发病，呈现体温升高，咳嗽及流鼻液等上呼吸道轻度炎症症状。必要时进行治疗性诊断，应用解热剂迅速治愈，即可诊断为感冒。

(四)治疗

治疗原则：解热镇痛、祛风散寒、防止继发感染。

肌内注射清开灵或柴胡注射液，犬1～5 mL，猫0.5～1 mL，2次/d。

为防止继发感染，可适当配合应用抗生素或磺胺类药物。为控制病毒感染，可选用利巴韦林(病毒唑)、病毒灵、板蓝根冲剂、感冒冲剂等。可适当配合维生素C、地塞米松等。

二、鼻炎

鼻炎是鼻黏膜的炎症。按病程分为急性和慢性鼻炎；按病因分为原发性和继发性鼻炎。以原发性浆液性鼻炎多见。临床上以鼻黏膜充血、肿胀、流鼻液、喷鼻、呼吸困难为特征，春秋季节多发。

(一)病因

1. 原发性鼻炎

主要由鼻黏膜受寒冷刺激、化学因素、机械性因素所致。

(1)寒冷刺激：寒冷刺激引起的原发性鼻炎占很大比例。由于季节变换、气温骤降，耐寒能力差、抵抗力不强的宠物，鼻黏膜在寒冷刺激下发生充血、渗出，鼻腔内条件性病原菌趁势繁殖而引起黏膜炎症。

（2）化学因素：包括挥发性化工原料（如二氧化硫、氯化氢等）；养殖场产生的有害气体（如氨、硫化氢），以及某些环境污染物等直接刺激鼻黏膜引起炎症；战争中化学毒气也可致病。

（3）机械性因素：包括粗暴的鼻腔检查，吸入粉尘、植物芒刺、昆虫、花粉及霉菌孢子，鼻部外伤等直接刺激鼻黏膜引起炎症。

2. 继发性鼻炎

（1）继发于某些传染病。如犬瘟热、副流感、腺病毒感染、猫泛白细胞减少症、猫大肠埃希菌、β-溶血性链球菌感染、犬猫支气管败血波氏杆菌、出血败血性巴氏杆菌感染。

（2）继发于犬鼻螨、肺棘螨等寄生虫感染。

（3）某些过敏性疾病。

（4）邻近器官炎症蔓延。如咽喉炎、副鼻窦炎及齿槽骨膜炎、呕吐所致鼻腔污染等可波及鼻黏膜而发生炎症。

（二）症状

1. 急性鼻炎

病初鼻黏膜潮红、肿胀，因黏膜发痒而引起喷嚏，患病犬猫摇头后退、以前爪抓搔鼻部。随着炎症的发展，自一侧或双侧鼻孔流出鼻液，初为水样透明浆液性鼻液，后变为黏液性或黏液脓性鼻液，若混有血液为血性鼻液。急性期患病犬猫出现呼吸迫促、张口呼吸及吸气性鼻呼吸杂音等呼吸困难症状。伴有结膜炎时，尚可见畏光流泪，有眼眵。下颌淋巴结明显肿胀时，可引起吞咽困难。常并发扁桃体炎和咽喉炎。

2. 慢性鼻炎

病情发展缓慢，临床症状时轻时重，长期流黏液脓性鼻液，鼻腔黏膜有糜烂和溃疡。如伴有副鼻窦炎引起骨质坏死和组织崩解，鼻液有腐败气味并混有血丝。

（三）诊断

单纯鼻液，可根据鼻黏膜充血、肿胀、流浆液至脓性鼻液，喷嚏，吸气性鼻呼吸杂音等症状和体温、脉搏等全身变化不明显确立诊断。但需首先排除可疑的传染病，并注意区别其原发性或继发性。

（四）治疗

1. 除去病因

除去病因，将患病犬猫移至温暖、通风良好的场所。

2. 清洗鼻腔

鼻液黏稠时，可选用温热的生理盐水或1%碳酸氢钠溶液冲洗鼻腔；当有大量稀薄鼻液时，可先用1%明矾溶液、2%～3%硼酸溶液、0.1%高锰酸钾溶液或0.1%鞣酸溶液冲洗鼻腔。

3. 局部给药

为消除局部炎症，可涂擦抗生素软膏，或向鼻腔注入青霉素溶液（将20万～40万IU青霉素溶于5 mL注射用水中）。鼻黏膜严重充血时，为促进局部血管收缩、减轻黏膜敏感性，可用1%麻黄碱滴鼻或用可卡因0.1 g、0.1%肾上腺素溶液1 mL、蒸馏水20 mL混合滴鼻。鼻塞严重时，用去甲肾上腺素滴鼻液（含0.2%去甲肾上腺素、3%林柯霉素、0.05%倍他米松）滴鼻，每日数次。

4. 积极治疗原发病

（1）继发细菌感染可选用氨苄西林20 mg/kg体重口服或肌内注射，2次/d。也可选用其他抗生素。

（2）真菌感染时，清洗鼻腔用1%复方碘甘油喷鼻，连用10 d。

（3）对特异性致病因素造成的鼻炎，口服或肌内注射地塞米松或口服扑尔敏4～8 mg，或皮下注射去甲肾上腺素0.15 mg/kg体重，2次/d。

（4）与牙齿疾病有关鼻炎，可拔除患齿，覆盖口鼻瘘；与鼻内异物有关的鼻炎，可采用内镜抓取鼻内异物，生理盐水冲洗鼻腔。

三、气管支气管炎

气管支气管炎是由于感染或物理、化学因素刺激所引起的气管、支气管炎症。可蔓延至肺实质成为支气管肺炎。临床上以咳嗽、气喘、胸部听诊有啰音为特征。

（一）病因

1. 寒冷刺激、化学及机械性因素的刺激

（1）寒冷和潮湿空气的强烈刺激：多为本病的诱因，如猎犬、警犬在冬季外出打猎或执行任务时极易发病。

（2）机械性因素：异物吸入气管（如灌药将药物误咽，呕吐物反流误咽入气管，吸入烟尘、尘埃、真菌孢子），过度勒紧的项圈等。

（3）化学因素也可导致原发性气管支气管炎（详见本任务，“二、鼻炎”）。

2. 生物性因素

可见于某些病毒性传染病（如犬腺病毒Ⅱ型、犬副流感病毒、犬瘟热病毒、猫疱疹病毒、猫杯状病毒感染），细菌感染（如肺炎双球菌、嗜血杆菌、链球菌、葡萄球菌感染），寄生虫感染（如肺丝虫、蛔虫），气管肿瘤及气管狭窄等。

3. 其他因素

上呼吸道及肺部炎症的蔓延，心脏异常扩张，某些过敏性疾病（如花粉、有机粉尘等变应原所致的过敏）等。

（二）症状

1. 急性气管支气管炎

由病毒引起的传染性气管支气管炎患犬突然出现干咳或湿咳，严重时为痉挛性咳嗽，又称为“海豹式”咳嗽。随着疾病发展，开始出现干呕、呕吐，以及流鼻涕，鼻分泌物加重的症状，鼻液性质为浆液性、黏液性乃至浆液性。同时对犬进行人工诱咳，呈阳性。疾病发展后期，出现全身症状，动物体温升高、食欲减退，精神委顿。刺激性气管炎主要表现为干咳与器官敏感性增高。而气管肿瘤动物因气道被堵塞而出现呼吸困难、咳嗽、黏膜发绀。

2. 慢性气管支气管炎

在无并发症的情况下多无全身症状，且多数犬、猫表现肥胖。寄生虫性气管炎犬猫表现为慢性干咳，后期发展为呼吸困难、厌食，在该病程中，动物逐渐消瘦与衰弱。其他病因引起的慢性气管炎表现为湿咳或干咳，咳嗽的发展速度较慢，逐渐表现出呼吸窘迫。听诊呼吸音增强，喘鸣以及啰音。X线检查可观察到气管纹理增粗，支气管扩张。对于气道塌陷动物，X线检查能够清楚地看到气管狭窄部位。

(三)诊断

首先根据咳嗽的变化，听诊肺部，X线检查气道是否塌陷、气道内是否有肿瘤等异物，并根据支气管阴影判断病灶部位。支气管镜也可以观察到气管黏膜、检查肿物并采集进行活检。对于由病毒引起的传染性气管支气管炎，可以通过抗体检测或核酸检测病毒含量。还可以通过气管灌洗液来检查是否有细菌或寄生虫感染。

(四)治疗

1. 去除病因、加强管理

将患病犬猫放在干燥、保温、通风及清洁的环境中，避免敏感型的犬猫长期处于寒冷潮湿的环境中，在过分干燥的圈舍内地面适当洒水，以提高空气湿度，减少黏液分泌。为缓解症状可用化痰药和抗组胺药，如痰易净(乙酰半胱氨酸)喷雾，以50 mL/h速度向呼吸道喷雾30～60 s，2次/d。如效果不理想，可给予皮质类固醇药物。

2. 消除炎症

可用氨苄西林或链霉素，临床常选用头孢类药物(如头孢曲松钠等)。上述药物以气管注射疗效最佳。呛咳严重时，用0.5%普鲁卡因青霉素溶液进行喉周皮下封闭注射，2次/d。急性病例可并用地塞米松肌内注射，2次/d。也可配合使用庆大霉素或丁胺卡那霉素雾化吸入治疗，2次/d。

3. 镇咳、祛痰、解痉

干咳时可用磷酸可待因1～2 mg/kg体重，皮下注射，2次/d；急支糖浆5～20 mL/次，口服，2次/d；复方甘草片1～2片/次或复方甘草合剂2～10 mL/次，口服，2次/d。湿咳不宜用止咳药。痰多时，可用氯化铵100 mg/kg体重或蛇胆川贝液5～20 mL/次或口服化痰片(羧甲基半胱氨酸)0.1～0.2 g/次，3次/d。喘气严重时，可肌内注射氨茶碱，0.05～0.1 g/次，2次/d。

4. 抗过敏

对特异性变态反应引起的气管支气管炎，可肌内注射地塞米松0.5～1 mg/kg体重，1次/d，连用3～5 d；也可选用扑尔敏、苯海拉明等药物，以抑制变态反应。

5. 强心补液

可用5%葡萄糖溶液或5%右旋糖酐生理盐水、10%安钠咖，静脉注射。

6. 慢性支气管炎

可内服碘化钾或碘化钠20 mg/kg体重，1～2次/d。

四、肺炎

犬猫肺炎通常指支气管或细支气管和肺小叶的急性或慢性炎症。临床上以发热，呼吸困难，听诊肺区有啰音、捻发音，叩诊肺区有浊音等为特征。本病多见于老年及幼龄犬猫，晚秋和早春易发。

(一)病因

1. 饲养管理不当

受寒感冒、过劳、支气管炎日久失治,营养不良,饲养管理不当等使呼吸道防卫能力降低导致呼吸道常在菌大量繁殖或病原菌入侵而诱发本病。

2. 生物性因素

(1)病毒感染,如犬瘟热病毒、副流感病毒、犬猫疱疹病毒、猫杯状病毒引起严重的肺部病变。

(2)细菌感染是犬猫肺炎的常见原因。常见的病原菌有绿脓杆菌、化脓杆菌、肺炎球菌、巴氏杆菌、葡萄球菌、链球菌等。

(3)霉菌感染,如组织胞浆菌、白念珠菌、烟曲霉菌、球孢子菌可引起霉菌性肺炎。

(4)寄生虫的侵袭,如肺毛细线虫、犬类丝虫、蛔虫、弓形虫、猫圆线虫和并殖吸虫也可引起肺炎。

3. 异物吸入性肺炎

尘埃、异物、毒气等刺激性物质的吸入可直接引起肺炎,而且是造成细菌侵入的因素。

4. 其他因素

支气管炎及一些化脓性疾病(如子宫炎、乳腺炎等)的蔓延,某些过敏原引起的变态反应等。

(二)症状

病初常有流鼻涕、咳嗽等支气管炎的症状,但全身症状比较重剧。精神沉郁,食欲减退或废绝,结膜潮红或蓝紫。呼吸浅表快速,以腹式呼吸为主,呼吸困难的程度随炎症范围的大小而不同。体温于发病后 2～3 d 内可升至 40 ℃左右,脉搏增数可达 140～190 次/min。流鼻液,初为浆液性,后为黏液性或脓性,有时可见到铁锈色鼻液。咳嗽多为短速的弱咳。肺区听诊,病灶区肺泡呼吸音减弱,随后可闻湿啰音、捻发音、粗粝的支气管呼吸音。叩诊呈现半浊音或浊音。血液学检查可见白细胞总数和中性粒细胞增多,并伴有核左移。X 线检查可见肺纹理增粗,炎症部位呈现大小不等似云雾状的阴影,甚至扩散融合成一片。如系病原微生物感染,常伴有其他脏器的病变症状。

(三)诊断

根据流鼻液、咳嗽、呼吸困难、体温升高、肺部听叩诊变化及 X 线检查,不难确诊。但特异性原因则需对渗出物和黏液等进行实验室检查方能确定。病毒性肺炎,通常是白细胞总数减少,霉菌性肺炎一般呈慢性经过,用常规抗生素治疗效果较差或完全无效。在近期进行全身麻醉或有严重呕吐或强行灌服药物病史的宠物,则可怀疑有吸入性肺炎。

(四)治疗

治疗原则:抗菌消炎、祛痰止咳、制止渗出、促进炎性渗出物的吸收和排除。

1. 抗菌消炎

临床常用广谱抗生素和磺胺类药物,一般性肺炎可用头孢曲松钠,深部和复杂性肺炎可用头孢他啶,也可用氨苄西林、羟氨苄西林、丁胺卡那、链霉素、氟喹诺酮类,以胸腔注射或气管注射疗效最佳。常用的磺胺类药物有磺胺嘧啶、磺胺二甲基嘧啶、磺胺甲基异噁唑。双黄连注射液1～2 mL/kg体重静脉注射或肌内注射,效果良好。同时配合解热镇痛药物。霉菌性肺炎,用两性霉素B 0.5～1 mg/kg体重,以5%葡萄糖液临用前配成0.01%溶液,缓慢静脉注射,1次/d,7 d为一疗程,隔7 d再用一疗程。寄生虫引起的肺炎,应选用有效的驱虫药物。

2. 祛痰止咳

频发咳嗽而分泌物不多时,为降低咳嗽中枢与局部感受器的兴奋性,可选用镇痛止咳剂,详见本任务“三、气管支气管炎”的治疗。

3. 制止渗出

用10%葡萄糖酸钙,犬5～20 mL,猫2～5 mL,静脉注射,1次/d。

4. 促进渗出物的吸收和排除

可给予利尿剂,如速尿(1～2 mg/kg体重,肌内注射)等。也可用10%安钠咖、10%水杨酸钠和40%乌洛托品按1∶10∶6混合后适量静脉注射。

5. 对症治疗

当动物表现严重缺氧时,应给予吸氧。用浓度30%～50%的氧气帐篷是最好的供氧方法。当呼吸困难时,可用氨茶碱5 mg/kg体重肌内注射。同时实施补充电解质和营养物质等支持疗法。

五、胸膜炎

胸膜炎是胸膜发生炎性渗出和纤维蛋白沉积的炎症过程。临床上以腹式呼吸、胸膜摩擦音、胸膜腔积液为特征。犬的胸腔纵隔不完整,因此胸膜炎多为双侧性。

(一)病因

1. 原发性胸膜炎

在犬猫较少见,可因胸壁严重挫伤、穿刺创感染、胸膜腔肿瘤、受寒冷刺激、过劳等使机体防御功能降低,病原微生物乘虚侵入而致病。

2. 继发性胸膜炎

较常见,发生支气管肺炎、胸部食管穿孔、肋骨骨折、脓毒败血症等,由于炎症蔓延或感染常可引起胸膜炎。在某些传染病,如结核病、猫传染性胸膜炎、猫上呼吸道疾病(猫鼻气管炎病毒)、犬传染性肝炎、钩端螺旋体病的经过中,也常继发胸膜炎。

胸膜炎的主要病原菌是巴氏杆菌、结核分枝杆菌、化脓杆菌、霉形体和纤毛菌等。

(二)症状

宠物精神沉郁,体温升高,常达40 ℃以上。呼吸浅表、频数,多呈断续性呼吸和明显的腹式呼吸,咳嗽短弱带痛。常取站立或犬坐姿势。

发病初期,可听到胸膜摩擦音,以后随着液体的增多,胸膜摩擦音消失,出现胸腔拍水音,胸部叩诊呈水平浊音,其水平浊音可随患病体位变动而改变。浊音区内肺泡呼吸音减弱或消失,浊音区以上肺泡呼吸音增强。在恢复期,渗出液被吸收,又重新出现胸膜摩擦音。

当胸腔内积聚大量渗出液时,呈现呼吸困难,张口呼吸,胸前、胸下或腹下发生水肿。胸腔穿刺可流出多量黄色或红黄色易凝固的液体。出血性胸膜炎，穿刺液呈红色，内含多量红细胞。

血液检查，白细胞数增多，中性粒细胞百分比增高，核左移，淋巴细胞相对减少。超声探查，渗出性胸膜炎可出现液体平段，液体平段的长短与积液量成正比。X线检查可发现积液阴影。

慢性胸膜炎，多发生广泛的粘连，胸部叩诊出现半浊音，听诊肺泡呼吸音减弱。全身症状往往不明显，仅出现呼吸促迫(尤以运动后明显)或反复出现微热。

(三)诊断

根据腹式呼吸，胸部听诊有摩擦音，渗出液积聚时胸部叩诊呈水平浊音，超声探查出液体平段，胸腔穿刺有多量渗出液，即可确诊。

本病须与胸腔积水相鉴别。胸腔积水多因慢性心脏病等血液循环障碍性疾病而引起，病情发展缓慢，体温不高，胸膜无炎症变化。胸腔穿刺时排出多量淡黄色澄清的液体，冰醋酸反应阴性。

(四)治疗

治疗原则：消除炎症，制止渗出，促进渗出液吸收和防止自体中毒。

1. 抗菌消炎

可参照肺炎的治疗用药，以胸腔注射疗效最佳。结核性胸膜炎，可长期口服异烟肼，200 mg/次，1 次/d，同时肌内注射链霉素 50 万～100 万 IU/次，2 次/d。

2. 镇痛

疼痛期可用双氯芬酸钠肌内注射，必要时隔 8～12 h 重复 1 次。

3. 制止渗出、促进渗出液吸收

可肌内注射强心剂(安钠咖)、利尿剂(如速尿)。并用 50%葡萄糖液 20～60 mL、10%葡萄糖酸钙(犬 5～20 mL，猫 2～5 mL)、20%甘露醇 1～2 g/kg 体重静脉注射，1 次/d。

4. 激素疗法

为减少纤维蛋白的沉积，可肌内注射肾上腺皮质类药物，如地塞米松 2～10 mg/次，1 次/d，待症状缓解后逐渐减量停药。

5. 穿刺疗法

胸腔积液过多引起呼吸困难时，可进行胸腔穿刺以排除积液。必要时，可反复施行。如为化脓性胸膜炎，可采用套管针穿刺排液，排液后留针，再用静脉注射针头于胸部侧上方刺入胸腔，注入 0.1%雷佛奴尔、0.05%氯己定(洗必泰)等消毒液冲洗胸腔，至排出较透明的冲洗液后，再向胸腔内注入青霉素、链霉素等广谱抗生素。

任务 51　循环系统疾病

一、心力衰竭

心力衰竭是指心肌收缩力减弱，心脏排血量减少，动脉系统供血不足，静脉回流受阻，而呈现全身血液循环障碍的一种临床综合征。心力衰竭也是各种心脏疾病中常见的一种症状或并发症。

(一)病因

1.急性心力衰竭

(1)心脏一时负荷过重,是引起急性心力衰竭最常见的病因。如运动量过大和不当,特别是长期休闲的犬,突然剧烈运动,使各组织器官需血量和静脉血液回流量急剧增多,容量负荷增大,此时心脏为了排出更多的血液以便满足各组织器官的需要,必须加强收缩,这样就容易促进心肌储备能量过多的消耗而发生急性心力衰竭。

(2)心肌突然遭受剧烈刺激,如雷击,触电,刺激性药物(如钙制剂和砷制剂等)静脉注射速度过快、用量过大,或输液过快、过量等,也易引起急性心力衰竭。

(3)急性继发性心力衰竭,多继发于急性传染病(如犬瘟热、犬细小病毒感染)、某些内科病(如各种心脏疾病、胃肠炎)、寄生虫病(如犬恶丝虫病、弓形虫病)和各种中毒性疾病等,多因病原或毒素直接侵害心肌所致。

2.慢性心力衰竭

多因长期重剧运动所造成(多见于警犬),也常继发或并发于心脏本身各种疾病(如心包炎、心肌炎和心肌变性、慢性心内膜炎即心脏瓣膜疾病),导致血液循环障碍的某些慢性病(如慢性肺气肿和慢性肾炎),以及由硒、铜、维生素 B_1 缺乏所致的营养代谢病等。

(二)症状

1.急性心力衰竭

多突然发生,表现高度呼吸困难,黏膜发绀,并常继发肺水肿。脉搏快速无力或不感于手,静脉高度怒张,出汗;心搏动亢进,第一心音增强,带金属音,第二心音减弱甚至只能听到1个心音(胎儿样心音),心律失常。神志不清,突然倒地痉挛之下死亡(心脏停搏);轻症病例,仅见中度呼吸困难,疲劳和乏力,脉弱而快,黏膜呈蓝紫色。

2.慢性心力衰竭

病情发展缓慢,病程持久,常持续数月或数年。患病犬猫精神沉郁,食欲减退,轻微活动即感疲劳,喘气、出汗。可视黏膜发绀,体表静脉怒张,听诊两心音减弱,二尖瓣、三尖瓣口常可闻缩期杂音(心室扩张致房室瓣相对闭锁不全),心律失常。四肢末端常发生水肿。初期,静息状态下,呼吸和脉搏无明显改变,稍事运动则呼吸急促、脉搏加快,呼吸和脉搏数的恢复比正常时缓慢得多。随病程发展,在静息状态下也显呼吸和脉搏加快。

左心衰竭时,左心室和左心房淤血,肺静脉压升高,肺循环淤血,易发生肺水肿。患病宠物出现咳嗽和呼吸困难,胸部听诊肺泡呼吸音粗粝,常出现湿啰音。

右心衰竭时,右心室和右心房淤血,静脉血液回流受阻,发生全身性静脉淤血和体腔积液,如胸腔积液、腹腔积液等。全身浅表静脉充盈,是静脉淤血的早期症状。尤其胃肠淤血,出现长期消化障碍,排粪迟滞或腹泻,逐渐消瘦。肝、脾肿大,是全身静脉压长期升高的结果。常出现各实质器官(如胃肠、肝、脾、肾、脑)淤血症状。

(三)诊断

对急性心力衰竭,主要根据发病原因、临床症状(如全身血液循环障碍和心音、脉搏的变化)综合分析而确定诊断。临床上有诱发急性心力衰竭的原因或原发病存在,并突然呈现心搏动亢进，第二心音减弱，心动过速或心动过缓及期前收缩等心律失常，脉细数，静脉怒张，呼吸困难，黏膜发绀，很快发生肺水肿以及心性晕厥，都是急性心力衰竭的指征。X 线检查可见心影扩大。当肺部症状为主时，为左心衰竭；循环静脉血回流障碍时，为右心衰竭。

急性心力衰竭应与下列疾病相鉴别。

(1)中暑。有中暑病史者，多在盛夏剧烈运动或环境闷热或车船运输过程中发病，体温显著升高，常在 42 ℃以上。

(2)肺充血及肺水肿。多在剧烈运动或吸入刺激性气体后突然发病。呼吸困难，肺部有广泛的湿啰音，流细小泡沫样的鼻液，而心音和脉搏的变化比较轻微。

(四)治疗

治疗原则：加强护理，减轻心脏负担；缓解呼吸困难；增强心肌收缩力；利尿消肿及对症治疗。

1. 减轻心脏负担

安静休息，必要时给予镇静剂(如安定注射液 0.5～2 mL，肌内注射)。少量多次饲喂易消化的食物，适当限制食盐的摄入量。

2. 缓解呼吸困难

为了缓解呼吸困难，应立即进行氧气吸入等急救措施。

3. 增强心肌收缩力

急性心力衰竭应选用速效、高效的强心剂，以增强心肌收缩力。常用的有洋地黄毒苷 0.006～0.012 mg/kg 体重(全效量)，溶于 10～50 mL 25%葡萄糖溶液中，缓慢静脉注射，以后用全效量的 1/10 维持。对严重的急性心力衰竭，为慎重起见，宜注射全效量的 1/3 或 1/2，如第一次注射无效，于 24 h 后再注射剩余量，否则，在 36 h 之后方可重复注射。或毒毛花苷 K 0.2～1 mg 溶于 10～50 mL 25%葡萄糖溶液中静脉注射，为慎重起见，最好将全量分 2～3 次注射。也可选用安钠咖或强心尔。因感染、发热引起的心动过速而无心力衰竭的犬猫不宜使用洋地黄制剂。

严重的急性心力衰竭，在发生肺水肿时，可用 0.1%异丙肾上腺素 0.2～0.4 mg，溶于 10～30 mL 25%葡萄糖溶液中，缓慢静脉注射。异丙肾上腺素能增强心肌收缩力，松弛毛细血管前括约肌，对缓解肺淤血和改善血液循环，效果较好。

4. 利尿消肿

由于心力衰竭对钠的排出影响显著，患充血性心力衰竭的犬，钠的排出量仅是正常排出量的 1/3。为此，可用利尿剂增加钠和水的排泄，速尿 1～2 mg/kg 体重，肌内注射或静脉注射，1 次/d。

5. 对症治疗

及时补钾，10%KCl 1～3 mL，溶于葡萄糖溶液中，滴注，防电解质紊乱。同时用三磷酸腺苷、辅酶 A、细胞色素 C、复方氨基酸、维生素 B 等能量制剂做辅助治疗，以增强心肌营养，改善心肌代谢。

对原发性慢性心力衰竭，加强护理，低钠饮食。治疗要点在于减轻心脏负荷和增强心泵功能。目前主张实施地高辛口服缓慢洋地黄化，即用维持量的地高辛液(犬，每日 0.022 mg/kg 体重；

猫，每日 0.011 mg/kg 体重）一日 2 次分服，需 10 d 左右使之达到洋地黄化。然后用同样的维持量一直延续下去，直到出现中毒症状时停药，然后静脉滴注氯化钾进行解毒抢救。

二、贫血

单位容积血液中红细胞数、血细胞比容及血红蛋白含量低于正常值的临床综合征称为贫血。贫血按病因分为溶血性、出血性、营养不良性及再生障碍性贫血。

（一）溶血性贫血

各种原因引起红细胞大量溶解导致的贫血称为溶血性贫血。

1. 病因

（1）某些感染性疾病。如巴贝斯虫、锥虫、血巴尔通体、钩端螺旋体、溶血性链球菌感染等均可引起红细胞溶解，导致溶血性贫血，魏氏梭菌产生强烈的溶血素也可致病。

（2）中毒性疾病。铅、铜等重金属中毒，石炭酸、萘、酚、噻嗪类等药物中毒，蛇毒中毒及犬喂食大量洋葱及大葱等引起的中毒等，及某些警犬执行任务时吸入 TNT 炸药均可导致溶血性贫血。

（3）抗原-抗体反应。新生幼犬的溶血性贫血，是由母仔血型不同所致。血型不配的输血也可引起溶血而发生贫血。

（4）其他因素。发热及大面积烧伤可使红细胞碎裂积聚并伴有机械性损伤，损伤的红细胞迅速从循环血液中外渗即发生溶血。同时，血浆血红蛋白增多，尿中有血红蛋白排出，继而发生贫血。此外，由于红细胞丙酮酸激酶缺乏，而发生遗传性溶血性贫血（如先天性溶血性贫血、猫先天性卟啉症）。

2. 症状

主要症状是黄疸，肝脾肿大，血红蛋白尿或胆红素尿。通常表现为昏睡，无力，食欲不振甚至废绝，体重减轻，黏膜黄白。犬体温升高而猫无明显变化。粪便颜色橘黄，偶有腹泻。犬大多出现黄疸，猫仅为 18%。严重时心率加快，呼吸困难，极不耐运动。病猫晚期因疼痛而惨叫，体温降低。血检红细胞形态及大小正常，但数量和压积容量减少，网织红细胞增多，血中游离血红蛋白量增多，黄疸指数升高。尿中可见大量胆红素，粪便因胆红素代谢增强而变黄。

3. 诊断

主要依据临床症状、血检指标建立诊断。但确定病因需做特殊检验，如为感染性疾病，需检出病原体；中毒性疾病，需调查病史结合临床症状，并分析毒物；对疑为丙酮酸激酶缺乏的病例，还需测定红细胞中该酶的含量。

4. 治疗

确定病因后施行对因治疗。

若为原虫感染，给予杀虫药，如为巴贝斯虫感染，可用贝尼尔（12 mg/kg 体重，分 2 次肌内注射）；中毒性疾病，排除毒物并给予解毒处理；感染因素引起的控制感染。溶血严重者还可输血。也可进行肾上腺皮质激素疗法，肌内注射或静脉注射泼尼松或地塞米松。

（二）出血性贫血

出血性贫血为红细胞或血红蛋白丧失过多所致。

1. 病因

(1)急性出血。外伤出血、内脏器官(如肝、脾血管)破裂、手术引起的大出血;赘生物或感染所产生的血管糜烂或血凝不全(如香豆素类杀鼠剂中毒、黄曲霉素中毒等);或特发性血小板减少性血斑病及脾脏功能亢进等造成的急性大出血可迅速导致缺血性贫血。

(2)慢性出血。慢性胃肠功能障碍、溃疡、胃肠道寄生虫及鼻腔、肺脏和泌尿生殖器官等内脏器官炎症造成长期、反复失血而致慢性出血性贫血。犬猫常见的为肾或膀胱结石及赘生物引起的尿血。体腔及组织的出血性肿瘤(如犬的血管肉瘤),也可引起慢性出血性贫血。

2. 症状

(1)常见临诊症状为皮肤及可视黏膜苍白,心跳加快,肌肉无力。

①急性出血:发病急,可视黏膜迅速苍白,并表现虚弱,不安,脉搏细弱,心跳加快,心音高朗,呼吸加快,血压下降,步态不稳,四肢末端厥冷,肌肉震颤,后期嗜睡。若失血达体重的4%~5%时,多发生休克。

②慢性失血:发病缓慢,可视黏膜逐渐苍白,犬猫日趋瘦弱,后期常伴浮肿及体腔积水。

(2)血液检验。血红蛋白含量降低,血沉加快,红细胞总数减少,压积容量降低,网织红细胞比例上升,表现为低色素性贫血。

3. 治疗

治疗原则:制止出血,恢复血容量。

对急性出血立即急救,可用绷带结扎,填充法或药物止血。如组织内小血管出血,可在出血部位喷洒血管收缩剂(如肾上腺素),或全身应用止血药(如肌内注射立止血或止血敏或维生素 K_3 注射液),也可静脉注射 10%氯化钙溶液等。

同时,针对原发病治疗各器官慢性炎症、溃疡或赘生物,如驱虫、消炎或摘除赘生物等。对失血严重者,可输给血液或血液代用品,如葡聚糖、乳酸林格液、复方氨基酸或右旋糖酐等,以维持正常血容量,解除循环衰竭。对于出血性休克的犬猫,可静脉注射 7.2%高渗 NaCl 溶液(4 mL/kg 体重),能有效地改善患病犬猫的平均动脉压。

(三)营养不良性贫血

机体营养物质摄入不足或消化吸收不良,影响红细胞和血红蛋白的生成而引起的贫血称为营养不良性贫血。

1. 病因

主要由某些代谢物质缺乏和营养不足所致。常见病因如下。

(1)微量元素缺乏。铁、铜、钴缺乏,尤其是缺铁性贫血最为常见,通常是由内外寄生虫、慢性尿血或胃肠道出血而引起铁的大量流失,又得不到及时补充所致。

(2)维生素缺乏。参与红细胞生成、血红蛋白合成的维生素如叶酸、烟酸、维生素 B_6 和维生素 B_{12} 等摄入不足或代谢障碍,可导致贫血。其中叶酸主要影响细胞核成熟,若缺乏或代谢紊乱可引起猫巨红细胞贫血,犬较少见。大部分食物富含叶酸,但体内不能贮存,故吸收不良或长期衰弱的病猫最易缺乏。此外,长期使用某些叶酸拮抗剂,如氨甲蝶呤、二苯乙内酰脲(苯妥英钠)、乙酰嘧啶和甲氧苄氨嘧啶(甲氧苄啶)等也可导致叶酸缺乏。

(3)血浆蛋白缺乏。由于蛋白质摄入不足或长期丧失,如出血、蛋白尿等,使血浆蛋白含量降低,影响血红蛋白合成,导致贫血。

2.症状

基本同于慢性出血性贫血，但发展速度更慢。一般症状为虚弱无力，黏膜逐渐苍白，运动耐力差和呼吸困难等。

缺铁引起小细胞低色素性贫血：正常平均红细胞容积(MCV)犬为60～77 fL、猫为24～45 fL，缺铁性贫血初期MCV无异常，但后期犬常低于60 fL，从而使平均红细胞血红蛋白浓度(MCHC)降低，当成年犬低于29 g/dL，猫低于30 g/dL时，即为缺铁性贫血。患病犬猫血清铁为8～60 μg/dL。红细胞像可见嗜铬性小红细胞。网织红细胞虽不明显，但超出正常范围。幼龄犬猫可导致发育迟缓，精神萎靡，食欲不振。心脏检查可发现心脏肥大，严重时可闻贫血性杂音。

叶酸缺乏引起巨幼红细胞贫血：猫的MCV可超过60 fL，但缺乏网织红细胞，还可出现脑水肿或大肠炎等。

低蛋白性贫血：除一般症状外，尚伴有全身水肿和血红蛋白浓度降低。

3.治疗

确定病因后补充所缺乏的造血必需营养物质。

(1)维生素缺乏。可口服或肌内注射维生素制剂或多喂富含维生素的饲料，复合维生素B，1～2 mL/次，1次/d。如维生素B_{12}缺乏可多喂动物肝脏或注射维生素B_{12}(0.1～0.2 mg/次，1次/d)。叶酸缺乏可口服或注射叶酸制剂(犬5～10 mg、猫1～2 mg，1次/d)。

(2)铁缺乏。可肌内注射25%的葡聚糖铁溶液0.2～1 mg/次，1次/d，或内服葡聚糖铁50 mg/次，2～3次/d。钴缺乏可注射或内服葡聚糖铁钴溶液，1～2 mL/次，每2 d 1次，重症贫血可重复1～2次。

同时，加强营养及管理，给予全价饲料，以提高机体抵抗力。

(四)再生障碍性贫血

由于某种原因使机体造血功能发生障碍，从而导致贫血，称为再生障碍性贫血。

1.病因

(1)中毒。某些重金属如铅、砷、铋等及某些有机化合物，如苯、三氯乙烯等中毒均可导致再生障碍性贫血。

(2)放射性损伤。由于核污染、过量X射线照射，使骨髓细胞包括红细胞、骨髓样细胞及巨核细胞遭受不可逆损伤，使造血功能丧失。

(3)长期使用某些药物。如长期大剂量使用氯霉素，可使红细胞和白细胞解体形成空泡，粒细胞系统与有核红细胞之比值(M∶E)增大，表明有核红细胞生成不足。

(4)某些疾病。慢性间质性肾炎和某些病毒病(如猫泛白细胞减少症、白血病病毒感染、犬埃利希体感染)及造血器官肿瘤等，均可并发再生障碍性贫血。另外，睾丸塞尔托利细胞瘤引起的雌激素过多等，也可使红细胞生成减少而贫血。

2.症状及诊断

再生障碍性贫血的临床症状发展缓慢，呈现贫血的一般症状，但可视黏膜苍白有增无减，全身症状日趋增重，常发生难以控制的感染，伴有出血性素质综合征。血象变化明显，全血细胞减少(红细胞数和血红蛋白含量降低，粒细胞和血小板均显著减少)，外周血液中网织红细胞消失。骨髓穿刺，无红细胞再生相。猫泛白细胞减少症还可见淋巴结肿大。如为中毒性再生障碍性贫血，除可见黏膜苍白外，还可见出血斑。

诊断应调查有无重金属及毒物接触史，所处环境是否被放射线污染及使用氯霉素 2 周以上，若有其中之一，且血液学检验无细胞再生相，即可确诊。

3. 治疗

再生障碍性贫血不易治愈。若由于偶尔感染所致，经输血和抗感染治疗后，几周内可自行恢复造血功能。具体步骤如下。

(1)消除病因：为更换环境，杜绝接触毒物，停用可引起中毒的药物，即使有感染也尽量避免使用氯霉素。

(2)促进骨髓造血功能：应用同化激素，如雄性激素可刺激红细胞生成，肌内注射或静脉注射丙酸睾酮溶液，20～50 mg/次，每 2～3 d 1 次。也可隔日 1 次口服氟羟甲睾酮氯化钴(fluoxymesterone cobalt chloride)0.5～2 mg/kg 体重。此外，可口服康复龙(羟甲烯龙，oxymetholone)、康力龙(吡唑甲烯龙，stanozolol)或诺龙(19-去甲睾酮，nandrolone)等。也可应用醋酸可的松每日 2～4 mg/kg 体重，分 3～4 次口服。

(3)输血疗法：输血有一定疗效。

任务 52　泌尿系统疾病

一、肾炎

肾炎是指肾小球、肾小管或肾间质组织的炎症。其主要特征是肾区敏感，尿量减少，尿液中含有病理产物(如红细胞、白细胞、肾上皮细胞、蛋白尿及管型)等。临床上分为急性肾小球肾炎、慢性肾小球肾炎、间质性肾炎。多见于青年犬猫，犬发病率高，其中母犬更为常见。

(一)病因

目前认为肾炎的发生与感染、中毒、变态反应等因素有关。

1. 感染因素

多继发于某些病毒(如犬瘟热病毒、犬传染性肝炎病毒、猫传染性腹膜炎病毒、猫白血病病毒)，细菌(如溶血性链球菌、葡萄球菌、肺炎双球菌、犬钩端螺旋体、结核菌，寄生虫(如犬恶心丝虫、弓形虫)等感染。系病毒、细菌及其毒素作用于肾脏所引起，或是病愈后的变态反应所致。

2. 中毒因素

有内源性毒物，如胃肠道炎症、皮肤疾病、代谢障碍性疾病、皮肤大面积烧伤或烫伤时所产生的毒素、代谢产物或组织分解产物等。外源性毒物，如应用有强烈刺激性的药物(松节油、石炭酸、水杨酸等)，误食有毒植物及被砷、汞、铅、磷等毒物污染的食物。因刺激性药物或毒物经肾排出时，对肾脏产生强烈刺激而发病。

3. 邻近器官的炎症

膀胱炎、子宫内膜炎、阴道炎及乳腺炎等蔓延而引起本病。

4. 机械因素

撞击、踢打等外力造成肾脏损伤而引发本病。

5. 受寒感冒

机体遭受寒冷的刺激，引起全身血管发生反射性收缩（尤其是肾小球毛细血管的痉挛性收缩），导致肾血液循环及营养发生障碍，肾脏防御功能降低，病原微生物侵入，促使肾炎发生。

（二）症状

1. 急性肾小球肾炎

患病初期精神沉郁，体温升高，食欲减退。由于肾区敏感，犬猫不愿活动。站立时背腰弓起，强迫行走时步态强拘，小步前进。在肾区轻轻压迫时表现不安，躲避或抗拒检查。由于炎症的反射性刺激，宠物频频排尿，但每次尿量较少，有的甚至无尿，尿的比重增高，并有血尿现象。动脉压升高。尿液检查发现尿中蛋白质含量增高，出现肾上皮细胞，并见有透明及颗粒管型、红细胞管型、上皮细胞管型、白细胞、病原菌等。血液生化检验呈现低蛋白血症。

严重病例由于大量含氮物质蓄积，血中非蛋白氮含量增高，不同程度肾功能障碍，内生肌酐清除率或尿素清除率均显著降低，呈现尿毒症症状，如机体衰弱无力，昏迷，全身肌肉呈发作性痉挛，严重腹泻，呼吸困难。

2. 慢性肾小球肾炎

多由急性肾炎发展而来。初期表现全身衰弱，无力，食欲不定。继则出现食欲减退，消化功能障碍，间歇性呕吐和腹泻，逐渐消瘦。后期可见眼睑、胸腹下或四肢末端出现水肿，严重时也可发生肺水肿和体腔积水。早期多饮多尿，尿量为正常时 2 倍左右，相对密度降低；后期尿少，相对密度增高。尿液中有多量肾上皮细胞、管型及少量红细胞和白细胞。晚期尿蛋白反而减少。严重病例由于血中非蛋白氮大量蓄积，引起慢性氮质潴留性尿毒症。同时，发生心血管系统功能障碍。

3. 间质性肾炎

主要表现为初期尿量增多，后期减少。尿沉渣中也见有少量红细胞、白细胞及肾上皮，一般无蛋白尿。压迫肾区时宠物无疼痛表现。血压升高，心脏肥大，皮下水肿（心性水肿），最后可因肾功能障碍导致尿毒症而死亡。

（三）诊断

主要根据病史，典型临床症状，尿液检验结果进行诊断。同时，应注意与肾病相区别。肾病有明显的水肿，大量尿蛋白及低蛋白血症，但不见有血尿及肾性高血压现象。

（四）治疗

治疗原则：消除病因、抑制免疫反应、消炎利尿及对症治疗。

1. 加强饲养管理

在发病初期使患病犬猫处于 1～2 d 的饥饿或半饥饿状态。动物置于温暖、干燥的房间中安静休养。在食物中酌情给予营养丰富、易消化的乳制品，适当限制肉类和食盐的摄入量（急性肾小球肾炎少尿期及出现水肿的犬猫，而慢性肾小球肾炎多尿期易造成低钠血症，可适当补给食盐）。

2. 消除感染

可选用抗生素，氨苄西林或硫酸链霉素或氯霉素 10～20 mg/kg 体重，肌内注射，2～3 次/d。也可肌内注射或静脉注射环丙沙星、恩诺沙星、洛美沙星等。最好不用磺胺类药物，不宜使用卡那霉素或庆大霉素（对肾脏毒性较大）。

3. 抑制免疫反应

可应用肾上腺皮质激素（既影响免疫过程的早期反应，又具有一定的抗炎作用）。地塞米松 0.5～1 mg/kg 体重，肌内注射，1～2 次/d，或犬肌内注射 2.5%醋酸可的松，猫口服去炎松（0.05 mg/kg 体重），1 次/d。

抗肿瘤药物因能抑制抗体蛋白的形成，也具有免疫抑制效应。如环磷酰胺，每日内服量 6.6 mg/kg 体重，连服 3 d 后再按每日 2.2 mg/kg 体重内服，或静脉注射（剂量为 2 mg/kg 体重，每 7～10 d 1 次），可抑制蛋白尿。

4. 利尿消肿

当有明显水肿时，可选用利尿利水药。速尿 2～4 mg/kg 体重（静脉注射总量为 5～20 mg；或双氢氯噻嗪 2～4 mg/kg 体重，内服，2 次/d，或乙酰唑胺 10 mg/kg 体重，内服，每 6 h 1 次），甘露醇 2～3 g/kg 体重，50%葡萄糖注射液 10～30 mL，静脉注射。同时应注意补钾，用 KCl 0.1～0.3 g/次，缓慢静脉注射，1 次/d。

5. 对症治疗

当心衰时，可应用强心剂咖啡因，皮下注射 0.1～0.5 g。或肌内注射洋地黄毒苷（地吉妥辛注射液），0.006～0.012 mg/kg 体重，当心率减慢接近正常，尿量增加时，用 1/10 维持量，注意本品不宜与钙制剂同时应用，否则会增强毒性。当出现尿毒症时，可应用 5%碳酸氢钠注射液（犬 5～30 mL）静脉注射。当有严重血尿时，可应用止血药物。大量出现蛋白尿时，用苯丙酸诺龙 2 mg/kg 体重，肌内注射，每 10～15 d 1 次，或丙酸睾酮，10～50 mg/只，肌内注射，每 2～3 d 1 次。并发尿路感染时，用呋喃妥因 3～5 mg/kg 体重，口服，3 次/d。尿路消毒用乌洛托品，50～100 mg/kg 体重，静脉注射。

多尿的病例，补给乳酸林格液；少尿的病例（如急性肾炎、慢性肾炎后期），要限制输液，当脱水、高钙血症、代谢性酸中毒时，以 5%葡萄糖与乳酸林格液按 2∶1 输液，同时补给维生素 B_1。

6. 缓解尿毒症

对于慢性肾小球肾炎引起的尿毒症，可口服透析液（氯化钠 12.02 g、氯化钾 0.894 g、氯化钙 0.441 g、甘露醇 98.4 g、碳酸氢钠 5.04 g，用温开水 3 000 mL 稀释后即成）以缓解尿毒症的症状。

二、膀胱炎

膀胱炎是指膀胱黏膜或黏膜下层的炎症。该病的特征为尿频、尿痛、膀胱触痛、尿液中出现较多的膀胱上皮细胞、白细胞、红细胞等。常见于雌性犬猫和老年犬猫。

（一）病因

1. 细菌感染

膀胱炎多由变形杆菌、化脓杆菌、葡萄球菌、绿脓杆菌、大肠埃希菌等所引起，这些细菌通过血液、淋巴或尿道侵入膀胱。

2.邻近器官炎症蔓延

当宠物患肾炎、输尿管炎、阴道炎、子宫内膜炎、前列腺炎时，炎症可蔓延至膀胱。

3.机械性损伤及刺激

如导尿管损伤膀胱黏膜，膀胱结石或新生物(肿瘤)、各种有毒物质或强烈刺激性药物(如松节油、甲醛、环磷酰胺)的刺激以及各种原因引起的尿潴留(如尿道结石、肿瘤及排尿神经障碍)均可引起本病。

(二)症状

1.急性膀胱炎

急性膀胱炎的特征是排尿频繁和排尿疼痛。由于膀胱黏膜敏感性增高，患病宠物频频排尿或做排尿姿势，但每次排出的尿量很少或呈点滴状流出，排尿时，表现疼痛不安，严重时由于膀胱颈黏膜肿胀或膀胱括约肌痉挛性收缩，可引起尿闭，宠物不时做排尿动作，但不见尿液排出。触诊膀胱时，宠物表现疼痛不安，膀胱体积缩小。但在膀胱颈组织增厚或痉挛时或尿闭时，膀胱高度充盈。尿液检查时，可见尿液浑浊、恶臭，间或含有黏膜絮片、脓液絮片、血液或血凝块及坏死组织碎片。尿沉渣中有大量白细胞、脓细胞、少量红细胞、膀胱上皮细胞、磷酸铵镁结晶及散在的细菌。全身症状一般不明显，当炎症波及深层组织时，体温升高，食欲降低，精神沉郁。严重的出血性膀胱炎，可出现贫血现象。

2.慢性膀胱炎

与急性膀胱炎相似，但程度轻，病程长，往往无排尿困难表现，膀胱壁增厚。

(三)治疗

治疗原则：加强饲养管理、抑菌消炎、防腐消毒及对症治疗。

1.加强饲养管理

使犬猫安静。饲喂无刺激性、富营养且易消化的优质日粮，给予充足的饮水，并在饮水中添加适量的食盐，造成生理性利尿，有利于膀胱的净化和冲洗。适当限制高蛋白食物摄入。

2.局部疗法

进行膀胱冲洗。冲洗前，先用导尿管经尿道外口插入膀胱内，使膀胱内积尿排出。然后用消毒或收敛性药液反复灌洗2～3次。常用药物有0.05%～0.1%高锰酸钾溶液、0.02%呋喃西林溶液、0.1%雷佛奴尔溶液、2%～3%硼酸溶液、1%～2%明矾溶液或0.5%鞣酸溶液。对慢性膀胱炎还可用0.02%～0.1%硝酸银溶液等。严重膀胱炎最好在膀胱冲洗后，灌注40万～80万IU溶于5～10 mL蒸馏水中的青霉素溶液，或庆大霉素、氯霉素，1～2次/d。严重的膀胱炎在继发膀胱麻痹而排尿困难时，导尿管先不拔出，留置于膀胱内以便随时将尿液放出，并每日用消毒液冲洗膀胱，直至膀胱炎消退，才拔出导尿管。

3.全身疗法

应用尿路消毒药或抗生素等。最好抽取尿液做细菌培养和药敏试验，选用最有效的抗菌药物。口服磺胺二甲基异噁唑或复方新诺明等(25 mg/kg体重，首次量加倍，3次/d)，服药期间多饮水，并适量补充碳酸氢钠。呋喃妥因5～7 mg/kg体重，内服，3次/d。氯霉素约有10%经泌尿道以原形排出，故其治疗效果好，剂量为5～10 mg/kg体重，肌内注射，2次/d。环丙沙星、恩诺沙星、洛美沙星等也有较好疗效。革兰阳性菌感染时，氨苄西林有高效作用。绿脓杆菌感染时，可应用吖啶黄，剂量为3～4 mg/kg体重，配成1%的溶液静脉注射。当发现变形杆菌时，宜用四环素，静脉注射量1万IU/kg体重，1次/d。当发现大肠埃希菌时，可用卡那霉素或庆大霉素。尿路消毒用乌洛托品。

4. 净化尿液

口服氯化铵，50～100 mg/kg体重，1次/d，能使尿液酸化起到净化作用并可增强抗菌药物的效果。

5. 止血

肌内注射止血敏或口服云南白药胶囊(1粒/次，3次/d)。

三、尿道感染

尿道黏膜的细菌感染称为尿道感染，因主要表现为尿道黏膜的炎症变化，故也称尿道炎。其主要症状为尿频，尿痛，尿道肿胀、敏感，尿液浑浊或血尿。该病多发生于雄性犬猫。

(一)病因

1. 引起邻近器官组织炎症

邻近器官组织炎症的蔓延，如膀胱炎、包皮炎、阴道炎、子宫内膜炎。

2. 其他原因

(1)外伤，如雄性犬猫相互咬伤或骨盆骨折。

(2)尿结石的机械刺激及药物的化学刺激可引起尿道黏膜损伤从而继发细菌感染。

(3)导尿时由于导尿管消毒不彻底，无菌操作不严密，或导尿时操作粗鲁致使尿道黏膜损伤而继发细菌感染。

(4)交配时过度舔舐或其他异物(如草刺等)刺入尿道等。

(二)症状

患病宠物常常表现疼痛性尿淋漓，排尿时由于炎性疼痛，使尿液呈断续状排出，此时，雄性宠物阴茎频频勃起，雌性宠物阴唇不断开张，严重时可见到黏液性或脓性分泌物不时自尿道口流出。尿液多于开始排出阶段浑浊，其中含有黏液、血液或脓汁，有时排出坏死、脱落的尿道黏膜。患病宠物频频舔舐外阴部。

尿道口红肿，尿道探诊时宠物表现疼痛不安，导尿管插入困难。触诊可见阴茎肿胀，敏感。

(三)治疗

治疗原则：消除病因、抑菌消炎和尿道消毒。

1. 清洗尿道

选用膀胱冲洗药物进行尿道冲洗，1～2次/d。

2. 抗菌消炎

在进行尿道冲洗的同时配合应用尿路消毒剂、磺胺类药物和广谱抗生素。可选用呋喃妥因每次内服5～7 mg/kg体重，3次/d；乌洛托品，犬每次内服0.2～0.5 g，2～3次/d，或按50～100 mg/kg体重，静脉注射。当尿液呈碱性时，可改用樟脑酸乌洛托品，每次内服0.5 g，2次/d。口服妇炎康片，每次2～6片，2～3次/d，或口服头孢羟氨苄，每次50～100 mg，2次/d。

庆大霉素、青霉素和硫酸链霉素等肌内注射。

3. 对症治疗

止血用止血敏，每次 1～2 mL，2 次/d。若为创伤所致可修复创口。

四、尿结石

尿结石是由尿中的无机盐类析出形成结石，引起尿路黏膜发炎、出血和尿路阻塞的疾病。临床上以排尿障碍、肾性腹痛和血尿为特征。根据尿结石形成和阻塞部位不同，可分为肾盂结石、输尿管结石、膀胱结石和尿道结石。

尿结石是在某些核心物质（如黏液、凝血块、脱落的上皮细胞、坏死组织片和异物）的外周由矿物质盐类（如磷酸盐、碳酸盐、草酸盐、尿酸盐）和保护性胶体物质（如黏蛋白、胱氨酸、核酸、黏多糖）环绕凝结而形成的。临床以磷酸盐结石最多见（约占犬尿结石的 60%）。尿结石的形状各不相同，有的呈球形、椭圆形或多边形，有的呈细颗粒或沙石状，其大小也不一样。

该病多发生于老年犬猫。雄性犬猫以尿道结石多见，雌性犬猫以膀胱结石多见。

（一）病因

目前病因及机理不完全清楚。一般认为尿结石的形成是诸因素综合作用的结果，但主要与机体矿物质代谢障碍、泌尿器官疾病尤其是肾的功能活动密切相关。所以尿结石症并非一种单纯的泌尿器官疾病，也非某些矿物质的简单堆积，而是一种伴有泌尿器官病理状态的全身矿物质代谢紊乱的结果。

促使尿结石形成的因素主要如下。

（1）饮水不足引起尿液浓缩，致使盐类浓度过高而促进尿石形成。

（2）食物不当或饮水中矿物质含量过高，如长期饲喂富含钙质的食物或饮水，致使尿中盐类浓度增高。饲喂高蛋白、高镁饲料，易促进磷酸铵镁结石的形成。

（3）维生素 A 缺乏或雌激素过剩，因肾及尿路上皮不全角化及脱落，使尿结石的核心物增多。

（4）肾脏及尿路感染，尿液潴留。因肾及尿路感染时，尿中细菌和炎性产物积聚，可成为盐类晶体沉淀的核心；潴留的尿中尿素分解而生成氨，使尿呈碱性，碱化的尿液有利于盐类结晶的沉淀。

（5）其他疾病，如甲状旁腺功能亢进，特别是甲状旁腺激素分泌过多时，会使血钙升高，致使肾脏排出的钙盐增多，尿液晶体浓度增高，磺胺类药物及某些重金属（如铅）中毒等，也促进尿结石的形成。

（二）症状

当尿结石的体积较小而数量较少时，一般不表现任何症状。当结石体积较大或阻塞尿路时，则会出现明显的临床症状。

1. 肾结石

结石位于肾盂时，称为肾结石。多呈现肾炎、肾盂肾炎症状，并有血尿、脓尿及肾区敏感现象。当结石移动时，引起短时间的急性疼痛，此时宠物弓背缩腹，拉弓伸腰，运步强拘、步态紧张，大声悲叫，同时患病宠物常做排尿姿势。触摸肾区发现肾肿大并有疼痛感。

2. 输尿管结石

临床不常见，呈现剧烈持续性腹痛，输尿管部分阻塞时，可见尿频尿痛，血尿、蛋白尿，若两侧输尿管阻塞，出现尿闭现象，腹部触诊发现膀胱空虚。

3. 膀胱结石

临床最常见，结石位于膀胱腔时，有时并不出现任何症状，但多有尿频、血尿，膀胱敏感性增高，类似膀胱炎的症状。当结石位于膀胱颈部时，可出现明显的疼痛和排尿障碍，宠物频频做排尿姿势，强力努责，但尿量很少或无尿，腹部触诊膀胱轮廓十分明显，压迫不见尿液排出。腹壁触诊可摸到膀胱内结石。

4. 尿道结石

犬的尿道结石多发生于阴茎骨的后端。当尿道不完全阻塞时，宠物排尿疼痛且排尿时间延长，尿液呈断续或点滴状流出，多排出血尿。当尿道完全阻塞时，则出现尿闭或肾性腹痛现象。弓背缩腹，屡做排尿姿势而无尿液排出。尿道探诊时，可触及结石部位，尿道外部触诊有疼痛感。腹壁触诊膀胱时，感到膀胱膨满，体积增大，按压也不能使尿液排出。当长期尿闭时，可引起尿毒症或发生膀胱破裂。

（三）诊断

根据尿频、尿痛等排尿障碍及血尿，提示有本病的可能。膀胱结石和尿道结石可经探诊和触诊发现结石部位。X 线透视或造影检查及超声探查可确定结石的部位和数量。

（四）治疗

治疗原则：加强护理、及时排除结石、控制感染。

1. 中药疗法

用中药“三金散”配合六味地黄丸效果显著；同时大量饮水，以便形成大量稀释尿，借以冲淡尿液晶体浓度，减少析出并防止沉淀，起“冲洗”作用。

2. 手术疗法

肾结石，一般应切除肾脏。对体积较大的膀胱结石和尿道结石，特别是伴发尿路阻塞时，要施行膀胱或尿道切开取石术。术后每日肌内注射透明质酸酶 10 RFu（赖氏单位），连用 1 周，此后每周 1 次，连用 4 周，对结石症有治疗和防止复发的作用。

3. 激光、超声碎石

有条件的，可用超声波碎石，然后排除结石。

4. 疏通尿路、排除结石

对于肾结石和输尿管结石，为了促进尿结石的排出，对犬可试用中药。同时应用利尿剂，促进细砂粒结石的排除。也可用生理盐水冲洗尿路，扩张尿道，使体积细小的尿道结石随冲洗液排出。

5. 膀胱减压

当尿液潴留时，应及时减压（导尿管导尿或膀胱穿刺导尿），以防膀胱破裂引起尿毒症。

6. 防止和控制继发感染及对症治疗

应用抗生素等控制继发感染，实施尿路消毒（用乌洛托品）、止血等对症处理。为了缓解疼痛,可皮下注射双氯酚酸钠 1 mg/kg 体重。

五、肾功能衰竭

肾功能衰竭是指肾组织发生的急性肾功能不全或肾衰竭或肾单位绝对数减少所致的临床综合征。可分为急性肾功能衰竭和慢性肾功能衰竭。

(一)急性肾功能衰竭

急性肾功能衰竭又称急性肾功能不全,是指由多种原因造成的急性肾实质性损害而导致的肾功能抑制。临床上以发病急骤,少尿或无尿,代谢紊乱和尿毒症等为主要特征。

1.病因

多由外伤或手术造成的大出血、急性左心衰竭、严重脱水(呕吐、腹泻失去大量水分)等因素引起的肾脏严重缺血和由某些化学毒物(如氯仿、磺胺类药物)、生物毒素(如蛇毒、生鱼胆)等因素引起的肾脏中毒所致。

(1)肾前性急性肾衰。由于血液入肾前发生流通障碍而造成急性缺血而引起肾衰。如心力衰竭时心输出量减少;大失血脱水或败血症所致的有效循环血量不足,血容量减少;药物麻醉或脊髓损伤等诱发的低血压;某些过敏性休克时,入肾小球动脉端的血压低于 8 kPa,肾小球滤过作用濒临停止,尿量极少并含少量蛋白质,继而发生肾衰。

(2)肾性急性肾衰。由肾脏本身急性病变引起,多见于急性间质性肾炎和急性肾小管坏死,以及肾脏病变所致的急性局部缺血,偶见于严重的腹部创伤性双侧肾脏破裂。由于大部分肾小管基底膜损伤,溶解以至坏死,所产生的管型与细胞碎片阻塞肾小管,尿液被重新吸收而使血氮增多,引起肾衰。

(3)肾后性急性肾衰。因尿液排出受阻所致,多见于双侧输尿管或尿道阻塞。尿液排出受阻,而肾脏仍正常泌尿,使尿液积聚,导致肾小管、肾小球内压力过高,不仅使肾小球滤过受阻,尿中积聚代谢产物,也可造成肾小管破裂或坏死,因而发生急性肾衰。

2.症状

(1)急性肾功能衰竭的临床表现,可分 3 期。

①少(无)尿期:多数病例此期可持续 15 d 左右。患病犬猫在原发病症状的基础上,排尿明显减少或无尿。由于水、盐及代谢产物排泄障碍,而出现水肿、心力衰竭、高钾血症、低钠血症、代谢性酸中毒、氮血症,且易发生感染等。

②多尿期:若能度过少尿期,则尿量开始增加。但水及氮质代谢产物潴留依然显著,由于钾排出过快而发生低钾血症,有些犬猫出现心力衰竭,后肢瘫痪等症状。患病犬猫多死于该期,也称危险期。耐过者,水肿开始消退,症状逐渐好转。

③恢复期:经过多尿期后,尿量逐渐恢复正常。但由于患病犬猫体力消耗严重,表现肌肉无力、萎缩等。恢复期的长短,取决于肾实质病变的程度。重症者,肾小球滤过功能长期不能恢复,可转变为慢性肾衰。

(2)实验室检验。

①尿液检验:少尿期的尿量少,尿相对密度初期大于 1.025,尿钠浓度高,尿中可见红细胞、白细胞、各种管型及蛋白质。多尿期的尿相对密度减小,尿中可见白细胞。

②血液检验:白细胞总数及中性粒细胞比例增高。血中肌酐、尿素氮、磷酸盐、钾含量升

高，血清钠、氯及CO_2结合力降低。

③肾造影：急性肾衰时，造影剂排泄缓慢，根据肾显影情况可判断肾衰程度。肾显影慢，逐渐加深，表明肾小球滤过率低；显影快而不易消退，表明造影剂在间质及肾小管内积聚；显影极淡，表明肾小球滤过几乎停止。

④B超检查：可确定肾后性梗阻。

⑤液体补充试验：给少尿的犬补液200～1 000 mL后，静脉注射速尿，若仍无尿或尿相对密度小，可认为急性肾功能衰竭。

3. 诊断

根据发病史、临床症状结合实验室检验结果可做出诊断。

4. 治疗

防止休克和脱水，及时补液，纠正酸中毒和减缓氮血症为治疗原则。

(1)少尿期治疗。治疗原发病并纠正高钾血症和水钠潴留。

①饮食疗法：给予高糖、低蛋白、富含维生素且易消化的食物。

②补液、纠正高钾血症及氮血症：根据血细胞比积和临床症状确定脱水程度及时补液量。

③对症疗法：为防止发生败血症，可肌内注射氨苄西林，每次0.5 g，2次/d。为防止休克，可肌内注射地塞米松(0.5～1 mg/kg体重)，1～2次/d。解除痉挛，可肌内注射氯丙嗪，1～2 mg/kg体重，2次/d。当重金属中毒时，应尽早投予二巯丙醇4.4～6.6 mg/kg体重，肌内注射，间隔4～6 h 1次。当尿路阻塞时，应设法排除阻塞。

(2)多尿期治疗。多尿期开始时，常为尿毒症高峰，仍需按少尿期治疗，随尿量渐多，水肿消退，转入多尿期治疗，主要应适时补钾，可按血钾浓度让患病犬猫按50～100 mg/kg体重口服钾盐，并据尿量的1/3补液，使多尿期延长。血浆非蛋白氮下降后，增加食饵中蛋白质。也可肌内注射丙酸睾素，每次20～50 mg，每2～3 d 1次。

(3)恢复期治疗。血尿素氮为20 mg/dL，可作为恢复期开始的指标，此期应注意营养，加强护理并适当锻炼使之早日康复。

(二)慢性肾功能衰竭

慢性肾功能衰竭是由于功能性肾组织长期或严重丧失，承担肾功能的肾单位绝对数减少，不能维持机体环境的相对平衡所致。临床上以出现各种代谢紊乱为主要特征。

1. 病因

慢性肾功能衰竭多由急性肾功能衰竭转化而来。各种疾病引起的肾小球滤过率下降，约有75%肾单位进行性破坏是慢性肾衰产生的原因。由于肾脏排泄和调节功能失常，蛋白分解产物积聚于血中导致氮血症，若无其他症状，称为肾功能不全期。随血浆非蛋白氮积聚(高达100 mg/dL)并出现酸碱平衡紊乱，即为尿毒症期，继而发生全身性疾病。

2. 症状及临床病理

本病根据临床发展过程，可分为4期，见表12-1。

3. 诊断

对患病犬猫，应密切注意肾功能变化，监测每日饮水量、排尿量、尿液与血浆中尿素氮(或肌酐)之比(低于30∶1时应引起警惕)。

表 12-1 慢性肾功能衰竭分期及有关指标

病期	Ⅰ期（储备能减少期）	Ⅱ期（代偿期）	Ⅲ期（氮质血症期）	Ⅳ期（尿毒症期）
肾小球滤过率	＞50％	50％～30％	30％～5％	＜5％
尿量	正常	多尿	少尿	无尿
Na^{+}	正常	有时降低	多降低	降低
K^{+}	正常	正常	有时降低	升高
Ca^{2+}	正常	正常	降低	降低
PO_4^{3-}	正常	正常	升高	升高
酸碱平衡	正常	正常	酸中毒	酸中毒
其他	血中肌酐及尿素氮轻度升高	轻度脱水、贫血、心力衰竭等	中至重度贫血、血中尿素氮（BUN）可高达 130 mg/dL 以上	呈现尿毒症临床症状，尤以神经症状和尿素氮升高明显，可高达 200～250 mg/dL

4.治疗

慢性肾衰的肾脏损害是不可逆的，故治疗原则为控制病程发展，恢复代偿，延长生命。

（1）加强护理。减少食物中的蛋白质，必要时给予高生物价蛋白质，如鸡蛋、瘦肉等，每日饲喂 0.5～1.5 g/kg 体重。勿饲喂奶类及肉骨头等。食物含总能量：幼龄犬猫 4.6×10^{5} J/kg 体重，成年犬猫为 2.9×10^{5} J/kg 体重，为促进消化和采食，还可加调味品。

（2）纠正水与电解质平衡紊乱。按脱水程度（见急性肾衰）予以补液，多给饮水。失钠多者可用 3％高渗盐水静脉滴注。有水肿及血压高者限制饮水和摄盐量。尿少时限制钾的摄入，而尿多者适当补钾。对慢性尿毒症并伴缺钙和肾性骨病者，给予维生素 D 和大剂量钙（如碳酸钙，每日 0.1 g/kg 体重，分 2～3 次口服，或用 10％葡萄糖酸钙 10 mL 静脉注射）。

（3）纠正酸中毒。除补液可用乳酸林格液（每日 40～50 mL/kg 体重静脉注射）外，尚可 4 次/d 口服碳酸氢钠，每次 50 mg/kg 体重。并可用氢氧化铝凝胶制剂，按 0.6 g/kg 体重，3 次/d，以减少钙的丧失，阻止磷的吸收。

（4）对症治疗。有感染者给予抗生素；出现抽搐、昏迷等神经症状者，可直接向腹腔内注射苯巴比妥溶液（常规量减半），但禁用镁盐；为促进患病犬猫恢复代偿，可用腹膜透析疗法。

任务 53 神经系统疾病

一、脑炎

脑炎通常是指由于受传染性或中毒性因素的侵害，引起的脑膜与脑实质的炎症。根据病灶的性质分为非化脓性脑炎和化脓性脑炎。

(一)病因

1. 非化脓性脑炎

本病通常多由于传染病引起,如犬瘟热在发病过程中或恢复后发生最多。也有由细菌毒素或某些化学物质(如铅等)中毒引起。

2. 化脓性脑炎

多由创伤细菌感染或临近部位的化脓灶的炎症波及引起。由脓毒败血症及血栓引起的病例也有,但不多见。偶尔可因寄生的幼虫迷路误入脑内引起。

(二)症状

本病的症状与病灶的部位、大小及动物性格有密切的关系。通常颅内压的变化和血液循环障碍导致脑症状的出现,进而出现呼吸系统、循环系统、消化系统及运动系统等各种各样的变化。神经症状从兴奋期开始向沉郁期发展。随病情发展,由于发生意识障碍,不认识主人,抚摸身体时鸣叫或咬人,行为异常明显。此外,患病宠物还表现瞳孔缩小,结膜充血,步样不稳,有时呈现癫痫样发作及圆圈运动,视力逐渐减退,进而失明,进入昏睡状态。

化脓性脑炎伴随高热特征,单纯性脑炎通常见不到热象。犬瘟热脑炎在运动障碍的同时,伴有膝反射亢进、斜视等;波及呼吸中枢时,也会发生呼吸困难。病情朝好转方向发展,全身的痉挛会消失,但多留有头侧偏抽搐,病愈后也可能有后躯麻痹后遗症。

(三)诊断

除根据一般脑症状和灶性症状诊断外,还可进行血液和脑脊髓液检验。血液检验主要是中性粒细胞增多,核左移。脑脊髓液检验有重要意义,穿刺时由于颅内压升高,容易流出浑浊的脑脊髓液,其中蛋白质和细胞数增多,若是化脓性脑炎,脑脊髓液中除中性粒细胞增多外,还有病原微生物。

(四)治疗

不论哪种原因引起的脑炎,一般死亡率高,偶尔恢复也容易有后遗症。对犬瘟热性脑炎,没有直接有效的药物。细菌性或继发感染者可使用能在脑脊髓液中有较高浓度的氯霉素。也可用容易通过血脑屏障药物,如磺胺类药物或脑康(尼可占替诺)。必要时可使用镇静剂,如苯巴比妥或氯丙嗪。减轻脑水肿和消炎可用泼尼松,或20%甘露醇或山梨醇静脉注射。治疗该病时保持安静十分重要。

二、癫痫

癫痫是脑神经功能的突发性一过性障碍。表现为骤然发生,突然停止,以短时间的阵发性意识障碍(晕厥)和反复出现间歇性强直性痉挛为主要症候群。癫痫分为原发性和继发性两种。犬的发病率比猫高。

(一)病因

脑电活动的阵发性障碍是出现症状的原因。

1. 原发性癫痫

原发性癫痫又称真性或自发性癫痫。犬的原发性癫痫一般认为是中枢神经系统代谢性功能异常,导致的家族性疾病,并具有遗传性。

2. 继发性症候型癫痫

继发性症候型癫痫又称后天性或器质性癫痫，常由缺氧(如一氧化碳中毒使脑供氧不足)、低血糖症、肝功能降低、电解质失调(如血钙、血镁含量过少和血钾含量过高)、维生素缺乏、循环障碍(如脑缺血、心肺功能不全、肾病、高蛋白血症、高脂血症和红细胞增多症)引起。也可由脑内器质性病变导致，如脑创伤、肿瘤、炎症、犬瘟热、脑部寄生虫及血管性脑病。外周神经损伤或极度刺激，可引起继发性癫痫。过敏反应也能引起癫痫发作，称为反射性癫痫。

(二)症状

癫痫的主要症状是意识丧失和强直性痉挛。癫痫分为既有意识丧失又有痉挛发生的定型大发作和不伴发痉挛仅发生短时间晕厥的非定型小发作两种类型。

1. 原发性癫痫

原发性癫痫由4个阶段组成，即先兆期、前驱症状期、发作期和发作后期。在先兆期，宠物表现不安、焦虑、表情茫然或其他不一定引起宠物主人注意的行为改变。在前驱症状期，宠物变得安静和知觉丧失。在发作期，所有肌群紧张性突然增高，或稍后宠物倒地，随之所有肌群伴发有节奏的或阵发性痉挛。阵发性痉挛发作时，大小便失禁、流涎、瞳孔散大，持续几秒到几分钟。发作后期，宠物知觉恢复，但有些神经功能还不能完全恢复，如视觉障碍、共济失调、意识模糊、抑制、疲劳等，此期可持续数秒到数天。

2. 继发性癫痫

发作可能是原发病的症状之一，痉挛和肌紧张与原发性癫痫类似。局部神经障碍(一侧瞳孔对光无反应，轻度偏瘫)，表明颅内疾病。颅外疾病可导致癫痫发作，一般不引起局部神经障碍。低血钙及维生素缺乏所致癫痫，数分钟内重复间歇性痉挛。脑缺血及低血糖性痉挛以意识障碍为主。癫痫发作是大脑功能障碍的外部表现，而大脑功能障碍常表现为对侧眼睛的视觉缺如，对侧面部的感觉迟钝，或向患侧做圆圈运动。如果引起癫痫发作的大脑功能障碍扩散到整个中枢神经系统时，还可表现出除大脑之外的中枢神经系统其他部分失调的临床症状。

癫痫发作的时间间隔有长有短，有的一天发作数次，有的间隔数日、数月，甚至1年以上。在发作间隔期，其表现与健康宠物几乎完全一样。

(三)诊断

根据晕厥症状和间歇性痉挛的临床表现进行诊断，但要注意与脑肿瘤、脑外伤、脑积水、脑炎等疾病相区别。脑肿瘤可通过脑电图、X线、CT和磁共振检查建立诊断。脑损伤有颅骨损伤的病史，还可做X线检查和B超检查。脑积水通过脑电图和X线检查较易确诊。脑炎通过脑脊髓液检验进行鉴别。

(四)治疗

1. 加强管理

癫痫发作时，应设法使宠物安静，避免外界刺激，最好蒙上眼睛抱在怀里，以防意外事故发生。

2. 抗痉挛疗法

原发性癫痫由于病因不清，主要应用抑制痉挛发作的药物进行对症治疗。癫安舒或扑癫酮，犬20～40 mg/kg体重，猫0.125 mg/kg体重，分2～3次皮下注射。口服苯妥英钠，犬2～

6 mg/kg 体重，猫 0.5～1 mg/kg 体重，2～3 次/d。还可应用安定，犬 2.5～10 mg/只，猫 2～5 mg/只，肌内注射或口服，2～3 次/d；发作时按 10 mg/只，静脉注射，1 次无效可重复。戊巴比妥钠口服，犬 2～6 mg/kg 体重，猫 2～3 mg/kg 体重，2～3 次/d。复方中药白金丸和神康宁对犬原发性癫痫有一定的治疗效果。对继发性癫痫，在对症治疗的同时，还要积极治疗原发病。

三、热射病及日射病

热射病是在高温潮湿环境，宠物机体产热和散热平衡失调，积热过多引起中枢神经功能紊乱的现象。而日射病是宠物在高温季节头部受阳光直射，引起脑膜充血和脑实质的急性病变导致中枢神经系统功能严重障碍的现象。在犬多发生，猫对热抵抗力强，较少发生。

（一）病因

多发生于关在通风换气不良的高温环境中的犬，如阳光直射的密闭汽车内、水泥地面的铁皮小屋、通风不良的饲养场所等；热性疾病、心血管系统及泌尿系统疾病、过度肥胖阻碍散热；手术中长时间的气管插管也是因素之一；容易发生上呼吸道疾病的短头品种犬及经常不安、非常神经质的犬容易发生。

（二）症状

通常没有前驱症状，突然出现特征性的高热，体温急剧升高到 41～42 ℃；呼吸浅表急促，严重者并发肺充血和肺水肿，出现呼吸困难；心跳加快，末梢静脉怒张，黏膜开始鲜红随后发紫；皮肤发热、干燥，瞳孔散大；如不治疗则站立困难、出现肌肉痉挛和抽搐。

（三）诊断

根据发病史、热喘、高体温、脑神经症状容易诊断。血液检验 PCV 显著升高。蛋白尿、管型、血液尿素氮(BUN)上升反映肾功能障碍。出现 DIC 时，患病宠物表现纤维蛋白原减少，凝血时间、凝血酶原时间延长。纤维蛋白原降解产物 1,6-二磷酸果糖(FDP)增加。

（四）治疗

1. 迅速消除病因

将动物放在阴凉通风良好的环境中安静休息。

2. 降温

采取冷水冲洗、灌肠或冰袋冷敷，灌服 0.2%冷盐水等措施降温；药物降温可用氯丙嗪 1～2 mg/kg 体重，肌内注射或静脉注射，同时具有镇静作用。

3. 维护心肺功能

强心补液可肌内注射安钠咖、复方生理盐水以每小时 10 mL/kg 体重的速度静脉注射。纠正酸中毒用 5%碳酸氢钠 5～15 mL/次，静脉注射。呈现肺水肿时，可静脉注射 10%葡萄糖酸钙以制止渗出。

4. 抗凝血、抗休克

症状严重时静脉注射肝素 1 mg/kg 体重，地塞米松 1 mg/kg 体重，肌内注射或静脉注射。犬猫严重的日射病或热射病，如果抢救不及时或不当，常导致死亡。

任务54　营养代谢性疾病

一、低血糖症

低血糖症是一组由多种原因引起的血糖浓度过低所致的症候群，血糖值低于 50 mg/dL 或更低时，称为低血糖症。本病多见于幼龄犬和成年母犬。

(一)病因

1. 暂时性低血糖

(1)特发性新生犬低血糖：多发生在3月龄前的玩具犬及小型犬，以贵妇犬、约克夏犬和吉娃娃犬发病率最高。一般多因受凉、饥饿或产仔多、奶少、奶质差，胃肠功能紊乱，肠内寄生虫(包括原虫)，肝糖原合成酶不足等而引起。

(2)工作犬超负荷工作：多见于工作犬和猎犬(如拉布拉多犬、塞特犬)，病犬有工作前一天未增加饲喂量的病史。

(3)雌性犬猫低血糖：犬猫妊娠后期和哺乳期严重营养不良，胎儿数过多，初生仔大量哺乳而致病。临床多见于分娩前后1周左右的雌性犬猫。

(4)胰岛素使用过量。

2. 持久性低血糖

(1)Ⅰ型糖原贮积症(Von Gierke's 病)：因6-磷酸葡萄糖酶先天性不足，最终导致肝脏累积糖原而发生低血糖症。多发于离乳前后(6～12周龄)的玩具犬及小型犬，如波兰拉尼亚犬、马耳他犬、吉娃娃犬等。

(2)继发于胰岛瘤(β-细胞瘤)：犬的胰腺癌，发病率高达60%，且多见于右侧胰叶。β-细胞瘤(也称胰岛瘤)，是由于胰岛β-细胞产生过多的胰岛素，使血糖转入细胞增加，从而造成低血糖。多发生于成年犬、老年犬(一般为6～13岁)。各品种犬均可发生，但拳师犬发病率高。

(3)非胰腺性肿瘤引起的低血糖症：多由肝癌、肺癌、胃肠癌、肾上腺癌、迁移性腹膜瘤及其他癌症性疾病引起。

(4)肝源性低血糖：肝脏疾病所致，因肝糖原的分解和合成异常而引起低血糖。

(二)症状

患低血糖症的犬猫，可见全身性或局部性神经症状。轻者表现后肢无力、运动耐力差、共济失调、步态强拘，呈虚弱状态，甚至行为异常(如烦躁不安、奔跑、吠叫)、全身肌肉呈间歇性抽搐或强直性痉挛，严重低血糖出现癫痫样发作。体温升高达41～42 ℃，呼吸迫促，心搏加速。尿酮阳性，血酮达 30 mg/dL 以上(母犬)，血糖为 1.68～2.24 mmol/L 或更低。

幼龄期低血糖症多呈现虚弱、严重沉郁甚至昏迷，并伴有面部肌肉抽搐。血糖迅速降低所致的低血糖主要表现神经过敏、颤抖、搐搦、呕吐、心动过速等，而血糖缓慢降低主要引起神经系统的抑制、昏迷。

(三)诊断

根据病史、临床症状，结合血糖测定可对低血糖症建立诊断。病因学诊断需结合发病年龄、病史、原发病特点及对补糖的治疗性诊断综合分析。临床上本病与低钙血症相似，通过血糖、血钙及尿酮检测不难鉴别。

(四)治疗

1. 功能性低血糖

(1)补糖：50%葡萄糖 1 mL/kg 体重，或 20%葡萄糖 1.5 mL/kg 体重，静脉注射，疗效显著。静注困难时，也可按 250 mg/kg 体重口服葡萄糖。

(2)肾上腺皮质激素疗法：可使用氢化可的松或地塞米松。

(3)镇静、保暖、加强管理：幼龄犬猫应注意保持体温正常，让其多吃母乳或替代性乳制品。怀疑产后缺钙，可加输 10%葡萄糖酸钙 10～30 mL(母犬)。

2. 胰岛 β-细胞瘤所致的低血糖

(1)药物治疗：药物治疗只能减轻症状，短期恢复正常生命活动。国外用氯苯甲噻二嗪对患胰岛 β-细胞瘤的犬进行低血糖控制，有效期可长达 6 个月。首次剂量为 10 mg/kg 体重，最高可增加到 40 mg/kg 体重。同时加用双氢克尿噻按 2～4 mg/kg 体重以增强疗效。作为辅助治疗，可用糖皮质激素和勤喂高碳水化合物食物的方法控制低血糖。据报道，心得安(β-受体阻断药)对患胰岛 β-细胞瘤的病犬有提高血糖的作用。一种新抗癌药链脲霉素(streptozotcin)，对人的 β-细胞癌有抑制作用，国外正研究将此药用于犬的治疗。

(2)手术治疗：手术对功能性 β-细胞瘤有明显效果。但 β-细胞瘤多为恶性，往往在术前便转移到淋巴结、肝或脾，因此手术只对少数腺瘤有效，对癌仅能起暂时缓解作用。

3. Ⅰ型糖原贮积症所致的低血糖

补糖、加强饲喂，应每 2～3 h 饲喂一次。可行门静脉吻合术，术后宠物的生长发育、脂肪代谢等均可得到明显改善。

二、佝偻病(维生素 D 缺乏症)

佝偻病是犬猫生长发育期，由于维生素 D 缺乏，钙、磷缺乏或比例不当，而使钙、磷代谢失常，钙盐不能正常地沉着所致发的一种营养性骨病。临床上以异嗜，生长缓慢，骨骼关节变形为特征。本病是 1 岁内的犬猫，尤其是 2～5 月龄的幼犬常发的一种疾病。

(一)病因

由于宠物机体中能产生维生素 D_3，一般成年犬猫只要保证有足够的紫外线照射，在通常饲养条件下，是不会发生维生素 D 缺乏症的。研究证明：成年猫，甚至正在生长发育的幼龄猫，即使不能从食物中获得维生素 D，又得不到适宜紫外线照射，只要在食物中钙、磷含量及其比例恰当，或通过动员哺乳时期在机体中贮存的维生素 D_3 来供应其需要，在一定期限内也不会发生维生素 D 缺乏症。

维生素 D_3 对骨骼形成极为重要，它不仅能促进钙和磷在肠道中的吸收，还可作用于骨骼组织，使钙和磷最终成为骨质的基本结构。如正在生长发育时期的幼龄犬，维生素 D 缺乏时可发生佝偻病。幼龄猫不像幼龄犬那样易患佝偻病。猫患佝偻病，其病因主要是食物中钙含量不足或钙与磷比例不当所致，而与维生素 D 缺乏关系不大。犬猫发生佝偻病常与下列因素有关。

(1)食物中钙、磷不足或比例不当，是导致该病的重要原因。犬猫食物中最合适的钙、磷比，犬为(1.2～1.4)：1，猫为(0.9～1.1)：1，并应占食物总成分的0.3%。生、熟肉中钙、磷比为1：20，所以用去骨骼鱼和肉饲喂犬猫时容易发生钙缺乏，导致钙磷比例不当，致发本病。

(2)食物中维生素D不足。由于喂养不当，母乳不足或早期断乳；幼龄犬猫的饲料以淀粉食物为主体，缺乏矿物质、蛋白质和维生素D。

(3)光照不足。幼龄犬猫长期家养，尤其是长毛品种，舍饲犬由于运动场狭小，运动不足，缺乏阳光照射，尤其冬季出生的犬更易发病。

(4)需要量增加。生长迅速的犬(如西德牧羊犬、西藏獒犬)容易发生维生素D缺乏。

(5)维生素A过量。犬猫喜食肝脏(含大量维生素A)，过量的维生素A竞争性抑制维生素D在肠道的吸收，影响骨骼的生长和代谢而发生骨质疏松。

(6)先天性佝偻病。常由于妊娠犬猫营养失调或缺乏阳光照射，运动不足，饲料中缺乏矿物质、维生素D和蛋白质，以致胎儿发育不良。

(7)其他因素。慢性腹泻可影响脂溶性维生素D的吸收；肝肾疾病不能使维生素D转化为活性维生素D；饲料中金属离子(如铁、镁、锶、锰、铝)过多会影响钙、磷的吸收。

(二)症状

1.先天性佝偻病

宠物出生后体质软弱，肢体有异常弯曲，出生数天仍不能站立。

2.后天性佝偻病

患病初期往往被人忽视，当关节肢体变形后才引起人们的注意。

(1)初期症状：不爱活动，精神不振，食欲减退，消化不良，逐渐消瘦，生长缓慢。X线检查尚无典型改变。

(2)进行期症状：早期出现的各种症状更为明显，发生异嗜，喜欢舔食墙壁或地板，喜食泥土、砖石，或喜食自己的粪便，表现腹泻或便秘等消化障碍。随后宠物常表现为四肢关节疼痛，站立时四肢频频交替负重，运步时四肢僵直，屈伸不灵活。严重时表现骨骼变形，出现跛行或卧地不能站立。

(3)骨骼改变的特征。

①胸部畸形：肋骨与肋软骨交界处膨大呈“串珠肿”。由于肋骨内陷，胸廓变小，胸骨突出，成为“鸡胸”。

②四肢畸形：常发生腕(跗)关节的粗大。四肢负重时管骨逐渐变形，呈现各种异常姿势，呈“O”形腿或“X”形腿。骨盆部左右压扁而变狭小。

③脊柱畸形：脊柱向上凸起呈弓形弯曲。

重症的佝偻病，患病宠物骨骼异常疏松，常引起四肢、骨盆和脊柱的骨折，卧地不能站立。由于胸壁畸形影响肺扩张及肺循环，很容易合并肺炎和肺不张。腹肌无力，常导致便秘、膀胱积尿或膀胱破裂。

早期轻型佝偻病如能及时治疗，可以完全恢复正常。重型佝偻病，至恢复期可遗留轻重不等的骨骼畸形。

(三)诊断

根据病史，临床上呈现异嗜为主的消化紊乱，运动障碍、骨关节肿胀变形、生长发育不良等典型症状，结合X线检查骨骺板增宽，为正常的3～5倍，结构疏松、骨髓腔扩大、骨骺小梁稀疏。血清钙和磷含量降低（血清钙低于9 mg/dL，血磷低于2.5 mg/dL时），碱性磷酸酶活性显著升高而建立诊断。

（四）治疗

应重视早期治疗，发现佝偻病早期症状，即应治疗。

1. 加强管理

经常带犬猫户外活动，进行日光浴。冬季舍内以紫外线灯照射。

2. 应用维生素D制剂

①维丁胶性钙0.25万～0.5万IU，腿部肌内注射，1次/d，连用3 d。

②维生素D_3注射液，犬1 000～3 000 IU/kg体重，猫300～500 IU/kg体重，口服或肌内注射。

③鱼肝油，口服10～30 mL，1次/d，连用1周。

3. 加强日粮营养

补充钙剂，防止钙、磷比例不当，在用维生素D前，对宠物应补充钙盐和磷盐，如贝壳粉、骨粉、蛋壳粉等，犬5～15 g/d，猫1～5 g/d；或静脉注射10%葡萄糖酸钙5～30 mL，1次/d；或口服碳酸钙1～2 g/kg体重，或乳酸钙0.5～2 g/d，1次/d。犬猫食物每100 g鲜肉中添加碳酸钙0.5 g；每100 mL牛奶中添加碳酸钙0.15 g，或食物中添加5%～10%骨粉，可满足猫对钙的需要。

三、维生素A过剩症

维生素A过剩症是因长期饲喂维生素A或含大量动物肝脏的食物而引起的疾病，又称维生素A中毒。临床主要表现为跛行、四肢关节肿胀和疼痛。

（一）病因

动物肝脏含有大量维生素A，犬长期大量摄取肝脏后，维生素A在体内发生蓄积，大量的维生素A可抑制成骨细胞的功能，使韧带或肌腱附着处的管状骨骨膜发生增生性变化。

此外，长期大量给予维生素A制剂，也可造成医源性维生素A中毒。

（二）症状

病犬食欲减退，体重减轻，感觉过敏，全身震颤，尿失禁及便秘。由于骨质疏松，颈椎和前肢关节周围生成外生骨疣，结果颈部发硬，前肢肘部及腕部骨骼融合，出现四肢骨肿胀、疼痛、跛行。当脊椎骨融合时，猫不能用舌梳理。此外可引起齿龈炎和牙齿脱落。

（三）治疗

停止喂食维生素A以及富含维生素A的食物。对四肢疼痛和跛行的犬，用地塞米松0.5～1 mg/kg体重肌内注射，1次/d，连用3～5 d。注意护理，使犬保持安静。

四、维生素E缺乏症

维生素E缺乏症是维生素E摄取不足引起的疾病，又称黄脂病。临床特征为肌萎缩、脂肪织炎和不孕。

(一)病因

维生素E又称生育酚、抗不孕维生素。除可维持正常生殖功能外，尚与肌肉和其他系统的健全有关，是极好的天然抗氧化剂。维生素E广泛分布于所有绿色植物组织中，尤其是棉籽油、花生油和芝麻油中含量最多，在肉、奶油、奶、蛋及鱼肝油中也都含有此种维生素。食物中的维生素E含量通常以α-生育酚计算，维生素E的一个国际单位(IU)相当于D醋酸α-生育酚1 mg。成犬年需要量为1.1 IU/kg体重，发育期仔犬为1.2 IU/kg体重。犬在常规饲养条件下很少患维生素E缺乏症。当有以下原因时，则可能发病。

1.消耗增多

长期饲喂含多量酸败脂肪和不饱和脂肪酸的鱼、肉等，可使机体维生素E消耗量增大而引起缺乏。

2.吸收不良

长期腹泻，脂质吸收不良，维生素E由肠道吸收也受到影响，导致维生素E缺乏。

(二)症状

由于肌细胞耗氧量增大，肌肉变性、萎缩。组织中的脂肪过氧化物蓄积引起体内脂肪变性，质地变硬，称为脂肪织炎或黄脂病。并导致贫血，慢性肝功能障碍。

母犬的受精卵发育不全，胎儿被吸收而不孕、死胎和流产。公犬的精母细胞变性，睾丸萎缩。患黄脂病的猫，多见于母猫，平均年龄2.5岁。一般表现食欲不振，无精神，发热，嗜睡。严重时因皮下脂肪发炎，手抓甚至抚摸皮肤时有明显的疼痛反应。触诊可感知皮下结节状的脂肪或纤维素沉积物，尤其在腹股沟区多见。

(三)治疗

醋酸生育酚注射液0.08 mL/kg体重，隔日肌内注射，合并使用碳酸精氨酸2～4 mL/d，皮下注射，效果较好。皮下或肌内注射三联维生素，犬0.5～1 mL，猫0.01 mL。犬的饲料中每日加一滴三联维生素或维生素E 30 mg/kg体重，至临床症状消失。

五、泌乳惊厥

以低钙血症和产后突发全身强直性痉挛为特征的代谢性疾病称为泌乳惊厥，也称产后子痫、产后搐搦症。多发于分娩后2～4周(早发型多发于分娩后2～4 d)的产仔数多的小型母犬，中型母犬也可发病。

(一)病因

产后子痫的直接原因是分娩后血钙浓度的急剧降低。引起血钙浓度急剧降低的因素有以下3种。

(1)产后大量泌乳，大量钙质进入初乳，这是血钙浓度下降的主要原因。这与临床产仔数多的母犬发病率高相一致。当血钙值低于7 mg/dL(正常值为8.4～11.27 mg/dL)，就会发病。

(2)动用骨骼中储备钙能力的降低和骨骼中钙储备量减少，是血钙浓度下降的重要原因。

①怀孕前甲状腺功能减退，甲状旁腺激素分泌不足，动用骨骼中储备钙的能力降低。

②分娩应激，大脑皮质受抑制，影响甲状旁腺功能，降钙素的分泌增加。

③怀孕末期饲喂高蛋白高钙日粮。

④怀孕后期由于胎儿发育，母体钙储备量减少。

(3)分娩前后，母体从肠道吸收的钙量减少，也是引起本病的原因。

(二)症状

典型症状为全身肌肉强直、痉挛、抽搐。开始运步蹒跚、后躯僵硬、步态失调，以后表现烦躁不安、到处乱跑、易惊恐、对外界刺激表现敏感。站立不稳，倒地抽搐，呼吸迫促，口不停开合并流白色泡沫。多有呕吐、心跳加快及体温升高。患病犬猫瞳孔散大或昏睡，若未及时治疗，反复发作以致死亡。发病后经治疗症状很快缓解或消失，如不坚持治疗或继续哺乳，数小时或数日后可复发，且第 2 次发作症状比上一次更明显。

(三)诊断

根据临床症状结合血钙水平降低、补钙后迅速收到疗效即可确诊(正常血钙值犬为 2.75 mmol/L，猫为 1.75 mmol/L)。

(四)治疗

1. 补钙疗法

确诊后立即缓慢静脉注射 10%葡萄糖酸钙溶液，犬 10～30 mL、猫 5～15 mL，症状可迅速缓解，经 12 h 后重复注射 1 次，多数病犬可康复，严重病犬重复注射 3～4 次也可痊愈。若心律不齐者改服钙片。伴低血糖者同时静脉注射 50%葡萄糖溶液，并口服维生素 D(30 IU/kg 体重)，连服 10 d。

2. 镇静

补钙后症状无明显改善，可用戊巴比妥钠 20～30 mg/kg 体重，静脉注射。

3. 肾上腺皮质激素疗法

泼尼松 2 mg/kg 体重口服或皮下注射，每 12 h 1 次，至幼龄犬离乳为止。此法可不用于幼龄犬断乳。

4. 加强饲养管理

母犬发病后要与仔犬隔离，采取提早断乳，仔犬采用人工喂养。同时改善母犬的营养状态。

任务 55　中毒性疾病

一、中毒性疾病的一般治疗措施

一般中毒性疾病，多呈突然急性发作，而且目前对多数毒物尚无特效的解毒药物，因此，采取一般治疗措施，对于缓解中毒症状，维持生命，从而使宠物获得康复，具有极其重要的意义。

(一)排除毒物

1. 排除消化道内毒物

(1)催吐：对由口食入毒物尚不超过 1～2 h，毒物未被吸收或吸收不多时，应用催吐，使毒物连同胃内容物吐出体外。

通常犬选用阿扑吗啡，剂量 0.04～0.09 mg/kg 体重，皮下注射；猫选用隆朋，剂量为 1 mg/kg 体重，肌内注射。也可用 1%硫酸铜溶液灌服，犬 20～100 mL，猫 5～20 mL。犬还可用 1%硫酸锌溶液 20～40 mL 灌服或 2%碘酊 2～5 mL 做 10 倍稀释后灌服。

当毒物食入已久，并进入十二指肠已被吸收时，催吐治疗无效。此外，误食强酸、强碱、腐蚀性毒物时，不宜催吐，以防对食道和口腔黏膜损伤或使胃破裂。

(2)洗胃：由口食入毒物不久尚未吸收时，可采取洗胃措施。

(3)吸附毒物：由口食入的毒物已超过 1～2 h，虽进入肠道但尚未完全吸收时，可口服活性炭吸附毒物，以减少肠道吸收。剂量为 2～8 g/kg 体重，并以每克活性炭加水 3～5 mL，经胃导管灌注胃内。30 min 后再灌服缓泻剂如硫酸钠，剂量为 1 g/kg 体重，加水配成 5%～10%溶液。

(4)灌肠：促进肠道内有毒物质排除，选用灌肠法。液体选用温热(38～39 ℃)普通水或肥皂水，也可选用 0.1%高锰酸钾溶液等灌肠。

(5)导泻：加速肠道内容物排出体外，以减少肠道对毒物的吸收。一般多用盐类泻药，如硫酸钠或硫酸镁，剂量为 1 g/kg 体重，配成 5%～10%溶液口服或灌服；或选用润滑性泻药，如液体石蜡(不被机体所吸收)，剂量为 3～5 mL/kg 体重口服；也可用植物油投服，但对脂溶性毒物，不宜使用植物油(促进毒物吸收)。

2. 清除皮肤和黏膜上的毒物

对皮肤和黏膜上的毒物，应及时用冷水洗涤(为了防止血管扩张，加速对毒物吸收，不宜用热水)，洗涤越早越彻底越好。

对于不宜用水洗涤的毒物，可酌情使用酒精或油类物质擦洗。但用上述物质擦洗时，易使毒物溶解于酒精或油质中，也能促进其吸收，所以，在使用该种措施时，应迅速擦洗，并且边擦洗边用干毛巾擦净。对已知毒物，最好选用具有中和或对抗作用的药物来清洗体表或黏膜的有毒物质。但注意选用洗涤药物时，不能使被清洗的毒物增加毒性，如敌百虫中毒时，严禁用弱碱性溶液清洗。

3. 加速毒物从体内排出

多数毒物通过肝代谢由肾排出，也有的毒物通过肺或粪便等途径排出。保护肝，可给予葡萄糖，以增加肝糖原和葡糖醛酸等，从而增强肝的解毒功能。猫肝与犬不同，缺乏葡糖醛酸转移酶，因而某些化学物质不能及时与葡糖醛酸结合由肾排出，导致这些物质排泄缓慢，使其毒性增强。

投予利尿剂增加排尿量。尿量增多使溶解在尿液中的毒物加速随尿排出体外，但必须在动物机体肾功能正常情况下方可投予利尿剂，如甘露醇(剂量为 2 g/kg 体重，静脉注射)，或用速尿(剂量为 2～4 mg/kg 体重，肌内注射)。此外，人为改变尿液 pH 时，可促使某些毒物排出。当中毒动物发生少尿或无尿，甚至肾功能衰竭时，可进行腹膜透析，从而使体内代谢产物或某些毒物通过透析液排出体外。

(二)解毒药物

1. 常用一般解毒药物

(1)吸附剂。除氰化物毒物外，任何经口食入消化道的毒物，都可使用吸附剂解毒。使用吸附剂后配合泻下、洗胃、催吐，效果将会更好。常用吸附剂有：药用炭、木炭末等，剂量为 1～3 g/kg 体重，一般配成 2%～5%混悬液灌服，剂量可根据情况酌情加减。

(2)保护剂。常用黏浆剂和黏滑性保护剂，不受剂量限制，对经口进入消化道内的毒物一般均可使用。在应用黏浆剂时，先用催吐剂或泻剂，以免使过多的毒物沉积于胃肠壁上不易清除，造成不良后果。使用黏浆剂，一般可多次使用，但不宜同时或同其他药物混合使用。常用保护剂有蛋白水、牛乳、米汤和面粉糊等。

(3)凝固剂。只能应用于铅、铜、汞、苯酚(石炭酸)等易被凝固剂所凝固的毒物。常用凝固剂有蛋白水、花生油、菜油和猪油等。应用油类凝固剂时，应注意除上述毒物外，有的毒物易溶于油中而被吸收，有加重中毒危险。因此，在应用凝固剂后，再灌服盐类泻剂将更为安全。

(4)中和剂。当毒物为已知酸性或碱性毒物时，使用中和剂是重要的解毒措施。常用弱酸性解毒剂有：食醋、酸奶、0.25%～0.5%稀盐酸和 1.5%～3%稀醋酸等；弱碱性解毒剂有：氧化镁、石灰水上清液、小苏打水和肥皂水等。在用于灌肠或洗胃时，浓度可加大几倍，使效果增强。

(5)氧化剂。氧化剂只能用于能被氧化的毒物，如生物碱、氰化物、无机磷、巴比妥类药物、砷化物。有的毒物如有机磷中毒应用氧化剂后其毒性增强，故禁止使用。氧化剂常用于洗胃或口服，以及深部灌肠。常用的氧化剂有 0.1%高锰酸钾和 0.3%过氧化氢溶液等。前者有刺激性和腐蚀性，应用时注意药液的浓度；后者易产生气体，不宜用于腐蚀性毒物中毒。

(6)沉淀剂。使毒物沉淀，以减少毒性或延缓吸收而达到解毒目的。常用沉淀剂有鞣酸、浓茶、稀碘酒和蛋白水等。主要用于砷、汞等重金属，以及生物碱类中毒。

(7)拮抗剂。利用药物与药物之间，药物与毒物之间，甚至毒物与毒物之间的相互拮抗作用来达到解毒目的。常见拮抗剂有：①阿托品、莨菪碱类拮抗毛果芸香碱、槟榔及其制剂、新斯的明等，阿托品还对有机磷、西维因、吗啡类药物和毒蕈碱等有一定的拮抗解毒作用；②水合氯醛、巴比妥类药物拮抗士的宁、美解眠等；③氯丙嗪、奋乃静拮抗盐酸苯海拉明等(对抗肌肉震颤等)；④阿片、吗啡、度冷丁和其他阿片类药物等拮抗盐酸丙烯去甲吗啡、麻黄碱、戊四氮、尼克刹米、安钠咖、回苏灵、山梗茶碱等；⑤巴比妥类药物、水合氯醛拮抗麻黄碱、苯丙胺、戊四氮、尼克刹米、山梗茶碱、安钠咖、美解眠等。

2.特效解毒药

对中毒毒物具备特殊拮抗作用和解毒功能的药物称为特效解毒药。常用的有以下几种。

(1)亚甲蓝：1%亚甲蓝溶液，剂量 0.5～1 mL/kg 体重，静脉注射，应用于氢氰酸中毒；剂量 0.1～0.2 mL/kg 体重，静脉注射，可解除亚硝酸盐、非那西丁、安替比林、硝基苯等中毒。

(2)解磷定、氯磷定、双复磷等，用于有机磷中毒，如配合阿托品使用，其效果将更为有效。

(3)依地酸钙钠、青霉胺、二巯丙醇、硫代硫酸钠等，主要用于铅、汞、砷、锇等重金属和类金属中毒。

(4)葡糖醛酸内酯(肝泰乐)是石炭酸、来苏尔、木焦油等芳香族碳氢化合物中毒的特效解毒药，但主要用于犬而不宜应用于猫。

(三)对症治疗

对症治疗又称支持疗法，在中毒病治疗中具有非常重要的意义。它为缓解中毒症状，抢救中毒动物生命赢得了时间。当前仍有许多毒物中毒后无特效解毒药，多通过对症治疗，增强机体的代谢和调节功能，降低毒性作用，从而获得康复。如中枢神经过度兴奋给予镇静药，过度抑制给予兴奋药，强心、利尿、止痛、兴奋呼吸中枢和降温等措施。补充体液、调节酸碱平衡等，也是中毒治疗中不可忽视的重要措施。

二、有机磷杀虫药中毒

有机磷杀虫药有上百种，用于植物和动物杀灭害虫，按毒性分为剧毒类：对硫磷(1605)、内吸磷(1059)、甲拌磷(3911)、硫特普等；强毒类：敌敌畏、甲基1059等；低毒类：敌百虫、乐果、马拉硫磷(4049)等。犬猫对有机磷杀虫药比其他动物敏感。

(一)病因

有机磷杀虫药能经犬猫消化道、呼吸道和皮肤进入体内，引起中毒。

(1)误食撒布有机磷杀虫药的食物，误饮撒布有药物的水，或舔舐沾有药物的用具和被毛。

(2)误用配药用具做犬猫食盆或饮水盆。

(3)滥用或误用有机磷杀虫药杀灭犬猫体内外寄生虫，或将犬猫留放在喷有药液的房间等。

(二)症状

有机磷杀虫药中毒，主要表现为副交感神经过度兴奋，包括3种类型。

(1)毒蕈碱样症状：唾液分泌增多，瞳孔缩小，呕吐，腹泻，尿频，腹痛，由支气管收缩和分泌物增多引起的呼吸困难。

(2)烟碱样症状：肌肉无力或自发性收缩，引起肌肉震颤。

(3)中枢神经系统症状：精神沉郁、共济失调等。中毒症状多在毒物进入机体后几小时内出现，中毒轻重受毒物量多少和进入机体途径影响。急性严重中毒，表现呼吸困难，呼吸衰竭，最后死于呼吸麻痹。

(三)诊断

根据接触有机磷杀虫药史、临床症状、胃内容物毒物检验和血液胆碱酯酶活性降低即可诊断。

(四)治疗

1. 加强饲养管理

避免犬猫再接触有机磷杀虫药。

2. 口服中毒治疗

未超过2 h，用催吐疗法(用阿扑吗啡或硫酸铜催吐，犬还可用碘酊)。也可口服液体石蜡，减少毒物在肠道中被吸收，尽快排出体外。口服活性炭，吸附胃肠内毒物，然后随粪便排出。

3. 皮肤接触中毒治疗

可用清洁水冲洗。

4. 药物治疗

解磷定或氯磷啶或双复磷和阿托品联合疗法。硫酸阿托品，犬猫0.2～1.5 mg/kg体重(根据中毒程度确定剂量)，皮下或静脉注射，每3～6 h 1次。解磷定或氯磷啶20～50 mg/kg体重，配成10%溶液，肌内注射或静脉注射，或双复磷15～20 mg/kg体重，肌内注射或静脉注射。必要时应重复给药。

5. 对症治疗

中毒严重休克时，进行人工呼吸、吸氧等措施。呕吐、腹泻严重者需静脉输液治疗。

三、氟乙酰胺中毒

有机氟化物主要有氟乙酰胺（敌芽胺）、氟乙酸钠和*N*-甲基-*N*-萘基氟乙酸盐等剧毒农药，通常用于杀灭农林蚜螨和鼠害。由于有机氟对人、动物有剧毒，国家1992年明文规定不许再生产和使用有机氟化物，特别不许使用氟乙酰胺作为杀鼠药使用，但目前市场仍有售。因此，有造成犬猫和畜禽发生中毒的可能。

（一）病因和发病机理

最常见的原因是犬猫吃了用氟乙酰胺毒死的老鼠和其他动物，引起中毒。误食了有机氟化物（尤其是氟乙酰胺）污染的食物、饵料、饮水等，也常引起中毒。氟乙酰胺可经过消化道、呼吸道和皮肤进入机体。犬猫对其敏感，食入0.05～0.2 mg/kg体重，便可致死。

氟乙酰胺在机体脱胺成氟乙酸，氟乙酸经活化与草酰乙酸结合，生成氟柠檬酸。氟柠檬酸拮抗柠檬酸，阻断柠檬酸代谢，抑制乌头酸酶，中断三羧酸循环，导致体内柠檬酸蓄积和ATP生成不足。其毒性作用对脑和心危害最重，中毒引起犬猫神经症状和猫心搏加快，脉搏微弱。

（二）症状

氟乙酰胺进入机体，30 min后就中毒发病，毒物主要毒害犬猫中枢神经系统和猫心脏。急性中毒表现精神沉郁，呕吐和频排粪尿，犬出现粪尿失禁。严重中毒主要表现为兴奋、狂暴、嚎叫、狂奔、跳跃和爬墙，不久倒地打滚、抽搐、角弓反张、呼吸加快，猫心搏快而弱。安静片刻后又重复发作，发作数次后，强直而死亡。病程只有十几分钟至1 h左右。

尸体剖解病变为脑膜充血、出血，心肌变性松软，心包及心内膜有出血点。肝和肾肿大淤血，有卡他性或出血性胃肠炎。

实验室检验：血液中柠檬酸含量增多，经口食入的毒物，食物和胃内容物中含有氟乙酰胺毒物。

（三）诊断

根据病史、临床症状、实验室检验和尸体剖检等，做出中毒诊断。

（四）治疗

（1）脱离毒物现场，更换可疑食物或饮水。

（2）一般措施：详见本节“一、中毒性疾病一般治疗措施”。首先催吐，也可用1∶5 000高锰酸钾溶液洗胃，然后口服鸡蛋清，保护胃黏膜，最后用硫酸钠，犬每只10～25 g，猫5～10 g，配成5%～10%溶液，口服导泻。

（3）应用特效解毒药：解氟灵（乙酰胺），每日0.1～0.3 g/kg体重，分2～4次肌内注射，首次用日量的1/2，连用3～5 d。此外，可用乙二醇乙酸酯（醋精）100 mL，加入500 mL水中，让犬猫自饮或灌服；或用95%酒精10～20 mL，加水口服，1次/d；也可用5%酒精和5%醋酸溶液，犬猫2 mL/kg体重，口服。

(4)对症治疗：镇静用氯丙嗪，犬猫 1.1～6.6 mg/kg 体重。解除呼吸抑制用尼克刹米，犬 0.12～0.5 g/次，猫 7.8～31.2 mg/kg 体重，皮下或肌内注射，必要时 2 h 后重复 1 次。解除痉挛可静脉输钙和葡萄糖溶液。控制脑水肿，可静脉输注甘露醇溶液等。可应用维生素 C、地塞米松等缓解病情。

四、抗凝血杀鼠药中毒

抗凝血杀鼠药种类较多，一般用于杀灭老鼠的有华法林钠(杀鼠灵)、敌鼠钠盐、溴敌隆(溴敌鼠)、杀鼠隆、敌鼠、克灭鼠、杀鼠迷、双杀鼠灵(敌害鼠)、杀它仗、氯敌鼠(氯鼠酮)等。以动物全身各个部位自发性大出血，创伤、手术或针扎后出血不止为特征。

(一)病因和发病机理

犬猫中毒多发于以下情况。①犬猫采食了凝血杀鼠药杀死的老鼠，发生二次性中毒；②犬猫误食了抗凝血杀鼠药；③用华法林钠等抗凝血药物，防治血栓性疾病，用药量大或用药时间过长，或者在用华法林钠时，同时应用能增强其毒性的保泰松、阿司匹林、广谱抗生素和氯丙嗪等。

抗凝血杀鼠药都含有华法林类抗凝血毒物香豆素，香豆素和维生素 K 拮抗，影响维生素 K 依赖性凝血因子Ⅱ(凝血酶原)、凝血因子Ⅶ、凝血因子Ⅸ和凝血因子Ⅹ在肝脏里的生成和羧化，未经羧化的维生素 K 依赖性凝血因子无凝血活性，从而导致出血倾向。华法林钠在犬体内半衰期为 20～24 h。

(二)症状

急性中毒，无任何症状表现而死亡。尸体剖检多见脑内、心包内、胸腹腔内有出血。

亚急性中毒，从食入毒物到引起动物死亡，一般需经 2～4 d 时间。中毒初期精神不振，厌食，稍后不愿活动，出现跛行，厌站喜卧，呼吸费力，眼结膜发白有出血点，齿龈、唇黏膜等出血，心搏快而失调。继续发展，表现共济失调、贫血、血肿、血便、眼前房出血、血尿、吐血和衄血等，最后痉挛、昏迷而死亡。死后尸检，全身器官组织呈现泛发性出血。

实验室检验：凝血因子Ⅱ、凝血因子Ⅶ、凝血因子Ⅸ、凝血因子Ⅹ减少，凝血时间延长。

(三)诊断

根据接触抗凝血杀鼠药史，广泛性出血症状，可初步诊断。确诊需检验血液的凝血时间、凝血酶原及香豆素含量。

(四)治疗

(1)维生素 K 是治疗抗凝血杀鼠药中毒的特效药物，尤其是维生素 K_1，最初可用维生素 K_1 犬 5 mg/kg 体重，猫 5～25 mg，加入葡萄糖或生理盐水中，缓慢静脉注射，也可肌内注射或皮下注射，每 12 h 1 次，连用 2～3 次。然后改为口服维生素 K 每日 5 mg/kg 体重，连用 10～20 d。

(2)如果出血过多，应输血治疗，10～20 mL/kg 体重，开始输血时，速度稍快些，输一半后，速度应缓慢。另外，再配合一些支持疗法。

(3)已中毒的犬猫，不能行手术或放血，皮下或胸腹腔的血液，如果不危及生命，可让其慢慢吸收。

(4)病愈恢复期，应加强饲养管理，多饲喂些有营养的食物，最好是宠物商品性食品。

五、铅中毒

铅中毒是世界范围的常见中毒病，多发生于幼龄犬猫，犬比猫多发。美国波士顿一家宠物医院统计，6 月龄以下的犬，铅中毒率为 4%。当前西方国家常以犬猫铅中毒来监测环境对儿童的危害。当家养犬猫血液含铅量超过 10 μg/dL 时，喜欢和犬猫相伴的儿童，也有铅中毒的可能。世界卫生组织规定血液铅含量不超过 10 μg/dL 为正常，超过 10 μg/dL，将对犬猫和儿童造成危害。

(一)病因

在人类和动物周围环境中，铅和含铅物质普遍存在，汽油中的铅经燃烧散布于空气和土壤，城市远高于农村。其他含铅物有油画颜料、膝布、铅玩具、油漆、玻璃油泥、铅锤、焊锡、油毡、电池、滑润油、子弹，以及铅厂烟灰及污物等。铅和含铅物经消化道、呼吸道和皮肤进入动物机体，引起中毒。犬猫铅中毒量为 10～20 mg/kg。

铅和含铅物经口进入胃肠道，在食物中缺钙、锌、铁和蛋白质时，或在酸性环境下，更利于铅的吸收，一般成年犬可吸收食入铅的 10%，而幼龄犬吸收率高达 90%，所以，幼龄犬猫易发生中毒。肠道吸收的铅由红细胞携带进入软组织，如肝脏、肾脏、中枢神经系统和骨髓，还能通过胎盘和进入乳中。铅自然从机体排出很慢，从尿中排泄量也很小，但和治疗药物形成螯合物后，排泄加快。

(二)症状

犬猫铅中毒分急性和慢性两种，以慢性中毒多见。急性中毒表现厌食，流涎，贫血，腹痛，呕吐和腹泻。神经症状表现神经过敏，呈现歇斯底里狂叫，咬牙，乱跑，运动失调，发抖、痉挛及麻痹，进一步出现耳聋、失明和痴呆。慢性铅中毒表现贫血，多动，好斗和易激怒，反复发生呼吸道和泌尿系统感染等。

实验室检验：血铅水平超过 30 μg/dL，肝脏(湿重)高达 5 mg/kg(正常为 3.5 mg/kg)。血液红细胞数减少，出现贫血性有核红细胞、低色素性小红细胞和嗜碱性点彩红细胞等，尿中 γ-酮基-δ 氨基戊酸(ALA)增多。

(三)诊断

根据有接触铅或含铅物病史、临床症状、血液和尿液检验，以及用依地酸钙钠治疗有效，治疗 24 h 后尿中排铅增多。铅中毒时，治疗 24 h 后尿中排铅量可达治疗前的 6 倍。

注意与犬瘟热、癫痫、脑炎、狂犬病和胃肠道疾病的鉴别诊断。

(四)治疗

治疗原则：清除胃肠道的铅，防止进一步吸收；从血液和机体组织中尽快排出铅；积极治疗铅中毒的神经症状。

1. 排出毒物

如果发现较早时，可采用催吐、洗胃和导泻(口服硫酸镁或硫酸钠，1 g/kg 体重)等措施，以促进毒物从机体清除。

2. 解毒

应尽早应用依地酸钙钠，每日 100 mg/kg 体重，分 4 等份，加入 5%葡萄糖注射液或生理盐水静脉滴注，或配成20%溶液肌内注射(为防止疼痛，每次可加1%盐酸普鲁卡因溶液1 mL)，连续治疗2～5 d。治疗后如果仍有神经症状或血铅水平仍高于100 mg/L，间隔1～2 d进行第2个2～5 d治疗。经过治疗仍不能控制神经症状，预后不良。

用依地酸钙钠治疗的同时，也可配合应用青霉胺，其效果会更好。用量为每日100 mg/kg体重，分4次口服，连用1～2周。如果出现呕吐、不安和厌食时，可空腹时口服，或服药前半小时口服茶苯拉明2～4 mg/kg体重。

3. 镇静

具有神经症状的犬猫，需用镇静药。可口服安定(犬2.5～20 mg，猫2.5～5 mg)，或戊巴比妥钠(口服剂量为15～25 mg/kg体重，静脉注射剂量为2～4 mg/kg体重)。

4. 支持疗法

支持疗法包括输液、补充电解质、调节酸碱平衡等。

六、蛇毒中毒

蛇毒中毒是犬猫被毒蛇咬伤引起的。世界上现有3 000多种蛇类，其中毒蛇650多种；我国约有160种蛇类，其中毒蛇47种。较常见并危害较大的毒蛇，主要有眼镜蛇科：眼镜蛇、眼镜王蛇、银环蛇、金环蛇；海蛇科：海蛇；蝰蛇科：蝰蛇、蝮蛇、五步蛇、竹叶青、龟壳花蛇等。毒蛇多分布在长江以南及东南沿海诸省，长江以北由于气候较冷，毒蛇相对较少，只有蝰蛇、蝮蛇、龟壳花蛇、菜花烙铁头蛇等几种。

(一)病因及发病机理

犬猫为了狩猎、配种、觅食、玩耍或活动，常到野外、草地、森林等处，被毒蛇咬伤后引起中毒。毒蛇的生活有一定规律，在长江以南地区活动期为4—11月份，7—9月份最活跃，不同毒蛇每天活动规律不同，以白天活动为主的有眼镜蛇和眼镜王蛇；白天晚上都有活动的有蝮蛇、五步蛇、竹叶青，它们在闷热天气活动更盛，五步蛇还喜欢在雷雨前后出来活动。最活跃的月份和爱活动的时间，也是犬猫最易被咬伤的月份和时间。

毒蛇都有毒牙和毒腺，它们咬伤犬猫后，把毒液注入犬猫体内，引发中毒。蛇毒进入犬猫体内后，有两种扩散方式：一是随血液扩散，很快散布到全身，使犬猫很快中毒死亡；二是蛇毒随淋巴扩散，散布速度缓慢，有利于吸出蛇毒和急救。

蛇毒是一种复杂的蛋白质化合物，由多种氨基酸组成，分为神经毒、血液毒及神经血液混合毒3种。

(1)神经毒。金环蛇、银环蛇等含此毒，此毒主要干扰乙酰胆碱的合成、释放及作用，引起骨骼肌麻痹，甚至全身瘫痪；也抑制呼吸中枢，使机体缺氧，引起呼吸衰竭。

(2)血液毒(含心脏毒和酶)。蝮蛇、竹叶青、龟壳花蛇、蝰蛇、五步蛇等属此类毒蛇。血液毒直接损伤心脏，使其变性坏死，引起心力衰竭。蛇毒中含有多种酶，其中卵磷脂酶能使红细胞溶解，使毛细血管扩张和增加渗透性，使血容量不足和血压下降。蛋白分解酶能消化破坏血管壁，引起出血和组织损伤，使大片深部组织坏死。磷酸酯酶也能使乙酰胆碱合成障碍，使神经冲动传导受阻，末梢血管扩张，血压降低，呼吸困难、衰竭等。

(3)神经血液混合毒。眼镜蛇和眼镜王蛇的蛇毒中含有此类毒，但以神经毒为主，通常中毒后先发生呼吸衰竭，随后发生心脏衰竭而死。

(二)症状

犬猫被毒蛇咬伤后,局部有2个特征性的毒牙穿刺孔。

1.神经毒中毒

咬伤局部一般无明显反应,只有被眼镜蛇咬伤后,局部组织坏死和溃烂,不易愈合;临床表现为流涎或呕吐,声音嘶哑,牙关紧闭,吞咽困难,呼吸急迫,四肢无力,共济失调,全身震颤或痉挛等,严重中毒后肢体瘫痪,惊厥后昏迷,心力衰竭,呼吸中枢麻痹而死亡。

2.血液毒中毒

咬伤局部红肿、发硬、灼热和剧痛,并不断扩延(向心性扩散)。局部淋巴结肿大有压痛。皮下出血,有时有水疱或血疹,组织溃烂坏死;全身表现烦躁不安、呕吐及腹泻,黏膜和皮肤呈现广泛性出血,排尿减少或无尿,甚至血尿或蛋白尿。有溶血性黄疸和贫血,呼吸急迫,心律失常,有的犬猫休克,严重者几小时内死亡。

3.神经血液混合毒中毒

临床症状为两种蛇毒的综合,常死于呼吸肌麻痹的窒息或心力衰竭性休克。

实验室检验:血清肌酸激酶活性增加,中毒越严重,活性增大得越明显。

(三)诊断

根据病史、咬伤局部、全身症状和肌酸激酶活性增加进行综合诊断。

(四)治疗

治疗原则:防止蛇毒扩散,进而排毒和解毒,并配合对症治疗。

1.防止蛇毒扩散

让被咬伤犬猫安静,咬伤四肢时,立即在伤口上2～3 cm处缠束一止血带,防止带蛇毒的血液和淋巴回流,必要时20 min松带1～2 min。

2.冲洗伤口和扩创

可用清水、肥皂水、过氧化氢溶液或0.1%高锰酸钾溶液冲洗伤口,洗去蛇毒和污物。冲洗伤口后,用小刀或三棱针挑破伤口或扩创,也可将伤口周围组织切除,然后挤压排毒,再用3%过氧化氢溶液或0.1%高锰酸钾溶液冲洗伤口。在扩创的同时,也可用0.5%普鲁卡因溶液做伤口局部封闭治疗。

3.解毒

早期可注射多价抗蛇毒血清。同时内服和外用南通蛇药片(季德生蛇药片)、上海蛇药或群用蛇药片等,4次/d。

4.对症疗法

可应用大剂量糖皮质激素(如泼尼松、地塞米松),以增强抗蛇毒和抗休克作用;同时要应用咖啡因或樟脑等强心药物。必要时再静注复方氯化钠溶液、葡萄糖溶液或葡萄糖酸钙溶液等。

七、洋葱和大葱中毒

洋葱和大葱都属百合科,葱属。犬猫采食后易引起中毒,主要表现为排红色或红棕色尿液，犬发病较多，猫少见。宠物洋葱和大葱中毒世界各国均有报道，我国1998年首次报道了犬大葱中毒。

(一)病因和发病机理

犬猫采食了含有洋葱或大葱的食物后可引起中毒。实验性投喂一个中等大小的熟洋葱即可引起犬中毒，中毒剂量为15～20 g/kg体重。研究证明，洋葱和大葱中含有具有辛香味挥发油——*N*-丙基二硫化物(*N*-propyl disulphide)或硫化丙烯，此类物质不易被蒸煮、烘干等加热破坏，越老的洋葱或大葱其含量越多。洋葱或大葱中含有*N*-丙基二硫化物或硫化丙烯，能降低红细胞内葡萄糖-6-磷酸脱氢酶(G6PD)的活性。G6PD能保护红细胞内血红蛋白免受氧化变性破坏，如果G6PD活性减弱，氧化剂能使血红蛋白变性凝固，从而使红细胞更易氧化变性溶解。红细胞溶解后，从尿中排出血红蛋白，使尿液变红，严重溶血时，尿液呈红棕色。

(二)症状

犬猫采食洋葱或大葱中毒1～2 d后，最特征性表现为排红色或红棕色尿液。中毒轻的犬猫，症状不明显，有时精神欠佳，食欲差，排淡红色尿液。中毒较严重的犬猫，表现精神沉郁，食欲减退或废绝，走路蹒跚，不愿活动，喜卧，眼结膜或口腔黏膜发黄，心搏增数，喘气，虚弱，排深红色或红棕色尿液，体温正常或降低，严重中毒可导致死亡。

(1)血液检验。血液随中毒程度轻重，逐渐变得稀薄，红细胞数、血细胞比容和血红蛋白减少，白细胞数增多。红细胞内或边缘上有海因茨小体。

(2)生化检验。血清总蛋白、总胆红素、直接及间接胆红素、尿素氮和天冬氨酸氨基转移酶活性均呈不同程度增加。

(3)尿液检验。尿液颜色呈红色或红棕色，比重增加，尿潜血、尿蛋白和尿血红蛋白检验阳性。尿沉渣中红细胞少见或没有。

(三)诊断

根据有采食洋葱或大葱食物史；尿液呈红色或红棕色，内含大量血红蛋白；红细胞内或边缘上有海因茨小体等建立诊断。引起血红蛋白尿有多种原因，注意鉴别。

(四)治疗

立即停止饲喂含有洋葱或大葱的食物；应用抗氧化剂维生素E；支持疗法进行输液，补充营养；给以适量利尿剂，促进体内血红蛋白排出；溶血引起贫血严重的犬猫，可进行输血治疗，10～20 mL/kg体重。

八、变质食物中毒

变质食物中毒是指犬猫采食变质食物后引起的中毒。

(一)病因

在温暖季节，所有食物，尤其是肉类、奶及其制品、蛋和鱼等富含营养和水分食品，极易腐败变质。在夏季即使放在冰箱里的食物，时间长了也会变质，变质食物不再适合人类食用，常用来饲喂犬猫，便会引起中毒。变质食物引起中毒的毒素，包括肠毒素、内毒素和真菌毒素等。

食物中的链球菌、葡萄球菌、沙门菌和其他杆菌等，在温暖条件下，能大量繁殖产生肠毒素，犬猫采食后，肠毒素会刺激和腐蚀胃肠上皮，引起损伤和坏死，导致胃肠分泌增多，甚至出血。中毒犬猫呕吐，肠蠕动增强，发生腹泻。发病后 10～72 h，肠管蠕动变弱，甚至停滞，出现肚胀。在节假日聚餐，主人或客人大量饲喂或犬猫自己采食了大量肉类或鱼类食物，肠道内微生物也能大量繁殖，产生肠毒素，引起犬猫"自身中毒综合征"。由肉毒梭菌毒素和真菌毒素引起的犬猫中毒，在临床上罕见。

在变质食物中繁殖的革兰阴性细菌，死后溶解，释放出大量脂多糖性内毒素，内毒素性质稳定、耐热。内毒素进入胃肠道，能引起胃肠炎，吸收后毒害心血管系统，产生弥散性血管内凝血，使血容量减少，引起休克发生。内毒素通常和肠毒素一起，引起犬猫中毒。

(二)症状

犬猫采食变质食物后，一般 0.1～3 h 就发生呕吐，采食量少，呕吐完变质食物后便康复。严重中毒的犬猫，出现腹泻，便中带血，腹壁紧张，触压疼痛。随后肠蠕动变弱，肠内充气，肚腹胀大，更有利于革兰阴性菌生长繁殖，释放内毒素，使病情进一步恶化，甚至发生内毒素性休克。

内毒素中毒，体温常在采食后 2～24 h 升高，同时发生呕吐，腹泻排水样便。腹部胀大，腹壁紧张，触压疼痛。毛细血管再充盈时间延长，心搏增数，脉搏变细弱，精神朦胧，最后休克。

实验室检验：白细胞和中性粒细胞减少，多形核细胞增多，血糖升高。

尸体剖解可见胃肠炎，肝、肾和心脏浊肿等。

(三)诊断

根据病史和临床症状，可做出初步诊断，确诊必须对食物进行实验室检验。

(四)治疗

变质食物中毒尚无特效药物治疗，一般治疗如下。

1. 一般解毒措施

发病初期，呕吐有利于排出食入的变质食物，等呕吐完后，才可应用止吐药物。如盐酸苯海拉明，犬、猫肌内注射 0.5～2 mg/kg 体重，口服 2～5 mg/kg 体重，2～3 次/d。茶苯海明 1～1.5 mg/kg 体重，肌内注射或皮下注射。应用止吐药物同时，还应使用吸附剂，如药用炭 10～20 mg/kg 体重，或白陶土 10～15 mg/kg 体重，口服，3 次/d。

2. 止泻

腹泻初期，不要止泻，在肠内容物基本排完后，才用止泻药物。如硫酸阿托品，犬 0.3～1 mg，猫 0.05 mg/kg 体重，皮下注射或肌内注射。氢溴酸东莨菪碱，犬每次 0.1～0.3 mg，皮下注射。

3. 抗菌消炎

为了防止肠道内细菌继续生长繁殖，产生毒素，应口服广谱抗生素，如庆大霉素、氯霉素或四环素等。

4. 维持水、电解质和酸碱平衡

静脉输液，补充水分和电解质，调节酸碱平衡失调。在少尿或无尿时，输液中加入甘露醇 1～3 g/kg 体重。

5. 防止休克

应用皮质类固醇，如静脉或肌内注射地塞米松，或应用泼尼松或强的松龙。

6. 加强饲养管理

不用腐败变质食物饲喂犬猫，不要让犬猫采食过量鱼及肉食品。

任务 56 内分泌系统疾病

一、甲状腺功能减退

甲状腺功能减退是由于甲状腺激素合成或分泌不足，导致犬猫全身一切活动呈现进行性减慢为特征的疾病。临床上犬比猫多发。德国牧羊犬、爱尔兰塞特犬、寻猎犬、拳师犬和阿富汗犬等多发。

(一)病因

1. 原发性甲状腺功能减退

原发性甲状腺功能减退是由慢性淋巴细胞性甲状腺炎、肿瘤和非炎性甲状腺萎缩引起的，约占甲状腺功能减退的 90%。慢性淋巴细胞性甲状腺炎可能是自身免疫引起，多发生在 7 月龄至 4 岁的犬，患犬的甲状腺腺泡表现进行性破坏，波及 3/4 腺泡破坏后，临床上才会出现甲状腺功能减退症状。在甲状腺组织病理切片上，可看到甲状腺被淋巴细胞、浆细胞、中性粒细胞及类腺泡细胞浸润。非炎性甲状腺萎缩的原因至今还不清楚，临床上出现甲状腺功能减退时，甲状腺萎缩至几乎消失。另外，还见于碘缺乏、甲状腺切除、抗甲状腺药物应用等。

2. 继发性甲状腺功能减退

继发性甲状腺功能减退是由于垂体损伤，其分泌促甲状腺激素不足引起的。分先天性和后天性两种，前者与垂体性侏儒症有关，后者是垂体肿瘤压迫或取代垂体所致，常伴有一种或多种垂体激素分泌减少。

3. 第三发性甲状腺功能减退

第三发性甲状腺功能减退是由下丘脑分泌的促甲状腺激素释放激素不足引起的，可分为先天性与后天性，或为两种结合型，但至今还不知其引起促甲状腺激素释放激素缺乏的原因。

(二)症状

1. 原发性甲状腺功能减退

通常发生在 4～10 岁的大中型犬，两岁以下犬发病较少。病初易于疲劳，嗜睡，喜欢温暖地方，脑反应迟钝，体重增加，甚至呕吐或腹泻。皮毛干燥，被毛呈对称性大量脱落，再生延迟，皮肤色素增多，出现皮脂溢和瘙痒。因黏液性头面部皮肤增厚有皱褶，触之有肥厚感但无指压痕。眼睑下垂，外貌丑陋。母犬发情减少或不发情，公犬睾丸萎缩无精子。血清学检验胆固醇、肌酸激酶、甘油三酯和脂蛋白浓度升高，犬出现中等正染性红细胞性贫血。

2. 继发性甲状腺功能减退

先天性继发性甲状腺功能减退，其症状类似垂体性侏儒症。后天性继发性甲状腺功能减退多由肿瘤引起，临床上以沉郁、嗜睡、厌食、运动失调和癫痫发作等神经症状为主。

3. 三发性甲状腺功能减退

先天性三发性甲状腺功能减退，临床上类似于先天性继发性甲状腺功能减退，患犬痴呆，行为迟钝，生长发育缓慢。头颅增大变宽，腿短，产下几周后生长速度明显变慢。后天性三发性甲状腺功能减退，患犬精神差，嗜睡，但机智和反应基本正常。

（三）诊断

甲状腺功能减退无任何特异性症状，因此，不能单凭症状做出病理性诊断。测定血浆中甲状腺素（T_4）和三碘甲腺原氨酸（T_3）浓度降低（正常值分别为 T_4 1.5～4 μg/dL，T_3 0.1～0.2 μg/dL），在排除多种非甲状腺素因素影响的前提下（低蛋白血症、常用药物、肾上腺功能亢进等，都可引起 T_4减少，但甲状腺功能正常），有一定诊断价值。另外，可应用促甲状腺激素对血浆中甲状腺素的影响，以及甲状腺活组织切片来诊断。测定血液中抗甲状腺球蛋白抗体对甲状腺炎的早期诊断有一定的参考作用。

原发性和继发性甲状腺功能减退的鉴别，可用促甲状腺激素刺激甲状腺，甲状腺对促甲状腺激素有反应的是继发性甲状腺功能减退。继发性和三发性甲状腺功能减退的鉴别，应用促甲状腺激素释放激素刺激垂体，垂体对其有反应的是三发性甲状腺功能减退。甲状腺活组织切片，对三种甲状腺功能减退的鉴别也有重要意义。

（四）治疗

应用 *L*-甲状腺素治疗，每日 20 μg/kg 体重，加入食物中饲喂，1 次/d。甲状腺干粉，5～20 mg/d，分 3 次饲喂，以后每 2 周增加 10～20 mg，最多不能超过 80 mg，维持量为 30～60 mg。甲状腺素或甲状腺干粉用的剂量过大，可发生类似甲状腺功能亢进症状，呈现多尿、烦渴、不安及喘气。大剂量长期应用会出现消瘦和心搏增快等症状。

二、甲状腺功能亢进

甲状腺功能亢进是由于甲状腺激素分泌过多，基础代谢亢进的内分泌疾病。

（一）犬甲状腺功能亢进

犬甲状腺功能亢进多发于 4～18 岁，拳师犬、毕格犬和金毛寻猎犬易发。

1. 病因

犬甲状腺功能亢进系甲状腺肿瘤引起。甲状腺肿瘤位于颈部腹侧咽至胸口处。犬甲状腺原发性肿瘤的 1/3 是腺瘤，2/3 是腺癌。甲状腺原发性腺瘤的 15％和腺癌的 60％呈现临床症状，其他的只有在尸体剖解时才能发现。甲状腺腺瘤通常直径小于 2 cm，很薄，呈透明囊样。个别的较大，具有厚的纤维囊，囊内充满黄褐色液体。甲状腺腺癌常转移到肺脏和咽背淋巴结。拳师犬最易患甲状腺腺瘤。

2. 症状

甲状腺功能亢进初期，出现多尿，烦渴，食欲增强，随后体重减轻、消瘦。心搏和脉性亢盛，心电图电压升高。喜欢冷的地方，烦躁不安，喘气和容易疲劳。从咽到胸口沿气管两侧进行颈下触诊，可摸到肿大的甲状腺肿瘤（正常摸不到）。

实验室检验：血浆中甲状腺素和三碘甲腺原氨酸浓度升高。当肿瘤肿大或发现后 1～2 个月内肿块生长迅速，可以基本上诊断为甲状腺腺癌。

3. 治疗

早期尚未转移的甲状腺癌采用外科摘除术。已转移或难以完全摘除的甲状腺腺癌，不要手术摘除，可进行放射碘疗法。严重甲状腺功能亢进的患犬，在手术摘除甲状腺腺瘤前，应先用碘(复方碘甘油 0.2～0.4 mL 或碘化氢糖浆 1 mL 口服，1 次/d，连用 3～10 d)或抗甲状腺药物(如丙硫氧嘧啶 1 mg/kg 体重，2～3 次/d)治疗一段时间。

甲状腺腺瘤通常个体小，生长慢。如果影响了甲状腺功能时，也行摘除术。两个甲状腺都被摘除，犬需终生饲喂甲状腺片。

(二)猫甲状腺功能亢进

猫甲状腺功能亢进是由甲状腺生成和分泌的 T_4 和 T_3 过多而引起的疾病。通常会在猫颈部或腹部触诊到一个或多个离散性的甲状腺肿物，呈局灶性小结节。在剖解猫尸体中发现：90%的老年猫甲状腺发生腺瘤或腺瘤性增殖。甲状腺腺瘤通常是两侧性的，而分散性腺瘤和腺癌则是单侧性的，并且很少转移。6～20 岁猫多发。

1. 症状

猫甲状腺功能亢进发生缓慢，9 岁以下的患猫很少出现临床症状。9 岁以上的患猫突出症状是消瘦和食欲旺盛。排粪次数增多和量大，粪便发软，多尿和烦渴，烦躁不安，喜欢走动，经常嘶叫，讨厌日常的被毛梳理。心脏增大，心搏增快，心律不齐有杂音，心电图电压升高。

甲状腺瘤性增殖发生在一侧或两侧甲状腺，呈中等程度肿大，而甲状腺腺瘤和腺癌通常呈块状明显肿大。在咽至胸口的颈腹侧，用手指仔细触诊，常可摸到肿大的甲状腺。

实验室检验：血浆中 T_4 和 T_3 浓度升高，丙氨酸氨基转移酶(ALT)、天冬氨酸氨基转移酶(AST)和碱性磷酸酶活性也升高。

2. 治疗

采用外科手术摘除肿大的甲状腺。如甲状腺功能严重亢进，并有一系列心脏并发症，为了减少危险性，手术前可用丙硫氧嘧啶治疗，每只猫每日 50 mg，分 3 次口服，或用甲巯基咪唑 5 mg，每日分 2～3 次口服，一般治疗 1～2 周，能使血浆中 T_4 和 T_3 浓度降低，心脏功能好转，然后再行手术摘除 1～2 个。应用碘化钠 1～2 mg，水溶后口服，也能降低甲状腺的分泌或把放射碘注入甲状腺内，1 次注射治愈率可达 97%。

三、糖尿病

糖尿病是由胰岛 β-细胞分泌功能降低，胰岛素绝对或相对不足引起糖代谢障碍的一种综合征。临床上以多饮、多尿、多食、体重减轻和血糖升高为特征。犬的发病率可高达 0.5%，雌犬是雄犬的 3 倍，主要发生在 4～14 岁，其中 7～9 岁的肥胖犬发病率较高，多于发情后发病。猫多发于 5 岁以上的短毛猫，性别差异不大。

(一)病因

1. 食物性肥胖

长期摄入高热量食物和长期营养过剩，使宠物过度肥胖，从而导致可逆性胰岛素分泌减少。

2. 激素异常

某些药物与糖尿病的发生有着密切的联系。如糖皮质激素和孕激素等，应用类固醇能使肝脏糖异生作用加强，拮抗胰岛素，减少组织对葡萄糖利用从而提高血糖水平，但多数情况下，停止用药后，糖尿病即恢复正常；应用孕激素也能引起可逆性糖尿病，猫尤其敏感。另外，应用促肾上腺皮质激素、胰高血糖素、雌激素、肾上腺素等，也能诱发犬糖尿病。非类固醇药物(氯丙嗪、二苯基乙内酰脲、大仑丁等)也可引起高糖血症。内源性肾上腺皮质激素分泌过多与犬糖尿病发生有较大关系，但在猫就很少发生。母犬发情时释放的雌激素和孕激素能降低胰岛素的作用，因此母犬发情期间可出现糖尿病。

3. 胰岛 β-细胞损伤

胰岛 β-细胞损伤是糖尿病发生的主要原因，最常见的损伤原因是胰腺炎，其他还有外伤、手术损伤和肿瘤等。

4. 应激

应激是另一种引起糖尿病的主要原因，包括创伤、感染、妊娠等。应激可使与胰岛素呈拮抗作用的激素，如皮质醇、胰高血糖素、生长激素和肾上腺素分泌功能增强，胰岛素分泌减少，从而血糖升高。

5. 遗传因素

遗传因素引起的犬猫糖尿病，临床上并不多见。近年来对犬糖尿病流行病学研究发现，除有些品种犬，如德国牧羊犬、北京犬、可卡犬、柯利犬和拳师犬等家族性糖尿病少见外，凯恩㹴和小多伯曼犬都具有家族性糖尿病，因此，可以说遗传因素对某些品种犬糖尿病的发生有一定影响。

(二)症状

糖尿病典型症状是多尿、多饮、多食和体重减轻。有 50% 糖尿病患犬由高血糖导致白内障，使犬看不见东西。

长期严重糖尿病可发展为酮酸中毒，此时宠物厌食，沉郁，不耐运动，呼吸急促，呕吐和腹泻，饮水减少或拒饮，呼出气体具有烂苹果味(丙酮味)。

实验室检验：血糖升高达 8.4 mmol/L 以上(正常为 3.9～6.2 mmol/L)；血液酸碱平衡失调，碳酸氢盐浓度降低；尿糖呈强阳性，尿中丙酮检验呈阳性，尿相对密度升高达 1.060～1.068(正常为 1.015～1.045)。血浆中甘油三酯、胆固醇、脂蛋白、游离脂肪酸和乳糜微粒增多，呈现脂血症。由于肝脂肪浸润，血清丙氨酸氨基转移酶和碱性磷酸酶活性增加，磺溴酞钠(BSP)滞留时间延长，血液尿素氮浓度升高。糖尿病常伴发感染，血检白细胞总数增多。

(三)诊断

根据病史、临床症状(三多一少)和实验室检验(高血糖、尿糖)基本可以做出诊断。如犬猫处于高血糖无尿糖的潜在性糖尿病或疑似遗传性糖尿病时，可进行葡萄糖耐量试验进行诊断。但是，葡萄糖耐量试验不是测定胰岛 β-细胞分泌功能的特异性试验，且常受到饮食、药物、惧怕、非胰性疾病等影响，值得注意。

(四)治疗

1. 纠正代谢紊乱，降低血糖

通常每日注射胰岛素以控制病情。

2. 补充体液，纠正酸中毒

(1)补充丢失的液体：补充液体最好是等渗溶液，如生理盐水、林格液和5%葡萄糖生理盐水，静脉输注。

(2)补碱：糖尿病宠物出现酮酸中毒时，为了缓解酸中毒，宜用碳酸氢钠治疗。

(3)适时补钾：糖尿病酮酸中毒时，血清钾浓度可能降低、正常或升高。

3. 加强护理

宠物一旦确诊糖尿病后，应饲喂单糖或双糖比例小的耐消化食物，如含高纤维或低碳水化合物性食物。

糖尿病对母犬、母猫的发情和妊娠将产生不良影响，因此在病情处于稳定阶段时，宜将卵巢和子宫全部切除。

四、胰岛素过剩症

本病是胰腺的胰岛β-细胞瘤使胰岛素分泌过剩，血糖浓度降低而表现神经功能障碍的疾病。通常发生于5岁以上的犬，特别是老年犬。拳狮犬发病率高，性别与品种的差异尚不清楚。

(一)病因

本病发生于胰岛的肥大细胞增生。但犬多为功能性胰岛细胞肿瘤，偶见胰岛细胞癌致病的。过多的胰岛素使血液中的葡萄糖进入细胞内而造成低血糖。

(二)症状

轻症病犬表现不安，常常边走边叫。颜面肌肉痉挛，后肢无力，四处排粪、排尿。重症病犬恶心、呕吐、心跳加快，全身间歇性或强直性痉挛，神志不清，视力障碍、昏睡等。血浆胰岛素为54 μIU/mL以上(正常空腹时为20 μIU/mL)，血糖为60 mg/mL以下。

(三)诊断

主要在于区别自发性低血糖症，详见本项目任务54“一、低血糖症”。

(四)治疗

胰岛素过剩症的治疗措施可参考本项目任务54“一、低血糖症”的治疗措施。同时可用10%～20%葡萄糖0.5～1 g/kg体重，快速静脉滴注。重症犬可用50%葡萄糖。泼尼松4 mg/kg体重或地塞米松0.5～2 mg肌内注射。长期口服苯妥英钠10 mg/kg体重，1次/d。高胰岛素血症的根本治疗是对释放胰岛素亢进的功能性腺肿(β-细胞瘤)行外科切除。

五、肾上腺皮质功能亢进

肾上腺皮质功能亢进，又称为库欣综合征(Cushing’s syndrome)，是由于糖皮质激素长期过多引起的临床症候群。Harvey Cushing 1932年首次报道了人的这种病。犬库欣综合征是兽医临床上比较多见的一种内分泌功能紊乱，多发生于7～9岁犬。

(一)病因

在正常情况下，肾上腺皮质只有在促肾上腺皮质激素(ACTH)作用下才分泌皮质醇，当皮质醇超过生理水平时，ACTH 分泌就停止。库欣综合征多是由于皮质醇或 ACTH 分泌失控引起的，即肾上腺不受 ACTH 作用能自行分泌皮质醇，或皮质醇对 ACTH 分泌不能发挥正常的抑制作用。库欣综合征原因有 4 种。

(1)肾上腺皮质肿瘤能在无 ACTH 释放的情况下，自动分泌皮质醇，如皮质腺瘤和癌。肾上腺皮质肿瘤可占自发性库欣综合征的 7%～15%。

(2)垂体性库欣综合征，即垂体肿瘤性功能异常，大量分泌 ACTH，使两侧肾上腺皮质增生，皮质醇分泌过多。这种垂体肿瘤生长缓慢，个体极小，尸体解剖时垂体外观正常，内含嗜碱性粒细胞腺瘤或厌色腺瘤，或两种腺瘤同时存在，占库欣综合征 80%以上。

(3)由于大量使用糖皮质激素或 ACTH 医治宠物疾病引起。

(4)某些垂体新生瘤分泌 ACTH，促使肾上腺皮质大量分泌皮质醇，称为异位 ACTH 综合征，主要见于人。

(二)症状

犬库欣综合征所有的症状，都与血液中糖皮质激素浓度升高有关。由于糖皮质激素升高发展过程缓慢，通常需要 1～6 年时间，才能发现宠物患了库欣综合征。

病犬最初表现烦渴、多尿和贪食，喝水量为正常犬的 2～10 倍，食量增大，爱偷食和偏嗜垃圾。腹部增大下垂呈壶腹状，躯干肥胖，肌肉松软，不爱跑跳和爬高活动，嗜睡，活动耐力降低。个别患犬发生肌肉强直。呼吸短而快，严重病例出现呼吸困难。

库欣综合征与甲状腺、卵巢、睾丸和生长激素等内分泌功能紊乱一样，也出现内分泌性脱毛，脱毛特点呈对称性。脱毛部位有颈部、躯干、会阴和腹部，病情严重动物，全身被毛大部分脱光，只剩下头和四肢上部被毛。患库欣综合征的病猫，也呈全身对称性脱毛。皮肤萎缩变薄呈纤细的砂纸样，容易形成皱褶。毛囊内充满角蛋白和碎片，颜色变黑，成为黑头粉刺。异常的毛皮和毛囊，抵抗力降低极易损伤感染，发生局限性或弥漫性脓皮病。背中线、颈部、腹下和腹股沟的真皮和皮下常有钙质沉着，称为异位钙质沉着。

库欣综合征导致垂体促性腺激素释放减少，患病母犬发情周期延长或不发情，公犬睾丸萎缩。当肾上腺皮质增生或肿瘤时，产生过量雄激素，使母犬阴蒂增大。

实验室检验：中性粒细胞和单核细胞增多，淋巴细胞和嗜酸性粒细胞减少。血糖和血钠浓度升高，血尿素氮和血钾浓度降低，血浆皮质醇浓度通常升高。丙氨酸氨基转移酶和碱性磷酸酶活性升高，BSp 滞留时间延长，血浆胆固醇浓度升高，并出现脂血症。患犬尿液稀薄，相对密度低于 1.007，但停止给水后，仍有浓缩尿能力。犬库欣综合征常伴发尿道感染，因此，进行尿中微生物培养和药敏试验，需用膀胱穿刺采集的尿液。

腹部 X 线片，可见肝大，腰椎骨质疏松，有时真皮和皮下有钙质沉着。胸部 X 线片，可见气管环和支气管壁上有异位钙沉着，胸椎骨质疏松。

(三)诊断

根据病史和症状可做出初步诊断，进一步诊断需进行 CT 扫描、ACTH 激发试验或内源性 ACTH 激发试验：首先饥饿宠物，并在上午 8—10 时采血测定皮质醇浓度，然后肌内注射促肾上腺皮质激素凝胶 2 IU/kg，注射后 2 h 再采血，测定皮质醇浓度。如注射 ACTH 后皮质醇浓度高于注射前值，即确诊为垂体库欣综合征；如低于注射前值，可诊断为功能性肾上腺皮质肿瘤性库欣综合征。内源性ACTH测定：垂体性库欣综合征ACTH浓度升高，肾上腺皮质肿瘤性库欣综合征ACTH浓度降低。还可进一步做地塞米松抑制试验确诊。

诸多疾病，如糖尿病、尿崩症、肾功能衰竭、肝疾病、甲状腺功能减退、睾丸母细胞瘤和高钙血症等，都与库欣综合征有相似之处，临床上应注意类症鉴别诊断。

（四）治疗

库欣综合征治疗的主要目的是使血液中皮质醇降到正常水平。如由肿瘤引起，应予切除；肿瘤切除后注意防止激素缺乏。由垂体或肾上腺皮质肿瘤引起的库欣综合征，可行垂体或肾上腺切除术，宠物切除垂体后无ACTH分泌，切除肾上腺后，无糖皮质激素分泌，它们终生需要糖皮质激素治疗。

药物治疗可用氯苯二氯乙烷，主要用于治疗垂体性或肾上腺皮质增生性库欣综合征。治疗开始按25 mg/kg体重，口服，2次/d，直到宠物每日需水量降到60 mL/kg体重以下后，改为每7～14 d给药1次，以防复发。此药对胃有刺激作用，用药3～4 d后如出现食欲减少、呕吐等反应，可将药物分成少量多次服用或停止几天给药。也可用酮康唑，开始按 5 mg/kg体重，2次/d，连用7 d。然后按10 mg/kg体重，2次/d，连用7～14 d，酮康唑能阻断肾上腺皮质合成和分泌皮质醇。也可试用放射治疗肿瘤。

六、肾上腺皮质功能不全

肾上腺皮质功能不全，又称为艾迪生病(Addison's disease)，是由于皮质类固醇产生不足引起的内分泌疾病，多发生在5岁以内的雌性犬，猫少见。

（一）病因

1. 原发性病

一是多见于特发性肾上腺皮质萎缩，这种萎缩可能是自体免疫的结果。二是由于组织胞质菌病、芽生菌病、结核病、出血性梗死、肾上腺癌和肾上腺皮质淀粉样变性等引起的肾上腺皮质损伤。三是治疗肾上腺皮质功能亢进药物，氯苯二氯乙烷损害了肾上腺皮质，减少了盐皮质和糖皮质激素的合成。

2. 继发性艾迪生病

通常是由于垂体或下丘脑受到损伤破坏，ACTH分泌减少的结果，或长期应用皮质类固醇(或治疗中突然停药)，抑制了垂体-肾上腺体系或垂体功能减弱等。

（二）症状

精神沉郁，体质衰弱，肌肉松软，脉性细弱，心搏徐缓。厌食，嗜睡，进行性消瘦，腹痛，有时呕吐或腹泻，机体脱水，齿龈毛细血管再充盈时间延长(正常值为1.0～1.5 s)。

实验室检验：白细胞增多，血液尿素氮浓度升高(28～100 mg/dL或更高)，呈现肾前性氮血症。血氯和血钠浓度降低(低氯低钠血症)，血钾浓度升高(高钾血症)，血钠与血钾之比低于27∶1[正常为(27～40)∶1]。血浆碳酸氢盐浓度降低，呈现中等程度酸中毒。X线片可见心脏缩小。

患犬常因高钾血症，心电图发生异常，当血清钾超过5.5 mmol/L时，T波高竖，Q—T间期缩短；血钾超过 7.0 mmol/L 时，P 波振幅缩小，持续时间延长，P—R 间期延长；血钾超过 8.5 mmol/L 时，P 波缺失，QRS 综合波短而宽。

（三）诊断

根据临床症状、实验室检验、ACTH 激发试验（详见本任务“五、肾上腺皮质功能亢进”诊断部分）和内源性 ACTH 测定可以做出诊断。ACTH 激发试验先在正常犬进行试验，得出标准数据后，再在病犬进行试验。试验前病犬血浆皮质醇浓度正常或稍低于正常，ACTH 激发后的血浆皮质醇浓度，不管是原发性或继发性艾迪生病都低于正常。内源性 ACTH 测定，继发性艾迪生病血浆 ACTH 浓度降低。

（四）治疗

1. 急性艾迪生病

治疗原则：抗休克治疗（纠正宠物脱水和酸中毒、维持电解质平衡）。

在急性脱水休克情况下，首先静脉输注生理盐水（不可用高渗盐水以免引起细胞内脱水），第 1 小时按 20～80 mL/kg 体重，并加入琥珀酸钠脱氢皮质醇 2～10 mg/kg 体重，或 50～100 mg 的皮质醇类皮质激素（如氢化可的松之类）混合输注。病情严重时，需用大剂量皮质醇类皮质激素。如出现低血糖时，可加输 5%葡萄糖生理盐水；为了纠正酸中毒需输注碳酸氢钠溶液（输入量参照糖尿病计算方法）。以后可根据实验室检验结果，输注液体、电解质和纠正酸中毒，但要每隔 2～6 h 输注一次地塞米松（2～4 mg/kg 体重），或肌内注射新戊酸盐脱氧皮质酮 2.2 mg/kg 体重，每 25 d 1 次。

当宠物处于稳定状况时，改用口服醋酸氟氢可的松片（每片含 0.1 mg）维持治疗，20 kg 体重的犬，服用 2～4 片/d，不宜间断，但可按犬体重大小适当增减。也可应用皮下植入醋酸脱氢皮质酮丸（125 mg），每丸可维持 10 个月，10 个月后取出旧丸另植新丸。在进行上述治疗的同时，还要多补饲食盐，每隔 3 个月应进行一次体检和实验室检验。

2. 慢性艾迪生病

采取替代疗法：盐皮质酮三甲基醋酸酯的微晶形悬液，其有效期大约为 3 周。每日注射 25 mL 可保证吸收到 1 mg 的醛固酮类皮质激素，这样就能保持电解质平衡。也可改用醋酸去氧皮质酮丸剂进行治疗：通过外科无菌手术，在局部麻醉下沿背中线皮下植入 1 丸（每丸约含醛固酮类皮质激素 125 mg，每日可释放 0.5 mg 去氧皮质酮），每植 1 丸平均能维持 6～8 个月。同时每日早晨口服糖皮质激素（可用泼尼松 2.5～5 mg）和氯化物（氯化钠 1 g/d），出现紧急情况时按上述剂量 2～4 倍服用。患病宠物每 6 个月复查一次，再植 1 丸醋酸去氧皮质酮。

【考核评价】

某品牌连锁宠物医院，为了规范消化系统疾病临床用药，针对犬猫不同部位、不同症状、不同年龄阶段的消化系统疾病，制订一个针对不同消费层次客户、不同种类犬猫的消化系统疾病防治方案。

案例分析

分析以下案例，根据病史和临床症状，提出初步诊断，制订治疗措施(模拟开具处方)。

案例 12-1

德国牧羊犬，公，体重 23 kg。

主诉：半年前发病，发现轻度呼吸困难，现在呼吸困难加重，不耐运动，现腹部明显增大下垂，精神沉郁，食少。

临床检查：患犬精神不佳，张嘴呼吸，坐势呼吸，舌色发绀，腹部膨隆下垂，眼外凸，听诊有较强的心杂音，胸壁震颤、心律不齐。

案例 12-2

博美犬，公，9 岁，体重 3 kg。

主诉：1 个月前出现腹泻，呼吸困难，腹部增大。精神、食欲正常，未见明显变化，曾有过昏厥史，昏厥后几分钟之内又恢复正常。近 1 个月逐渐发现患犬不爱活动，精神沉郁，食欲下降。

临床检查：患犬肥胖，精神沉郁，体温 37.6 ℃，心跳疾速，呼吸困难。腹围增大，皮肤弹性下降，腹腔波动性增大，全身广泛性水肿。有心杂音，心律不齐。

案例 12-3

腊肠犬，5 岁，母，体重 5 kg。

主诉：多年来一直饲喂自制食品，以肉为主，近日虽然食欲正常，但饮欲增加，排尿频繁，每次尿量减少，偶见血尿。

临床检查：腹部 B 超检查可见膀胱内有绿豆大的强回声光斑及其远场声像。

案例 12-4

比格犬，公，7 岁，体重 12 kg。

主诉：精神差，无食欲，近两天下腹部略微增大，频频作痛苦的排尿姿势，近日从尿道口不时流出带氯味的液体，有时呈红色。

临床检查：体温 39.0 ℃，X 线检查显示膀胱增大，其余未见异常，尿道有白色亮斑。

案例 12-5

喜乐蒂牧羊犬，3 岁，疾病发作时突然出现抽搐、口吐白沫、意识消失，然后很快恢复正常，平时无任何症状。

【知识拓展】

犬的四季护理

1. 春季

春季是犬发情、交配、繁殖和换毛的季节。要注意发情犬的管理，梳理被毛，预防皮肤病。犬在发情期间，其生理功能和行为常会发生一些特殊的改变。发情母犬会到处乱走，要看管不好，不可任其外出自由交配，尤其是优良的纯种犬，以防品种退化。公犬常为争夺配偶而争斗，易受伤，发现伤情要及时处理。春季也是换毛季节。厚实的冬季毛将要脱落，如不及时经常地梳理，不洁的皮肤会引起瘙痒，犬会以抓挠和摩擦身体来消除痒感，这就将容易将皮肤弄破，易引起细菌感染。不洁的被毛易擀毡，为体外寄生虫和真菌的繁殖提供有利场所，引起皮肤病。因此春季应注意被毛的梳理和清洁以预防皮肤病。

2. 夏季

空气潮湿，气候炎热，应注意防暑、防潮、预防食物中毒。犬在气温高、湿度大的环境中，由于体热散发困难，极易中暑。为此，应避免在烈日下活动，犬舍应设在阴凉处，炎热天气应经常为犬进行冷水浴。发现犬出现呼吸困难、皮温增高、心率加速等症状时，应赶快用湿冷毛巾冷敷头部，移到阴凉通风处，并立即请兽医师治疗。为防潮湿，要勤换、勤晒铺垫物，用水冲洗犬舍后，一定要待彻底晾干后方能进犬，被雨水淋湿后的犬要及时用毛巾揩干。

夏季犬的饲料易发酵、变质，容易引起食物中毒。因此，喂犬的食品最好是经加热处理后放凉的新鲜食物，喂给量要适当，不应有剩余。对已发酵变质的食品要坚决倒掉，不能怕浪费而留用。因为变质食品中可能含有细菌毒素，即使高温处理也不可能将其破坏。犬吃了含有毒素的食品，即可引起食物中毒，如治疗不及时会死亡。故每当喂食后不久，若发现犬有呕吐、腹泻，全身衰弱症状时，应迅速请兽医师治疗。

夏季气温高，易出现食欲减退，此时应减少肉食，增加新鲜蔬菜和肉汤或适当改变饲料种类，多供给清水。另外，应经常注意清洗眼睛和耳朵，防止皮肤湿疹。

3. 秋季

秋季犬体内代谢旺盛，食欲大增，采食量增加，夏毛开始脱落，秋毛开始长出，同时又是一年中第二个繁殖季节，其管理方法与春季有许多相似之处。秋季食物丰盛，给食量要增加，质量要提高，为过冬做好体质方面的储备工作。注意梳理被毛，以促进冬毛的生长。深秋之际昼夜温差大，应做好晚间犬舍的保温工作，防止感冒。

4. 冬季

冬季天气寒冷，管理的重点应在防寒保温、预防呼吸道疾病方面。由于气温降低，机体受寒冷空气袭击，或因管理不当，不注意防寒保温，运动后被雨淋风吹以及犬舍潮湿等都会引起感冒，严重的会继发气管炎、肺炎等呼吸道疾病。预防感冒的有效措施就是防寒保温，加厚垫褥，并及时更换，保持干燥，防止贼风；在天晴日暖的时候，加强户外运动，以增强体质，提高抗病能力。晒太阳不仅可取暖，阳光中的紫外线还有消毒杀菌的功效，并能促进钙质的吸收，有利于骨骼的生长发育，防止仔犬发生佝偻病。

【知识链接】

二维码 12-1　GB/T 31217—2014
全价宠物食品　猫粮

二维码 12-2　GB/T 31216—2014
全价宠物食品　犬粮

二维码 12-3　GB/T 23185—2008
宠物食品　狗咬胶

二维码 12-4　QB/T 4524—2013
宠物用清洁护理剂

二维码 12-5　T/CVMA 195—2024
犬猫糖尿病的筛查和诊断

二维码 12-6　T/CVMA 199.1—2024
犬猫临床营养管理指南
——皮肤病

二维码 12-7　T/CVMA 199.2—2024
犬猫临床营养管理指南
——肥胖症

二维码 12-8　T/CVMA 199.3—2024
犬猫临床营养管理指南
——胃肠道疾病

项目13
外产科疾病

【学习目标】

• 了解犬猫外产科疾病的概念、常见病因、临床症状；掌握犬猫创伤与外科感染、休克、肿瘤、骨骼疾病、外科皮肤病、耳病及眼病、疝、产科疾病的诊断方法和临床治疗措施。

【素质目标】

• 在学习外产科疾病的过程中，强调工匠精神，注重诊断的准确性、治疗的精细性和手术的熟练度。

• 培养学生具备劳动精神，理解外产科疾病的防治需要付出大量的努力和实践。

【学习内容】

任务57　创伤与外科感染

一、创伤

（一）概念

各种不同外力作用于动物机体，引起组织器官解剖结构的破坏和生理功能的紊乱称为损伤。常伴有不同程度的局部和全身反应。根据组织的完整性是否遭受破坏可分为开放性损伤和非开放性损伤。

创伤是指由锐性或钝性机械外力作用于机体，使组织或器官遭受破坏，并与外界相通的开放性损伤。创伤一般由创缘、创口、创壁、创底、创腔、创围等部分组成（图13-1）。

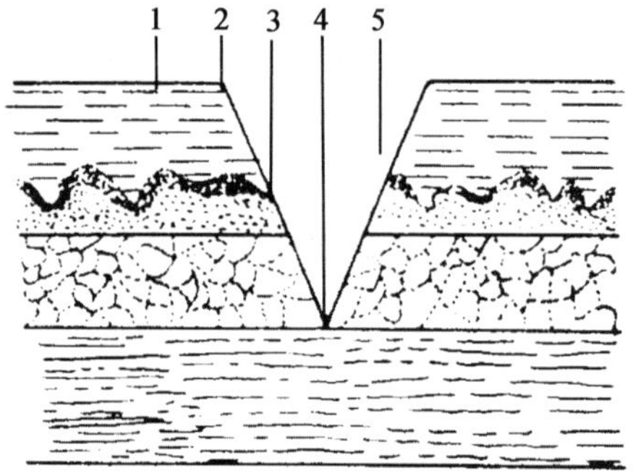

1. 创围　2. 创缘　3. 创面　4. 创底　5. 创腔

图13-1　创伤各部位名称

（二）病因

引起创伤的病因较多，常见的有锐性物体（如钢丝、树枝）的刺入，锐利刀片、玻璃片、铁片等的切割，车辆碾压或挤压，棍棒打击，互相咬伤，弹弓或枪弹致伤，摔跌在硬地上致伤等。

（三）症状

常因致伤因素不同，受伤的部位和组织损伤的程度不同，临床症状也不尽相同。

1. 一般临床症状

常表现为疼痛、肿胀、创口裂开、出血、感染化脓、肉芽形成及功能障碍等。严重者则出现体温、呼吸、脉搏的变化，食欲减退，精神沉郁等全身症状，更严重者则发生创伤性休克。

2. 常见几种创伤的临床症状

(1)刺伤。常由尖锐细长的物体(钢丝、树枝、铁叉等)刺入组织内引起。其特征是创口小、创道深而且狭长，刺入时异物被带入深部组织，极易引起感染化脓，有时形成化脓性窦道，当刺伤物体刺入体腔内的重要器官时常形成透创，易导致死亡，应特别注意。

(2)切伤。由锐利的刀片、铁片、玻璃片等物所致的创伤。其特征是创缘及创壁较平整，出血较多，创口裂开较大，一般及时经外科处理及缝合，能较快愈合。

(3)枪伤。由弹弓、猎枪、鸟枪的枪弹引起的创伤。其症状随致伤物的大小、形状、接触体表面积、速度和撞击部位不同而有差异。一般低速致伤物引起的创伤只局限于弹道周围组织遭受破坏，而高速发射物的冲击波撞击组织，使弹道周围组织崩裂，组织损伤面积更大。其特点是损伤严重，受伤部位多，范围广，感染快。如只有入口而无出口，则形成盲管创，常有异物存留于内。既有入口又有出口，常为贯通创。如枪弹穿透体腔，则为穿透创。

(4)咬伤。因斗殴时，由齿咬引起的组织创伤。常发生在头、颈、背及四肢部位，轻度咬伤只在皮肤表层留下齿痕，重者组织出现撕裂或缺损。如齿孔小，出血少，皮下有挫灭组织，常因口腔细菌进入组织，发生感染，伤口愈合较慢。

(5)压伤。由汽车碾压、撞击或重物挤压所致的组织创伤。特点是创形不整，常有大量的挫灭或缺损组织，并伴有开放性、粉碎性骨折。尤以汽车碾压的车祸伤，极易引起全身各个部位的骨骼骨折而发生创伤性休克。

(四)创伤的检查

1. 一般检查

询问病史，了解创伤发生的原因、时间、受伤部位、受伤当时的情况、受伤后的表现等，然后检查体温、呼吸、脉搏、可视黏膜的颜色和精神状态等。

2. 创伤局部检查

首先详细观察受伤部位的状况、伤口的大小、形状、性质、出血情况、有无渗出物、伤口周围的温度、有无肿胀及被毛情况等。然后清除创围被毛，消毒，用消毒的探针或戴乳胶手套的手指探明创壁、创道、创底等组织的损伤情况。

3. 辅助检查

对严重创伤，需借助X线检查创伤深部有无内脏器官或骨的损伤。同时借助实验室诊断，检查血常规、血细胞比容、体液及尿常规有无变化，以判断有无贫血、血浓缩或感染、泌尿系统的损伤等。

(五)治疗

1. 治疗原则

考虑局部和全身的关系。根据创伤的严重程度，如大失血、胸壁创或腹壁透创、车祸引起的开放性骨折等，首先需急救并抗休克，快速进行局部创伤处理；其次进行清创术，并配合应用抗生素防止感染；然后彻底处理创伤，促进创伤愈合，并增强机体的抵抗力。

2.治疗方法

(1)清洁创围及创口。先用灭菌纱布块盖住创口,剪除创围被毛,用肥皂水清洗创口周围皮肤,洗净后用灭菌纱布擦干,用0.1%新洁尔灭清洗;揭去覆盖的纱布块,用3%过氧化氢溶液清洗创口,用灭菌纱布擦干创口皮肤,用2%碘酊和75%酒精涂擦创口及其周围皮肤。

(2)清创术。创口处铺盖灭菌创巾,清除创内的异物、凝血块,修整创缘皮肤,切除挫灭或坏死组织以及污染严重的皮下组织,如处理创口深部,可扩大创口,充分暴露创道,使排液畅通。然后用0.1%新洁尔灭或生理盐水冲洗创腔。

(3)创内用药。彻底清创后,创内可撒布抗生素粉或灌注抗生素液,也可撒布磺胺粉,如1∶9的碘仿磺胺粉,1∶9的碘仿硼酸粉。

(4)创口缝合。创口的缝合根据受伤时间而定。一般在伤后6~8 h,清创较彻底,创缘较整齐,应行密闭缝合;如组织缺损面较大,难以直接缝合,可行部分缝合,缝合时注意组织层的对合,避免残留无效腔。如受伤时间较长,超过12~24 h未及时处理且有感染的创伤,应注意为使排液畅通,可安置引流物,创口做部分缝合。如感染较重,则不能缝合,应尽快消除感染因素,保证脓汁彻底排出,行开放疗法。

(5)创伤包扎。创伤处理结束后,为防止舔咬创口和缝线,预防感染,一般都应进行包扎。对于感染化脓的创伤,一般行开放疗法。但患病犬猫应放在干净的地方,并保持局部清洁。

3.全身治疗

视创伤轻重而定。轻度创伤时,一般不需全身治疗。严重创伤时,必须进行全身治疗,如大出血后,血容量不足,需用血浆代用品或全血,也可用晶体溶液以补充血容量和维持代谢,常用等渗葡萄糖溶液、乳酸林格液,然后用右旋糖酐和全血等。为防止感染,伤后及早应用抗生素。如局部炎症剧烈,在应用广谱抗生素的同时,可配合用肾上腺皮质激素类药物,以减轻炎症反应,还可用阿司匹林或保泰松消炎止痛。为减轻剧烈疼痛对机体的应激反应,可适当应用镇痛药,如哌替啶。对严重化脓性炎症的病例,为减少炎性渗出和防止酸中毒,可静脉注射碳酸氢钠和氯化钙溶液。还应注意注射破伤风抗毒素或类毒素药。

二、外科感染

外科感染是指在一定的条件下,病原微生物侵入机体后,在其间生长、繁殖、发育过程中分泌毒素,致使局部组织发生相应的防御性炎症反应,或使局部感染而引起全身性的病理变化过程。此过程极其复杂,它取决于侵入机体内病原菌的种类、数量、致病力的强弱、机体局部和全身反应的状态不同而在临床上出现不同的症状。

(一)脓肿

组织和器官被细菌感染化脓,脓汁蓄积在新形成的腔洞中的局限性炎症,称为脓肿。犬猫多发生在头部、颈部、胸部和股内侧的皮下组织。

1.病因

常因各种损伤,如刺伤、擦伤、抓伤,尤以咬伤后,细菌侵入机体感染为多。也可继发于邻近组织炎症、脓毒血症或淋巴结炎。常见的致病菌有葡萄球菌、链球菌、大肠埃希菌、化脓性棒状杆菌和绿脓杆菌等。此外,静脉注射某些刺激性药物(如10%氯化钙、10%氯化钠)漏于皮下也会引起皮下脓肿。根据脓肿的发生部位不同,可分为浅在性脓肿和深在性脓肿。

2. 症状

浅在性脓肿常发生于皮下结缔组织和筋膜下。幼龄犬常发生颌下脓肿，猫常发生面部和颈部脓肿，初期局部呈浸润性肿胀，稍高于皮肤表面，触诊局温增高，疼痛明显，中央坚实，全身无明显变化。以后脓肿局限、界线明显，组织坏死液化，中央有大量脓汁积聚，触诊脓肿中央柔软，波动明显，周围坚实。并出现全身症状，体温增高，精神沉郁。时间过久则脓肿膜溶解，皮肤坏死变薄，脓肿自溃，排出脓汁，全身症状缓解。

深在性脓肿常发生于筋膜下及深层肌肉、肌间、内脏器官。因部位深，局部症状不明显，但全身症状明显，脓肿表层及其周围组织常出现炎性水肿，触诊有疼痛，脓肿破溃后脓汁流入临近组织，出现明显全身症状，也出现器官功能障碍。

3. 诊断

根据临床症状，对浅在性脓肿易诊断。深在性脓肿可行穿刺诊断，有脓汁抽出即可确诊。深在性脓肿还可以通过超声检查来确定脓肿大小与性质。临床上应与血肿、淋巴外渗、疝、肿瘤等进行鉴别诊断。

4. 治疗

一般按脓肿发展过程治疗。脓肿初期以抗感染、止痛、促进炎症消散为主。全身行抗生素疗法，局部可用0.5%盐酸普鲁卡因和青霉素做病灶周围封闭，外涂刺激剂，如樟脑软膏、复方醋酸铅散等。当炎性渗出停止后，可用温热疗法或局部涂擦强刺激剂，如5%的碘酊或鱼石脂软膏，以促进炎性产物吸收或促使脓肿形成。当脓肿成熟、中央波动明显时，应及时切开使脓汁彻底顺利地排出，以防止毒素扩散吸收。切开后可用0.1%新洁尔灭或3%过氧化氢溶液冲洗脓腔，然后安置胶皮管或纱布条进行引流。

(二)蜂窝织炎

疏松结缔组织内发生的急性弥漫性化脓性炎症，称为蜂窝织炎。其特征为皮下、筋膜下和肌间疏松结缔组织内的脓性渗出物浸润，迅速扩散，常伴有全身症状。犬猫常发生在臀部、大腿、腋部、胸部和尾部。

1. 病因

致病菌多为化脓菌，如金黄色葡萄球菌、溶血性链球菌和腐败菌。犬猫多以咬伤、抓伤或静脉内注射刺激性药物(如葡萄糖酸钙或10%氯化钠)漏入皮下等所致。也可因邻近组织化脓性感染直接扩散或血源性感染引起。

2. 症状

本病呈急性炎症过程，局部和全身症状均很明显。但因其发生部位和深浅不同，致病菌的种类和毒力不同，其临床症状也有差异。

皮下蜂窝织炎时，局部出现弥漫性肿胀，界线不清，呈水肿样，触诊坚实，局温增高，疼痛明显，并有体温升高，精神沉郁，食欲减退等全身症状。由于细菌作用，局部组织坏死、溶解、液化，皮肤破溃，流出腐败酸臭味的脓汁。小的脓肿最后可被吸收。

深部蜂窝织炎，多发于筋膜及肌间组织内，局部肿胀不明显，界线不清，触诊局温增高，疼痛剧烈，坚实，功能障碍。有明显的全身症状。如不及时治疗，很容易发生化脓性感染而导致死亡。

3. 治疗

最初 1～2 d 内，为减少炎性渗出，可用醋酸铅明矾液、90％酒精冷敷，或用 0.5％盐酸普鲁卡因做病灶周围封闭。3～4 d 后炎性渗出物减少，改为温敷。局部肿胀和全身症状明显时，为减轻组织内压，排除炎性产物，应立即多处切开，止血后引流，切口应有足够的长度和深度，必要时也可做反对孔，以保证渗出液顺利排出。将坏死的筋膜、皮下组织一并切除，直达健康组织。

(三)全身化脓性感染

全身化脓性感染是指有机体从局部感染病灶吸收致病菌及其活动产物和分解产物所引起的全身性病理过程。

1. 病因

常因严重损伤后或局部化脓性感染所致。如脓肿、蜂窝织炎、大面积烧伤、泌尿系统感染和手术感染等。致病菌主要有金黄色葡萄球菌、溶血性链球菌、大肠埃希菌、化脓性棒状杆菌等。

2. 症状

全身化脓性感染时，发病急，病初即出现寒战，体温升高，精神沉郁，食欲废绝，呕吐，脉搏弱而快，不感于手，呼吸加快，眼结膜潮红或黄染，有出血斑。肌肉颤抖，胸部躺卧于地面，两前肢前外展，有时出现疝痛和腹泻。白细胞和多形核细胞增加，核左移。尿中出现蛋白。局部出现浸润性肿胀，局温增高，疼痛剧烈，创内坏死组织增多，从创口流出稀薄、污秽、恶臭的脓汁。如病情进一步恶化，可导致死亡。

3. 诊断

根据局部和全身症状即可确诊。临床上应与急性炎症过程时发生的中毒症状进行鉴别诊断。如对局部脓灶处理后，消除了感染中毒源，患病犬猫体温即可明显下降，食欲恢复正常。但全身化脓性感染时，即使将病灶进行细致的外科处理后，也不能控制其病理过程的发展，全身状态无明显变化，体温仍不能下降，白细胞核左移。

4. 治疗

尽早消除原发性和继发性感染的病灶，如及时切开脓肿，彻底消除坏死组织，使脓汁彻底畅通排除，可进行引流，以减少毒素的吸收。局部可行日光和光疗法，病灶周围封闭，使脓肿局限，可皮下注射 1％肾上腺素。全身早期大剂量静脉注射抗生素，并可联合使用磺胺类药物治疗。每天全身和局部行对症疗法。如减轻中毒，纠正水、电解质及酸碱平衡失调等。

任务 58　休克

休克是机体受到各种致病因素的作用，引起有效循环血量锐减、微循环障碍、组织血液灌流量不足和细胞缺氧而出现的全身反应的综合征。临床上主要表现为急性有效循环衰竭和中枢神经系统功能活动降低。

(一)病因与分类

临床上常见的休克病因较多，如严重的创伤、大出血、外科感染、中毒、大面积烧伤等。临床上常按病因分类。

1. 创伤性休克

犬猫常发创伤性休克，如骨折、胸壁透创、挫伤、火器伤、挤压伤及大面积烧伤的早期。由于损伤产生剧烈疼痛，强烈刺激中枢神经系统，引起心血管中枢兴奋，反射性地引起末梢血管收缩后再扩张，血管容积增大，血管外周阻力下降，血液淤滞于循环中，使有效循环血量不足而产生休克。损伤时由于出血、丢失大量体液和坏死组织分解产物的毒素被吸收，可促发休克。

2. 失血性休克

创伤时大出血，挤压伤或物体撞击造成内脏(如肝、脾、肾)破裂引起的大出血，手术不慎造成大血管出血，这些急性大出血使血容量急剧减少，有效循环血量减少，组织血液灌流量不足引起休克。犬猫的胃、肠阻塞，常引起呕吐或腹泻，丢失大量水分造成严重脱水，使血容量锐减，有效循环血量不足而发生休克。

3. 中毒性休克

严重感染，如败血症、脓毒败血症、化脓性腹膜炎、子宫积脓、大面积烧伤、外科感染创，感染发炎后，由于坏死组织分解产物和细菌毒素被吸收所致。

4. 过敏性休克

常由药物或注射异种血清引起的过敏反应，因致敏原使细胞释放大量组织胺等引起血管扩张，血液淤滞，毛细血管通透性增高，血浆渗出，血容量减少，导致有效循环血量不足而引起休克。

(二)症状

休克的临床表现与其病程和严重程度有关。休克的初期也称休克代偿期，主要表现兴奋不安，心搏过速而弱，呼吸加快，可视黏膜苍白，无意识排尿、排粪。此期时间较短。兴奋不安后，转为精神沉郁，也称休克抑制期。表现精神沉郁，心率过速，脉细而弱，可视黏膜苍白或发绀，四肢发凉，肌肉无力，毛细血管充盈时间延长，呼吸困难，口渴，呕吐，饮食欲废绝。反应迟钝(痛觉、视觉、听觉反应完全消失)，瞳孔扩大，血压下降，最后昏迷，易导致死亡。

(三)诊断

根据临床症状诊断并不困难，但其病程急，需快速有效地进行治疗，还需配合一些生化指标进行诊断、治疗。

1. 测定血压

休克初期血压变化不明显。休克期血压下降。犬猫正常的血压为12～18.67 kPa。如平均动脉压低于6.67 kPa时，意识消失，如继续下降至4.0～4.67 kPa持续2 h，则表现为昏迷，最后死亡。也可触摸股动脉，估测动脉压。脉搏弱则平均动脉压在6.67～9.93 kPa；如脉搏不明显，动脉压则低于6.67 kPa；脉搏充实有力，血压则高于10.67 kPa。

2. 测定心率或脉搏数

心率快，犬一般快达160次/min以上，猫一般快达150次/min以上。

3. 测定中心静脉压

中心静脉压是反映当时的血容量、心功能和血管张力情况的指标。除心源性休克外，犬猫在休克期的心静脉压一般都低于490 Pa。

4. 毛细血管再充盈时间

用手指轻压齿龈或舌边缘，观察松压后血液再充盈时间，犬猫在休克状态时，毛细血管再充盈时间都超过 1 s 的正常值。

5. 测定尿量

尿量是反映肾脏毛细血管的灌流量，也是内脏血液灌流量的一个重要指标。正常犬猫每小时尿量为 0.5～1.0 mL/kg 体重。如每小时尿量少于 0.5 mL/kg 体重，表明肾脏血流量减少，即全身血容量不足。如无尿或补液后仍无好转，表明肾脏血管收缩仍未解除，或血容量仍不足。

（四）治疗

休克发展急剧，应早发现早治疗，采取综合性治疗措施。

1. 抢救

使呼吸道通畅，保证患病犬猫有足够的通气量和输氧量。如出现呼吸困难且无意识，需气管内插管或经鼻腔内插管，采用间歇正压换气，通气量一般每小时不能低于 10～12 mL/kg 体重，呼吸频率维持在 8～12 次/min。

2. 补充血容量

补充血容量是治疗休克最基本的措施。补充血容量的液体有生理盐水溶液、林格液、乳酸盐林格液、葡萄糖溶液、全血和血浆或血浆代用品（右旋糖酐）。补充液体的类型应按休克病因进行；补充液体的数量和速度应按中心静脉压或按化验室监测的数据进行。一般采用颈静脉输液。

如是出血性休克，应及时止血，立即输全血或补充液体，输液量必须达出血量 2～3 倍的血容量，或按血细胞比容计算，如血细胞比容降到 25%以下时，可按 1∶4 的全血和 10%葡萄糖溶液 12～20 mL/kg 体重静脉注射。如输林格液时，均可大量、迅速地静脉输入。犬可按每小时 60～90 mL/kg 体重输入，猫可按每小时 70 mL/kg 体重输入。当血浆蛋白低于 40 g/L 时，应输入血浆，或血浆代用品，如中、低分子的右旋糖酐。如心功能不全可静脉注射异丙肾上腺素或多巴胺（每分钟 1～10 μg/kg 体重）。如中毒性休克，因组织缺氧而产生酸中毒，应及时纠正酸中毒，一般测定血气值来确定中毒程度，常用碳酸氢钠液进行治疗。其用量的计算方法是 0.3×体重×碱的缺乏量，即为应输入碳酸氢钠的量，并在 2 h 内输完。

3. 肾上腺皮质激素疗法

休克早期大剂量静脉注射肾上腺皮质激素，常用的有甲基强的松龙 15～30 mg/kg 体重或地塞米松 5～15 mg/kg 体重。还可注射强的松龙丁二酸钠 5～10 mg/kg 体重。初次可用大剂量，每隔 4～6 h 注射 1 次，注意必须与抗生素合用。

4. 广谱抗生素疗法

抗生素对各种休克都是必要的，尤以对感染引起的中毒性休克更为重要，因其可控制感染。初次应用剂量要大，且静脉滴注，待病情稳定后可改用肌内注射。还可选用磺胺类药物。

任务59 肿瘤

肿瘤是宠物机体中正常组织细胞在不同的始动与促进因素长期作用下，产生细胞增生与异常分化而形成的病理性新生物。它与受连累组织的生理需要无关，无规律生长，丧失正常细胞功能，破坏原器官结构，有的转移到其他部位，危及生命。肿瘤是机体整体性疾病的一种局部表现。

(一)病因

迄今尚未完全清楚，根据大量实验研究和临床观察认为与外界环境因素有关，其中主要是化学因素，其次是病毒和放射线。另外是机体的内因，如免疫状态、内分泌系统、遗传因子、神经系统、营养因素、微量元素、年龄以及有关的癌前期病变。总之，肿瘤的致病因素是多方面的。肿瘤的发生和发展，可能是很长时间内接受许多致癌因素综合作用的结果。

(二)分类

根据肿瘤对机体的影响，可分为良性与恶性两类(表13-1)。

表13-1 良性肿瘤与恶性肿瘤鉴别

项目	良性肿瘤	恶性肿瘤
外形	圆形或椭圆形，多在膨胀性生长，与周围界线明显，一般不破溃	表面凹凸不平，呈浸润性生长，与周围界线不清，常破溃
生长速度	生长缓慢	生长迅速
疼痛	无疼痛	有疼痛
质度	较硬，有的较软，但整个瘤体的软硬度一致	软硬度不一致
转移	一般无转移，手术后不复发	有转移，尤其在手术后发生转移和复发
全身影响	一般危害较小，只是在局部压迫器官组织	危害严重，有全身性影响

1. 良性肿瘤

其细胞分化程度较高，近似起源组织，组织结构也与正常组织相似。良性肿瘤多呈膨胀性生长，发展缓慢，有包膜，因而与周围组织之间有明显界线。其瘤体多呈圆形或椭圆形，表面光滑，有活动性，在生长或手术后不发生转移。但也有少数良性肿瘤可发生恶变。良性肿瘤通常称为瘤，冠以组织来源和部位的名称，如皮肤纤维瘤、直肠腺瘤等。

2. 恶性肿瘤

肿瘤生长迅速，瘤体形状不规则，呈菜花样、蕈状，表面粗糙，凹凸不平。瘤体常有破溃，与周围组织界线不清，无活动性。如为膨胀性生长者，一般稍有活动性。肿瘤组织细胞分化差，其细胞形态、组织结构与起源组织不相似，细胞呈现不成熟和幼稚形。

恶性肿瘤通常可分为3种：①凡来自上皮组织的恶性肿瘤称为癌，加上组织来源和部位的名称，如眼鳞状细胞癌、腺癌；②凡来自叶间组织、淋巴组织、网状组织和骨骼的恶性肿瘤称为肉瘤，同样加上组织来源和部位的名称，如纤维肉瘤、淋巴肉瘤、脂肪肉瘤等；③对部分的恶性肿瘤，因其组织来源不单一或者无法肯定，则加上“恶性”二字，如恶性畸胎瘤、恶性淋巴瘤（白血病）。

（三）症状

症状决定于肿瘤的性质、发生组织、部位和发展程度。肿瘤早期多无明显临床症状。但如果发生在特定的组织器官上，可能有明显症状出现。

1. 局部症状

（1）肿块（瘤体）：发生于体表或浅在肿瘤，肿块是主要症状，常伴有相关静脉扩张、增粗。

（2）疼痛：肿块膨胀生长、损伤、破溃、感染时，使神经受刺激或压迫，有不同程度的疼痛。

（3）溃疡：体表、消化道肿瘤，若生长过快，引起供血不足继发坏死，或感染导致溃疡。恶性肿瘤呈菜花样，肿块表面常有溃疡，并有恶臭和血性分泌物。

（4）出血：表在肿瘤，易损伤、破溃、出血；消化道肿瘤，可能呕血或便血；泌尿系统肿瘤，可能出现血尿。

（5）功能障碍：肠道肿瘤可致肠梗阻；如乳头状瘤发生于食管上部，可引起吞咽困难。

2. 全身症状

良性和早期恶性肿瘤，一般无明显全身症状，或有贫血、低烧、消瘦、无力等症状。如肿瘤影响营养摄取或并发出血与感染时，可出现明显全身症状。恶病质是恶性肿瘤晚期全身衰竭的主要表现，发生的部位不同，恶病质出现迟早各异。

（四）诊断

诊断的目的在于查明有无肿瘤及其性质、程度，以便拟订治疗方案和估计预后。肿瘤的现代诊断方法包括病史调查、患部检查、全身检查、病理检查（活检与尸体剖检）、X 线检查、超声检查、放射性同位素标记及免疫诊断等。还有血清学检查及计算机断层扫描（CT）等。一般肿瘤特别是表在肿瘤，通过上述某些诊断方法，可以确诊。恶性肿瘤的早期诊断难度较大，必须进行系统全面检查。

（五）治疗

1. 良性肿瘤

（1）手术切除：此法效果良好，即切开皮肤后剥离瘤体与周围连接组织，尽可能将瘤体组织剥净，以免复发。

（2）结扎法：用于有蒂的瘤体，即在瘤体蒂根部紧贴体表处，用缝合线进行结扎，使瘤体失去血液供应，经一段时间后瘤体可脱落。

（3）烧烙法：多用于有蒂的瘤体，即瘤体组织不能完全被切除干净或用于止血时，可用烧烙法。

（4）冷冻疗法：适用于大小犬猫，可直接破坏瘤体，以致短时间内阻塞血管而破坏细胞。被冷冻的肿瘤日益缩小乃至消失。

2. 恶性肿瘤

如能及早发现与诊断则可望获得临床治愈。

（1）手术早期切除：迄今为止仍不失为一种治疗手段，前提是肿瘤尚未扩散或转移，手术切除病灶，连同部分周围的健康组织，应注意切除附近淋巴结。

(2)其他疗法:放射疗法、激光治疗、化学疗法、免疫疗法等,可根据具体情况适当选用。

(六)常见的体表肿瘤

1. 纤维瘤

纤维瘤是由结缔组织发生的良性肿瘤,是临床常见的一种肿瘤。其多发部位为头部、胸腹侧或下部、四肢上部或蹄冠等处。纤维瘤的外形呈圆形或椭圆形。如以间质为主的纤维瘤,质硬,生长缓慢;如间质少的纤维瘤,由疏松的结缔组织组成,内混有脂肪组织,质较软;黏液性纤维瘤,质度也软,瘤体内含有一定量的黏液物质。触诊较软,有一定活动性。

2. 脂肪瘤

脂肪瘤是局限性脂肪组织增生形成的良性肿瘤,凡有脂肪组织的部位均可发生。多发生于眼睑、上下唇、颈部下侧、胸腹下侧以及肠管、网膜等处。肿瘤生长缓慢,瘤体一般较小而软,常呈圆形、椭圆形,或大小不一的结节状,活动性大。

3. 乳头状瘤

由宠物的皮肤和黏膜上皮细胞增生形成的良性肿瘤,它分别发生于基底细胞和皮肤乳头层,前者称为基底细胞瘤,后者称为乳头状瘤。常发生于头颈下侧部、腹侧、四肢下部等处。瘤体生长数目、大小不等,通常以密集形式生长,形成菜花样新生物。瘤体损伤后可引起出血或形成溃疡。

4. 皮肤癌

皮肤癌是由皮肤、黏膜和腺体上皮组织增生而形成的恶性肿瘤。常见的有两种,即鳞状上皮癌和柱状细胞癌。瘤体呈浸润性生长,与周围组织界线不清,瘤体多呈结节状,常发生破溃,引起继发性感染,有恶臭分泌物,局部易出血。常发生于宠物的头、眼睑、鼻腔、颈部、肛门、阴道、阴茎和包皮等部位,以老年犬多见。

5. 淋巴肉瘤

淋巴肉瘤是淋巴样组织的恶性肿瘤。发病后有许多淋巴结显著增大,尤其以鼠蹊淋巴结和肩前淋巴结肿大较多见。肿瘤细胞可转移到全身各个组织器官,病情发展到后期,患病宠物迅速消瘦而倒毙。发病初期白细胞显著增多。

任务60　骨骼疾病

一、骨折

骨的连续性和完整性遭到破坏,称为骨折。骨折常伴发不同程度的软组织损伤,如神经、血管、肌肉挫伤、断裂,骨膜分离和皮肤破裂等。

(一)病因

1. 直接外力作用或间接外力作用

直接外力作用见于车祸、枪击、打击、从高处摔下等,其中车祸为最常见的病因;间接外力作用见于奔跑、跳跃、急停急转、失足踏空或爪子突然潜入洞穴或裂缝等,通过折弯力、扭力、压缩力或切应力等引起骨折。

2. 内在因素作用

宠物患骨营养不良、骨髓炎、骨软化症、佝偻病、骨肿瘤等疾病时在较小外力作用下易发生骨折。

3. 应激作用

骨反复应激是骨折的诱因，如猫趾爪疲劳性骨折就属于这种类型。

（二）骨折类型

骨折有不同的分类方法。

1. 开放性骨折和闭合性骨折

这是根据骨折处皮肤、黏膜的完整性划分的。

2. 全骨折和不全骨折

根据骨折断端是否完全分离划分。全骨折根据骨折线的方向分为横骨折、纵骨折、斜骨折、螺旋骨折等，如果骨断离成两段以上，称为粉碎性骨折；不完全骨折可分为青枝骨折（幼龄宠物）和骨裂。

3. 骨干骨折和骨骺骨折

根据骨折部位划分。幼龄宠物多为骨骺骨折，成年宠物多为骨干骨折。

4. 外伤性骨折和病理性骨折

这是按骨折病因划分的。

（三）症状

1. 功能障碍

功能障碍由疾病和机械支持力丧失或减弱引起，是骨折最突出的症状。如四肢骨折引起跛行，椎体骨折可引起外周神经麻痹，颅骨骨折可引起意识障碍，颌骨骨折引起咀嚼障碍等。

2. 疼痛

不安、痛叫，局部敏感或顽抗。直接触痛不易区别软组织痛和骨痛，间接触痛即握住骨长轴两端向中央压迫引起的疼痛表明是骨痛。

3. 局部肿胀

骨折时骨膜、骨髓及周围软组织的血管破裂出血，经创口流出或在局部发生淤血或血肿。由于软组织损伤、水肿，使局部肿胀更明显。但在四肢远端骨折，局部肿胀不甚明显。

4. 骨变形

完全骨折后骨断端发生成角、旋转、伸长、重叠等移位，使患肢弯曲、扭转、伸长或缩短。

5. 骨摩擦音

活动骨折断端可听到断端间摩擦音，但不完全性骨折或骨折端分离较远时无骨摩擦音。

6. 异常活动

四肢长骨全骨折后，骨干可在骨折点异常伸屈扭转。

其他症状包括骨折 1～2 d 后血肿分解引起体温升高，失血性贫血，休克，骨折远端外周神经麻痹，骨折点局部组织缺血性坏死等。

（四）诊断

依据病史和上述症状一般不难做出初步诊断，但确诊需进行X线诊断。X线检查可见骨折处有骨折线（除压缩、嵌入、凹陷性骨折外）、骨骼变形和软组织肿胀等征象。X线检查不仅可确定骨折类型及程度，而且还能指导整复、监测愈合情况。

（五）急救

骨折往往伴有重症危急。头、脊柱、胸部、腹部、内脏等有严重损伤时，应先予以急救，稳定病情，如支持呼吸、改善循环、制止出血、防止休克、控制感染、整复胸腹透创和内脏破裂等，对骨折局部，止血消肿，保护创口，临时固定或保护患肢，然后再深入检查，以防局部软组织损伤加重或骨折加重。

（六）治疗

1. 闭合性整复与外固定

骨骺、肘、膝关节以下的骨折经手整复易复位者，可施加一定的外固定材料进行固定。闭合性整复应尽早实施，一般不晚于骨折24 h，以免血肿及水肿过大影响整复。整复前，患病犬猫应全身麻醉或局部麻醉配合镇痛或镇静，确保肌肉松弛和减少疼痛。整复时，术者手持近侧骨折段，助手纵轴牵引远侧段，保持一定的对抗牵引力，使骨断端对合复位，有条件者，可在X光机监视下进行整复。整复完成后立即进行外固定。常用夹板绷带、石膏绷带、金属支架等。固定部位剪毛，衬垫棉花。固定范围一般应包括骨折部上、下两个关节。

2. 开放性整复与固定

开放性整复与固定包括开放性骨折和某些复杂的闭合性骨折，如粉碎性骨折、嵌入骨折等。该方法能使骨断端达到解剖对位，促进愈合。根据骨折性质和骨折部位不同，常选用髓内针、骨螺钉、接骨板、金属丝等内固定材料进行内固定。为加强内固定，在内固定之后，配合外固定。新鲜开放性骨折或新鲜闭合性骨折做开放性处理时，应彻底清除创内凝血块、碎骨片。骨折断端缺损大，应进行自体骨移植（多取自肱骨或髂骨结节网质骨或网质皮质骨），以填充缺陷，加速愈合。对陈旧开放性骨折，应按感染创处理，清除坏死组织和死骨片，安置外固定器以整复固定骨折，或用石膏绷带固定，保留创口开放，便于术后清洗。

3. 术后护理

①全身应用抗生素预防或控制感染；②适当应用消炎止痛药，加强营养，补充维生素A、维生素D、鱼肝油及钙剂等；③限制宠物活动，保持内、外固定材料牢固固定；④医嘱宠物主人适当对患肢进行功能恢复锻炼，防止肌肉萎缩、关节僵硬及骨质疏松等；⑤外固定时，术后及时观察固定远端，如有肿胀、变凉，应解除绷带，重新包扎固定；⑥定期进行X线检查，掌握骨折愈合情况，适时拆除内、外固定材料。

二、骨髓炎

骨髓炎是骨及骨髓的炎症。按其病因，可分为细菌性骨髓炎、真菌性骨髓炎和非感染性骨髓炎。临床上以细菌性骨髓炎多见。

(一)病因

1. 外源性感染

多数骨髓炎病例经此途径感染。病原菌经创口或手术切口感染骨组织,见于直接伤及骨的咬创、深刺创、枪伤和开放性骨折、骨矫形手术后等。感染也可经骨周围软组织的化脓性炎症蔓延引起。

2. 血源性感染

血源性感染主要发生于幼龄犬猫,系身体其他部位感染灶的病原菌通过血液循环转移到骨组织后引起的感染。常见原发性感染灶有脐带炎、肺炎、胃肠炎、关节炎等。

(二)症状

急性患部热痛肿胀,患肢跛行,常伴有体温升高,精神沉郁,食欲不振,中性粒细胞增多,核左移,血沉加快等全身反应。严重者可转为败血症。久治不愈者患部某处肿胀变软有波动感,切开或自行破溃后形成脓窦。此时全身反应一般减轻,疼痛和跛行减弱,但经常有脓汁流出。

创伤直接引起的骨髓炎创口久不愈合,骨延迟愈合或不愈合。血源性骨髓炎病的病灶位于干骺端,且常呈多肢发病或同一肢多处发病。

(三)诊断

结合病史、临床症状、X线摄影征象及病原分离鉴定诊断。X线检查在早期仅见患部软组织肿胀,大约2周后患部骨质出现蚕食样破坏区或斑片样局灶性空洞,骨膜不规则骨化。浸润性病变骨质破坏区及骨膜骨化的边缘模糊,界线不清。慢性病例骨破坏区周围骨质致密,骨皮质处可能有“死骨片”。

有脓窦的,探诊可感知骨表面粗糙甚至可探入骨髓腔,冲洗可能冲出骨碎屑。

注意与骨肿瘤、其他类型的骨髓炎鉴别。

(四)治疗

(1)全身应用足量抗生素。病初选用广谱抗生素,持续用药直至炎症消失后1周为止。

(2)局部出现脓肿或持续数日用药无效者应扩创排脓,冲洗引流。疑有髓腔积脓者应手术钻通骨皮质排脓减压。探诊或X线检查发现有“死骨片”或洞腔者手术取除死骨,匙刮窦壁。

(3)若系骨折内固定感染,不应除去内固定材料,固定不稳者应加强固定。

(4)对慢性骨髓炎坚持全身用药和局部处理。

(5)无法控制炎症或阻止炎症蔓延者在四肢可考虑从病灶近端截肢。

三、累-卡-佩氏病

累-卡-佩氏病是以股骨头和股骨颈缺血性坏死为特征的一种综合征,也称幼龄骨软骨炎、无血管性坏死和扁平髋等。3~13月龄小型品种犬易发病,无性别差异,多为单侧性。

(一)病因

病因不详。一般认为是继发于股骨上端周围软组织的病变,导致股骨头部分或全部供血中断,产生股骨头缺血性坏死。凡能导致髋关节腔压力升高的因素,如暂时性滑膜炎、感染性关节炎、外伤性关节腔积血,以及影响滑液循环的伸展、内旋等,均可造成血管受压而危及股骨头骨骺的供血。另外,环境、内分泌、代谢和遗传等因素均可引发本病。

（二）症状

开始患病犬猫常表现不安，不断啃咬腹部和臀部，尤其在后肢外展时，疼痛明显，以后可感觉或听到噼啪音。跛行逐渐加重，直至拖曳行走。同时患肢变短，活动范围变小。臀部肌肉和股四头肌萎缩。

（三）诊断

X线检查是诊断股骨头缺血性坏死的主要手段和依据。X线摄影征象包括关节间隙增宽，股骨头和股骨颈局灶性骨密度降低，与髋臼缘接触的股骨头变平，随后不规则变化，干骺区股骨颈变短和增宽。有时股骨头和股骨颈可见骨刺、不全脱位和骨折等。

（四）治疗

股骨头未畸形者，可施保守疗法，每日口服消炎止痛药（如阿司匹林）。患犬置入笼内限制活动。如股骨头、股骨颈畸形或发生退行性关节病，应施股骨头、股骨颈切除术。

四、关节脱位

关节因受机械外力、病理等作用引起骨间关节面失去正常对合称为关节脱位。

（一）病因

临床上多因强烈的外力作用，包括间接和直接作用（犬猫直接外力作用多见）；先天性因素在犬较常见，如髌骨脱位，多与遗传有关。

（二）症状

关节脱位主要症状有关节变形，改变原来解剖学上的隆起与凹陷；异常固定，因关节错位，加之肌肉和韧带异常牵引，使关节在非正常位置固定，被动运动时，表现出基本不动或活动限制；关节肿胀，严重外伤时，周围软组织受损，关节出血、炎症、疼痛及肿胀；肢势改变，在脱位关节下方发生肢势改变，如内收、外展、屈曲或伸展等；功能障碍，由于关节异常变位、疼痛，运动时患肢出现跛行。

（三）诊断

根据临床症状可做出初步诊断，确诊需经X线检查，了解关节变位程度，有无骨折和关节畸形等。

（四）治疗

关节脱位治疗原则是整复、固定等。

1. 整复

对新发生的关节脱位应及早整复，否则因炎症发展影响复位。为减少肌肉、韧带的张力和疼痛，整复时应全身麻醉。

整复有闭合性整复和开放性整复两种。轻度关节脱位，可采用闭合性整复。但小动物常因肥胖、体重与活泼，此法常难以整复或易复发。闭合性整复的方法视不同关节脱位而异，一般将犬猫侧卧保定，采用牵拉、按压、内旋、外展、伸屈等方法使关节复位。如复位正确，手触可感觉到一种音响。对于中度或严重的关节脱位，多采用开放性整复。即在直视情况下，利用牵拉、旋转或杠杆作用，易于正确复位。

2. 固定

整复后，为防止再发，应立即进行固定。固定有外固定和内固定 2 种。外固定是在闭合性整复下进行，可根据关节部位的特点采用不同的外固定方法。常选择夹板绷带、可塑性绷带（包括石膏绷带）、托马斯支架和外固定器等。内固定是在开放性整复时进行。也可根据脱位性质，选择断裂的韧带、髓内针、钢针缝合和固定等，同时配合外固定以加强内固定。

（五）常见关节脱位

犬猫常见的有髋关节、髌骨、肘关节和肩关节脱位。

1. 髋关节脱位

髋关节脱位为犬猫最常见的关节脱位。

(1)病因。多由外伤所致（如被汽车撞击），也常发生于髋关节发育异常或作为一种全髋关节置换术的并发症。多数为髋关节前上方脱位，仅少数为后上或下方脱位。

(2)症状及诊断。有外伤史。宠物趾部向外旋转，肢体内收，患肢不能负重。股骨头前上方脱位，大转子较健侧高，大转子与坐骨结节间距离增加。站立时患肢短于健肢；如后上方脱位，患肢向后伸展时稍长于健肢，但向下伸展，患肢则变短，大转子与坐骨结节间距缩小；股骨头下方脱位时，大转子难以触摸到，患肢明显变长。根据临床症状一般能做出初步诊断，X 线检查可进一步查明股骨头脱位精确位置、髋臼骨折及股骨头颈骨折等，也有助于鉴别诊断髋关节发育异常和累-卡-佩氏病。

(3)治疗

①治疗性整复：脱位简单，仅 4～5 d，无其他并发症（如无骨折）时，可采用闭合性整复。犬猫侧卧保定，患肢在上。术者拇指和食指按压大转子，先外旋、外展和伸直患肢，使股骨头整复到髋臼水平位置，再内旋、外展股骨，使股骨头滑入髋臼内。如复位成功，可听到复位声，患肢可做大范围的活动。术后用“8”字形吊带将肢屈曲悬吊，使髋关节免负体重，连用 7～10 d，动物限制活动 2 周以上。

②开放性整复固定：闭合性复位不成功、长期脱位或脱位并发骨折者，应实施开放性整复固定。一般选择背侧手术通路，此通路最易接近髋关节。在暴露髋关节后，彻底清洗关节内血凝块、组织碎片，再将股骨头整复至髋臼内。固定股骨头有多种方法，常用的方法有：缝合关节囊和其周围软组织；骨螺钉固定，即骨螺钉钻入髋臼上缘，再用不锈钢丝将股骨颈固定在螺钉上；钢针固定，根据宠物体重，选择不同粗细的髓内针或克氏钢针。用钢针将股骨头固定在髋臼中，其钢针通常在大转子下穿入股骨头至髋臼。

术后患肢系上“8”字形吊带 10～14 d，宠物限制活动 3 周，以后逐渐增加活动量 2～3 周，术后 14～21 d 拔除髓内针。

2. 髌骨脱位

髌骨（膝盖骨）脱位常发生于犬，猫偶见。常见于体形小的犬（如玩具犬和小型犬等），大型犬也可发生。临床上有髌内方脱位和髌外方脱位两种，但以髌内方脱位为多见，占 78%～80%。

(1)病因。髌内方脱位常称为先天性的，因多发生在幼龄期，与创伤无关。虽然出生时无髌内方脱位，但发生后肢骨骼解剖上的畸形，即髋内翻和股骨颈前倾减小，故认为它是一种遗传性疾病。这种骨骼结构上有改变可导致髌内方脱位一系列复杂的变化。髌内方脱位以一肢多见，有20%～25%病例发生两侧性的。最近发现，大型或巨型犬也发生髌内方脱位，并同时发生膝关节前十字韧带断裂，这可能因股四头肌稳定关节的力不足而使十字韧带应激增加所致。

髌外方脱位多与外伤、髋关节发育异常有关，多见于大型品种犬。髌外方脱位又称膝外翻，一般为两侧性，5～6月龄多发。

(2)症状。髌内方脱位常分为4级：一级脱位，犬猫很少出现跛行，偶见跳跃行走，此时髌骨越过滑车嵴。髌骨可人为地脱位，但释手可自行复位。二级脱位，从偶尔跳行到连续负重，出现跛行，膝关节屈曲或伸展时，髌骨脱位或人为脱位，并可自行复位。三级脱位，跛行程度不同，从偶尔跛行到负重，多数病犬负重时出现轻度到中度跛行。出现中度或严重的弓形腿，胫骨扭转。触摸髌骨常呈脱位状态，能人为离位到滑车内，但释手能重新脱位。四级脱位，常两肢跛行，免负体重，前肢平衡差。虽然有的宠物能支撑体重，但膝关节不能伸展，后肢呈爬行姿势，趾部内旋。髌骨持久性脱位，不能复位。

髌外方脱位也有4级之分，常累及两肢，最明显的症状是两后肢呈膝外翻姿势。髌骨通常可复位，内侧韧带明显松弛。膝关节内侧支持组织常增厚，负重时，趾部外旋。

(3)诊断。根据临床症状和触摸可以做出诊断。X线检查可发现病胫骨和股骨呈现不同程度的扭转。临床上应与十字韧带断裂、股神经麻痹、膝关节炎、骨软化症等相区别。

(4)治疗。髌内方脱位有保守和手术疗法两种。对于偶发性髌内方脱位，临床症状轻或无临床症状，病犬大于1岁者适宜保守治疗。其治疗方法包括减轻体重(少给富含营养类食物)，限制活动，必要时给予非固醇类抗炎药物，如阿司匹林或保泰松等。临床症状明显，并出现跛行者，应尽早手术治疗。手术方法有多种，多根据髌内方脱位程度选择适宜的手术。手术目的是加强髌骨外侧支持带的作用，改变滑车结构，控制髌骨向内移位。对于轻度髌骨内方移位，可在外侧关节囊或腓骨与髌骨间用缝线固定，限制髌骨内移；如系滑车沟变浅，可施滑车成形术，确保髌骨在滑车内滑动；如股骨内旋，可施胫骨结节移位术，使髌骨韧带矫正到正常位置；也可切断部分内收肌(如缝匠肌、股内直肌等)，增加内松弛作用，以矫正髌骨的不稳定。股骨、胫骨严重变形者，需施部分股骨或胫骨切除术，以纠正髌骨恢复正常位置。

髌外方脱位以手术治疗为主。手术的目的是加强髌骨内侧支持带作用，可按髌骨内方脱位手术方法做相应的改进。

3.肘关节脱位

(1)病因。肘关节脱位有先天性和后天性两种。先天性占17%～20%。最常见于小型品种犬，如京巴犬、英国牛犬、英格兰牧羊犬。先天性肘关节脱位可能与遗传有关，如两侧性发病率高；一窝幼龄犬有多个发病；某些幼龄犬有多个软组织和骨骼异常。后天性肘关节脱位多因外伤所致。

(2)症状。先天性肘关节脱位犬多为3～6月龄，一侧或两侧前肢发病。肘关节屈曲，不能伸展，行走跛行。肘突外展，向前向上呈45°～90°旋转。外伤性肘关节脱位时，突然跛行，局部软组织损伤。常明显出现外方脱位，桡、尺骨向外移位，前臂或前爪内旋或内收。关节屈曲，疼痛明显，不能伸屈关节。由于关节屈曲，宠物站立时，指部不着地。

(3)诊断。根据临床症状和触诊易诊断，X线检查可以看到无骨折和韧带断裂。

(4)治疗。

①先天性肘关节脱位：刚出生的幼龄犬，可采用闭合性整复固定。整复后，用钢针从肘突

进入肱骨远端或横穿过肱骨髁和肘突加以固定,并配合外固定可获得成功。年龄较大的幼龄犬(1~16 周龄),可采用开放性整复固定。手术方法有外侧关节囊成形术、外侧韧带切开术、滑车和滑车切迹重建术等多种。但犬能支持体重或能行走时,并不适宜手术疗法。术后建议用“人”字形夹板绷带固定。

②外伤性肘关节脱位:有闭合性和开放性整复固定两种。闭合性整复时,肘关节屈曲100°~110°,右手拇指向内压迫鹰嘴突,使其卡在肱骨外上髁内面(鹰嘴窝),然后左手拇指向内推压桡骨头使其滑过肱骨小头而复位。如向内压迫桡骨头难以复位,可先稍伸展关节使鹰嘴突卡在鹰嘴窝内,并以此作为固定的支点,再向内旋转和内收前臂骨,使桡骨头向内滑动复位。整复后,用“人”字形绷带固定 2 周,限制关节活动 6 周,以减少关节屈曲。开放性整复时,通常选择肘关节外侧手术通路,切开关节囊,显露关节。按闭合性整复方法整复。如此不能复位,可用一钝头器械(如钝头剪刀不打开),插入桡骨头内侧与肋骨外髁间,在关节屈曲时,向前外方撬动肱骨外髁,使其复位。外侧韧带断裂,可将韧带缝合连接,或用螺钉分别将两断端固定在肱骨外髁和桡骨头。

4. 肩关节脱位

(1)病因。肩关节脱位较少见,多由外伤所致,但小型玩具犬则无任何外伤史而易发生内方脱位。多数为内方脱位(约 75%),其余为外方脱位,前方或后方脱位偶见。

(2)症状。肩关节内方脱位者,肩关节屈曲、内收,下肢则外展或外旋;肩关节外方脱位时,肩关节屈曲,下肢内旋。伸展肩关节两者均有疼痛表现。触摸肩峰和肱骨大结节以确定肱骨头是否在肩臼内,常与对侧健肢做比较。内方脱位时,其大结节偏向内侧;外方脱位时,则偏向外侧。

(3)诊断。根据临床症状和触诊一般可诊断,确定局部骨骼有无损伤(如骨折或损伤程度),可进行 X 线检查。

(4)治疗。

①保守疗法:急性肩关节脱位可采用保守疗法,即闭合性整复、笼养限制活动,或整复后用前肢悬系法或“人”字形夹板绷带法,限制患肢活动 2~3 周。或在镇静或全身麻醉条件下,伸展病肢,将肱骨头整复至肩臼内,再用绷带或夹板外固定。

②手术疗法:经常发生肩关节脱位和关节面骨折者适宜手术疗法。

肩关节内方脱位时,可施肩关节前内侧手术径路,切断肱横韧带,移出臂二头肌腱,在肱骨小结节做一月牙形骨瓣和骨槽。将臂二头肌腱移至此槽内,覆盖骨瓣,用钢针将骨瓣和臂二头肌腱固定。切开内侧关节囊,将其做重叠缝合。通过臂二头肌腱移至小结节处和关节囊重叠缝合,使肱骨头恢复至正常肩臼内。肩关节外方脱位时,可施肩关节前方手术径路。切断肱横韧带,移出臂二头肌腱,凿开肱骨大结节,并在该处做一骨槽,容纳臂二头肌腱,再将大结节用钢针固定。切开外侧关节囊,并将其叠加缝合。通过臂二头肌腱移至大结节处和外侧关节囊重叠缝合,防止肱骨头外移。

术后前肢悬吊或用“人”字形夹板绷带固定 2 周,宠物限制活动 4 周。

五、化脓性关节炎

化脓性关节炎是指关节滑膜的化脓性炎症。由于病因、组织损伤的程度及病原毒力不同,关节的感染程度也不同。病情发展可累及关节囊纤维层及韧带、软骨和骨骺端,甚至引起全身脓毒血症。

(一)病因

多数由细菌感染引起，如链球菌和葡萄球菌。细菌感染途径主要有两种。

(1)外源性关节感染。见于关节透创、关节手术和关节穿刺等，病原菌直接感染关节或关节周围组织化脓性炎症的蔓延。

(2)血源性感染。肺炎、心内膜炎、脐带炎、泌尿道感染等原发性病灶的病原菌经血液循环感染关节，多见于幼龄犬猫，往往多关节同时发生。

(二)症状与诊断

临床症状为发热、疼痛、红肿和跛行。严重者，宠物表现厌食、衰弱和精神沉郁。最常见的症状为跛行和关节触摸有渗出液(肿胀和波动)。肩关节、肘关节、腕关节、膝关节及跗关节肿胀易于触摸，但髋关节则难触及。有的宠物体温和白细胞计数正常。

X 线检查对诊断本病很重要。早期 X 线显示关节滑膜和关节囊增厚、关节腔增宽。随着病情加重，则出现关节损坏，关节周围组织稀疏，关节面不规则，有的则表现纤维性或骨性关节僵硬。

关节穿刺见有变性滑液及白细胞数增多，可达$(40\sim200)\times10^9$ 个/L，且多数为中性粒细胞。也可做穿刺细菌培养，以确定细菌感染类型，但经过抗生素治疗者，细菌培养难检出结果。

(三)治疗

根据细菌培养和药敏试验，可选用细菌敏感的抗生素，连用数周，直至感染消退。开始 48 h 可静脉给药，以迅速控制感染。适当活动关节，防止关节粘连，但 3～4 个月内不宜负重，以免关节软骨磨损破坏。

当关节内脓液积聚过多时，可穿刺或切开安置引流管，便于排出脓性分泌物和冲洗。冲洗液用灭菌等渗溶液，1 次/d。

病程久者，关节软骨和关节骨一般破坏较严重，炎症控制后易转为退行性关节病，功能难以恢复。

六、骨软化症

骨软化症是一种关节软骨和骺软骨的软骨内骨化障碍的一种疾病。该病主要发生在快速生长的大型犬和巨型犬(4～8 月龄)。全身很多关节软骨和骺软骨都可发病。临床上以无外伤史、跛行、疼痛为特征。

(一)常见骨软化症

常见的骨软化症有如下几种。

1. 剥脱性骨软化症

关节软骨异常增厚、龟裂，进而与软骨下骨分离，形成软骨瓣或游离软骨片。主要发生于肩关节(肱骨头后缘)、肘关节(肱骨内髁)、膝关节(股骨内外髁)和跗关节(距骨滑车)。

2. 肘突不闭合

肘突骨化中心与尺骨近端干骺端久不闭合(骺生长板软骨不骨化)，使肘关节不稳定，易继发肘关节退行性关节病。

3. 尺骨冠状突分裂

尺骨冠状突分裂成数块而未与尺骨愈合，易诱发退行性关节病。

4. 骺生长骨板迟滞

长骨的次级骨化中心迟闭合，如尺骨远端骨化中心闭合迟延而桡骨远端骨化中心正常闭合，结果桡尺骨生长不同步，导致桡尺骨成角畸形或肘关节半脱位。

(二)病因

病因目前还不十分清楚。损伤可能是一种因素，引起软骨局限性损害。激素失调及其他关节疾病所致的骨坏死也可引起本病。也可能与遗传有关。虽然有的无损伤史，但有家族史，因本病多发生于某些大型品种犬，如圣伯纳犬、德国牧羊犬、金毛巡回猎犬、纽芬兰犬。

(三)症状

主要症状为跛行。跛行逐渐加重，呈持久性跛行，常休息后关节不灵活或运动后跛行加重。多为一肢关节发病，也可几个关节同时发病。患肢关节伸屈可引起疼痛反应，其中肩关节疼痛更明显。慢性病例，关节可听到"咔嚓"声响，肌肉萎缩，如不及时治疗，持续跛行可继发退行性关节病。

(四)诊断

根据体形、年龄、病史及临床症状做初步诊断，确诊需做 X 线检查。发病早期(4～6 月龄)，由于分离的软骨还未钙化，X 线检查可见一扁平的软骨下骨；随着骨骺进一步生长，其缺损部呈浅蝶形(此时 6～7 月龄)；随后软骨瓣开始钙化，但其仍停留在关节面缺损处(7～8 月龄或更大)；严重者，钙化的软骨瓣突出于肱骨头表面，甚或脱落至肱骨头后下方，即为"关节鼠"。

(五)治疗

临床症状较轻，病程未超过 1 个月，X 线检查未发现钙化软骨瓣，可采用保守疗法。宠物强制休息 6 周，或患肢悬吊，限制活动。疼痛严重，可使用消炎镇痛药，但宠物仍需强制休息，否则会加重病情。

X 射线检查已发现软骨瓣或已脱落，应尽早采用手术治疗，将其去除，并清除已坏死的肱骨头软骨缺陷组织。

七、椎间盘突出

椎间盘(IVD)突出是指椎间盘变性、纤维环破坏、髓核向背侧突出压迫脊髓而引起运动障碍为主要特征的脊椎疾病。多见于体形小、年龄大的软骨营养障碍类犬。如北京犬、腊肠犬、比格犬及长卷毛犬，非软骨营养障碍类犬也可发生。为犬猫临床常见病，常发生于胸腰和颈椎，其发病率前者占 85%，后者占 15%。临床上以疼痛、共济失调、麻木、运动障碍或感觉运动麻痹为特征。

(一)病因

一般认为椎间盘突出是在 IVD 退变的基础上发生的，但引起其退变的诱因仍不明确，下列因素可能与本病的发生有关。

1. 外伤因素

外伤可能是本病的重要因素。尽管外伤对引起 IVD 退变并不重要，但可促使 IVD 突出。

2. 内分泌因素

内分泌失调(如甲状腺功能减退)在 IVD 退变过程中起重要作用。

3. 自身免疫因素

自身免疫现象可作为 IVD 退变的起动因子。

4. 遗传因素

对软骨营养障碍类品种犬(如腊肠犬)，遗传因素可以加速 IVD 的退变过程。

5. IVD 因素

受异常脊椎应激的影响、IDV 的营养(如缺钙)、溶酶体酶活性而引起 IVD 基质的变化。

(二)症状

1. 颈部 IVD 突出

初期病犬颈部、前肢过度敏感，颈部肌肉疼痛性痉挛，鼻尖抵地，腰背弓起，头颈不愿伸展、抬起，甚至嘴唇也难高过碗口；行走小心，耳竖起，触诊颈部可引起剧痛或肌肉极度紧张。重者，颈部、前肢麻木，共济失调或四肢截瘫。但多数病例即使 IVD 突出量多，也仅以疼痛为主。疼痛是颈 IVD 突出的示病症状，呈持续或间歇性发生。第 2～3 椎间盘和第 3～4 椎间盘发病率最高。

2. 胸腹部 IVD 突出

初期严重疼痛、呻吟、不愿挪步或行动困难。有的病例剧烈疼痛后突然发生两后肢运动障碍(如麻木或麻痹)和感觉消失，但两前肢往往正常。病犬尿失禁，肛门反射迟钝。上运动元病变时，膀胱充满，张力大，难挤压；下运动元损伤时，膀胱松弛，容易挤压。

后肢有无深痛是重要的预后症候。感觉麻痹超过 24 h 意味着预后不良。

3. 颈、胸腰段 IVD 突出 X 线摄影征象

X 线摄影征象显示 IVD 间隙狭窄，并有矿物质沉积团块，椎间孔狭小或灰暗，关节突异常间隙形成。如做脊髓造影术，可见脊索明显变细(被 IVD 突出物挤压)，椎管内有大块矿物阴影。

(三)诊断

本病确切诊断除病史、一般检查外，主要取决于神经学检查和 X 线检查。

神经学检查包括姿势反应(本体意识反应、单侧肢站立、行走)，腱反射(股二头肌、三头肌、胫骨前肌、腓肠肌及髌骨等)，膀胱功能试验，膜反射和疼痛敏感试验等。后两者有助于发现胸腰段脊髓病变程度。

X 线诊断一般是在宠物全身麻醉的情况下进行 X 线摄影。

(四)治疗

1. 保守疗法

适应证为疼痛、肌肉痉挛、疼痛性麻木及共济失调者。其目的在于减轻脊髓及神经根炎症，促使背侧纤维环愈合。常用强制休息、限制活动、镇静消炎等方法。地塞米松是治疗本病

综合征的首选药，开始用量为 0.2～0.4 mg/kg 体重，2 次/d，连用 2～3 d。严重或急性脊髓 IVD 压迫者，剂量可加大至 2 mg/kg 体重。静脉注射保泰松：0.2 mg/kg 体重，口服，2 次/d，3 d 后减量。也可用阿司匹林和肌肉松弛剂等。尿失禁者每天定时挤压膀胱排尿 2～3 次。另外，还可采用针灸、电针、按摩、温敷和穴位药物注射等治疗。

2. 手术疗法

适应证为有疼痛，药物治疗 1～2 周无效，复发时症状加剧，非感觉麻痹性截瘫及感觉运动麻痹不超过 24 h 者。手术包括开窗术和减压术两种。开骨窗术是指通过两椎体间钻孔，刮取 IVD 组织。此法仅在临床症状较轻和椎管内突出物有限时，才有治疗意义。本手术除治疗目的外，常与减压术同时进行——做预防性开窗术。减压术指切除椎弓骨组织，取出椎管内 IVD 突出物，以减轻脊髓压迫。适用于肢体运动障碍，椎管内有多量 IVD 突出物者。根据病情及术者爱好，开窗术有脊椎背侧、偏侧和腹侧术式可选，减压术也有偏侧椎板切除、背侧椎板切除和腹侧开槽术几种。

任务 61　外科皮肤病

一、湿疹

湿疹是皮肤的表皮细胞对致敏物质所引起的一种炎症反应。其特点是患部皮肤出现红斑、血疹、水疱、糜烂、结痂和鳞屑等损害，伴有热、痛、痒等症状。春、夏季多发。

(一)病因

引起湿疹的病因较多，也较复杂，至今仍未十分清楚，常有以下因素。

1. 外界因素

因皮肤不洁，污垢蓄积在被毛，使皮肤受到直接的刺激。犬窝、猫舍过于潮湿，各种化学物质的刺激，强烈日光照射，昆虫的叮咬，长期被脓性分泌物浸渍等都可导致湿疹的发生。

2. 内在因素

因消化道疾病，肠道腐败分解的产物被机体吸收，摄入致敏食物，某些抗原等均可引起机体的变态反应，也有因潮湿、日光、药物等引起的变态反应。营养失调、维生素缺乏、代谢紊乱等是诱发湿疹的主要因素。

(二)症状及诊断

按病程和皮肤损伤可分为急性湿疹和慢性湿疹 2 种。

1. 急性湿疹

急性湿疹多开始于耳下、颈部、背脊、腹外侧和肩部。病初在患部呈较小的圆形的疹面，经 1～2 d 融汇成手掌大或更大的疹面。疹面界线明显，呈橙黄色或红色，边缘有新鲜血疹和小水疱。再外侧为一较暗的红色圈。在疹面中央有一层黄绿色的薄痂，分泌浆液性至脓性渗出物。宠物表现疼痛和极痒，由于搔、擦、舔、抓的机械刺激，炎症向真皮深部、皮下蔓延。皮肤肿胀，如不及时正确处理，极易发生脓疮或脓肿。

2. 慢性湿疹

慢性湿疹常发生背部、鼻、颊、眼眶等部位，犬尤易发生鼻梁湿疹。慢性湿疹表现被毛稀疏，皮肤出现不一致增厚而皱起、剧痒，病程较长。发生在鼻镜时，在鼻镜一侧或两侧出现无毛、干燥、呈灰色颗粒状。腕部和踵部的慢性疱疹主要表现为痒感和形成鳞屑。阴囊、包皮或阴门湿疹可出现水疱、发痒。趾间湿疹开始形成水疱，以后流水、疼痛，病程较长。也有在耳郭和外耳道发生湿疹。

(三)治疗

治疗原则为除去病因、脱敏止痒、消除炎症等。

1. 除去病因

保持皮肤清洁和干净。宠物舍内通风良好、阳光充足、清洁和干燥。经常运动，及时治疗发生的疾病。

2. 脱敏止痒

口服或注射盐酸异丙嗪(0.2～1.0 mg/kg 体重)或盐酸苯海拉明(口服 2～4 mg/kg 体重、注射 5～50 mg/kg 体重)。

3. 消除炎症

根据湿疹的不同时期，采用不同的治疗方法。急性期无渗出时，剪去被毛，用炉甘石洗剂(炉甘石 150 g、氧化锌 50 g、甘油 50 g、加水至 1 000 mL)，或用麻油和石灰水等量混合涂于患部。有糜烂渗出时，小面积者可用皮质类固醇软膏，也可选用生理盐水、3%硼酸液冷湿敷。当渗液减少后，可外用氧化锌滑石粉(1∶1)、碘仿鞣酸粉(1∶9)或 20%～40%氧化锌油等。慢性湿疹者，一般选用焦油类药物较好，如煤焦油软膏、5%糠馏油等。也可用含有抗生素皮质类固醇软膏。

二、皮炎

皮炎是指皮肤真皮和表皮的炎症。临床上以红斑、水疱、湿润、结痂、瘙痒等为特征。

(一)病因

皮炎的病因多种多样。外伤性皮炎是由于皮肤受到机械性的刺激，如犬颈环套的摩擦，经常搔痒抓伤引起的；化学性皮炎是由于皮肤接触化学物质引起的，如给犬涂擦刺激性药物，洗澡用的洗涤剂、肥皂、洗衣粉等；物理性皮炎多因热伤、冻伤、日光及射线损伤引起。某些细菌、真菌、寄生虫以及变态反应等也可引起皮炎。

(二)症状

皮炎的特点是先在接触部位发生病变。皮损的性质、疹形、范围和严重程度取决于机体的反应性，接触物的性质、浓度，接触方法和接触时间长短。皮肤损伤轻者局部呈红斑、丘疹并有时肿胀，重则发生水疱、糜烂和坏死等。早期皮损与接触物的部位较一致，呈局限性、潮红、轻度肿胀、增温、发痒和疼痛等。由于搔抓、摩擦，皮肤可继发感染，使病情加重。

(三)诊断

详细了解病史和结合临床症状有助于诊断。对怀疑过敏药物引起的皮炎应进一步做斑贴试验。

（四）治疗

皮炎的治疗原则应对症处理，尽量避免外用刺激性较强和易致敏的药物。症状较轻的红斑阶段时可用鱼石脂水杨酸油膏（鱼石脂 10.0 mL、水杨酸 20.0 mL、氧化锌油膏 200.0 mL 混合），1 次/d，局部涂擦。对伴有感染、过度瘙痒的炎性病变，可用苯唑卡因油膏（苯唑卡因 1.0 mL、硼酸 2.0 mL、羊毛脂 10.0 mL）。也可用肤轻松软膏局部涂擦，效果较好。继发感染时应用抗生素予以控制。

三、脓皮病

脓皮病是指皮肤感染化脓性细菌而引起的化脓性皮肤病。本病犬多发，猫少见。

（一）病因

常见的化脓性细菌有金黄色葡萄球菌、表皮葡萄球菌、链球菌（溶血性和非溶血性）、棒状杆菌、假单胞菌和寻常变形杆菌等。代谢性疾病、免疫缺陷、内分泌失调或各种变态反应也可引起脓皮病。皮肤干燥、裂伤、创伤、烧伤或皮炎等均易发生本病。

（二）症状

脓皮病可分浅表、深部和幼年脓皮病。

1. 浅表脓皮病

特征为皮肤表面形成脓疱、滤泡样丘疹或蜀黍样红疹圈。后者最为常见，呈环形病变，其边缘脱落，常误认为癣。

2. 深部脓皮病

特征为皮肤深在性炎性水疱或脓疱，脓疱破溃，流出脓性液体或有脓性窦道。好发生于面部、四肢或指（趾）间（所谓指或趾间囊）等部位，也可发生于全身。

3. 幼年脓皮病

幼年脓皮病又称幼犬腺疫，一般 12 周龄以下的犬易发。特征为淋巴结肿大，耳、口及眼周围肿胀、脓疱及脱毛，常伴有发热、厌食、嗜睡等全身症状。

对于犬无论何种类型脓皮病，临床应与犬毛囊蠕形螨病区别。

猫脓皮病临床症状与犬相同。猫可感染分枝杆菌，如猫麻风病。

（三）治疗

早期用防腐剂如 30%六氯酚或聚乙烯酮碘溶液热浴；浅表或皮肤皱襞脓皮病可用 2.5%过氧化苯甲酸洗发剂常有效。也可用 5%龙胆紫（甲紫）溶液或抗生素软膏，每日局部涂布。深部脓皮病进行局部和全身治疗，除去痂皮，再敷以敏感的抗生素软膏，以促进溃疡愈合；如脓液较多，应使患部保持干燥，可用收敛剂、杀菌剂。全身可选用敏感抗生素治疗。对于持久性或复发性的脓皮病可用免疫刺激剂如菌苗。幼年脓皮病（并非是细菌感染）治疗应包括开始大剂量地使用皮质类固醇如泼尼松或强的松龙（1 mg/kg 体重，2 次/d），以后逐渐减少，连用 1 个月。同时配合应用抗生素。

四、脱毛症

脱毛症又称为无毛症、秃毛症、稀毛症，是指皮肤在无可见病变的情况下发生的局部或全身被毛脱落。不过，许多炎性皮肤疾病也可引起脱毛。

(一)病因

引起脱毛症的病因有先天性和后天性两种。后天性多继发于全身性疾病，如神经性疾病、内分泌病(如甲状腺、垂体和性功能失调)，热性疾病(如肺炎、某些传染病)、慢性病(如寄生虫病、慢性消化器官的疾病)、营养障碍(如碘、维生素、脂肪酸等物质的缺乏)、慢性中毒病(如碘、汞、铊、甲醛的中毒)以及恶痛质等疾病。外部因素有物理、化学的刺激，如X射线、摩擦、涂脱毛剂等。

(二)症状及诊断

一般从局部开始脱毛，逐渐扩大，然后几个局部互相融合，变成较大面积的脱毛。常伴有皮屑脱落。如果神经性、内分泌性疾病引起脱毛，多呈对称性。其痒程度不一。

(三)治疗

查明病因，根据致病原因消除病因和对症治疗。

1. 营养性

加强营养，补充某些缺乏的物质。注意卫生，特别是皮肤的卫生。

2. 内分泌紊乱

如甲状腺功能减退，服甲状腺制剂；性功能失调，应用性激素药物。

3. 局部治疗

局部治疗效果可疑，只能用无刺激的并能迅速干燥的洗剂，常用间苯二酚5.0%、蓖麻油5.0%、乙醇200.0%混合而成；也可用水杨酸5.0%、橄榄油50.0%、秘鲁香脂3.0%、混合涂抹患部；或用水杨酸18.0%、鞣酸18.0%、乙醇600.0%混合后涂患部。

五、指(趾)间囊肿

指(趾)间囊肿是犬指(趾)间一种慢性炎症损害，临床上并不表现囊肿，实际以肉芽肿为特征的多形性小结节，故又称指(趾)间脓皮病、指(趾)间肉芽肿等。本病发病率约为1.6%，发病年龄平均为2.5岁。常见于德国牧羊犬等。前肢第3、第4指间为最常发部位。

(一)病因

病因复杂，包括毛囊细菌感染、皮脂腺阻塞、细菌或其他过敏反应、接触性变态反应、异物(如被毛、草芒、种子、砂粒)、免疫缺陷、免疫复合物病等。微生物分类最常见为金黄色葡萄球菌，也有β-溶血性链球菌、大肠埃希菌、寻常变形杆菌等。

(二)症状

发病初期表现为小丘疹，后来逐渐发展为结节，直径均为1～2 cm，呈现紫红色，闪亮和波动。挤压可破溃，流出血样渗出物。在1个或几个脚上，可发生1个或多个结节。由异物引起的结节通常在1个前脚单个发生，而细菌感染的结节常多个发生。局部疼痛，行走跛行，并常舔咬患部。

(三)治疗

对于异物性囊肿，应将异物除去，然后采用脚热浴疗法，每次15～20 min，3～4次/d，持续

1～2 周，炎症可消除。如此法无效，可手术切除。

因细菌感染的囊肿，可全身应用敏感的抗生素，但其剂量要大，治疗时间要长。也可将病变组织切除，敷以抗生素敷料，几天后，再每日用防腐剂进行浸泡或清洗。还可用葡萄球菌苗和类毒素治疗。

对于慢性指(趾)间囊肿保守疗法无效时，需采用患指(趾)蹼全切除术。患肢无菌准备和肢端扎止血带后，切开指(趾)间蹼背、腹面及其邻近指(趾)的皮肤，然后将指(趾)间蹼全切除。切除的病变组织需进一步作组织病理学检查。电烙和结扎止血，用细的可吸收线结节闭合两指(趾)间空隙，以防无效腔形成。将两指间皮肤创缘对齐，用非吸收缝线结节缝合。缝合后，两邻近指(趾)缝合在一起，无指(趾)间蹼。术后，患肢应包扎，防止舔咬和肿胀，其邻近两指(趾)用腹带缠绕在一起，以减少负重时缝线的张力。术后 10 d 拆除缝线。

任务 62　耳病及眼病

一、耳血肿

耳血肿是由于剧烈的外力使耳部血管破裂所引起的内出血，多发生在耳郭内侧面，偶有外侧面血肿。

(一)病因

耳血肿多因外伤引起，耳壳瘙痒或外耳炎等对耳朵的异常刺激，使宠物抓耳或在墙壁或其他建筑物上摩擦或拍打耳朵导致血肿是常见的原因。多见于老年犬和大型垂耳犬种。在猫偶有由蜱、虱叮咬引起的耳壳血肿。

(二)症状

耳郭局部迅速肿胀，发热呈紫色，有疼痛反应，触之富有弹性和波动感，穿刺可排出血液。病程较长时，体温升高，食欲减退。血肿感染后可形成脓肿。

(三)治疗

1. 穿刺疗法

适于老年犬和早期血肿的治疗。

局部清洗、剪毛、消毒，麻醉后，用注射器针头刺入波动感最强的部位，吸出血性渗出物，然后用灭菌生理盐水冲洗血肿腔，敷以雷佛奴尔纱布，用绷带压迫包扎或放置引流物，停止渗出后，去掉引流物，伤口很快愈合。

2. 保守疗法

血肿面积为 1～2 cm^2 时，可口服强的松龙 5～15 mg/d，止血环酸 50～150 mg/d。

3. 手术疗法

一般不宜在血肿发生时立即行手术切开，应在出血停止，血肿腔内血液凝固后再手术。在手术等待期应局部防腐和防止搔抓耳壳。

(1)手术切口选择。①在患部中央做“×”形切口。②在耳壳内面血肿上做一个“S”形切口。这两种切口可防止切口的瘢痕收缩而影响美观。

(2)方法。宠物全身麻醉,耳郭患部剃毛消毒,切开血肿,切口越过血肿,深至耳壳软骨,但不切伤软骨。手指挤压切口两边,尽可能排空血肿腔的渗出液,同时用止血钳卷上浸有生理盐水的棉球经切口伸入内腔清洗,除去内部血凝块及纤维蛋白沉着物。用 2 号肠线结节缝合耳壳全层,缝合线分别于两侧穿针,即耳外侧面进针穿过耳郭全层,再于内侧面进针,外侧面出针打结,针距不宽于 7～8 mm,尽量使血肿腔不要留有空隙,以免重新潴留渗出液。术后耳壳不必包扎,每天对创口进行消毒,7～10 d 后拆线。

术后若宠物摇头搔耳,可给予镇静剂,以防复发。

4. 治疗原发病

查明病因,如外耳炎,消除病因和对症治疗。

二、中耳炎

中耳炎是由耳道或咽鼓管感染的蔓延而引起鼓室黏膜的炎症。

(一)病因

1. 外耳炎蔓延感染

(1)机械性损伤。外耳道创伤及异物(如沙土、草籽、洗澡水)进入外耳道或耳垢积聚过多引起的刺激或损伤。

(2)细菌。真菌及寄生虫感染,主要是金黄色葡萄球菌、β-溶血性链球菌、犬的假单胞菌、变形杆菌、犬糠疹癣菌、耳痒螨。

2. 其他感染

血源性感染或异物穿破鼓膜等也可引发本病。

(二)症状

1. 卡他性中耳炎

宠物摇头不安,频频抓耳或擦耳,有耳漏(淡黄色稀薄浆液性分泌物)。听力减退,精神沉郁,头歪向患侧。耳镜检查,鼓膜轻度充血和内陷。

2. 化脓性中耳炎

体温升高,耳根部有压痛,鼓膜穿孔,流脓性分泌物,并有臭味。触摸颈部周围有抵抗。

中耳炎可蔓延至内耳引起内耳炎,表现眼球震颤、耳聋、平衡失调,常保持患耳在下,向着患侧旋转并跌倒于患侧。

(三)诊断

中耳炎无特征性症状,对严重化脓性外耳炎或耳道内发现穿透性植物芒刺等时,可疑似中耳炎。麻醉后用检耳镜观察,若鼓室已破,即可诊断为中耳炎。X 线检查对中耳炎的诊断是很有价值的,可见到鼓室积液或鼓室泡骨增生(慢性炎症)。

(四)治疗

治疗原则:全身应用致病菌敏感的抗生素配合中耳冲洗。

1. 全身抗感染治疗

具有完整鼓室的中耳炎,全身抗感染治疗效果较好。为了防止损伤听觉和前庭器官,可选用红霉素 20～40 mg/kg 体重，或氯霉素 25～50 mg/kg 体重，每日分 3 次口服。抗生素治疗效果不明显时，并用地塞米松 5～10 mg 皮下注射。

2. 清理耳道

确实保定宠物，或镇静、麻醉后剪去耳根部被毛，清洁耳壳及外耳道，除去耳垢。用中耳冲洗导管(长 10 cm，内径 1 mm)或 10 mL 注射器连接聚丙烯导管，借助检耳镜插至鼓膜或经鼓膜破口插入中耳，用 37～38 ℃的 0.1%新洁尔灭溶液反复冲洗，待排出液体洁净后，再用生理盐水反复清洗，最后注入氨苄西林混悬液或抗生素点耳液或抗生素软膏，配合应用泼尼松类软膏，2～3 次/d。对化脓性中耳炎还可用硼酸甘油滴耳液滴耳，3 次/d。卡他性中耳炎，可进行耳部温敷，以促进中耳积液的吸收。鼓室异常的中耳炎，用 50%尿素 0.5～1 mL、透明质酸酶 1 000 IU 溶于 0.5～1 mL 生理盐水中，注入鼓室。

三、眼睑内翻

眼睑内翻是指眼睑缘向眼球方向内卷，睫毛刺激角膜和球结膜的异常状态，并可导致结膜和角膜的炎症、溃疡，甚至角膜穿孔。

(一)病因

眼睑内翻是由眼睑缘瘢痕性收缩及眼睑裂变形使眼窝、眼睑及眼球的相互位置发生异常而引起的。此外，患结膜炎或角膜炎时，睑轮匝肌痉挛性收缩也可发生本病。

1. 先天性眼睑内翻

见于小眼球和睑板异常。轻型病例仅下睑缘外侧内翻，也有上眼睑或下眼睑部分及至全部内翻。常见于松狮犬、沙皮犬、英国斗牛犬、圣伯纳犬和运动型犬。内眼角内翻常发于小型贵宾犬、京巴犬、巴哥犬等。

2. 后天性眼睑内翻

见于角膜溃疡、异物及虹膜炎等剧烈疼痛性疾病，又称痉挛性眼睑内翻。化学物质(如酸、碱)、烫伤、烧伤、结膜慢性炎症或结膜手术等引起的瘢痕收缩，均可造成眼睑内翻，又称瘢痕性眼睑内翻。

(二)症状

临床以下眼睑内翻多见。主要表现流泪，频频眨眼，眼睑痉挛，分泌物增加，结膜充血，角膜血管增生。病程久的犬常形成角膜炎，甚至溃疡。

(三)治疗

治疗原则:矫正眼睑内翻，治疗角膜、结膜的疾病。

1. 先天性及瘢痕性眼睑内翻

幼龄犬猫的先天性痉挛性眼睑内翻，随年龄增长多可获改善，一般 6 月龄以内采用眼药水药物疗法或暂时性眼睑缝合，缓解症状。对难以改善的眼睑内翻，最有效的治疗方法是施以外科矫正术。

2. 痉挛性眼睑内翻

轻叩眶下部或对患眼表面麻醉后观察眼睑能否恢复到正常位置，若能恢复者为痉挛性眼睑内翻。治疗时应在治疗原发病的同时在眼裂 1/3 处做暂时缝合，以减轻睑缘内翻程度，消除睫毛的持续刺激。

四、结膜炎

结膜表面或实质的炎性浸润，称为结膜炎。结膜是覆在眼睑内面和眼球表面（除角膜外）薄而透明的膜，由睑结膜、结膜穹隆及球结膜构成。结膜的炎症主要发生在睑结膜和穹隆部结膜。临床以结膜充血、肿胀，眼分泌物增多为特征。

（一）病因

1. 卡他性结膜炎

多由机械性（如尘埃、异物）、化学性（如烟雾、酸碱、清洗剂）、紫外线、放射线等的刺激而引起。某些眼病（如眼睑炎、眼睑内翻、睫毛异生、鼻泪管阻塞）和感染因素（犬主要是犬瘟热病毒和传染性肝炎病毒，猫主要是疱疹病毒、衣原体和支原体，及真菌、革兰阳性菌等感染）也可引起本病。也有注射疫苗或因阿托品、庆大霉素、新霉素、硫黄制剂等长期点眼，或吸入花粉、芽孢等过敏原造成的过敏性结膜炎。

2. 化脓性结膜炎

化脓菌感染可引起化脓性结膜炎。

（二）症状

1. 浆液性或浆液黏液性结膜炎

浆液性或浆液黏液性结膜炎是临床最常见的类型，并表现在各种结膜炎的早期。

（1）急性型：表现结膜充血，主要是睑结膜和穹隆部结膜充血。如炎症波及球结膜时，炎症反应强烈，可见少量浆液性或浆液黏液性分泌物，患眼畏光，结膜肿胀、疼痛，睑裂狭窄或闭锁。

（2）慢性型：结膜充血肿胀轻微，缺乏光泽，分泌物少，眼结膜表面形成乳头和滤泡。随病程延长，结膜可能增厚。泪液分泌减少引起的干性球结膜炎，表现为眼睑痉挛。

（3）急性炎症期，嗜中性粒细胞增多。慢性炎症期出现淋巴细胞和浆细胞。

2. 化脓性结膜炎

除眼的一般症状表现剧烈外，以流多量黏液脓性或脓性分泌物为特征，上下眼睑和睫毛常被黏稠脓性分泌物黏合在一起。病程长可引起角膜炎甚至角膜溃疡。

3. 滤泡性结膜炎

主要见于猫衣原体感染、其他因素引起的慢性结膜炎。由于结膜淋巴组织增生，在睑结膜和瞬膜表面出现小而圆、色泽苍白发亮的滤泡。猫急性衣原体感染引起的结膜炎以单侧性眼的浆液性分泌物和球结膜水肿为特征。但数天后可变为双侧性，眼分泌物逐渐转为黏液性或脓性分泌物。

4. 伪膜性结膜炎

主要见于猫支原体感染，结膜和瞬膜表面出现常覆盖一层由炎性细胞、纤维蛋白和黏液构成的灰白色不透明薄膜（即伪膜）。一般眼部症状较轻微。

（三）诊断

根据结膜充血肿胀、眼分泌物增多，可以建立诊断。

1. 机械性或化学性刺激引起的结膜炎

通过询问病史和仔细的眼部检查，不难诊断。

2. 细菌、衣原体、支原体感染引起的结膜炎

最初多发生在一侧眼，数天或1周后另一侧眼也发病。衣原体和支原体感染时，结膜和瞬膜表面分别出现滤泡和伪膜，且用四环素或氯霉素治疗有效。

3. 病毒性结膜炎

多双眼同时发生，通常伴有上呼吸道感染。其中只有疱疹病毒能引起猫角膜溃疡，用疱疹净治疗有效。

4. 过敏性结膜炎

应用皮质类固醇药物治疗后，症状迅速得到改善。

如要进一步确定感染源，可在炎症早期取结膜表面刮取物做细菌学和微生物学检验。衣原体感染时，结膜上皮细胞质内有包涵体，支原体感染的吉姆萨染色标本，可见到与结膜上皮细胞的原生质膜密切连接着的球菌或球杆菌状的嗜碱性小体。

(四)治疗

1. 急性结膜炎

用3%硼酸液、生理盐水或0.1%利凡诺液洗眼、冷敷。非病毒感染而且角膜表面光滑无损时，可同时用氯霉素和醋酸可的松眼药水滴眼，4～6次/d，连用7～10 d。角膜有缺损时，禁用皮质类固醇(否则会加剧角膜的溃烂)。疼痛严重时，可用2%可卡因点眼。

2. 慢性结膜炎

可热敷，局部用较浓的硫酸锌或硝酸银溶液点眼。

3. 病毒感染并发的结膜炎

应在治疗原发病的基础上，可滴用疱疹净或吗啉胍眼药水，每1～2 h 1次，症状改善后，5～6次/d。

4. 其他感染性结膜炎

支原体和衣原体感染：当乳头增殖和形成滤泡时，可用黄降汞眼膏或四环素可的松眼膏，3～4次/d。也可用结晶硫酸铜烧灼。

细菌感染：应根据药敏试验选药。

真菌性结膜炎：用两性霉素B 125 μg，隔日结膜下注射，连用2周，本药对结膜组织有毒性，不可用于点眼。

5. 由物理、化学因素刺激造成的结膜炎

首先应仔细检查有无异物并除去病因。当酸碱侵入时，一定要彻底洗眼5～10 min，如洗涤剂误入眼内，及时用大量自来水冲洗眼睛尤为重要。未损伤角膜组织的，可在结膜囊内涂布0.05%氟美松眼膏，1～3次/d。

6. 过敏性结膜炎

应除去致敏源并应用皮质类固醇药物治疗。也可用硫柳汞点眼，5～6次/d，或硫酸亚铅液点眼，3～5次/d。根据情况选用广谱抗生素。

7.顽固性化脓性结膜炎

应选用1%碘仿软膏涂布，同时用普鲁卡因青霉素行球后封闭。

8.注意

由于结膜炎多与鼻泪管阻塞有关，在治疗时，应检查鼻泪管是否畅通，必要时行鼻泪管冲洗。

五、泪道阻塞

泪道由泪点、泪小管、泪囊和鼻泪管组成，各部位均可发生阻塞，临床上以溢泪为特征。

（一）病因

少数病例是先天性泪点或泪小管缺如，但常见病例是由于炎性产物、脱落的睫毛、尘土、草籽、芒刺等异物落入泪道，外伤或炎症引起泪道黏膜肿胀以及鼻腔肿瘤均可造成本病。

（二）症状

先天性泪点或泪小管缺如可发生在一侧眼或双眼。由于上泪点和上泪小管缺如不至于引起溢泪，故临床意义不大。

泪道其他部位的阻塞均表现溢泪，内眼角下方皮肤因长期受泪液浸渍，易发生湿性皮炎。本病常并发慢性结膜炎。下泪点及泪小管阻塞时，除流泪外，在下内眼角部位还出现轻度肿胀。当泪囊发炎时，在内眼角下眼睑处明显肿胀，触诊有痛感。用手指按压肿胀部从下泪点可排出黏液脓性分泌物。鼻泪管阻塞时常常伴有炎症。易发生阻塞的部位是在泪囊的直下方鼻泪管的骨内部分。行鼻泪管冲洗时液体能从下泪点流出。

（三）诊断

（1）荧光素试验和泪道冲洗是诊断本病的常用方法。

①荧光素试验：将1%荧光素钠溶液滴于结膜囊，若5～7 min在鼻孔外见到黄绿色染料，证明泪道通畅；若染料延迟出现或不出现，说明泪道狭窄或阻塞，应进行泪道冲洗，进一步确定狭窄或阻塞部位。

②泪道冲洗：将患眼行表面麻醉后，将4—6号钝圆针头插入上泪点及泪小管，连接装有生理盐水的注射器，缓慢推注。若液体经下泪点排出，证明上、下泪点及泪小管通畅，此时如用指压下泪点及泪小管，同时推支注射器，若液体从鼻孔排出或流入咽喉（宠物有吞咽或逆呕表现），即证明鼻泪管通畅。

（2）有条件时可做鼻泪管X线造影，以观察泪道的通畅情况。

（四）治疗

1.对引起溢泪的先天性下泪点缺陷

可施行泪点重建手术，先按上述方法做泪道冲洗，冲洗开始时，在内眼角下睑缘内侧出现一局限性隆起，即为下泪点正常位置，然后在该处切除一小块圆形或卵圆形结膜。为防止人造泪点闭锁，术后滴用氯霉素眼药水和醋酸氢化可的松眼药水，6～8次/d，连用10～14 d。

2.由炎性产物或异物引起的泪道阻塞

需用含有抗生素的生理盐水做泪道冲洗。鼻泪管阻塞冲洗时阻力很大，需强力推压。多次冲洗无效时，可施行泪道插管术，本法对于顽固的鼻泪管阻塞尤为适用。手术方法是先把一端烧钝的尼龙线经上泪点穿出外鼻孔，接着把一根口径适合的聚乙烯管套在该尼龙线上如上法穿过泪道，然后将两端打结并分别固定在内眼角皮肤和鼻孔上方皮肤上，保留 2～4 周。术后每天滴用上述眼药水，用含有抗生素和醋酸可的松的生理盐水冲洗泪道，一直到拔管数天后为止。

六、角膜炎

角膜炎是角膜组织发生炎症的总称，以角膜浑浊，角膜周围形成新生血管或睫状体充血，眼前房内纤维素样物质沉着，角膜溃疡、穿孔、留有角膜斑翳为特征。角膜炎通常分为浅表性、间质性及溃疡性角膜炎 3 种。

（一）病因

1. 浅表性角膜炎

浅表性角膜炎临床上最常发生。

(1)物理和化学刺激。如结膜囊异物、角膜创伤、洗涤液刺激等。

(2)继发于多种眼病。如眼睑缺损、内翻，睫毛异常，泪液缺乏，眼球脱出，结膜炎等。

(3)变性角膜翳是某些品种犬（如德国牧羊犬）的一种原因不明的原发性浅表性角膜炎。

2. 间质性角膜炎

间质性角膜炎是角膜基质深层的炎症，多因眼内感染引起。可见于前色素层炎、犬瘟热、犬传染性肝炎、全身性真菌感染以及败血症等疾病的经过中。

3. 溃疡性角膜炎

溃疡性角膜炎即角膜溃疡，是犬最常见的眼病之一。由浅表性角膜炎或间质性角膜炎发展而来，但因角膜的完整性受破坏，易并发细菌感染（最常见的细菌是葡萄球菌、链球菌、假单胞菌、大肠埃希菌等）。猫角膜溃疡常见于疱疹病毒感染。

（二）症状

1. 浅表性角膜炎

角膜上皮下出现新生血管（血管呈树枝状分支）和角膜表面浑浊是浅表性角膜炎的突出特征。慢性浅表性角膜炎时，常可见角膜有黑色素沉着，若黑色素沉着于角膜的中央区（瞳孔前的相应位置），视力会受到影响。外伤性角膜炎，在角膜表面可见外伤痕迹，损伤部粗糙不平。角膜上皮损伤如继发感染，则局部形成折叠隆起——角膜基质层炎性细胞浸润。由于炎性刺激，多呈现角膜浑浊。角膜穿孔时，房水急剧涌出，虹膜可被冲至伤口处，引起虹膜局部脱出、虹膜与角膜粘连、瞳孔缩小。

2. 间质性角膜炎

角膜严重浑浊，新生血管呈刷状且少分支和较深在，内皮层破裂后，角膜水肿严重。

3. 溃疡性角膜炎

角膜形成溃疡时，表现结膜充血，畏光流泪，角膜水肿且有新生血管形成，角膜呈淡黄色或纯黄色浑浊。视力模糊，由于疼痛导致眼睑痉挛。深达基质层的溃疡多呈圆形或椭圆形，由于细菌感染，溃疡边缘可因白细胞浸润呈灰白色浑浊。再向深部发展，容易发生后弹力层突出甚至角膜穿孔。大面积溃疡时，可见角膜白斑翳，甚至造成角膜瘘管。

小点状的角膜溃疡临床上很难看出，需用荧光素钠点眼才能看到。荧光素钠点眼可判断角膜溃疡存在与否、面积大小、位置深浅、患部角膜浅层与深层分离的程度，并在指导临床用药及深在性角膜溃疡清创术时起着重要作用。如果在点眼时只有小米至绿豆大小的荧光素着色，而几分钟至十几分钟后着色面积增至大豆和玉米粒大小，说明角膜表层溃疡小，而深层受波及的面积较大。当深在性角膜溃疡导致后弹力层突出时，可见中央突出的后弹力层不着色，而周围的角膜上皮及基质层染成黄绿色。

(三)治疗

1. 眼睛冲洗

选择刺激性小、近于体温的林格液洗眼，主要清洗结膜囊和瞬膜内面。对酸浸入的用3%的碳酸氢钠液，碱浸入的用1%的醋酸液点眼。pH试纸检查至中性为清洗干净。

2. 荧光素钠点眼

眼睛冲洗后，用荧光素钠点眼可判断角膜有无破损或溃疡。

3. 药物局部治疗

(1)如确认角膜无破损或溃疡时，用醋酸强的松龙混悬液1 mL(最好是用甲基强的松龙10 mg)或眼氨肽做球结膜下注射，隔日再注射1次。同时皮下注射硫酸卡那霉素，2次/d。局部配合使用氯霉素眼药水、金霉素眼膏，4～6次/d。当角膜发生广泛色素沉着影响视力时，可在炎症控制后小心施行浅表性角膜切除术，术后用瞬膜瓣保护，并应用金霉素眼膏。

(2)若有角膜组织缺损，则按角膜溃疡治疗。角膜溃疡禁止用皮质类固醇药物(会加剧角膜溃烂、妨碍角膜上皮再生)。

①无细菌感染的浅表性角膜溃疡只要局部使用抗生素就可治愈。可用氯霉素眼药水点眼，3～4次/d，或用氯霉素注射液0.5～1 mL做球结膜下注射，1次/d，可防细菌感染。配合使用1%阿托品点眼，2～3次/d，以控制睫状肌痉挛，消除眼的疼痛并防止虹膜粘连，一般3～5 d可愈。如1周仍不愈，需进一步查明原因，或更换抗生素。临床上用于预防和治疗眼部疾病的抗生素主要有氯霉素、氨苄西林、庆大霉素、卡那霉素、多黏菌素等，眼膏类有四环素眼膏、金霉素眼膏。猫的角膜溃疡可用疱疹净眼药水点眼，4～6次/d。

②顽固的角膜溃疡，除药物治疗外，可行清创术。在局部麻醉后，将与下层分离的角膜上皮及所有松脱的组织清除，溃疡面涂以5%碘酊。清创术可每隔1～2周进行1次，直至痊愈。

③角膜水肿严重时，可滴用5%氯化钠溶液，以减少上皮水肿，增进上皮与基质层的融合。

④深在性角膜溃疡，在应用局部抗菌疗法(每1～2 h 1次)的同时，滴用5%～10%乙酰半胱氨酸溶液作为胶原酶抑制剂以抑制胶原溶解。

⑤防止角膜穿孔，对于深在性角膜溃疡尤其是后弹力层突出的病例非常重要。为了保护角膜，可应用瞬膜瓣、眼睑、结膜瓣缝合和软接触镜片(即隐形眼镜)。软接触镜片，每隔7～10 d取下，清洗消毒后再贴上，直至角膜上皮愈合。

⑥为消退新生血管和控制角膜浑浊，可用青霉素、普鲁卡因、地塞米松混合液注入患眼眶外上方的凹陷处，并斜向后内下方刺入2～3 cm或做球结膜下注射，注射后眼睑肿胀加剧，但2～3 d即可消肿。辅酶型维生素B_2，可促进角膜代谢，结膜囊内涂布，1～3次/d，对有血管新生和角膜浑浊等的眼病有效。

4. 自体血液疗法

抽取犬血 2～5 mL，随即加入青霉素 20 万～40 万 IU、2%盐酸普鲁卡因 1～3 mL、地塞米松 5～10 mg，混匀。刺入上下眼睑约 2 mm，缓慢注入。对角膜炎及结膜炎疗效显著，若同时在巩膜内注射，效果更佳。初期病例可 1 次治愈，重症病例一般 3 次可治愈。

5. 治疗原发病及辅助疗法

继发于眼病或其他病毒性传染病的应积极治疗原发病，干性角膜炎可口服维生素 A、复合维生素 B、维生素 C、维生素 D 等。

任务 63 疝

一、脐疝

腹腔脏器经脐孔脱至脐部皮下所形成的局限性突起，称为脐疝。疝内容物多为网膜、镰状韧带或小肠等。本病是幼龄犬的常发病，猫较少发生。

（一）病因

本病的发生主要与遗传有关，先天性脐部发育缺陷，宠物出生后脐孔闭合不全，以致腹腔脏器脱出。此外，母犬、母猫分娩期间强力撕咬脐带可造成断脐过短，或分娩后过度舔舐仔犬、仔猫脐部，都易导致脐孔不能正常闭合而发生本病，也见于犬猫出生后脐带化脓感染影响脐孔正常闭合而发生本病。

（二）症状

脐部出现大小不等的局限性球形突起，触摸柔软，无热无痛。犬猫脐疝大多偏小，疝孔直径一般不超过 2～3 cm，疝内容物多为镰状韧带，有时是网膜或小肠。较大的，也有部分肝、脾脱入。脐疝多具可复性，将犬猫直立或仰卧保定后挤压疝囊，容易将疝内容物还纳腹腔，此时即可触及扩大的脐孔。患有脐疝的宠物一般无其他临床症状，精神、食欲、排便均正常。少数脐疝因内容物与疝囊或疝孔缘发生粘连或嵌闭，则不能还纳腹腔，触诊囊壁紧张且富有弹性，并不易触及脐孔。若嵌闭的疝内容物是肠管，脐部很快出现肿胀、疼痛，犬猫表现不安，食欲废绝，体温升高，脉搏加快，严重时可能发生休克。

（三）诊断

当脐部出现局限性突起，压挤突起部明显缩小，并触摸到脐孔，即可确诊。但当疝内容物发生嵌闭或粘连时，应注意与脐部脓肿鉴别。脐部脓肿也表现为局限性肿胀，触之热痛、坚实或有波动感，一般不表现精神、食欲、排便等异常变化，脐部穿刺排出脓液，与脐疝显然不同。

（四）治疗

犬猫的小脐疝多无临床症状，一般不用治疗。母犬、母猫的小脐疝可在施行卵巢摘除术时顺便整复。较大的脐疝因不能自愈且随病程延长，疝内容物往往发生粘连，故需尽快施行手术。具体方法为：全身麻醉，仰卧保定，腹底部和疝囊周围做常规无菌准备。在近疝囊基部皮肤上做环形切口，打开疝囊，暴露疝内容物。疝内容物如无粘连、未嵌闭，将其还纳腹腔；如已与疝囊或脐孔缘发生粘连，需仔细剥离粘连，若为镰状韧带或网膜，也可将其切除。肠管发生嵌闭时，应判断肠管是否已坏死失活，对坏死的肠管必须切除后做肠管吻合术，此时往往需要适当扩大脐孔，才易将肠管还纳腹腔。最后对脐孔进行修整，采用水平褥式或重叠褥式缝合法闭合脐孔，结节缝合皮肤切口。术后 7～10 d 内减少饮食，限制剧烈活动，以防腹压过大导致脐孔缝线过早断开，复发本病。

二、腹股沟疝

腹腔脏器经腹股沟环脱出至腹股沟处形成局限性隆起，称为腹股沟疝。疝内容物多为网膜或小肠，也可能是子宫、膀胱等脏器，母犬多发。公犬的腹股沟疝比较少见，多见于幼龄公犬的阴囊疝。

(一)病因

本病有先天性和后天性两类。先天性腹股沟疝的发生与遗传有关，即因腹股沟内环先天性扩大所致，如我国的北京犬和沙皮犬，以及国外的巴塞特猎犬等都有较高的发病率。后天性的腹股沟疝常发生于成年犬猫，多因妊娠、肥胖或剧烈运动等引起腹内压增高及腹股沟内环扩大，导致腹腔脏器落入腹股沟管而发生本病。

(二)症状

在股内侧腹股沟处出现大小不等的局限性卵圆形隆肿，疝内容物若为网膜或一小段肠管，隆肿直径为 2～3 cm；若为妊娠子宫或膀胱，隆肿直径可达 10～15 cm。疝的早期多具可复性，触之柔软有弹性，无热无痛，如将犬猫倒立上下抖动或挤压隆肿部，疝内容物易还纳腹腔，隆肿随之消失。当压挤隆肿或如前改变宠物体位均不能使隆肿缩小时，多是由疝内容物已与鞘膜发生粘连或被腹股沟内环嵌闭所致。嵌闭性腹股沟疝一般少见，但一旦发生肠管嵌闭，局部显著肿胀，皮肤紧张，疼痛剧烈，迅即出现食欲废绝，体温升高等全身反应。如不及时修复，很快因嵌闭肠管发生坏死，转入中毒性休克而死亡。

(三)诊断

可复性腹股沟疝临床容易诊断。将两后肢提举并压挤隆肿部，隆肿缩小或消失，恢复正常体位后，隆肿再次出现，即可确诊。当疝内容物不可复时，应考虑与腹股沟处可能发生的其他肿胀，如血肿、脓肿、肿瘤、淋巴结肿大等进行鉴别诊断。通过仔细询问病史，细致触摸肿胀部，并结合全身表现，不难与上述肿胀进行区别，同时也可对疝内容物做出初步判断。必要时应用 X 线平片或造影技术对隆肿部进行检查，有助于确定疝内容物的性质。

(四)治疗

本病一经确诊，宜尽早施行手术修复。

三、阴囊疝

腹腔脏器经腹股沟环脱出并下降至阴囊鞘膜腔内，称为腹股沟阴囊疝或阴囊疝。疝内容物最常见小肠，也可见网膜或前列腺脂肪，幼龄公犬多发。

(一)病因

阴囊疝的发生主要是腹股沟内环先天性扩大所致，一般认为与遗传有关。

(二)症状

阴囊疝多为一侧性发生,两侧同时发生甚少。犬的阴囊疝多具可复性,临床可见患侧阴囊明显增大,皮肤紧张,触之柔软有弹性,无热无痛。提起两后肢并挤压增大的阴囊,疝内容物易还纳腹腔,阴囊随即缩小,但患侧阴囊皮肤与健侧相比,显得松弛、下垂。病程较久时,因肠壁或肠系膜等与阴囊总鞘膜发生粘连,即呈不可复性阴囊疝,但一般并无全身症状。嵌闭性阴囊疝发生较少,一旦发生,即表现与嵌闭性腹股沟疝相同的临床症状。

(三)诊断

可复性阴囊疝依据阴囊一侧或两侧增大,触诊柔软,无热无痛,倒提并压挤阴囊疝内容物可还纳腹腔,即可确诊。不可复性阴囊疝应注意与睾丸炎进行鉴别。急性睾丸炎也表现阴囊一侧或两侧增大,与阴囊疝外观相似,但触诊患侧阴囊为睾丸自身肿大,且热痛明显,阴囊内无其他实质性内容物,与阴囊疝不难区别。

(四)治疗

一经确诊,宜尽早施行手术修复。

四、外伤性腹壁疝

腹壁外伤造成腹肌、腹膜破裂引起腹腔内脏器官脱至腹壁皮下,称为外伤性腹壁疝。疝内容物多为肠管和网膜,也可能是子宫或膀胱等脏器,犬比猫多发。

(一)病因

车撞、摔跌等钝性外力引起腹壁肌层和腹膜破裂而表层皮肤仍保留完整,是发生本病的主要原因。犬猫相互撕咬,腹壁强力收缩,也可引起腹肌和腹膜破裂而保留皮肤的完整性,从而引发本病。此外,腹腔手术对腹壁肌层与腹膜的缝合如选择缝线过细或打结不牢,术后可能发生缝线断开或线结松脱,结果在腹壁切口处或其下方发生本病。

(二)症状

多在腹侧壁或腹底壁出现一个局限性柔软的扁平或半球形突起,因钝性外力引起的本病较多发生在腹胁部,于犬猫前方或后方观察,可看到左右腹侧壁明显不对称,突起部皮肤上常有擦伤或挫伤痕迹。在疝发生早期,局部出现炎性肿胀,触之温热疼痛,用力压迫突起部,疝内容物可还纳腹腔,同时可摸到皮下的破裂孔。随着炎性肿胀消退和病程延长,触诊突起部无热无痛,疝囊柔软有弹性,疝孔光滑,疝内容物大多可复,但常与疝孔周围腹膜、腹肌或皮下纤维组织发生粘连,很少有嵌闭现象。

(三)诊断

根据病史、典型的局部表现和触诊摸到疝孔,即可确诊。当疝孔偏小且疝内容物与疝孔缘及皮下纤维结缔组织发生粘连而不可复时,往往难以摸到疝孔,此时应注意与腹壁脓肿、血肿或淋巴外渗等进行鉴别。腹壁疝无论其内容物可复或不可复,触诊疝囊大多柔软有弹性,此外听诊常能听到肠蠕动音。而脓肿早期触诊有坚实感,局部热痛反应强烈。触诊成熟的脓肿、血肿与淋巴外渗均呈含有液体的波动感,穿刺后分别排出脓液、血液或淋巴液,肿胀随之缩小或消失,并不存在疝孔,与腹壁疝性质完全不同。

（四）治疗

一经确诊，宜尽早施行手术修复。外伤性腹壁疝在发生同时往往伴发其他组织器官的损伤，所以于手术修复前应先对宠物做全身检查，采用适宜治疗方法控制并稳定病情，提高机体抗病力，改善全身状况。腹壁疝的修复手术与脐疝的修复手术基本相同。术后适当控制宠物食量，防止便秘和减少活动，以促进愈合。

五、膈疝

腹腔内脏器官通过天然孔或外伤性膈裂孔突入胸腔，称为膈疝。疝内容物以胃小肠和肝脏多见，犬猫均有发生。

（一）病因

本病可分为先天性和后天性两类。先天性膈疝的发病率很低，是由于膈的先天性发育不全或缺陷，腹膜腔与心包腔相通或膈的食道裂隙过大引起的，大多数不具有遗传性。后天性膈疝最为多见，多是由于受机动车辆冲撞，胸腹壁受某处破裂引起的。膈疝的先天性和后天性分类有一定的局限性，两者界线并非十分清楚，膈的先天性发育不全或缺陷可成为后天性膈疝发生的因素，钝性外力引起腹内压增大只是诱因而已。

（二）症状

膈疝无特征性临床症状，其具体表现与进入胸腔内的腹腔内容物的多少及其在膈裂孔处有无嵌闭有密切关系。进入胸腔的腹腔脏器少时对心肺压迫影响不大，在膈裂孔处不发生嵌闭，一般不表现明显症状。当进入胸腔内的腹腔脏器较多时，便对心脏、肺脏产生压迫，引起呼吸困难，脉搏加快，黏膜发绀等表现，听诊心音低沉，肺听诊界明显缩小，且在胸部听到肠蠕动音。进入胸腔的腹腔脏器如果在膈裂处发生嵌闭，即可引起明显的疼痛反应，表现头颈伸展，腹部蜷缩，不愿卧地，行走谨慎或保持犬坐姿势，同时精神沉郁，食欲废绝。当嵌闭的脏器因血液循环障碍发生坏死后，犬猫即转入中毒性休克或死亡。

（三）诊断

根据犬猫有外伤病史和呼吸困难表现，结合听诊心音，出现低沉，肺界缩小和胸部出现肠音等，即可做出初步诊断。如有条件可进行X线检查，透视可看到典型的膈疝影像：心膈角消失，膈线中断，胸腔内有充气的胃和肠段，还可能有液平面等。必要时给宠物投服20%～25%硫酸钡胶浆做胃小肠联合造影，将有助于确诊本病。

（四）治疗

本病一经确诊，宜尽早施行手术修复。术前应重视改善呼吸状态，稳定病情，提高犬猫对手术的耐受性；考虑并拟定术中犬猫出现气胸即缺氧状态的纠正方法，以及适应于不同膈缺损的多种修补方法。具体方法是：全身麻醉，气管内插管和正压呼吸，仰卧保定后，于腹中线上自剑状软骨至耻骨前缘做常规无菌准备。自剑状软骨向后至脐部打开腹腔，探查膈裂孔的位置、大小、进入胸腔的脏器及其多少，有无嵌闭。轻轻牵拉脱出的内脏，如有粘连应谨慎剥离；如有嵌闭可适当扩大膈裂孔再行牵拉。之后用灭菌生理盐水浸湿的大块纱布或毛巾将腹腔内脏向后隔离，充分显露膈裂孔。为便于缝合，先用两把组织钳将创缘拉近并用创巾钳固定，接着用10号丝线由远及近做间断水平纽扣缝合或连续锁边缝合法闭合膈裂孔。在缝合之前，应注意先将胸腹腔多量的积液抽吸干净。然后可利用提前放置的胸腔引流管或带长胶管的粗针头做胸腔穿刺，并于肺充气阶段抽尽胸腔积气，恢复胸腔内负压。仔细检查和修补腹腔内脏可能发生的损伤，用生理盐水对腹腔进行冲洗，腹腔放入抗生素以预防感染，常规闭合腹壁切口。术后胸腔引流，一般维持 2～3 d，全身应用抗生素 5 d。此外，还需根据犬猫精神、食欲的恢复情况采用适宜的液体支持疗法。

任务 64　产科疾病

一、阴道炎

阴道炎是指阴道黏膜的炎症，可分为原发性和继发性两种。

（一）病因

原发性阴道炎多发生于某些成熟前的大型犬猫，如德国牧羊犬、拳师犬，继发性阴道炎多见于成年犬猫，诱因为发情过长、交配不洁、分娩时感染，以及继发于子宫、膀胱、尿道及尿道前庭感染。

（二）症状及诊断

原发性阴道炎多为性成熟前犬猫阴道持续流出大量脓性分泌物者；而继发性阴道炎除可见阴道流出异物外，患病犬猫常舔舐外阴，并有尿频与少尿症状。阴道黏膜充血肿胀，有黏稠分泌物，全身症状不明显。分泌物检验，可见大量脓细胞及上皮细胞，并有 β-溶血性链球菌和类大肠埃希菌。发情间期犬猫表现正常，随后可见脓性分泌物。根据上述症状结合实验室检验即可做出诊断。

（三）治疗

原发性阴道炎可不治疗或用 0.1%三氧化铁等收敛剂口服，剂量为犬 0.06～0.3 g/d，猫 0.03～0.2 g/d，连服 2 周，耐过第一发情期可自愈。对继发性阴道炎可进行阴道冲洗，洗前麻醉，洗后注入抗生素，或于交配前 2～4 d 给猫口服氨苄西林或三甲氧苄氨嘧啶，至交配后 4 d 止。由邻近器官波及的阴道炎着重治疗原发病。

二、阴道脱出

阴道脱出是指阴道壁部分或全部脱出于阴门之外的炎症。本病多发生于拳师犬和波士顿㹴等短头品种犬。

（一）病因

本病病因复杂。遗传性阴道周壁组织无力可能是一种致病因素。便秘、公母犬交配时公犬强行分离、育种动物间个体差异太大以及难产均可引起本病的发生。另外，雌激素分泌过多（如动情期）及病理性雌激素过多（如卵巢囊肿）也可发生阴道脱出。

（二）症状

阴道部分脱出者，阴道周壁包括尿道乳头外翻，脱出于阴门；全阴道脱出者，子宫颈也外翻,呈“轮胎”形。外翻时间长时,阴道黏膜发绀、水肿、干燥和损伤。

(三)治疗

轻度阴道脱出,无须治疗,短期可自行消失。阴道严重脱出者,经全身麻醉,局部用2%明矾溶液或3%硼酸溶液清洗后进行整复。黏膜严重水肿,难以整复。除用手压迫组织外,可用高渗溶液(50%葡萄糖液)外敷,有助于减少肿胀。用手指或涂上润滑剂的塑料注射器活塞帮助整复。为方便整复,可做外阴切开术。阴道整复原位后,应插入导尿管(防止阴道水肿,尿液反流到阴道内),阴门缝合袋口固定,至肿胀消除后拆除。如果难以整复,可施行剖腹牵引子宫整复,并将子宫壁或子宫阔韧带缝合于后腹壁上,以防再脱。

如脱出的阴道因长期暴露在外,阴道严重出血、感染或坏死,必须采用阴道截除术。先切开外阴,以暴露阴道和便于插入导尿管,然后环形切除1～2 cm厚的外层黏膜,接着切除内层未内翻的黏膜。为减少出血,应采取部分阴道切除方法,待止血和缝合之后,再做另一部分的切除,直至全部切除为止。

妊娠犬患阴道脱出会引起分娩的困难,需手术将其脱出的阴道切除,有助于新生幼犬的产出。这类病犬不宜再繁殖,因本病有遗传性,故可用卵巢子宫切除术以根治本病。

三、子宫内膜炎

子宫内膜炎是指由于分娩时或产后子宫内膜发生细菌感染而引起的炎症。按病程可分为急性和慢性两种。

(一)病因

急性子宫内膜炎主要病因是分娩或难产时消毒不严的助产、产道损伤、子宫破裂、胎盘及死胎滞留引起的感染。还可见于产后子宫复旧不良及长毛品种会阴不洁、过度交配或人工授精消毒不严所致,阴道炎上行感染可诱发本病。而慢性子宫内膜炎除由急性转化外,也可见于休情期子宫内膜的囊状增生。

(二)症状

急性子宫内膜炎的最初症状出现于分娩后12 h至4 d内,拒绝哺乳或伴发乳腺炎,乳汁含有大量细菌。同时患病犬猫体温高达39.5 ℃以上,精神委顿,食欲不振或废绝,呕吐,腹泻,甚至脱水。阴道流出大量暗灰或暗红色黏稠分泌物,伴有恶臭,细菌培养可见大肠埃希菌等。腹部触诊可触知子宫松弛,继发腹膜炎时因疼痛而拒绝触诊。血液学检验,中性粒细胞轻度增多。

慢性子宫内膜炎的临床特征为阴道长期流出脓性黏液,未产母犬、母猫发情不规则或受孕后2～3周内流产或死胎,经产犬猫产仔数减少或发情征兆不明显,子宫体增大。

(三)诊断

依据病史、临床症状并结合血液学检验。发情期可自子宫颈采取黏液或收集子宫内容物进行细菌培养确定诊断。对疑有死胎残留者可用X线检查。

(四)治疗与预防

使用抗生素进行全身治疗。子宫颈可开张者,冲洗子宫后注入抗生素,同时用催产素等使子宫收缩加速内容物排出。根据临床症状纠正水及电解质平衡紊乱,必要时静脉注射营养液。

对没有明显好转者，尽早切除子宫。存活幼仔进行人工喂养。慢性子宫内膜炎病例进行长期抗生素治疗，无效者摘除子宫及卵巢。

对有异常繁殖史的犬猫，产后 2～3 d 内严密注视以防感染。治愈后 6 个月内禁止交配。

四、子宫蓄脓

子宫蓄脓是指子宫腔内脓液积聚的炎症。按子宫颈开放与否可分为闭锁与开放两种类型，多见于犬，猫也时有发生。

(一)病因

子宫蓄脓继发于化脓性子宫内膜炎及急、慢性子宫内膜炎，化脓性乳腺炎及其他部位化脓灶转移。子宫因感染而敏感，子宫颈持续闭锁或子宫肌肉松弛为发病原因。

(二)症状

发病常在发情后期。患病犬猫体温急剧上升，慢性积脓时体温无变化，食欲不振，呕吐脱水。闭锁型病例腹围增大，子宫角胀满，触诊可触及子宫。开放型病例阴道流出大量灰黄色或红褐色脓液，无臭或有强烈腥臭味。中性粒细胞增多，核左移。不及时治疗可继发子宫溃疡或穿孔、贫血、肾小球肾炎及毒血症等而表现相应症状。

(三)诊断

除依据病史、临床症状特别是腹部触诊外，结合 X 线检查、血液学检验或 B 超检查判断子宫内是否蓄脓。注意与妊娠、膀胱炎、腹膜炎及猫传染性腹膜炎等相区别。继发肾衰时的多尿与烦渴应注意与糖尿病相区别。

(四)治疗

应用广谱抗生素进行全身治疗，对开放型病例可行子宫冲洗后再给予宫缩药以促进脓液排出。闭锁型病例严禁使用宫缩药，以免子宫破裂。宫缩药可用催产素肌内注射或静脉注射，每 30 min 重复 1 次，犬为 5～10 IU，猫为 0.5～3 IU。根治最好行子宫切除术。

五、假孕

假孕是指配种后未孕或未经配种的雌性犬猫出现腹部膨大、乳房发育等妊娠症状。

(一)病因

由排卵后黄体持续分泌孕激素和少量雌激素使子宫内膜和乳房发育所致。

(二)症状及诊断

除腹部膨大、乳房发育等症状外，尚可见母性行为、构巢及为其他幼仔猫哺乳等，早期还有呕吐、腹泻，后期多食及阵痛等症状。诊断主要依据异常行为及临床症状进行。

(三)治疗

可给予睾酮制剂调节内分泌平衡，对精神异常兴奋的犬猫可给予缓慢镇静剂。

六、流产

流产是指各种原因所致的妊娠中断，包括胚胎被母体吸收及产出死胎与未足月胎儿等。

(一)病因

流产分感染性与非感染性两大类。前者见于大肠埃希菌、葡萄球菌、胎儿弧菌及流产布鲁氏菌等感染,也可见于弓形虫、血巴尔通体感染及某些病毒(如猫泛白细胞减少症病毒、白血病病毒)等感染。后者多见于孕激素不足,若黄体形成不足于妊娠2～5周流产;黄体消退过早6～7周流产;7周以上流产多由胎盘功能不足所致。胎盘结构或胎儿本身异常,母体营养不良或年龄过大(犬超过6岁,猫超过4岁),妊娠毒血症,外伤及某些不明原因也可造成流产。

(二)症状

流产是在无任何先兆的情况下产出不足月胎儿的疾病。若为妊娠毒血症引起,母犬、母猫有贫血症状;习惯性流产可见阴道血样分泌物持续5～6 d。流产母猫常因口渴吃掉胎儿,除注意观察外,也可经X线检查,母猫胃内见有胎儿骨骼。

(三)诊断

主要依据临床症状,流产的病原需经血液学及寄生虫卵检验才能确定。

(四)治疗

流产一般无保胎治疗价值,但需积极预防,母犬、母猫不与弓形虫阳性公犬、公猫交配。

七、难产

难产是指产程延长,胎儿娩出困难的疾病。

(一)病因

难产的原因有母体与胎儿两方面。母体最常见的为硬产道即骨盆异常,如发育不全、骨折愈合等。软产道异常可见单角子宫、阴道狭窄或畸形等。母体营养不良及贫血使宫缩无力及过度肥胖或老龄子宫无力。分娩时子宫破裂或母体过于年幼均易导致难产。胎儿畸形如脑水肿、双头或双臂等,胎儿过大或胎位不正也是造成难产的重要因素。

(二)症状及诊断

难产患病犬猫可由于产程过长痛苦鸣叫,精神不振,频频举尾排尿,分娩第一期后要经4 h才娩出第1个胎儿,间隙4～6 h娩出第2个胎儿。难产的诊断主要根据分娩时间判定。

(三)治疗

对难产犬猫,宫颈开张后给予催产素或缓慢静脉注射10%葡萄糖酸钙,犬10～30 mL、猫5～10 mL,以增强子宫收缩力,宫颈未开者严禁用宫缩药。产道狭窄或胎位不正,羊水流失者,施行剖宫产术取出胎儿。对狂躁不安者给予少量镇静剂。胎死腹中者可用截胎术取出,同时需预防子宫内膜炎。

八、乳腺炎

乳腺炎为犬猫一个或多个乳头的炎症过程,可分为急性、慢性及囊泡性乳腺炎。除急性乳腺炎外,均发生于产后较长时间。

(一)病因

急性乳腺炎由幼龄犬猫抓伤或咬伤后葡萄球菌、大肠埃希菌及白色念珠菌等感染所致。

慢性乳腺炎则为乳汁滞留刺激乳腺的结果。囊泡性乳腺炎相似于慢性乳腺炎,但乳腺增生可形成囊泡样肿物。

(二)症状

急性乳腺炎可出现发热、精神沉郁、食欲不振等全身症状。发炎部位温热、疼痛、乳房硬肿、压迫时有少量血样或水样分泌物流出,乳汁呈絮状,若为化脓菌感染,可挤出脓液并混有血丝。血液学检验,白细胞总数增多。

慢性乳腺炎全身症状不明显,一个或多个乳房变硬,强压也可挤出水样分泌物。

囊泡性乳腺炎多发于老年犬猫,触诊变硬的乳房可触及增生囊泡。

(三)诊断

根据病史、临床症状与乳汁检验,必要时进行病原培养和分离进行。

(四)治疗

发现乳腺炎应立即隔离幼仔,按时清洗乳房并挤出乳汁,以缓解急性炎症的疼痛,外涂鱼石脂或樟脑醑制剂,可行局部普鲁卡因青霉素注射,以消除炎症。对有感染者,应用抗生素进行全身治疗。

九、乳不足及无乳

乳不足及无乳是指母犬、母猫乳量减少甚至全无而使仔犬、仔猫不能获乳。

(一)病因

母犬、母猫的饲养管理不良及营养低下(尤其怀孕期);产后期严重疾病,如子宫疾病、胃肠道疾病;乳房外伤、乳腺炎;母犬、母猫过早繁育,乳房发育不全或母犬、母猫年龄太大,乳腺萎缩;母犬、母猫哺乳期受惊,饲料突然变更,气候突然变化;调节乳腺活动的激素分泌紊乱。

(二)症状及诊断

母犬、母猫乳房肿胀(有乳腺炎时),或松软、缩小。仔犬、仔猫寻乳频繁,母犬、母猫屡屡躲让,不愿投乳。

(三)防治

一般实行综合性防治措施。改善饲养管理,注意补充营养;消除致病因素;积极治疗乳腺炎及其他疾病;施以药物催乳。临床上采用穿山甲配合王不留行和猪蹄子高压炖汤,血虚型加当归,乳滞型加通草,对犬乳不足及无乳效果显著。

十、不孕症和不育症

不孕症是指母犬、母猫因生殖系统解剖结构或功能异常引起的暂时或永久不能繁殖的病理状态。如犬出生后12～24月龄,猫5～12月龄未孕,或曾正常发情,但已有10～24个月无或异常发情——征兆不显或持续发情而又屡配不孕者。不育症是指公犬、公猫不育,包括不能受精或精子不能使卵子受精。

(一)病因

1. 不孕症的常见病因

(1)生殖系统解剖结构异常。常见的有已达交配年龄而生殖器官不全或发育不良,称为幼稚病。而先天两性畸形常因性染色体结构异常所致。

(2)营养不良。常见的营养不良是因为食饵长期单调、质劣或缺乏必要的氨基酸、矿物质和维生素等。其中以矿物质缺乏所致的不孕为最多。影响繁殖的维生素有维生素A、维生素D、维生素E及B族维生素。

(3)营养过剩及衰老。长期饲养于室内，过度肥胖的犬猫因卵巢脂肪沉积，卵泡上皮脂肪变性而不孕或无明显发情征兆，同时，衰老或老年犬猫也使生殖功能衰退而不孕。

(4)其他。环境变迁可造成气候性不孕，尤其是气候差异较大、患某些疾病时，如布鲁氏菌、弓形虫、钩端螺旋体、上呼吸道病毒感染，以及卵巢、子宫疾病等造成疾病性不孕；种犬场、种猫场人工授精技术掌握不当，精液处理错误及发情判断失误均可导致不孕。

2.不育症的常见病因

公犬、公猫常见病因为睾丸发育不全，生殖系统疾病，营养不良及衰老。睾丸发育不全除先天性隐睾外，还可见于辐射致伤；生殖系统疾病主要有睾丸炎、精囊炎、包皮过长及尿道炎；长期食饵单一或缺乏氨基酸、维生素及矿物质等影响精子生成，或营养过剩均可导致营养性不良；人工采精者使用过度或老年可造成衰老性不育。

(二)症状及诊断

不孕症的典型症状即不能受胎，先天性生殖系统异常者，检查可见外生殖器、阴门及阴道细小而无法交配，子宫角极小或无分支，卵巢未发育，有些一侧为卵巢，另一侧为睾丸样组织。营养不良性不孕者表现为性周期紊乱，有些无特异症状，应结合病史及饲料分析诊断。其他类型不孕多为经产犬猫，往往伴有流产、死胎等，需综合分析判断。

不育症的基本症状为性欲下降或阳痿，精液品质低劣，过度采精者无精子排出，并伴有原发病症状。诊断主要依据临床症状，对由感染引起不育者，需进行血清学及精液细菌学检验。

(三)治疗

对于患不孕症的母犬、母猫，属发育不全或幼稚型的，不宜做种用，也可用激素刺激生殖器官发育或与公犬、公猫混养。犬可肌内注射孕马促性腺素(PMSG)25～200 IU，猫可每8 h肌内注射环戊雌二醇0.25～0.5 mg。营养不良性不孕者可确定缺乏物质后予以补充，可恢复生殖功能。若生殖器官已发生器质性变化者则不能恢复。引入种犬、种猫时需在适当季节，最好安排在休情期以利其适应新环境，克服气候性不孕。疾病性不孕者，先治疗原发病。

对于患不育症的公犬、公猫，确诊后主要治疗原发病和除去病因，先天发育不全者可考虑淘汰，必要时应用睾酮、孕马血清及性腺原激素治疗，睾酮20～50 mg，每2～3 d肌内注射1次以促进性腺发育。

【考核评价】

北京犬，2岁，近日休息后右后肢关节不灵活或运动后出现跛行，而且跛行逐渐加重，用手移动右后肢关节可听到“咔嚓”声响，关节周围肌肉出现萎缩。结合该病犬表现出的临床症状对其进行诊断，并给出切实可行的治疗方案。

案例分析

【案例分析】

分析以下案例，根据病史和临床症状，提出初步诊断，制订治疗措施。

案例 13-1

苏格兰折耳猫，公，4 岁，体重 5.2 kg。

主诉：被邻居小孩棍棒击打后 1 h，猫精神差，不愿走动玩耍。

临床检查：体温、脉搏数、呼吸数等均无异常，胸侧壁有一椭圆形肿胀，触诊有波动感及轻度压痛感。

案例 13-2

秋田犬，公，3 岁，体重 35 kg。

主诉：2 周前曾被流浪犬咬伤背部，当时简单包扎后未见出血就没有再做处理，今早发现被流浪犬咬处有一椭圆形肿胀。轻压后流出白色的液体，混有红色的血丝。

临床检查：体温 39.0 ℃，触诊有波动感，轻压后流出白色的液体，混有红色的血丝。

案例 13-3

圣伯纳犬，公，7 岁，体重 65 kg。

主诉：近日突然发现在肛门旁出现明显肿胀。

临床检查：肛门旁出现肿胀轮廓清楚。指压无痛，柔软，大小便不畅。

案例 13-4

京巴犬，公，2 岁，体重 5 kg。

主诉：已病 3 d，不吃，呕吐，好似腹痛，消瘦很快，触摸右侧阴囊根部肿胀。

临床检查：精神稍沉郁，瘦弱乏力，两眼结膜稍红。两侧腹壁凹陷，触诊腹腔空虚，排少量稀便，站卧不安，有腹痛症状。触诊后右侧阴囊有约 6 cm 成细香肠状稍硬固的肿胀。

【知识拓展】

犬的牙齿护理

犬口腔疾病占消化系统疾病的 20%，而间接引起的病例可达 60%，口腔疾病主要包括口腔黏膜炎、舌的撕裂溃疡、牙齿的出血肿胀、齿龈炎、牙周炎、齿槽脓肿等。而这些疾病的发生在很大程度上与宠物主人不注意犬的口腔卫生和口腔护理不当有关。

一般建议应从犬 6 个月龄时做起，每周刷牙 2～3 次，一开始犬一定会不适应地反抗，但如果坚持做就会养成较好的习惯。先取纱布条蘸少许的生理盐水缠绕在食指上，顺次擦拭牙龈、牙缝，动作要轻，以免损伤牙龈；等犬适应后，再蘸少许宠物牙膏，为它刷牙，这种牙膏无须漱口，可让其自行咽干。上述操作可持续 2 周，等犬完全适应后，再用犬专用牙刷给它刷牙，长期坚持后就能得到理想的护理效果。

日常饲养时不要过分给犬吃甜食，如巧克力、糖，以免它发生龋齿。可以喂给它蔬菜棍等各种咬骨、咬胶，既可锻炼犬牙齿的咬合力，又可起到清理牙石、清洁牙垢的作用。

如果一旦发生口腔溃疡、牙龈红肿等现象，可用温生理盐水清洗并擦碘甘油、华素片粉末或抗生素，病变严重的话，应用抗生素疗法。日常食物中补充一些B族维生素，可减少发病率。

每半年要给犬做一次超声波洗牙，通过超声波的高频振荡去除牙结石、菌斑和色泽并磨光牙面，以延迟菌斑和牙石的再沉积。具有高效、优质、省时省力的特点，对牙面的损害极小。超声波洁牙过程中有时候也会用到喷砂技术，就是洁牙机在高压条件下喷出的一种可溶性的钠盐，将牙齿表面的牙垢、色素有效去除，采用这种超声波洁牙技术的时候对牙齿还有抛光作用。定期进行超声波洁牙，可以有效地预防各种口腔疾病的发生。

【知识链接】

二维码 13-1　T/CVMA 154—2024
犬猫关节镜使用操作
规程—膝关节

二维码 13-2　T/CVMA 155—2024
犬猫眼部超声
扫查规范

二维码 13-3　T/CVMA 182—2024
犬猫眼睑部分楔形切除术
操作规范

二维码 13-4　T/CVMA 183—2024
犬猫第三眼睑腺包埋术
操作规范

二维码 13-5　T/CVMA 184—2024
犬猫眼球脱出整复术
操作规范

二维码 13-6　T/CVMA 185—2024
犬猫眼球摘除术
操作规范

二维码 13-7　T/CVMA 186—2024
犬猫前房穿刺术
操作规范

二维码 13-8　T/CVMA 189—2024
犬胫骨平台角的X线
测量技术规程

二维码 13-9　T/CVMA 190—2024
犬上颌的神经阻滞
操作技术规程

二维码 13-10　T/CVMA 191—2024
犬下颌的神经阻滞
操作技术规程

二维码 13-11　T/CVMA 192—2024
犬猫骨髓抽吸和
活检技术规范

二维码 13-12　T/CVMA 194—2024
犬股骨手术通路
建立技术规范

项目14
常用外科保健手术

【学习目标】

• 熟悉去势术、卵巢摘除术、剖宫产术、眼睑内翻整复术、瞬膜腺增生物切除术、眼球摘除术、声带摘除术、气管切开术、胃切开术、肠管切开术、肠管切除及肠吻合术、膀胱切开术、腹股沟疝手术、尿道切开术、立耳术、断尾术的适应证及术前宠物保定和麻醉的方法;掌握正确的手术部位、术式、术后护理和手术过程中需要注意的事项。

【素质目标】

• 培养学生具备工匠精神,对每一种外科保健手术都精益求精,确保手术的成功和安全。

• 融合劳动精神,使学生理解外科保健手术是宠物医疗的重要组成部分,需要不断地学习和实践。

【学习内容】

任务65　去势术

(一)适应证

使公犬、公猫绝育,性格更温顺,消除公犬、公猫因发情造成的不良性行为,预防和治疗睾丸、阴囊感染,创伤及雄性激素分泌过剩等疾病。

(二)器械

一般软组织切开、止血、缝合器械。

(三)保定与麻醉

全身麻醉,仰卧保定。

(四)术部

充分暴露会阴部,术部清洗、剃毛、消毒。

(五)术式

1. 猫去势术

术者用拇指、食指、中指将睾丸挤入阴囊底部,使两个睾丸位于阴囊缝际两侧,切口位于上侧睾丸距阴囊缝际 0.3～1.0 cm 处,分别切开阴囊皮肤、内膜和总鞘膜。将睾丸挤出并分离出精索和血管。在睾丸尾侧 3～5 cm 处分别结扎精索及血管,在结扎线上方 1 cm 处切断精索、血管，摘除睾丸。将精索、血管断端退入鞘膜管内。按相同方法在同一切口摘除另侧睾丸。术部清理后消毒。

2. 犬去势术

将切口确定于腹正中线阴囊上方 3～5 cm 处，将睾丸分别挤至切口，按上述方法分别摘除。切口做皮肤内缝合后涂以 2%碘酊，装置腹绷带，10 d 后拆线。

（六）术后护理

观察术部是否有出血，如有较多出血表明结扎线松脱，需找出断端重新结扎止血。

（七）注意事项

（1）术后宠物主人将犬猫带回家的途中，如犬猫仍处于麻醉状态，要确保其呼吸道畅通，防止窒息死亡。

（2）宠物主人回家后，不要马上灌喂犬猫药物、水等，防止误入气管。

（3）在犬猫完全清醒前，有可能因认不清主人和自我保护而抓咬主人。

（4）术后为犬猫滴少量低刺激性眼药以防角膜过分干燥，角膜发炎。

任务 66　卵巢摘除术

（一）适应证

常用于使母犬、母猫绝育，也适用于卵巢囊肿、卵巢肿瘤等疾病。

（二）器械

一般软组织切开、止血、缝合器械。

（三）保定与麻醉

仰卧保定，全身麻醉。

（四）术部

腹正中线的脐部至耻骨前缘。

（五）术式

由脐后 1～3 cm 处沿腹白线向后作 1.5～10 cm 长的切口。用食指进行腹腔探查。左、右卵巢分别位于左、右肾脏后方的腰沟内。用食指或小钝钩将卵巢或输卵管钩住并拉至创口，在靠近卵巢血管的卵巢系膜上开一小孔，三把止血钳依次钳夹卵巢血管及其周围组织，在卵巢远端止血钳外侧缝线结扎，除去远端止血钳，然后从中止血钳和卵巢近端止血钳之间切断卵巢系膜和血管；将游离的卵巢从卵巢系膜上撕开，并沿子宫角向后分离子宫阔韧带，直到子宫角分叉处，另一侧卵巢结扎同上。结扎子宫颈后方两侧的子宫动、静脉并切断，采用上述三钳钳夹法钳夹、切断子宫体。常规方法闭合腹壁。装腹绷带。

（六）术后护理

全身抗感染处置。麻醉后可能有数日不思饮食，宠物主人不要强灌。其他注意事项同去势术。

任务67 剖腹产术

(一)适应证

难产或经助产后仍无法解决时,须立即实施剖宫产。

(二)器械

一般软组织切开、止血、缝合器械。

(三)保定与麻醉

仰卧保定。全身麻醉,母体衰竭时应局部麻醉。

(四)术部

腹正中线的脐部至耻骨前缘。

(五)术式

切开皮肤5~10 cm。常规切开腹壁皮肤、肌肉、腹膜各层组织。用手缓缓拉出两侧子宫角,用灭菌纱布与切口隔离。在最靠近子宫体胎儿处的子宫角大弯处纵行切开子宫4~6 cm。轻轻挤压靠近切口处的胎儿,当胎儿被推至切口处时将之拉出并一同拉出胎膜,结扎或挫断脐带。依次取出该侧胎儿。对侧子宫角的胎儿最好也在此切口取出。胎儿数多或子宫收缩强烈,也可切开对侧子宫,胎盘完全清除后缝合子宫,黏膜层连续缝合,浆膜层做包埋缝合。用温青霉素生理盐水冲洗子宫后还纳腹腔。常规方法闭合腹腔,并包扎腹绷带。

(六)术后护理

母犬、母猫苏醒后再与幼仔放在一起,注意腹绷带要露出乳头。连续应用抗生素。10 d后拆线。

任务68 眼睑内翻整复术

(一)适应证

部分眼睑内翻刺激眼球,常见于松狮等品种犬。

(二)器械

一般软组织切开、止血、缝合器械。

(三)保定与麻醉

侧卧保定,固定头部。全身麻醉。

(四)术式

眼周围剃毛、消毒。在距离眼睑缘1.5~2.5 cm与眼睑平行部位进行第一切口。切口的长度要比内翻部的两端稍长为合适。然后再从第一切口与眼睑缘之间做一个半月状第二切口,其长度与第一切口长度相同。其半圆最大宽度应根据内翻的程度而定。将已切开的皮肤瓣包括眼轮肌的一部分一起剥离切除，最后将切口两缘拉拢，结节缝合。

(五)术后护理

术后防止犬猫抓挠伤口。10 d后拆线。

任务69 瞬膜腺增生物切除术

(一)适应证

浅第三眼睑(浅瞬膜)腺增生。

(二)器械

手术剪、止血钳、创巾钳。

(三)保定与麻醉

俯卧或健侧侧卧保定。全身麻醉。

(四)术式

用创巾钳夹住增生的腺体，向眼外方牵拉，用止血钳夹在增生腺体和软骨之间，用手术剪沿止血钳切除增生物。为防止出血，可于切口滴注0.1%肾上腺素或轻微烧烙止血。

(五)术后护理

术后用氯霉素眼药水滴眼3～4 d。

任务70 眼球摘除术

(一)适应证

化脓性眼球炎治疗无效、眼球内肿瘤、高度角膜变形、眼球严重损伤无治愈希望等。

(二)器械

眼科弯剪及常规手术器械。

(三)保定与麻醉

健侧侧卧保定。全身麻醉，配合眼球周围浸润麻醉或眼窝裂沟传导麻醉。

(四)术式

用创巾钳开张上下眼睑，以镊子夹住巩膜固定眼球，用眼科弯剪沿眼球周围做环形切口，剪开球结膜，将弯剪紧贴巩膜分离、剪断4条直肌和2条斜肌在巩膜的止端。继续用有齿镊夹持眼球直肌残端并向外牵引，禁止牵拉眼球，用弯剪环行分离眼球深处组织，至眼球可以做旋转运动。用弯剪伸至球后剪断眼球肌及视神经，取出眼球后，立即用适量纱布塞入眶内，进行压迫止血，然后将上下眼睑作间断缝合，装眼绷带。

(五)术后护理

术后肌内注射抗生素5～7 d。1周后拆除眼睑缝合线，取出眼内纱布。

任务71　声带摘除术

（一）适应证

消除或降低犬的叫声。

（二）器械

一把双钝头小号弯剪，常规软组织切开、止血、缝合器械。

（三）局部解剖

胸骨舌骨肌是一条较大的肌肉，其起始部主要为第1肋软骨。其上1/3覆盖喉的腹部。犬的喉头比较短。环状软骨的软骨板很宽广。后关节面在一嵴状隆起的后侧方，距离后缘较远，为凹面，与甲状软骨后角为关节。环状软骨弓的前缘下部凹入，有环甲软骨韧带附着，环甲软骨呈三角形，底边附着于环状软骨弓的前缘，三角的两侧边附着于甲状切迹的两侧缘。腹面有纵行的增强纤维，背侧甲状切迹有横行纤维。甲状软骨的软骨板高而短。腹侧缘互相融接形成软骨体，体的前部有一显著的隆起，可用手触之，但在生活状态不易看到。

（四）保定与麻醉

仰卧保定，头颈伸展，头的位置低于喉部。由口腔切除喉室声带则用开口器将犬的口腔打开，全身麻醉。

（五）术部

喉切开喉室声带切除术以甲状软骨突起为手术切开部位。

（六）术式

术式可分为两种路径。

1. 口腔摘除法

不切开喉，在口腔内摘除声带。首先用压舌板压低会厌软骨尖端，暴露喉的入口，“V”字形的声带位于喉口里边的喉腹面的基部。然后用一弯形长止血钳，钳夹声带的背面、腹面和后面，剪开钳夹处黏膜并切除。最后用电灼止血或用纱布压迫止血。术后要将犬的头部位置放低，并尽量减少引起犬咳嗽的因素。

2. 喉切开摘除法

颈部腹侧正中线上皮肤常规剃毛、消毒。以甲状软骨突起处为切口中心，向上下切开皮肤3 cm，分离胸骨舌骨肌至喉腹正中线两侧，充分暴露环甲软骨韧带和喉的甲状软骨，并充分止血。以甲状软骨突起为中点切开甲状软骨2～3 cm，暴露喉室、声带。用镊子夹持声带黏膜，用手术剪完整地剪除声带。手术中应尽量避开声带背面附近喉动脉的分支，如果喉动脉的分支发生出血，可结扎止血。彻底止血后，间断缝合甲状软骨，全层连续缝合胸骨舌骨肌，再结节缝合皮肤。

（七）术后护理

术后为防止声带创面出血，可注射止血剂，并将其头部位置放低。10 d后拆线。

任务 72 气管切开术

(一)适应证

各种病因引起的犬猫上呼吸道完全或不完全阻塞危及生命时。

(二)器械

金属气导管或“T”形橡胶导管。一般软组织切开、止血、缝合器械。

(三)保定与麻醉

侧卧或仰卧保定，使颈伸直，局部浸润麻醉及全身麻醉。

(四)术部

在颈侧上 1/3 与中 1/3 交界处，颈腹正中线上做切口。

(五)术式

沿正中线 5～7 cm 的皮肤切口，切开浅筋膜、皮肌，用创钩扩开创口，进行止血并清洗创内积血，在创口的深部寻找两侧胸骨舌骨肌之间的白线，用外科刀切开，张开肌肉，再切深层气管筋膜，则气管完全暴露。在气管切开之前再度止血，以防创口血液流入气管。将两个相邻的气管环上各切一半圆形切口，即形成一椭圆创口(深度不得超过气管环宽度的 1/2)。合成一个近圆形的孔。切气管环时要用镊子牢固夹住，避免软骨片落入气管中。然后将准备好的气导管正确地插入气管内，用线或绷带固定于颈部。皮肤切口上、下角各做 1～2 个结节缝合，有助于气管的固定，若没有已备的气导管时，可用铁丝制成“双 W”形代替气导管。为防止灰尘、蚊蝇、异物吸入气管内，可用纱布覆盖气导管的外口。

(六)术后护理

气管切开后要注意观察护理，防止犬猫摩擦术部或用爪抓掉气导管。每日清洗气导管，除去附着的分泌物和干涸血痂。注意气导管气流声音的变化，如有异常立即纠正。根据上呼吸道病情，若确认已痊愈，可将气管环取下，创口做一般处理，皮肤做结节缝合。如有感染，待二期愈合。10 d 后拆线。

任务 73 胃切开术

(一)适应证

取出胃内异物，摘除胃内肿瘤。

(二)器械

一般软组织切开、止血、缝合器械。

(三)保定与麻醉

仰卧保定，全身麻醉。

(四)术部

剑状软骨与脐连线的腹正中线上。

(五)术式

于剑状软骨与脐连线的腹正中线切开腹壁腹膜。将胃的大半部轻轻拉出。胃的周围用大隔离巾与腹腔及腹壁隔离,以防切开胃时污染腹腔。

切开胃大弯部(要注意避开血管),创缘用舌钳牵拉固定,防止胃内容物浸入腹腔。必要时扩大切口,取出胃内异物或探查胃内各部(贲门、胃底、幽门窦、幽门)进行其他手术。用温青霉素、生理盐水冲洗或擦拭胃壁切口,然后做全层连续缝合及第二层的连续内翻水平褥式浆膜肌层缝合。再用温青霉素、生理盐水冲洗胃壁,后将其还纳于腹,腹壁常规闭合。

(六)术后护理

术后 48 h 开始给予少量易消化的流食,静脉补充营养物质。连续应用抗生素 5～7 d。10 d 后拆线。

任务 74 肠管切开术

(一)适应证

取出肠道内的异物及结粪。

(二)器械

一般软组织切开、止血、缝合器械 2 套,肠钳 4 把。

(三)保定与麻醉

仰卧保定,全身麻醉。

(四)术部

脐下腹中线上。

(五)术式

于脐下 1～2 cm 腹中线上切开腹壁各层组织,剪开腹膜。手伸进腹腔探查病变肠段,发现病变肠段后将之轻轻拉出腹壁切口,用隔离巾隔离。判断肠管,若有活力,用肠钳夹住病灶两端的肠管管腔,在靠近异物一端的肠管背侧纵向一次全层切开肠管,切口以略大于异物横径为主。轻轻拉出异物,若为结粪可将之挤出。肠壁切口用温青霉素、生理盐水冲洗后开始缝合,先做一层连续全层缝合,再做一层浆膜肌层内翻缝合,在缝合第二层前撤除隔离巾,彻底冲洗、消毒肠壁切口。手术转为无菌手术。

(六)术后护理

术后 24 h 开始给予少量流食,静脉补充营养物质。连续应用抗生素 5～7 d。10 d 后拆线。

任务 75 肠管切除及肠吻合术

（一）适应证

各种疾病造成肠管坏死时。

（二）器械

一般软组织切开、止血、缝合器械 2 套，肠钳 4 把。

（三）保定与麻醉

仰卧保定，全身麻醉。

（四）术部

脐下腹中线上。

（五）术式

于脐下 1～2 cm 腹中线上切开腹壁各层组织，剪开腹膜。全层切开腹壁后，腹腔探查，轻轻拉出病变肠段，经鉴定已发生坏死后，将病变肠管隔离，确定切除范围，双重结扎向切除段的肠管供血的肠系膜动脉及其边缘分支，用肠钳分别钳夹预定切除线外 1 cm 处的健康肠段，预定切除线应成一定角度以保证肠管有良好血液供应。切除病变肠段，用剪刀剪去结扎线之间的肠系膜，剪去外翻的肠黏膜，进行断端缝合，采用肠壁全层连续缝合。浆膜肌层用丝线做间断内翻缝合。接着将肠黏膜做螺旋连续缝合，用温生理盐水冲洗后送入腹腔，最后闭合腹壁切口，装置腹绷带。

（六）术后护理

术后禁食 48 h，然后给予少量流食，充分饮水，水中可加入适量的食盐，并注意维生素的补充。术后 5～7 d 内应用抗生素。10 d 后拆线。

任务 76 膀胱切开术

（一）适应证

膀胱结石、膀胱肿瘤。

（二）器械

导尿管，一般软组织切开、止血、缝合器械。

（三）保定与麻醉

仰卧保定，全身麻醉。

（四）术部

从耻骨前缘至脐部剃毛消毒，雌性从耻骨前缘向脐部在腹白线上切开 5～10 cm，雄性在阴茎侧方 2～3 cm 做腹中线的平行切口。

(五)术式

切开皮肤，将腹直肌与皮肤同方向切开到腹膜。外科镊子夹住腹膜切一小口，用组织钳把腹膜固定在腹直肌上，以防止腹膜滑脱，再继续切开腹膜与皮肤创同长，用创钩向左右拉开。手指伸入腹腔探查，膀胱内充满尿液时，易触及膀胱体，膀胱空虚退到骨盆腔内，手指伸向骨盆腔，触到核桃大表面有皱襞感的即为膀胱。将膀胱拉到创口。如尿液充满时，用装有细针头的注射器，避开膀胱血管刺入膀胱尖吸出尿液，膀胱缩小后用组织钳固定膀胱尖并向上牵拉，避开或钳住膀胱壁血管，在膀胱尖切开 2～3 cm。用麦粒钳或锐匙除去结石。若有膀胱肿瘤的，可在膀胱尖或膀胱体切开 4～6 cm，翻转膀胱黏膜面，除去肿瘤。探查结束后，用生理盐水冲洗膀胱腔，以肠线连续缝合膀胱切口的全层，再做浆膜肌层内翻缝合。常规闭合腹腔。

(六)术后护理

术后按常规给予抗生素。10 d 后拆线。

任务 77　腹股沟疝手术

(一)适应证

腹腔脏器小肠、大网膜、子宫、膀胱等经腹股沟环脱出至腹股沟处。

(二)器械

一般软组织切开、止血、缝合器械。

(三)保定与麻醉

仰卧保定，全身麻醉。

(四)术式

在腹股沟管外环处做一 4～8 cm 纵行切口，钝性分离总鞘膜周围的结缔组织，使总鞘膜全部游离，还纳其中的内容物，将总鞘膜和睾丸一起沿精索的纵轴扭转 360°～480°，用 7 号双股丝线在近内环处贯穿结扎总鞘膜和精索，在结扎线下方 1 cm 处，切断总鞘膜和精索，除去睾丸。将结扎线的线尾固定缝合在内环两侧缘上，以闭塞内环口，防止内脏再脱出。同时在靠近内环附近的疝轮缝合 1～2 针，最后缝合皮肤。10 d 后拆线。

(五)术后护理

术后按常规给予抗生素。10 d 后拆线。

任务 78　尿道切开术

(一)适应证

尿道结石、尿道新生物。

(二)器械

导尿管，一般软组织切开、止血、缝合器械。

(三)麻醉

全身麻醉。

(四)术部

因结石所在部位不同,可分为尿道上部切口和尿道下部切口。犬尿道下部发生结石较多,上部发生结石较少。

(五)保定及术式

1. 尿道下部切口

仰卧保定。尿道内插入导管,在阴茎骨后方正中线上切开皮肤 3～4 cm,依次切开皮下结缔组织、阴茎后提肌、尿道海绵体和尿道黏膜,做 1～2 cm 尿道创口,用小锐匙插入尿道内除去结石。由创孔将插管插入深部尿道,检查是否疏通。创口可以开放或用细肠线缝合,留置尿道插管。对于阴茎伸出包皮的可以不做皮肤创口。

2. 尿道上部切口

仰卧保定,两后肢向前方,露出会阴部。术部为坐骨弓与阴囊中间,切开皮肤 4～6 cm。出血多时结扎血管止血,其他与前法相同。

(六)术后护理

术后注意观察排尿情况。如尿闭或排尿困难时,应及时拆线。

任务 79　立耳术

(一)适应证

犬的美容立耳术,常见于某些特定的品种,如大丹犬、拳师犬、杜宾犬、高加索犬、雪纳瑞犬、纽波利顿犬等,主要是犬展比赛的要求,以及某些人对外观的喜好。但是由于此类手术对于宠物痛苦较大,在没有麻醉机的情况下,最好不做。

立耳术一般应在头部发育已稳定,软骨发育旺盛的 2～3 月龄进行。手术应考虑到不同品种犬耳的标准类型,宠物主人的爱好,犬脸的形状等。

(二)器械

一般组织切开、止血、缝合器械。断耳夹子或肠钳,最好使用高频电刀。

(三)保定与麻醉

伏卧保定,全身麻醉(最好使用吸入麻醉)。

(四)术式

常规处理手术部位。用耳夹子(或肠钳)固定耳部手术部位,用手术剪沿耳尖外侧边缘切除耳夹子固定的耳外侧部分。参照切除部分,同法切除对侧耳缘。较大的血管用止血钳捻转止血。用剪刀尖分出约 0.2 cm 的耳内侧皮肤,使其边缘与耳软骨组织分离,然后用可吸收肠线(3 号或 4 号)缝合,缝合尽可能不穿透软骨,缝合后用碘酊消毒。可用肠线在耳根部和耳上 1/4 处缝合固定。该手术最好使用耳模配合高频电刀实施,效果好,出血少。

（五）术后护理

大多数犬耳手术后不用绷带包扎，但要戴防抓项圈。每日用碘酊消毒。

（六）注意事项

（1）耳部有耳螨等寄生虫感染或患有骨软化症的犬，最好不要进行立耳术。

（2）加强护理，防止术后感染。

（3）完全消肿后，可以做立耳固定。一般需要用绷带或抗过敏胶带固定 1～2 周，放开后隔 1 周再固定一次。

任务 80　断尾术

（一）适应证

美容，尾部肿瘤、溃疡、外伤等。

（二）保定与麻醉

俯卧保定，全身麻醉。

（三）术部

为了美容而断尾，一般选在第 2～3 尾椎。

（四）术式

在尾根上装止血带，于切断处的尾椎关节的背面和腹侧面做一“V”形切口，用剪刀将该处的软组织与关节软骨切断，止血，间断结节缝合两皮瓣。装置尾绷带。

（五）术后护理

避免舔咬术部，以防感染。7～10 d 拆线。

【考核评价】

某宠物医院计划筹建一个手术室。根据日常手术要求，制订一个建设方案，包括仪器采购预算，并画出手术室示意图。

案例分析

分析以下案例，根据病史和临床检查，提出治疗措施。

案例 14-1

京巴犬，母，4 岁，体重 4.2 kg。

主诉：该犬今天早晨开始产崽，已经产下 2 只，一直努责到中午，并无幼仔产出，但在妊娠期 28 d 时摸到 3 只。

临床检查：B 超检查腹腔内还有一只胎儿，母犬生产无力。

案例分析

案例 14-2

西施犬，母，8 岁，体重 7 kg。

主诉：近几天食欲不好，阴门一直向外流黄色的黏稠液，并且有腥臭味。

临床检查：腹部有两条明显凸痕，抚摸有波动感，该犬一直未生育。

案例 14-3

京巴犬，公，2 岁，体重 5 kg。

主诉：最近老流眼泪，眼眶发红。

临床检查：眼角有息肉，为浅第三眼睑（浅瞬膜）腺增生。

案例 14-4

沙皮犬，公，3 岁，体重 11 kg。

主诉：最近没食欲，不小心将一个塑料玩具吃下，两天未排出。

临床检查：X 线检查塑料玩具停留在胃内，体积较大，泻下排出可能性不大。

【知识拓展】

犬猫手术麻醉注意事项

（一）术前准备和检查工作

1. 术前准备

术前禁食 8 h，严格禁水 2～4 h。对于幼龄的动物或是处于哺乳期的动物，术前禁食时间要大范围缩短，可以缩短至 4 h，以免手术前出现低血糖情况发生。

2. 病史调查

有无重大病史，很多疾病会留有后遗症，对手术造成危害。有无药物过敏史，特别是麻醉药物。长时间用药可以引起肝、肾受到侵害损害；某些寄生虫病可以引起心血管损害；犬瘟可以引起脑神经损害；大叶性肺炎、胸膜腔感染可使呼吸系统受到过侵害；某些药物可以诱发医源性内分泌系统疾病，如库欣综合征、糖尿病等。

3. 术前常规体格检查

口腔、喉头、气管、腹部触诊；体温、心率、呼吸数（T、P、R）三大最基本指标，可作为麻醉过程中的参考值。若心率过快，则在使用术前药物时阿托品的剂量要少或者不用。

特别是猫，到宠物医院时一般都比较紧张，心率快，若是术前注射阿托品后就会使心率进一步加快，过快的心率会使心脏泵血的能力大大降低，严重时甚至出现虚脱和休克危及生命。

4. 术前的实验室检查

（1）血常规：如宠物存在凝血不良的情况，在术前不做检查是不能预见的。检查血小板的数量非常有必要，血色素若太低会引起供氧问题，同样麻醉后手术风险也会很大。还有对于传染性疾病可以看出是否有败血症。通过这个项目检查也可发现一些潜在的血液疾病。

（2）生化检查：主要是检查肝肾功能以及血糖是否正常。如血糖值过高，提示可能有糖尿病存在，会引起术后手术切口不愈合。

(3)术前听诊心肺功能：如宠物存在先天性的心肺异常，可以选择更加安全的麻醉方式，并且预先做准备。

(4)心电图：在常规检查的基础之上，可准确地判断心脏疾病。

(5)血压检查：手术前检查，若血压过高，则手术中可引起大出血，甚至脑出血；血压过低，麻醉后容易出现休克、脑供血不足，甚至危及生命。因此术前稳定血压同样很重要。

(6)胸部X线检查：对于有过呼吸系统病史，或临床常规检查发现异常者，或手术需要均应该做胸部X线检查。对于大多数肿瘤疾病，胸部X线检查更是至关重要的。

(7)B超检查：主要针对肝、肾、子宫等软组织脏器，以确定没有异常。很多情况下，生化指标正常，但是脏器形态不见得正常。

(8)传染病检查：对于猫，主要是猫白血病病毒(FeLV)和猫艾滋病病毒(FIV)检查；对于犬，主要是犬瘟热病毒、犬细小病毒等。

(9)内分泌检查：包括T_3/T_4、肾上腺功能检测、血糖检测等。

5.术前身体状态麻醉风险评估

这个项目仅仅是针对宠物耐受麻醉和手术的风险，并不涉及麻醉过敏。

总之，不论手术的大小，只要涉及全身麻醉，对于一个受过良好培训的兽医师来讲都应该有这些意识。

如果觉得术前做这些必要的检查不足甚至还有人认为这些检查是多余的话，那么足以说明这个兽医师至少是不负责任的。不论手术大小，尽可能做细致的全面检查，以便尽可能地完整了解宠物的全身状况。

(二)吸入麻醉

1.诱导麻醉

麻醉可采用丙泊酚(propofol)静脉诱导，它的麻醉作用时间为1～3 min，通常来讲刚好足够插入气管导管和连接上呼吸麻醉机。简单地讲，在体内代谢最快或是苏醒最快的麻醉药物才能说是好的麻醉药物。丙泊酚这种麻醉药物，打开瓶子后，只能当天使用，到第2天就无法再用了，并且它的价格非常高。

2.吸入麻醉

目前代表性的麻醉药物有：氟烷、氨氟醚、异氟醚(烷)、地氟醚、七氟醚。氟烷在少数病例中可以引起肝脏损伤，因此现在已经没有厂家生产了。氨氟醚的作用比异氟醚稍差，分子结构上是与异氟醚同分异构体。但是两者的价格相差非常大，氨氟醚非常便宜，而异氟醚价格要高很多。至于地氟醚和七氟醚，价格更是高得惊人。大家要记住一点，不同的气体麻醉药物使用的挥发罐，即麻醉机器是不同的，性能和安全性也是不同的。

3.吸入麻醉优点

吸入麻醉安全、麻醉效果好、镇痛作用强；对心肺不良影响小；对肝、肾无影响；气管插管，保持呼吸道通畅，供氧充足；无过敏反应；气体麻醉药物的绝大部分不在体内代谢，以原型从肺呼出体外，苏醒可控性好：麻醉气体浓度调整后，体内的浓度在很短的时间内就得到调整，非常灵敏。出现紧急情况时，利于抢救，因为有气管插管，可以进行人工呼吸。

(三)非吸入麻醉

非吸入麻醉药物，主要就是注射类型的药物，体内代谢越快，则越安全。即便是注射麻醉也不能忽视术前检查、气道通畅、静脉通路建立、麻醉监护等必需的措施。

(四)静脉抢救通路的建立

强调手术过程中和术后输液，有以下几点益处。

(1)建立静脉给药途径。一旦发生紧急情况能更快地将急救药物注入体内，迅速起效。

(2)补充水分和电解质。实践证明在危重病例中采取这种措施对提高存活率非常有效。

(3)紧急输血。如果术中出现大出血或休克的情况时，提前建立静脉给药途径有利于抢救。

(4)改善微循环。扩大血液容量，减少因脱水和低血压引起的急性肾衰。

(5)减少出血量。输液作用导致血液黏度和浓度得到很大的降低，相对来讲出同样量的血，红细胞数量损失就小得多。

(五)术中监护的重要性

术中监护主要包括术中心电、血氧及体温的监护。

术中由心电监护仪监护或是专人不间断做心肺听诊，观察眼球状态，特别是注意呼吸的频率。一般情况下，麻醉出现意外时均是呼吸先停止，而心脏仍然跳动。若有专业的人员尽早发现呼吸异常，及早采取措施，一般都能化险为夷。另外，若是术中出现心率下降、血氧饱和度持续降低，应立即查找原因，采取措施。对于宠物医院都应该培训专门的麻醉医生，在手术过程中进行不间断监护，所做的这些都是为了宠物生命的安全。

(六)总结

宠物全麻，因手术死亡的很少，但是因麻醉死亡的很多。任何一台手术，麻醉的风险往往比手术本身要高得多。

要在手术前做好细致的身体状态检查和评估，手术中将重心从对手术本身的重视移到对麻醉的重视上来，防患于未然，尽量降低麻醉风险。

【知识链接】

1. https://www.cadc.net.cn(中国兽医网)。
2. https://www.cvma.org.cn(中国兽医协会)。

模块5

技 能 训 练

实训1 犬猫保定及常用临床诊断方法

一、目的要求

通过实训掌握常用临床诊断方法，学会根据不同犬猫特点和诊治需要选择适当的保定方法。

二、材料用具

(1)动物：犬、猫。

(2)器材：保定绷带、犬口笼、保定绳、犬夹、棍套保定器、犬颈枷、体壁保定支架、诊疗台、保定布卷、猫保定袋、猫保定架、猫颈枷、注射器、眼压计、叩诊锤、听诊器等。

三、方法步骤

(一)保定

1. 犬的保定

(1)扎口保定法

①长嘴犬扎口保定法：如图实1-1所示，用绷带在其中间打一活结圈，套在犬嘴后颜面部，并在下颌间隙系紧。然后将绷带两游离端沿下颌拉向耳后，在颈背侧枕部收紧打结。

②短嘴犬扎口保定法：如图实1-2所示，用绷带在其1/3处打活结圈，套在犬嘴后颜面，于下颌间隙处收紧。将其两游离端向后拉至耳后枕部打一个结，将长的游离绷带经额部引至鼻背侧穿过绷带圈，再返转至耳后与另一游离端收紧打结。

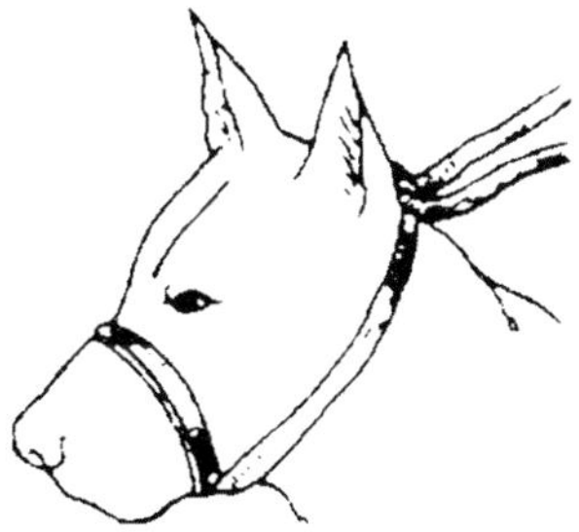

图实1-1 长嘴犬扎口保定法

图实1-2 短嘴犬扎口保定法

(2)口笼保定法。根据犬体形大小选用适宜的口笼给犬套上，将牵引带绕过耳并扣牢。

(3)徒手犬头保定法。保定者站于犬侧方，面向犬头，两手从犬头后部两侧伸向其面部。两拇指朝上贴于鼻背侧，其余手指抵于下颌，合拢握紧犬嘴。

(4)站立保定法。

①地面站立保定法:犬站立于地面时,保定者蹲于犬右侧,左手抓住犬脖圈,右手用牵引带套住犬嘴。再将脖圈及牵引带移交右手,左手托住犬腹部。

②诊疗台站立保定法:保定者站在犬一侧,一手臂托住胸前部,另一手臂搂住臀部,使犬靠近保定者胸前。为防止犬咬,可先做扎口保定。

(5)徒手侧卧保定法。犬扎口保定后,将犬置于诊疗台按倒。保定者站于犬背侧,两手分别抓住前臂部和大腿部,其两手臂分别压住犬颈部和臀部,并将犬背紧贴保定者腹前部。

(6)手术台保定法。犬手术台保定法有侧卧、仰卧和胸卧保定 3 种。先对犬进行全身麻醉,然后用保定带将四肢固定在手术台上。仰卧保定,在其颈、胸腹部两侧要垫以沙袋,以保持犬身平稳。

(7)犬夹保定法。用犬夹夹持犬颈部,强行将犬按倒在地,并由助手按住犬四肢。

(8)棍套保定法。如图实 1-3 所示,使用棍套保定器时,保定者握住铁管,对准犬头将绳圈套住颈部,然后收紧绳索固定在铁管后端。

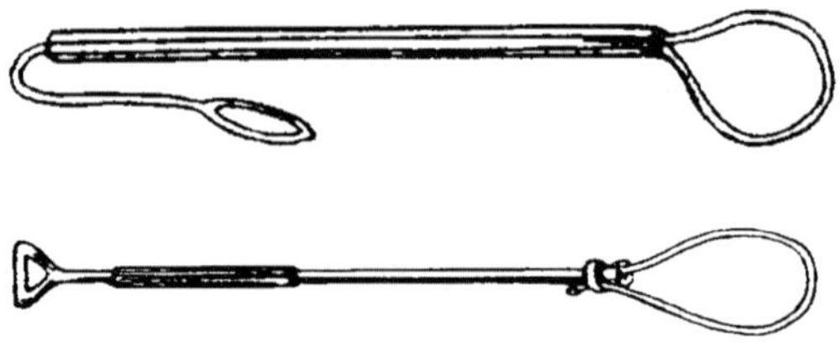

图实 1-3 棍套保定器

(9)颈枷保定法。颈枷又称伊丽莎白圈,有圆盘形和圆筒形两种。如图实 1-4 所示,根据犬头形及颈粗细,选择使用。

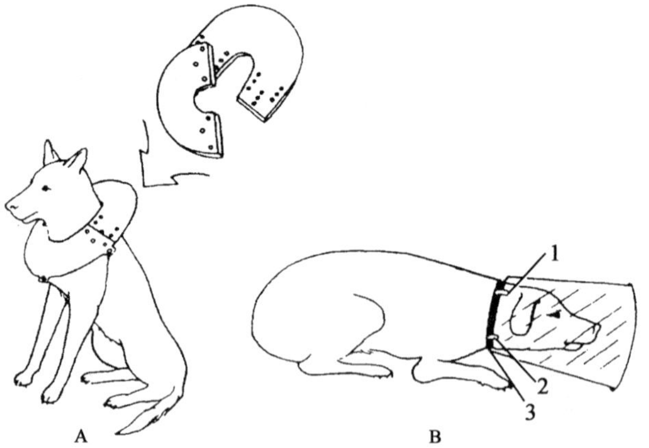

A. 特制圆盘形颈枷　B. 塑料筒代替圆筒形颈枷

1. 距底缘 1～2 cm 钻一孔　2. 纱布条穿过此孔打结做一环形带

3. 皮革项圈或绷带经环形带绕颈一周扣紧

图实 1-4 犬颈枷保定法

2. 猫的保定

(1)布卷裹保定法。将帆布或人造革缝制的保定布铺在诊疗台上。保定者抓起猫肩背部皮肤放在保定布近端1/4处，按压猫体使之伏卧。随即提起近端帆布覆盖猫体，并顺势连布带猫向外翻滚，将猫卷裹系紧。

(2)猫袋保定法。将猫头从近端袋口装入与猫身等长的圆筒形保定袋，使猫头从远端袋口露出，将袋口带子抽紧，使头不能缩回袋内。最后抽紧近端袋，使两肢露在外面。

(3)扎口保定法。方法与短嘴犬扎口保定法相同。

(4)保定架保定法。如图实1-5所示，用金属或木材制成保定架支架，用金属或竹筒制成两瓣保定筒固定在支架上。将猫放在两瓣保定筒之间，合拢保定筒，使猫躯干固定在保定筒内，其余部位均露在筒外。

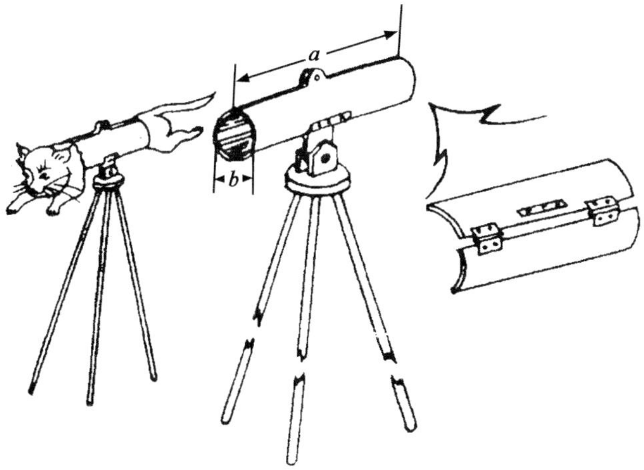

$a=26$ cm　　$b=6\sim8$ cm

图实1-5　猫保定架保定法

(二)临床诊断方法

1.问诊

问诊的主要内容如下。

(1)基本情况调查。包括年龄、体重、性别，是否驱过虫，是否注射过狂犬病疫苗，有无与病犬接触史，生活环境与食物种类等。

(2)病史调查。何时发病，病初情况，病情发展情况，有无呕吐、腹泻、疼痛症状，摄食与饮水情况、体温、呼吸变化，有无排便排尿，是否流涎，有无抽搐症状，是否让人触摸等。

(3)治疗情况。在哪里看过病，诊断结果，用过什么药物，用药方式与药量，用药后效果如何，用药时间等。

2.视诊

视诊包括对犬猫全身情况的检查和对病症有关局部的检查。

3.触诊

触诊包括徒手检查、器械触诊、叩诊和听诊等。

4.头部检查

头部检查包括口腔黏膜、齿、舌、鼻、咽、唇、眼、耳、唾液腺、淋巴结等的检查。

5. 颈胸部检查

颈胸部检查包括喉、颈椎、胸椎、肋骨、食管、心脏、气管和肺等的检查。

6. 泌尿系统检查

泌尿系统的临床检查包括排尿状态的检查和泌尿器官的检查。

7. 生殖系统检查

生殖系统检查主要是检查雄性犬猫的睾丸、雌性犬猫的子宫和卵巢。

8. 其他检查

其他检查包括皮肤与被毛的检查、腰腹部检查等。

四、作业

1. 试述进行犬猫保定的体会。
2. 试述临床诊断的方法及其注意事项。

实训2
临床常用治疗技术

一、目的要求

通过实训掌握临床常用治疗技术。

二、材料用具

详见各项治疗技术。

三、方法步骤

(一) 注射

1.注射器消毒、使用和吸取药液时的注意事项

(1)针管与基部连接处,用手拉拔,不应有松动现象。

(2)注射器必须洗净,针头要尖锐、通气,大小适宜。

(3)不使用严重弯曲的针头。

(4)注射针套在注射器的接头上,经过90°旋转紧紧套上。当压缩注射器内的液体时,应不漏液。

(5)将针坐口用手指堵住,轻轻抽拉针栓,应不漏气。

(6)根据需要吸取药液,注射前排除气泡,调整药液至准确的用量。

(7)注射器一般应平拿,否则需用手指(无名指、中指)轻扶针栓,以防滑落打碎或进入空气。

2.注射方法

(1)皮下注射。注射部位剪毛消毒。用左手拇指及食指轻轻捏起大腿外侧皮肤,右手持注射器将针头刺入,固定后即可进行注射。如图实2-1所示。

(2)皮内注射。

注射部位剪毛消毒。用左手拇指与食指将注射部位的皮肤执起,用结核菌素注射器带4½号针头,针孔向上平刺入皮内,注入一定量的药液。此时可见皮肤表面迅速鼓起白色、橘皮样小泡(皮丘),如图实2-2所示。

(3)腹腔注射。腹腔内注射,可由助手抓住犬猫,上提两后肢,使其腹部向上,在腹部下约1/3处略靠外侧将注射器针头垂直刺入腹腔,然后将针筒回抽,观察是否插入脏器或血管,确定插入腹腔后固定针头,进行注射。腹腔注射时应注意:针头刺入部位不宜太近上腹部或太

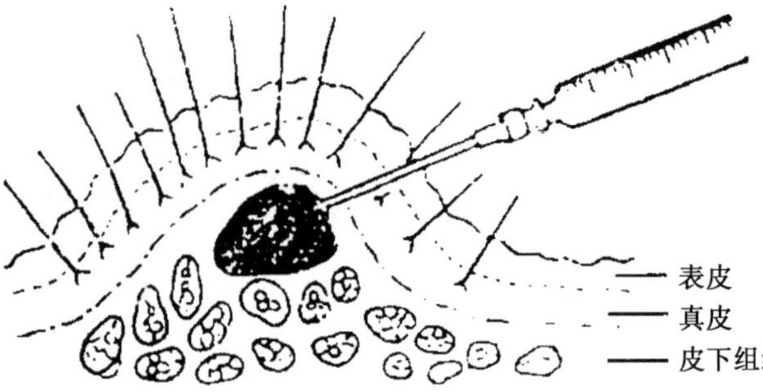

图实 2-1　皮下注射药物情况

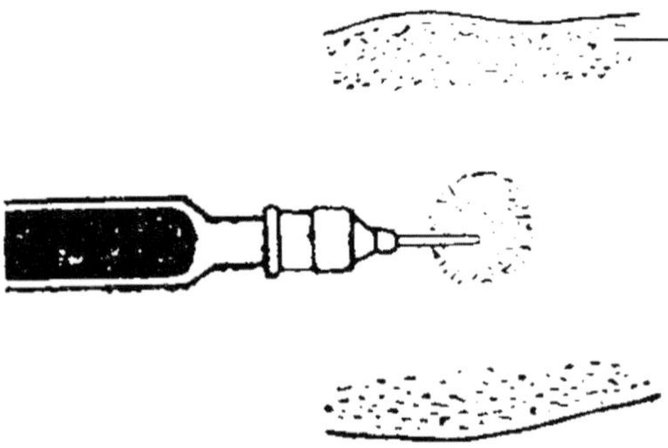

图实 2-2　皮内注射时形成的皮丘

深；针头与腹腔的角度不宜太小；用的针头不能太粗；注射后用棉球按压注射部位。

(4)肌内注射。臀部注射部位剪毛消毒。注射器带 6½ 号针头，由皮肤表面垂直刺入肌肉，回抽无血，即可注射。

(5)静脉注射。

①后肢外侧小隐静脉注射法：如图实 2-3，图实 2-4 所示。由助手将犬侧卧保定。注射部位剪毛消毒。将胶皮带绑在犬股部，或由助手用手握紧股部，暴露此静脉。右手持带有 5½ 号针头的注射器，将针头向血管旁的皮下先刺入，然后与血管平行刺入静脉，回抽针筒。如有回血，放松对静脉近心端的压迫，并将针尖顺血管腔再刺进少许，固定针头，一手慢慢将药液注入静脉。此法注射要点在于很好地固定静脉。

②前肢内侧头静脉注射法：此静脉在前肢内侧皮下，靠前肢内侧外缘行走，比后肢外侧小隐静脉粗，比较容易固定。注射方法与后肢外侧小隐静脉注射法相同，如图实 2-5 所示。

(二)胃内注入法

1. 猫胃内注入

用 14 号导尿管作为胃导管，配以开口器。如图实 2-6 所示，灌胃时，将猫保定好，把开口器放入上下腭之间，猫自然会咬住开口器；术者用左手抓住猫嘴，稍加用力即可固定开口器，然后右手取胃导管，由开口器中央小孔插入，导管经口沿颌后壁慢慢送入食管内。用一羽毛在导

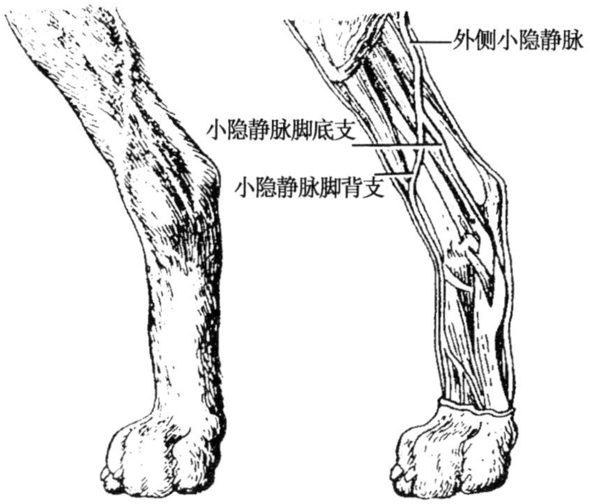

图实 2-3　犬后肢外侧小隐静脉行走方向

图实 2-4　犬后肢外侧小隐静脉注射方法

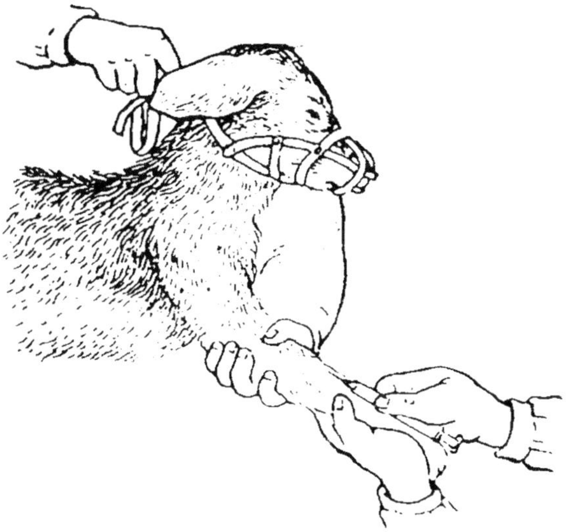

图实 2-5　犬前肢内侧头静脉注射方法

管口看有无随猫呼吸而摆动现象，确定已进入胃内后，即在导管口连接装有药液的注射器，将药慢慢灌入胃内。

2. 犬胃内注入

将犬拉上采血台，将头固定好，嘴用纱带绑住。术者用左手抓住犬嘴，右手取胃导管并用温水湿润后，中指将犬右侧嘴角轻轻翻开，摸到最后一对大臼齿后的空隙，中指固定在这空隙下，然后用右手拇指和食指将灌胃管插入此空隙，并顺食管方向慢慢送入。如图实 2-7 所示，确定导管在胃内后即可灌药。注意一次灌药量不宜超过 200 mL，否则会引起犬恶心呕吐。

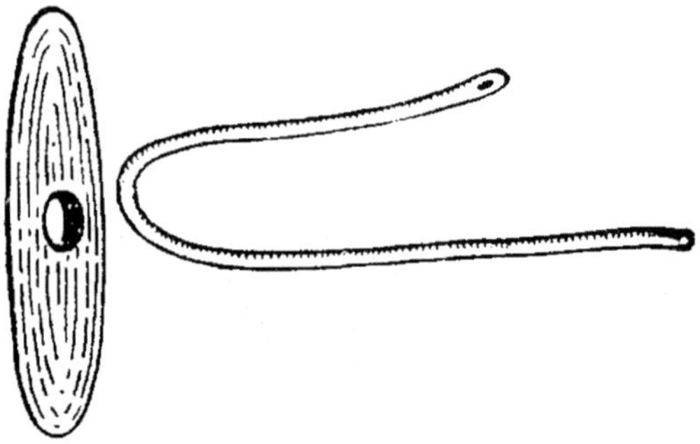

图实 2-6　猫灌胃用开口器及胃导管

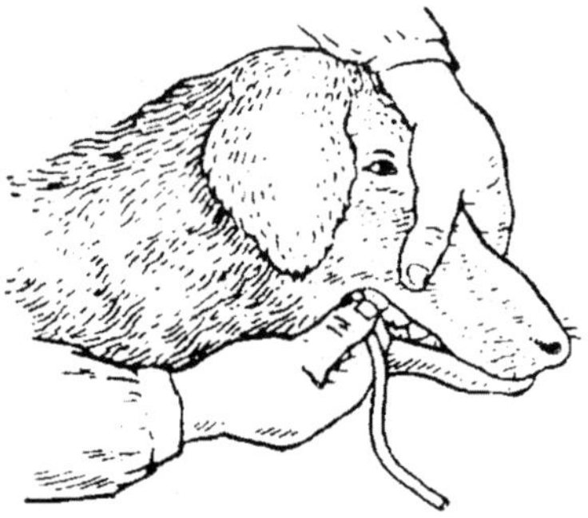

图实 2-7　犬灌胃方法

四、作业

试述临床常用治疗技术。

实训3 血液常规检验

一、目的要求

通过实训掌握血液常规检验方法。

二、材料用具

详见各项检验。

三、方法步骤

(一)血样的采集、抗凝与处理

1. 血样的采集

根据检验项目及需要血液量的多少,可选择在颈静脉、前肢的头静脉、后肢的隐静脉等处采血。

2. 血样的抗凝

血液常规检验项目不需要血液凝固的,都应加入一定量的抗凝剂。

3. 血样的处理

不立即检验的血样,首先应把血片涂好并予以固定。其余血液放入冰箱冷藏。需要血清的,应将凝固血液放入室温或 37 ℃恒温箱内,待血块收缩后,分离出血清,并将血清冷藏。需要血浆的,将抗凝的全血及时电动离心,分出血浆冷藏。

(二)红细胞沉降速率(ESR)的检测

1. 器材

魏氏血沉管与血沉架,六五型血沉管。

2. 试剂

3.8%枸橼酸钠溶液,10% Na_2EDTA 溶液。

3. 魏氏法

魏氏血沉管全长 30 cm,内径约 2.5 mm,管壁有 0～200 刻度,每一刻度距离为 1 mm,容量大约 1 mL,附有特制的血沉架。测定时先取一小试管,依照采血量按比例加入抗凝剂。自颈静脉采血,轻轻混合,随后用魏氏血沉管吸取抗凝全血至刻度 0 处,于室温内垂直固定在血沉架上,经 15 min、30 min、45 min、60 min,分别记录红细胞沉降数值。

4. 注意事项

血沉管必须垂直静立;测定时的室温最好是在 20 ℃左右;血液柱面不应覆盖气泡;采

血后应尽快测定，采血与测定的间隔最长不超过 3 h；经过冷藏的血液，应先把血液温度回升到室温再进行测定；抗凝剂要与血液量相适应；抗凝全血测定血沉之前必须耐心地把血液混匀。

(三)血细胞比容的测定

1. 器材

血细胞比容测定管(温氏管)、毛细玻璃吸管、带胶皮乳头的长针头(磨平)、水平电动离心机(要求转速为 3 000～4 000 r/min)。

2. 试剂

10% Na_2EDTA 溶液，草酸盐合剂。

3. 方法

(1)电动离心法。用毛细玻璃吸管或长针头吸满抗凝全血，插入温氏血细胞比容测定管，随后轻轻捏胶皮乳头，自下而上挤入血液至刻度 10 处，将测定管置入水平电动离心机内，3 000 r/min 离心 20～40 min，离心后管内的血柱分为 3 层。上层为淡黄色或白色的血浆；中层灰白色，完全不透明，为白细胞及血小板；下层为红细胞。读取红细胞柱层的刻度数，即为血细胞比容数值，数值用百分率表示。

(2)自动血细胞仪法。将抗凝全血输入自动血细胞仪，可直接测定比容。

4. 注意事项

吸管口或长针头尖在挤血过程中不要提出液面，以免液面形成气泡，影响结果。

(四)血液凝固时间的测定

1. 器材

载玻片、注射针头、刻度小试管(内径 8 mm)、秒表、恒温水浴箱。

2. 方法

(1)玻片法。本法简单易行，正常值为 10 min，但不及试管法准确。颈静脉采血，见到出血后立即用秒表记录时间。取血 1 滴，滴在玻片的一端，随即玻片稍稍倾斜，滴血的一端向上。此时未凝固的血液自上而下流动，形成一条血线，放在室温下的平皿内(防止血液中水分蒸发)静置 2 min，以后每隔 30 s 用针尖挑动血线 1 次，待针头挑起纤维丝时，即停止秒表，记录时间，这段时间就是血凝时间。

(2)试管法。本法比玻片法准确，适用于出血性疾病的诊断和研究。采血前准备刻度小试管 3 支，并预先放在 25～37 ℃恒温水浴箱内。颈静脉采血，见到出血后立即用秒表开始计时。随之将血液分别加入 3 支小试管内，每支试管各加 1 mm，再将试管放回恒温水浴箱。从采血经放置 3 min 后，先从第一管做起，每隔 30 s 逐次倾斜试管 1 次，直到翻转试管血液不能流出为止，并记录时间。3 个管的平均时间即为血凝时间。

3. 注意事项

(1)采血针头的针锋要锐利，要一针见血，以免钝针头损伤组织，使组织液混入血液而影响结果的真实性。

(2)血液注入试管时，让血液沿管壁流下，以免产生气泡。

(五)血细胞计数

1. 红细胞计数

(1)器材。改良式血细胞计数板血盖片、专用于计数板的盖玻片、沙利(Sahli)氏吸血管、5 mL 刻度吸管、试管、显微镜等。

(2)稀释液。有 2 种,可任选 1 种:①0.9%氯化钠溶液;②升汞食盐溶液:氯化钠 1 g,结晶硫酸钠 5 g,氯化汞 0.5 g,蒸馏水加至 200 mL。

(3)方法。①用 5 mL 刻度吸管吸取红细胞稀释液 4 mL,置于试管中。②用沙利氏吸血管或一次性定量采血管吸取血液至 20 mm^3 刻度处(也可用稀释液 2 mL,吸血至 10 mm^3 刻度处),擦去吸管外壁多余的血液,将此血液吹入试管底部,再吸吹数次,以洗出吸血管内黏附的血液,然后试管口加盖,颠倒混合数次。③用毛细吸管吸取已稀释好的血液,置于计数板与盖玻片边缘处,即可将液体自然引流入计数室内。静置 3 min 后,即可计数。④计数时,先用低倍镜,光线不要太强,找到计数室的格子后,把中央的大方格置于视野之中,然后转用高倍镜。在此中央大方格内选择四角与中间的 5 个中方格。按"数左不数右,数上不数下"的计数法则计数。

(4)计算。

$$Y = X \times 10\,000$$

式中:Y 为红细胞数,个/mm^3;X 为 5 个中方格内的红细胞总数。

在填写检验报告单时,用红细胞个数 $\times 10^{12}$ 个/L 来表示。如 550 万个/mm^3 换算成 5.5×10^{12} 个/L。

(5)注意事项。①防凝、防溶、取样准确。②稀释液充入计数室的量不可过多或过少。③显微镜工作台应保持水平,否则计数室内的液体流向一侧而计数不准。④血细胞计数板用蒸馏水冲洗后,用绸布轻轻擦干即可,切不可用粗布擦拭。⑤如有条件,可用血细胞自动计数仪进行计数,用法详见其使用说明。

2. 白细胞计数

有血细胞自动计数仪法及试管法两种。此处主要介绍试管法。

(1)器材。血细胞计数板、沙利氏吸血管、0.5 mL 或 1 mL 吸管、小试管、显微镜等。

(2)稀释液。为 3%的冰醋酸溶液,内加数滴结晶紫或亚甲蓝染液使呈淡紫色,以便与红细胞稀释液相区别。

(3)方法。①于小试管内加入白细胞稀释液 0.38 mL 或 0.4 mL。②用沙利氏吸血管吸取血液至 20 mm^3 刻度处,擦去管外黏附的血液,吹入试管中,反复吸吹数次,以洗净管内黏附的血液,充分振荡混合。③用毛细吸管吸取被稀释的血液,沿计数板与盖玻片的边缘充入计数室内,静置 1～2 min 后,用低倍镜观察。④将计数室四角 4 个大方格内的全部白细胞依次数完,注意将压在左线和上线的白细胞计算在内,压在右线和下线者不计算在内。

(4)计算。

$$Y = X \times 50$$

式中:Y 为白细胞数,个/mm^3;X 为四角大方格内的白细胞总数。

填写报告单时,用白细胞个数 $\times 10^9$ 个/L 来表示。如 10 000 个/mm^3 换算后为 10×10^9 个/L。

(5)注意事项。①应严格按照红细胞计数的注意事项进行操作。②初学者容易把尘埃、异物与白细胞混淆,可用高倍镜观察白细胞形态结构加以区别。

3. 血小板计数

(1)器材。同白细胞计数(试管法)。

(2)稀释液。血小板计数所用的稀释液种类很多,其中复方尿素稀释液为:尿素 10 g、枸橼酸钠 0.5 g、40%甲醛溶液 0.1 mL、蒸馏水加至 100 mL。待上述试剂完全溶解后,过滤,置冰箱可保存 1~2 周,在 22~32 ℃条件下可保存 10 d 左右。当稀释液变质时,溶解红细胞的能力就会降低。

(3)方法。①吸稀释液 0.4 mL 置于小试管中。②用沙利氏吸血管吸取末梢血液或用加有 Na_2EDTA 抗凝剂的新鲜静脉血液至 20 mm^3 刻度处,擦去管外黏附的血液,插入试管,吹吸数次,轻轻振摇,充分混匀。静置 20 min 以上,使红细胞溶解。③充分混匀后,用毛细吸管吸取 1 小滴,充入计数室内,静置 10 min,用高倍镜观察。④任选计数室的 1 个大方格(面积为 1 mm^2),按细胞计数法则计数。在高倍镜下,血小板为椭圆形、圆形或不规则的折光小体。

(4)计算。

$$Y = X \times 200$$

式中:Y 为血小板数,个/mm^3;X 为 1 个大方格中的血小板总数。

在填写检验单时,用血小板数×10^9 个/L 作为血小板的单位,如 50 万个/mm^3,换算后应为 500×10^9 个/L。

(5)注意事项。稀释液必须新鲜无沉淀;采血要迅速,以防血小板离体后破裂、聚集;滴入计数室前要充分振荡,使红细胞充分溶解,但不能过久或过剧烈,以免血小板破坏;血小板体积小、质量较轻,不易下沉,常不在同一焦距的平面上,计数时要利用显微镜的细调节器调节焦距,才能看清楚。

4. 血细胞形态学的检查

(1)血液涂片的制作。取无油脂的洁净载玻片,选一张边缘光滑的(或用血细胞计数板专用盖玻片)作为推片。取被检血 1 小滴,放在载玻片的右端,用左手的拇指与食指夹持载玻片,右手持推片,将推片倾斜即 30°~40°角,使其一端与载玻片接触并放在血滴之前,向右拉动推片使与血滴接触,待血液扩散形成一条线之后,以均等的速度轻轻向左推动,此时血液被涂于载玻片上而形成一薄膜。将涂好的血片,迅速左右晃动,促使血膜干燥。注意:①载玻片应事先处理干净,用清洁液(硫酸与重铬酸钾配成)浸泡,冲洗,置于无水乙醇中备用,临用前擦干即可。②推制血片时,用力要均匀,使血涂片既不太薄也不太厚。③血膜的两端应留有空隙,以便用玻璃蜡笔注明编号和日期。

(2)血涂片的染色。

①瑞特氏染色法:又称瑞氏染色法。

试剂:瑞氏染液,缓冲液。

方法:用蜡笔在血膜两端各划一道横线,以防染液外溢。将血涂片平放在染色容器的水平架上,滴加瑞氏染液,以盖满血膜为度。染色 1 min 后,再往血膜上滴加等量的缓冲液,用洗耳球或嘴轻轻吹动,使缓冲液与瑞氏染液充分混合,再染 3~6 min。用水冲洗,滤纸吸干后,油镜观察。注意:滴加瑞氏染液的量 1 张血涂片,可滴加 2~3 滴染液,不能太少。滴加缓冲液后要混合均匀，以免染出的血片颜色深浅不一。冲洗时应将蒸馏水直接向血膜上倾倒，使液体从血涂片边缘溢出，沉淀物从液面浮去。切勿先将染液倾去再冲洗，否则沉淀物附着于血膜上不易冲掉。

②吉姆萨染色法。

试剂：吉姆萨染色原液。

方法：于血膜上滴加甲醇 2～3 滴，固定血膜 3～5 min，待甲醇挥发后直立于吉姆萨应用液(1∶20)染色缸中染色。根据室温的高低，染色 20～30 min，必要时可延长至 60 min。用蒸馏水或常水冲洗，干后用油镜观察。

③瑞氏-吉姆萨复合染色法。单纯的瑞氏或吉姆萨染色法各有优缺点，为取二者之长。把两种染色法结合起来应用。

方法：于血涂片上滴加瑞氏染液一厚层，染色 10 min，水洗后将血片直立于吉姆萨应用液染色缸中染色 10 min，水洗，干燥，油镜检查。复合染色时，也可在临染时向瑞氏染液中加入适量的吉姆萨原液(每 10 mL 瑞氏染液中，可加入 0.5～1 mL 吉姆萨原液)，制成复合染色液，按瑞氏染色法的步骤进行染色。

四、作业

1. 试述进行血液常规检验的体会。
2. 试述血液常规检验的注意事项。
3. 试述血液常规检验的意义。

实训4
尿常规检验

一、目的要求

通过实训掌握尿常规检验技术。

二、材料用具

详见各项检验。

三、方法步骤

(一)尿液的采集

可用清洁容器,在犬猫排尿时直接接取。也可用塑料或胶皮制成接尿袋,固定在公犬、公猫阴茎的下方或母犬、母猫的外阴部,接取尿液。必要时也可人工导尿。

(二)尿液物理检查

1. 器材

试管、量筒、吸管、尿密度计、温度计。

2. 方法

(1)浑浊度即透明度。

(2)尿色。

(3)气味。

(4)相对密度。其测定方法:①将尿液振荡后,放于量筒内(如液面有泡沫,可用乳头吸管或吸水纸吸除泡沫)。先用温度计测尿温,并做记录。②小心地将尿密度计浸入尿液中,使之不与瓶壁相接触。③经 1 min,待尿密度计稳定后,读取液面半月形面的最低点与尿密度计上相当的刻度,即为尿的相对密度。④如尿量不足时,可将尿液用水稀释后测定,然后,将测得相对密度的小数部分乘以稀释倍数,即得原尿的相对密度。⑤密度计上的刻度是以尿温在 15 ℃时而制定的,故当尿温高于 15 ℃时,则每高 3 ℃加 0.001,每低 3 ℃减 0.001。

(三)尿液化学检验

1. pH 测定

用广范围 pH 试纸测定尿液酸碱度,是将被检尿液涂于 pH 试纸条上 30 s 后,根据试纸的颜色改变与标准色板对比,以判定尿液的 pH。

2. 蛋白质定性试验

蛋白质定性试验有试纸法和煮沸加酸法两种。

(1)试纸法。

①器材。尿蛋白检验试纸、吸管。

②方法。取尿蛋白检验试纸1条,用吸管吸取被检尿液涂于尿蛋白检验试纸条上,30 s后与标准比色板对比,按表实4-1判定结果。

表实4-1　蛋白质定性试验试纸法结果判定标准

颜色	结果判定	蛋白质含量/(g/100 mL)
淡黄色	－	＜0.01
浅黄绿色	＋(微量)	0.01～0.03
黄绿色	＋	0.03～0.1
绿色	＋＋	0.1～0.3
绿灰色	＋＋＋	0.3～0.8
蓝灰色	＋＋＋＋	＞0.8

③注意事项。尿蛋白检验试纸为淡黄色,带色部分不可触摸,试纸应干燥密封贮存;被检尿液应新鲜;尿液pH在8以上可呈假阳性,应滴加稀醋酸校正pH为5～7后再做试验。

(2)煮沸加酸法。

①试剂。10%硝酸液、10%醋酸液。

②方法。取酸化的澄清尿液(酸性及中性尿不须酸化,如浑浊则静置过滤或离心沉淀使之透明),加入试管内至1/2处,将尿液的上部置酒精灯上慢慢加热至沸。如果煮沸部分的尿液变浑浊,下部未煮沸的尿液不变,待冷却后,原为碱性尿的加10%硝酸液1～2滴,原为酸性或中性尿的,滴加10%醋酸液1～2滴。如浑浊物消失,是磷酸盐类;浑浊物不消失,证明尿中含有蛋白质。根据浑浊的程度,用下列符号报告结果。

“－”,仍澄清不见浑浊,为阴性。

“＋”,白色浑浊,但不见颗粒状沉淀。

“＋＋”,明显的白色颗粒浑浊,但不见絮片沉淀。

“＋＋＋”,大量絮状浑浊,但不见凝块。

“＋＋＋＋”,见到凝块,且有大量絮状沉淀。

3.血红蛋白检验

(1)邻联甲苯胺法。

①试剂。1%邻联甲苯胺甲醇溶液:取0.5 g邻联甲苯胺溶于50 mL甲醇中,贮于棕色磨口瓶。过氧化氢乙酸溶液:取冰乙酸1份,3%的过氧化氢2份,混合贮于棕色磨口瓶中。

②方法。取1支小试管,加入1%邻联甲苯胺甲醇溶液和过氧化氢乙酸溶液各1 mL,再加入被检尿液2 mL,呈现绿色或蓝色为阳性(即有血红蛋白)。若保留原来试剂颜色,为阴性,表示无血红蛋白。根据显色的快慢和深浅,用符号表示反应的强弱。

“＋＋＋＋”,立刻显黑蓝色。

“＋＋＋”,立刻显深蓝色。

“＋＋”,1 min内出现蓝绿色。

“＋”,1 min以上出现绿色。

“—”，3 min 后仍不显色。

③注意事项。试验用器材必须清洁。过氧化氢溶液要新鲜。尿中盐类过多，妨碍反应的出现时，可加冰醋酸校正后再做试验。

(2)匹拉米洞法。

①试剂。5%匹拉米洞(氨基比林)酒精溶液与 50%冰醋酸溶液等量混合液，3%过氧化氢溶液。

②方法。取尿液 3 mL 放试管内，加入 5%匹拉米洞酒精溶液与 50%冰醋酸溶液等量混合液 1 mL，再加 3%过氧化氢溶液 1 mL，混合。尿液中有多量血红蛋白时呈紫色；少量时，经 2～3 min 呈淡紫色。

4. 肌红蛋白检验

(1)试剂。10%醋酸溶液、硫酸铵、1%邻联甲苯胺甲醇溶液、3%过氧化氢溶液。

(2)方法。按尿液中血红蛋白检验，确定尿液中含有色素蛋白后，进一步鉴别是血红蛋白还是肌红蛋白。用 10%醋酸溶液将尿液 pH 调至 7～7.5，以 3 000 r/min 离心 6 min，取上清液 5 mL 于小烧杯中，缓缓加入 2.8 g 硫酸铵，溶解达到 80%的饱和度后，用定性滤纸过滤，滤液应清澈，而后转入离心管，以 3 000 r/min 离心 10 min。若有肌红蛋白存在，在硫酸铵沉淀上层有微量红色絮状物，用吸管吸去上清液，然后吸取红色絮状物于离心管中，3 000 r/min 离心 10 min，吸去上清液，于沉渣中加入 1%邻联甲苯胺甲醇溶液 2 滴及 3%过氧化氢溶液 3 滴，若出现绿色或蓝色为阳性，若不显色为阴性。

5. 葡萄糖检验

(1)试纸。尿糖单项试纸，附有标准色板(自 0～2 g/dL，分 5 种色度)，为桃红色，应保存在棕色瓶中。

(2)方法。取试纸 1 条，浸入被检尿液内，5 s 后取出，1 min 后在自然光或日光灯下，将所呈现的颜色与标准色板对比，判定结果。

(3)注意事项。

①尿液标本应新鲜。

②服用大量抗坏血酸和利尿剂等药物后，可呈假阴性反应。因本试纸起主要作用的是葡萄糖氧化酶和过氧化氢酶，而抗坏血酸和利尿剂可抑制酶的作用。

③试纸应在阴暗干燥处保存，不得暴露在阳光下，不能接触煤气，有效期 1 年。试纸变黄，即已失效。

6. 尿胆原检验

(1)试剂。

①对二甲氨基苯甲醛试剂：对二甲氨基苯甲醛 2 g，加蒸馏水至 100 mL，混合后再缓缓加入 20 mL 浓盐酸以促进其溶解，贮于棕色瓶中。

②100 g/L 氯化钙试剂：取 100 g 氯化钙，加蒸馏水至 1 000 mL，混合后贮于胶塞瓶中。

(2)方法。被检尿液中若有胆红素，应先除去胆红素再进行检验尿胆原。即取氯化钙试剂 1 份，加被检尿 4 份混合，离心取上清液备检。

取新鲜无胆红素的尿液 2 mL，加对二甲氨基苯甲醛试剂 0.2 mL，混合后静置 10 min，观察结果。

(3)结果判断

“＋＋＋”,立即呈深红色,为强阳性。

“＋＋”,静置 10 min 后呈红色,为阳性。

“＋”,静置 10 min 后呈微红色,为弱阳性。

“－”,静置 10 min 后,不呈红色,经加温后,仍不显红色,为阴性。

7. 尿沉渣的显微镜检查

(1)试剂。5%卢戈氏液:碘片 5 g、碘化钾 15 g、蒸馏水 100 mL。

(2)器材。试管、离心机、吸管、显微镜。

(3)方法。

①离心沉淀:将新鲜尿液混匀,取 5～10 mL 盛于沉淀管中,以 1 000 r/min 转速离心沉淀 5～10 min,吸去上清液,留 0.5 mL 尿液。摇动沉淀管,使沉淀物均匀地混悬于少量剩余尿中。用吸管吸取沉淀物置载玻片上,加 1 滴卢戈氏液,盖上盖玻片即成(注意防止产生气泡)。

②镜检:将集光器降低,缩小光圈,使视野稍暗,便于发现无色而屈光力弱的成分(透明管型等)。先用低倍接物镜全面观察标本的情况,找出需要详细检查的区域后,再换高倍接物镜,仔细辨认细胞成分和管型等。如遇尿液中有大量盐类结晶,遮盖视野而妨碍对其他物质的观察时,可微加温或滴加 1 滴 5%的乙酸,除去这类结晶后,再镜检。

报告检查结果:细胞成分按各个高倍视野内最少至最多的数值报告,管型及其他结晶成分,按偶见、少量、小等量及多量报告。偶见为整个标本中仅见几个,少量为每个视野见到几个,中等量为每个视野数十个,多量为占据每个视野的大部,甚至布满视野。

酸性尿和碱性尿的无机沉渣有所不同,如图实 4-1、图实 4-2 所示。尿的有机沉渣如图实 4-3 所示。

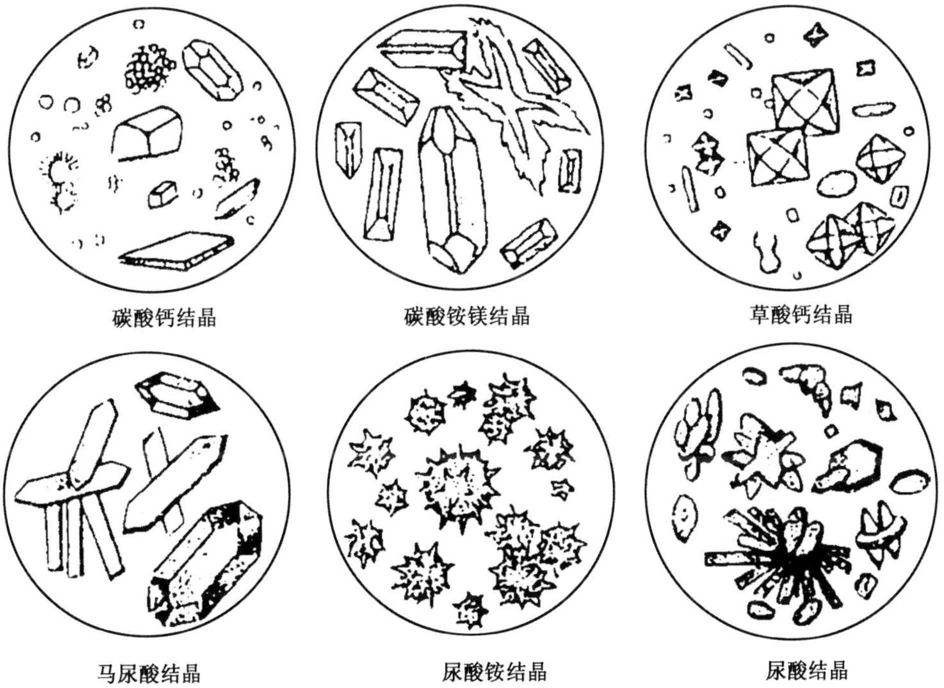

图实 4-1　尿的无机沉渣

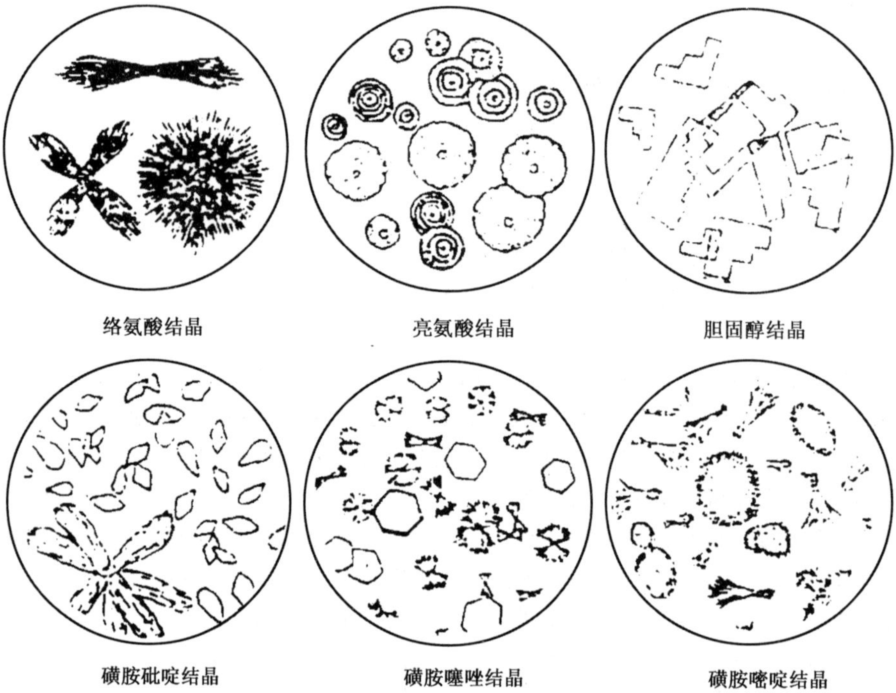

图实 4-2 尿的酪氨酸、亮氨酸、胆固醇及磺胺结晶

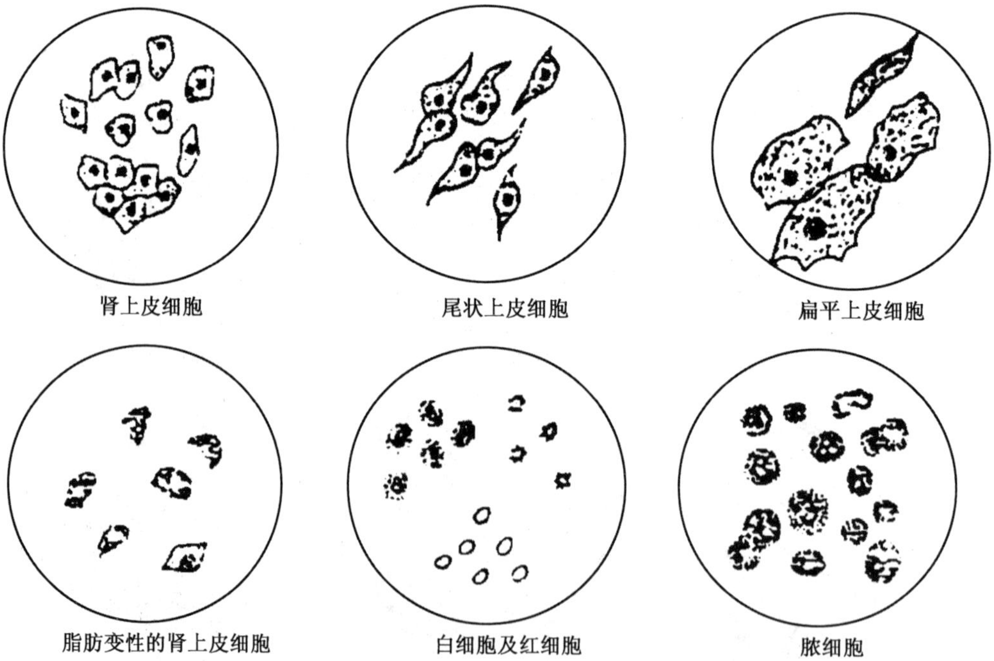

图实 4-3 尿的有机沉渣

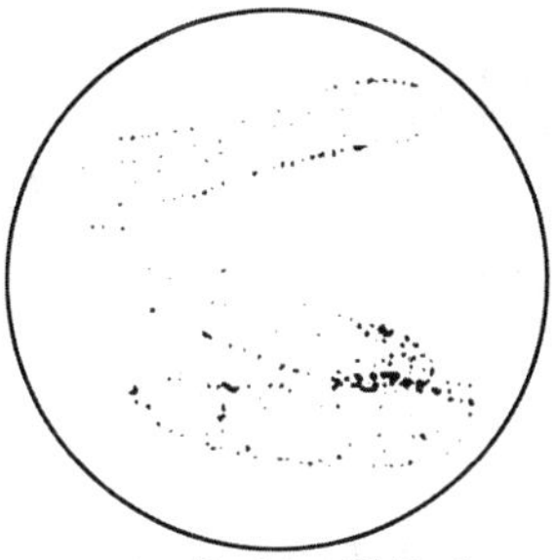

通明管型和颗粒管型

颗粒圆柱

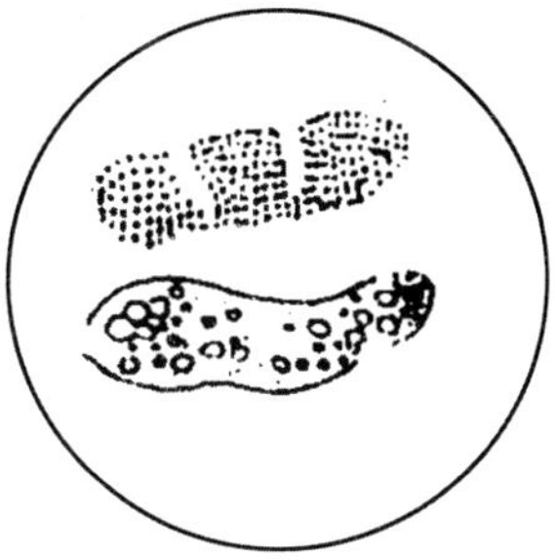

粗颗粒管型和脂肪管型

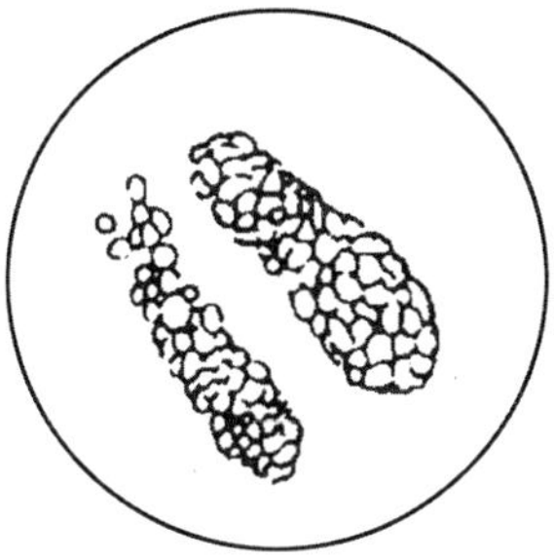

红细胞管型

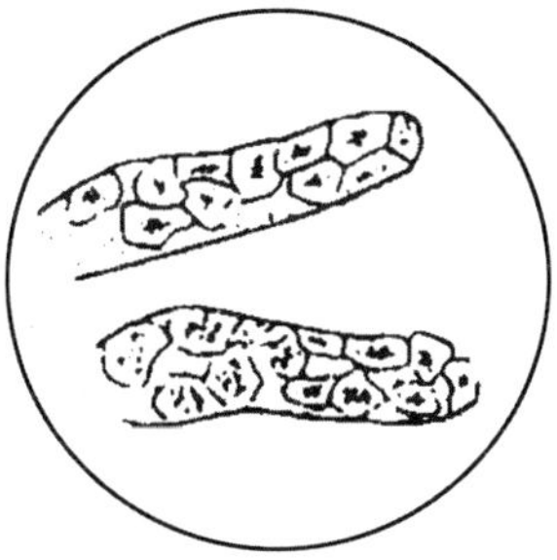

上皮细胞管型

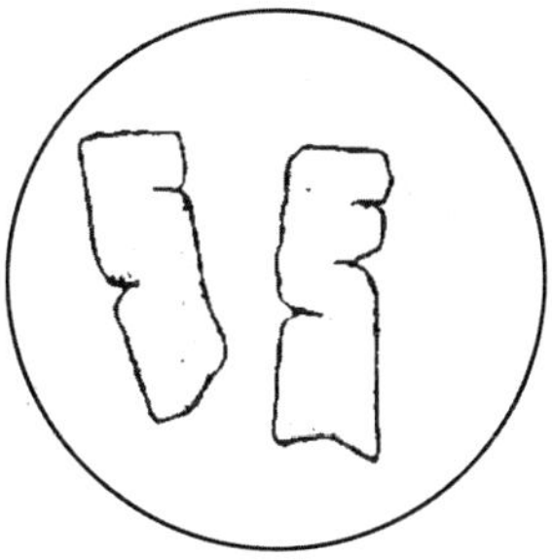

蜡样管型

续图实 4-3

四、作业

1. 试述尿常规检验的注意事项。
2. 试述尿常规检验的意义。

实训5

粪便寄生虫检验

一、目的要求

通过实训掌握粪便寄生虫检验方法。

二、材料用具

(1)试剂:甘油、饱和食盐水(在1 000 mL水中加食盐380 g,相对密度约为1.18)、硫代硫酸钠溶液(1 000 mL水中加硫代硫酸钠1 750 mg,相对密度约为1.4)。

(2)器材:载玻片、牙签、烧杯、镊子、40～60目铜筛、直径5～10 mm铁丝圈、试管、显微镜。

三、方法步骤

(一)直接涂片检查法

先在载玻片上滴一些甘油与水的等量混合液,用牙签或火柴棍挑取少量粪便加入其中,混匀,夹去较大的或过多的粪渣,使玻片上留有一层均匀的粪液,其浓度以将此玻片放于报纸上,能通过粪便液膜模糊地辨认其下的字迹为适宜。在粪膜上覆以盖玻片,置显微镜下检查。检查时应顺序地查遍盖玻片下的所有部分。

(二)集卵法

1. 沉淀法(特别适用于检查吸虫卵)

取粪便5 g,加清水100 mL以上,搅匀成粪液,通过40～60目铜筛过滤,滤液收集于烧杯中,静置沉淀20～40 min,倾去上清液,保留沉渣,加水混匀,再沉淀如此反复操作直到上层液体透明后,吸取沉渣检查。

2. 漂浮法

①检查线虫卵,取粪便10 g,置100 mL饱和食盐水中混合,经60目铜筛,滤入烧杯中,静置30 min,则虫卵上浮。用直径5～10 mm的铁丝圈,与液面平行接触以蘸取表面液膜,抖落于载玻片上检查。取粪便1 g,加饱和食盐水10 mL,混匀,筛滤,滤液注入试管中,补加饱和盐水使试管充满,上覆以盖玻片,并使液体与盖玻片接触,其间不留气泡,直立30 min后,取下盖玻片,覆于载玻片上检查。

二维码实训 T/CVMA 153—2024
猫肠道线虫虫卵检查
——粪便饱和盐水漂浮法

四、作业

试述进行粪便寄生虫检验的体会。

实训6
真菌及螨的检验

一、目的要求

通过实训掌握真菌及螨的检验方法。

二、材料用具

(1)试剂:生理盐水、乳酸酚棉蓝染色液(石炭酸 10 g、甘油 20 mL、乳酸 10 g、棉蓝 0.025 g、蒸馏水 10 mL)、10%氢氧化钾(或钠)溶液、50%甘油、60%的硫代硫酸钠溶液。

(2)器材:组织分离针、白金耳、载玻片、胡特氏滤光板、凸刃小刀、棉签、培养皿、酒精灯、离心机、试管、盖玻片、显微镜。

三、方法步骤

(一)真菌的检验

1. 显微镜检查法

根据致病真菌种类,采取不同的检验材料和检查方法。

(1)无染色压片标本检查法。

①脓汁:取洁净载玻片数片,各加入灭菌生理盐水 1 滴,然后以白金耳蘸取少许脓汁,混匀后,盖好盖玻片,直接镜检。

②被毛、皮屑和角质:将材料置于载玻片上,滴加 10%氢氧化钾(或钠)溶液 1~2 滴,盖好盖玻片,静置 5~10 min,再将此玻片在酒精灯上微微加温,待轻压盖片能将毛发等物压扁而透明时,即可镜检。

③培养物:以灭菌的组织分离针将菌落的一小部分取下,移于预先滴有生理盐水的载玻片上,轻轻扩散,盖上盖玻片,即可镜检。如为小玻片培养物,直接放显微镜下观察即可。

(2)真菌染色检查法——乳酸酚棉蓝法。用通常方法制片,于标本面上滴 1 滴上述试剂,盖好盖玻片,静置 10~15 min 后镜检。

2. 紫外光线照射检验

紫外光线经胡特氏滤光板滤过后,照射于某些真菌上显示特殊的荧光色泽,以此鉴别真菌:糠秕马拉色菌呈黄棕色;奥杜盎小孢子菌或大小芽孢菌呈亮绿色;许兰毛癣菌呈暗绿色。

(二)螨的检验

1. 病料采集

(1)检查皮肤疥螨,可在患病与健康皮肤交界处剪毛,用消毒过的凸刃小刀蘸上 1 滴清水或 50%的甘油后刮取皮屑，至皮肤轻微出血。若患部在耳道，可用棉签掏取病料。

(2)检查蠕形螨，可在患部用力挤压，挤出皮脂腺的分泌物、脓汁，作为病料。

2. 检查

(1)直接法。在没有显微镜的条件下，对于较大的痒螨检查可只刮干燥皮肤屑，置于培养皿内，并衬以黑色背景，在日光下曝晒或加温 40～50 ℃，30～40 min 后，移去皮屑，用肉眼观察，可看到白色虫体在移动。

(2)虫体浓集法。将采集的病料置试管中，加入 10%氢氧化钠溶液，置酒精灯上煮沸至皮屑溶解，冷却后以 2 000 r/min 离心 5 min，虫体沉于管底，弃上层液，吸取沉渣于载玻片上待检。或在沉渣中加入 60%的硫代硫酸钠溶液，试管直立 5 min，待虫体上浮，用白金耳蘸取表层溶液置于载玻片上加盖玻片镜检。

(3)显微镜直接检查法。将采刮的病料，置于载玻片上，加 1 滴清水或 50%的甘油，加以盖玻片用于按压盖玻片，使病料展开，用显微镜观察到虫体和虫卵，若虫体是活体，可见虫体的活动情况。螨的形态如图实 6-1、图实 6-2 所示。

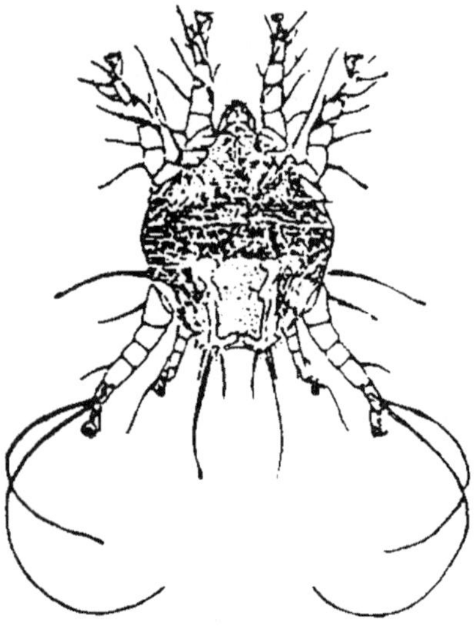

图实 6-1 猫耳痒螨(雄虫背面)

图实 6-2 犬蠕形螨(雌虫腹面)

四、作业

绘制所检出的真菌及螨的形态图。

实训7
血液生化检验

一、目的要求

通过实训掌握常用血液生化检验技术。

二、材料用具

详见各项检验。

三、方法步骤

(一)血糖的测定

1. 仪器试剂

(1)特制的血糖测定管。

(2)碱性硫酸铜溶液:取无水碳酸钠 40 g 溶于 400 mL 蒸馏水中。另将酒石酸 7.5 g 溶于 300 mL 蒸馏水中,结晶硫酸铜 4.5 g 溶于 200 mL 蒸馏水中,先将酒石酸溶液倾入碳酸钠溶液中,而后再倾入硫酸铜液,蒸馏水加至 1 000 mL。

(3)磷钼酸试剂:取氢氧化钠 40 g 溶于 800 mL 蒸馏水中,加入钼酸 70 g、钨酸钠 10 g,煮沸 20～50 min,放冷后移入 1 000 mL 容量瓶,用少许蒸馏水洗涤原容器,合并洗液,加入 85%浓磷酸 250 mL,蒸馏水加至刻度。

(4)0.25%安息香酸和 10%钨酸钠。

(5)1/3 mol/L 硫酸。

(6)葡萄糖标准贮备液(1 mL＝2 mg):精确称取葡萄糖 1 g 于 500 mL 容量瓶中,加 0.25%安息香酸至刻度。

(7)葡萄糖标准使用液(1 mL＝0.1 mg):精确吸取葡萄糖标准贮备液 5 mL 于 100 mL 容量瓶中,0.25%安息香酸加至刻度。

2. 方法步骤

(1)制备无蛋白血滤液:取抗凝血样 1 mL,加 7 mL 蒸馏水使其溶血,再加 10%钨酸钠 1 mL,混匀,缓缓滴加 1/3 mol/L 硫酸 1 mL,边加边摇动,静置 5～10 min,待血液变成棕褐色凝块后,过滤,滤液即为无蛋白血滤液。

(2)取 3 只血糖测定管,即标准管、测定管和空白管,按表实 7-1 步骤操作。

混匀,待管内二氧化碳逸出后,用绿色滤光板进行比色。

表实 7-1 血糖测定法 mL

操作步骤	标准管	测定管	空白管
无蛋白血滤液	—	2	—
葡萄糖标准使用液	2	—	—
蒸馏水	—	—	2
碱性硫酸铜溶液	2	2	2
混匀,沸水中煮沸 8 min,取出后于冷水中 2～3 min			
磷钼酸试剂	2	2	2
混匀,室温静置 2 min			
蒸馏水加至	25	25	25

3. 计算

$$c_{血糖}(\text{mg}/100\ \text{mL})=\frac{测定管光密度}{标准管光密度}\times 0.2\times\frac{100}{0.2}$$

(二)血清钾含量的测定

1. 试剂

(1)0.1 mol/L 枸橼酸和 0.2 mol/L 磷酸氢二钠。

(2)1%四苯硼钠溶液:取 0.2 mol/L 磷酸氢二钠和 0.1 mol/L 枸橼酸各 19.45 mL、0.55 mL,加四苯硼钠 1 g,溶解并以蒸馏水稀释至 100 mL。

(3)钾标准贮备液(1 mL=2 mg):精确称取干燥的硫酸钾 446 mg 于 100 mL 容量瓶中,蒸馏水溶解并稀释至刻度。

(4)钾标准使用液(1 mL=0.02 mg):取钾标准贮备液 1 mL 于 100 mL 容量瓶中,蒸馏水稀释至刻度。

(5)钨酸蛋白沉淀剂:取 1 mol/L 硫酸 18.5 mL,加 10%钨酸钠 55.6 mL、蒸馏水 926 mL 和 85%浓硫酸 0.055 mL,混匀。

2. 器材

离心机、沉淀管。

3. 方法步骤

吸取血清 0.2 mL,加 1.8 mL 钨酸蛋白沉淀剂,混匀,10 min 后离心沉淀,按表实 7-2 步骤操作。

表实 7-2 血清钾含量测定法 mL

操作步骤	标准管	测定管	空白管
无蛋白上清液	—	1.0	—
钾标准使用液	1.0	—	—
蒸馏水	—	—	1.0
1%四苯硼钠溶液	4.0	4.0	4.0

混匀，5～10 min 后以蒸馏水调零，于 520 nm 处读取各管光密度。

4. 计算

$$c_{钾}(\text{mg}/100\ \text{mL 血清})=\frac{测定管光密度}{标准管光密度}\times 0.02\times\frac{100}{0.1}$$

(三)血清钠含量测定(快速比色法)

1. 试剂

(1)乙酸铀镁试剂：乙酸铀 4 g，乙酸镁 15 g，冰醋酸 15 mL，蒸馏水 75 mL，加热煮沸 2 min，冷却后加蒸馏水至 100 mL。移入 500 mL 容量瓶中，无水乙醇加至 500 mL，混匀，冰箱过夜除去微量沉淀，上清液保存于棕色瓶中。

(2)1%乙酸溶液，10%亚铁氰化钾溶液。

(3)钠标准贮备液(1 000 mmol/L)：精确称取干燥氯化钠 5.845 g 于 100 mL 容量瓶中，加蒸馏水至刻度。

(4)钠标准使用液Ⅰ(150 mmol/L)：精确吸取钠标准贮备液 15 mL 于 100 mL 容量瓶，加水至刻度。

(5)钠标准使用液Ⅱ(250 mmol/L)：精确吸取钠标准贮备液 25 mL 于 100 mL 容量瓶中，加水至刻度。

2. 方法步骤

操作步骤如表实 7-3 所示。

表实 7-3　血清钠含量测定法　　mL

操作步骤	标准管	测定管	空白管
血清	—	0.1	—
钠标准使用液Ⅰ	0.1	—	—
钠标准使用液Ⅱ	—	—	0.1
乙酸铀镁试剂	5	5	5
充分混匀，使生成沉淀，室温静置 10 min，离心			
上清液	0.2	0.2	0.2
1%乙酸溶液	8	8	8
10%亚铁氰化钾溶液	0.4	0.4	0.4

混匀，5～30 min 内在 520 nm 处比色，以空白管调零。

3. 计算

$$c_{钠}(\text{mmol/L})=250-\frac{测定管光密度}{标准管光密度}\times 100$$

(四)血清钙含量的测定(乙二胺四乙酸二钠滴定法)

1. 试剂

(1)乙二胺四乙酸二钠溶液：取乙二胺四乙酸二钠 150 mg，1 mol/L 氢氧化钠溶液 2 mL，蒸馏水加至 1 000 mL。

(2)钙红指示剂:取钙红 0.1 g 溶于 20 mL 甲醇中。

(3)0.2 mol/L 氢氧化钠溶液。

(4)钙标准液(1 mL=0.1 mg):精确称取干燥的碳酸钙 250 mg 于烧杯中,加蒸馏水 40 mL 和 1 mol 盐酸溶液 5 mL 溶解,移入 1 000 mL 容量瓶中,洗涤烧杯数次,洗液并入容量瓶,蒸馏水加至 1 000 mL。

2. 方法步骤

取 3 支试管,分别加血清、钙标准液和蒸馏水 0.2 mL,再同时加 0.2 mol/L 氢氧化钠溶液 1 mL 及钙红指示剂 1 滴,立即用乙二胺四乙酸二钠溶液滴定至呈浅蓝色为止。记录各管所用乙二胺四乙酸二钠溶液的量。

3. 计算

$$c_{钙}(\text{mg/100 mL})=\frac{测定管用量-空白管用量}{标准管用量-空白管用量}\times 0.02\times \frac{100}{0.2}$$

(五)血清无机磷含量的测定

1. 试剂

(1)10%三氯醋酸。

(2)磷酸盐标准贮备液(1 mL=0.1 mg 磷):精确称取无水磷酸二氢钾 0.438 9 g 于 1 000 mL 水中溶解。

(3)磷酸盐标准使用液(1 mL=0.01 mg 磷):取磷酸盐标准贮备液 10 mL,用蒸馏水稀释至 100 mL。

(4)钼酸试剂:取 7.5%钼酸钠 50 mL 和 5 mol/L 硫酸 50 mL,混匀。

(5)氯化亚锡贮备液:取氯化亚锡 10 g 于浓盐酸 25 mL 中溶解,于棕色瓶中冰箱保存。

(6)氯化亚锡使用液:取贮备液 1 mL,以蒸馏水稀释至 200 mL。

2. 方法步骤

取血清 1 mL,加 10%三氯醋酸 4 mL,混匀,静置 1~2 min,过滤。每 2 mL 滤液中含血清 0.4 mL,操作步骤如表实 7-4 所示。

表实 7-4 血清中无机磷含量测定法 mL

操作步骤	标准管	测定管	空白管
无蛋白血滤液	—	2	—
磷酸盐标准使用液	2	—	—
蒸馏水,混匀	5	5	7
钼酸试剂	2	2	2
混匀后,立即加入氯化亚锡使用液	1	1	1

立即混匀,静置 1 min,于 640 nm 处空白管调零,测其光密度。

3. 计算

$$c_{磷}(\text{mg/100 mL})=\frac{测定管光密度}{标准管光密度}\times 0.02\times \frac{100}{0.4}$$

(六)血清镁含量的测定

1. 试剂

(1)4%草酸铵和 5 mol/L 硫酸。

(2)磷酸铵溶液:取磷酸铵 25 g 于 500 mL 容量瓶内,加蒸馏水使其溶解,再加 28%浓氨水 2 mL。蒸馏水至刻度。

(3)稀氨水:取浓氨水 1 份与 2 份蒸馏水混合。

(4)酒精氨水:95%酒精 225 mL 中加入浓氨水 3 mL、蒸馏水 7 mL,混匀。

(5)磷酸盐标准贮备液(1 mL=0.1 mg 镁):取无水磷酸二氢钾 0.56 g,加蒸馏水使之溶解并至 1 000 mL。

(6)磷酸镁标准使用液(1 mL=0.01 mg 镁):取磷酸 10 mL,蒸馏水加至 100 mL。

2. 方法步骤

(1)取血清 2 mL 置于离心管中,加蒸馏水 2 mL、4%草酸铵 1 mL,混匀,加塞静置 1 h 后高速离心 5 min。取上清液 3 mL 于另一离心管中,加入磷酸铵溶液 0.5 mL,放置过夜。

(2)离心,使形成的磷酸铵镁沉淀。用稀氨水 5 mL 反复洗涤 2 次。再用酒精氨水 5 mL 洗涤,离心,弃去上清液,稍加热使氨挥发。

(3)用 5 mol/L 硫酸 0.75 mL 溶解沉淀,再加水 9 mL。另一离心管也加 5 mol/L 硫酸 0.75 mL、磷酸镁标准使用液 3 mL、水 6 mL。再分别加入钼硫酸试剂 3 mL 和氯化亚锡使用液 1.5 mL,水加至 15 mL,混匀,静置 1 min,调零于 640 nm 处比色,测其光密度。

3. 计算

$$c_{镁}(\text{mg}/100\ \text{mL})=\frac{测定管光密度}{标准管光密度}\times 0.03\times\frac{100}{1.2}$$

(七)血清碱性磷酸酶含量的测定

1. 试剂

(1)pH 10 的贮存缓冲液:取无水碳酸钠 15.8 g,碳酸氢钠 8.4 g,结晶硫酸镁 1.235 g,蒸馏水加至 1 000 mL。

(2)3% 4-氨基安替吡啉溶液和 2.4%高铁氰化钾溶液。

(3)基质缓冲液(0.005 mol/L):取无水磷酸苯二钠 0.218 g,3%4-氨基安替吡啉溶液 10 mL,pH 10 的贮存缓冲液 10 mL,蒸馏水加至 200 mL。

(4) 苯酚标准液:含苯酚 0.1 mg/mL。

2. 方法步骤

操作步骤如表实 7-5 所示。

充分混合后静置 5 min,以空白调零,500~540 nm 处比色。

3. 计算

$$c_{碱性磷酸酶}(\text{IU}/100\ \text{mL})=\frac{测定管光密度}{标准管光密度}\times 10$$

表实 7-5　血清碱性磷酸酶含量测定法　mL

操作步骤	标准管	测定管	空白管
血清	—	0.05	—
苯酚标准液	0.05	—	—
基质缓冲液	2.0	2.0	2.0
立即混合，37 ℃水浴保温 7.5 min			
2.4%高铁氰化钾溶液	1.0	1.0	1.0

(八)血液中非蛋白氮的测定

1. 仪器与试剂

(1)5%三氯醋酸、浓硫酸溶液。

(2)纳氏试剂：取碘化钾 75 g，碘 55 g，蒸馏水 50 mL，汞 75 g 置 500 mL 锥形瓶内，用力振荡 10 min，至碘色即将消失时溶液产生高热。将其浸入冷水中不断振荡直至溶液呈绿色。取上清液于 1 000 mL 容量瓶中，并以蒸馏水洗涤残渣，洗液一并倾入容量瓶内，水稀释至刻度。临用时，取此液 150 mL，加入 10%氢氧化钠溶液 700 mL，水 150 mL，充分混合。

(3)硫酸铵标准液(1 mL＝0.025 mg 氮)：取干燥的硫酸铵 4.716 g 于 1 000 mL 容量瓶内，加水使之溶解，再加浓盐酸溶液 1 mL，加蒸馏水稀释至刻度。临用时，取此液 12.5 mL 于 500 mL 容量瓶中，加蒸馏水稀释至刻度。

(4)3%过氧化氢液。

2. 方法步骤

(1) 取一离心管，加入 5%三氯醋酸 4.8 mL 和血液 0.2 mL，充分混匀后离心。取上清液 2 mL(相当于 0.08 mL 血液)于另一管中，加浓硫酸溶液 5 滴和洁净的玻璃珠 1 粒。

(2)小心加热使之沸腾。待溶液的水分几乎蒸发完毕并开始冒出白烟时，取下稍冷却后加 3%过氧化氢溶液 1 滴。继续用小火加热，至溶液经黑色变为无色透明为止。冷却后加入蒸馏水 6 mL，混匀。

(3)取一试管，加入硫酸铵标准液 1 mL、浓硫酸溶液 5 滴、3%过氧化氢溶液 1 滴和蒸馏水 5 mL，混匀。两试管各加纳氏试剂 3 mL，混匀后比色。

3. 计算

$$c_{\text{血液中非蛋白氮}}(\text{mg}/100\ \text{mL})=\frac{\text{标准管读数}}{\text{测定管读数}}\times 0.025\times\frac{100}{0.08}$$

(九)血清胆红质的测定

1. 胆红质的定性检测

(1)仪器与试剂。

①重氮试剂：取氨基苯磺酸 1 g，浓盐酸溶液 15 mL，蒸馏水加至 1 000 mL(简称甲液)。另取亚硝酸钠 0.5 g，水加至 100 mL(简称乙液)。临用时，取甲液 5 mL、乙液 0.15 mL，混合均匀。

②95%乙醇。

(2)方法步骤。吸取血清 1 mL 于试管内，沿管壁缓缓加入重氮试剂 0.5 mL，使之浮于血清表面，并记录时间，观察反应。若在 2 min 内显示紫红色环者，为直接反应阳性；若在 2 min 内不呈现紫红色环，而于若干分钟(限 10 min)内呈现紫红色环，为若干分钟内呈现阳性反应；若在 10 min 内仍不呈紫红色环者为直接反应阴性。

直接反应阴性需再做间接反应试验：将试管内的血清与试剂充分混合，加入 95%乙醇 5 mL，混匀。2～3 min 内，若呈现红色为间接反应阳性。只呈现浑浊者为间接反应阴性。

2. 血清胆红质的定量测定

(1)试剂。

①苯甲酸钠脲液：取苯甲酸钠 10 g，尿素 10 g，蒸馏水加至 100 mL。

②空白试剂：取浓盐酸溶液 15 mL，蒸馏水加至 1 000 mL。

③重氮试剂：同前。

④胆红素标准液：精确称取无水硫酸钴 4.32 g 或结晶硫酸钴 7.84 g 于 100 mL 量瓶内，加浓硫酸溶液 1 mL，蒸馏水稀释至刻度，此液相当于 0.01 mg/mL。

(2)方法步骤。

①标准曲线的绘制：如表实 7-6 所示。

表实 7-6 标准曲线绘制

项目	管号							
	1	2	3	4	5	6	7	8
胆红素标准液/mL	0.1	0.2	0.4	0.6	0.8	1.0	2.0	3.0
蒸馏水/mL	4.9	4.8	4.6	4.4	4.2	4.0	3.0	2.0
相当于每 100 mL 胆红素的毫克数/mg	0.4	0.8	1.6	2.4	3.2	4.0	8.0	12.0

各管混合后，以水调零点，分别读取管读数，绘制标准曲线。

②测定：操作步骤如表实 7-7 所示。

表实 7-7 血清胆红素的定量测定法 mL

操作步骤	测定管	空白管
血清	0.25	0.25
重氮试剂	0.1	—
空白试剂	—	0.1
苯甲酸钠脲液	4.65	4.65

混合后以水调零点，分别读取两管的光密度。然后以“测定管光密度－空白管光密度”查标准曲线，求出胆红素含量。

(十)血清谷丙转氨酶活力测定

1. 试剂

(1)谷丙转氨酶基质液：精确称取 α-酮戊二酸 29.2 mg，丙氨酸 1.78 g 于 100 mL 容量瓶内，先加入 pH 7.45 磷酸盐缓冲液约 30 mL，再加入 1 mol/L 氢氧化钠溶液 0.5 mL，待完全溶解后再以磷酸盐缓冲液加至刻度。加入氯仿数滴，冰箱保存。

(2)2,4-二硝基苯肼液:取2,4-二硝基苯肼1.98 mg,加1 mol/L盐酸溶液100 mL,混匀,待完全溶解后过滤于棕色瓶中。

(3)pH 7.4磷酸盐缓冲液:取磷酸氢二钠9.47 g于蒸馏水中溶解,使成1 000 mL(简称甲液)。另取磷酸二氢钾9.078 g于1 000 mL蒸馏水中溶解(简称乙液)。临用前,取甲液825 mL、乙液175 mL,混匀,测pH为7.4即可。

(4)丙酮酸标准液(1 mL=2 μg):精确称取丙酮酸钠22 mg于100 mL容量瓶中,加缓冲液至100 mL。

2. 操作方法

(1)标准曲线的绘制:按表实7-8步骤操作。

表实7-8 标准曲线的绘制

操作步骤	管号				
	1	2	3	4	5
胆红素标准液/mL	0.1	0.2	0.4	0.6	0.8
蒸馏水/mL	4.9	4.8	4.6	4.4	4.2
相当于每100 mL胆红素的毫克数/mg	0.4	0.8	1.6	2.4	3.2
37 ℃感作10 min					
2,4-二硝基苯肼液/mL	0.5	0.5	0.5	0.5	0.5
37 ℃感作20 min					
0.4 mol/L氢氧化钠溶液/mL	5.0	5.0	5.0	5.0	5.0
相当于谷丙转氨酶单位(100 mL)	—	100	200	300	400

混匀后,以520 nm或用绿色滤光板比色,用空白调零点,读取各管光密度。以浓度为横坐标,光密度为纵坐标,绘制标准曲线。

(2)测定:操作步骤如表实7-9所示。

表实7-9 血清谷丙转氨酶活力测定

操作步骤	标准管	测定管	空白管
血清/mL	0.1	0.1	0.1
谷丙转氨酶基质液/mL	0.5	0.5	—
混匀,37 ℃水浴60 min			
谷丙转氨酶基质液/mL	—	—	0.5
2,4-二硝基苯肼液/mL	0.5	0.5	0.5
混匀,37 ℃水浴20 min			
0.4 mol/L氢氧化钠溶液/mL	5.0	5.0	5.0

混匀,放置5 min后以空白调零点,于520 nm处或用绿色滤光板比色,读取光密度,查标准曲线。

(十一)血清谷草转氨酶活力测定

1. 试剂

谷草转氨酶基质液(pH 7.4):精确称取 *DL*-天冬氨酸 2.66 g、α-酮戊二酸 29.2 mg 于烧杯中,加 1 mol/L 氢氧化钠溶液 20.5 mL,溶解后于 100 mL 容量瓶中,加 pH 7.4 磷酸盐缓冲液至刻度。其他试剂与血清谷丙转氨酶活力测定相同。

2. 方法

除基质液不同外,其他均与谷丙转氨酶活力测定相同。

四、作业

试述常用血液生化检验的注意事项。

实训8 胸腹腔液检验

一、目的要求

通过实训掌握胸腹腔液检验的要领。

二、材料用具

（1）试剂：5％柠檬酸钠液、冰醋酸、10％ Na_2EDTA 抗凝剂、革兰染色液、碘酊、酒精。

（2）器材：试管、穿刺针、剪毛剪、量筒、载玻片、显微镜。

三、方法步骤

（一）采取胸腹腔液

行胸腹腔穿刺术采取胸腔、腹腔积液。

1．保定

宠物横卧保定。

2．胸腔液采取

（1）部位：在第 5～7 肋间后位肋骨前缘，胸外静脉上方。

（2）操作方法：术部剪毛消毒，一手将术部皮肤稍向前方移动，另一手持穿胸套管针，在紧靠肋骨前缘处垂直慢慢刺入，至感到无抵抗时。一手固定套管，另一手将内针拔出，如胸膜腔有积液时，即有液体沿套管流出。用量筒接取流出的液体备检。操作完毕，将内针插入，拔出套管针，术部涂以碘酊消毒。

3．腹腔液采取

（1）部位：在脐稍前方白线上或侧方。

（2）操作方法：术部剪毛消毒。用注射针头与腹壁垂直刺入 2～4 cm，腹膜腔有积液时，即见液体从针孔流出，或用注射器抽吸，盛于试管或量筒内供检查用。操作完毕，拔出针头，术部涂以碘酊消毒。

（二）胸腹腔液物理学检验

胸腹腔液物理学检验，是从穿刺液的颜色、透明度、气味、相对密度、凝固性等方面鉴别是漏出液还是渗出液。

（三）胸腹腔液化学检验

浆液黏蛋白试验（Rivalta 反应）取 15～25 cm 大试管 1 支，注入蒸馏水 50～100 mL。加入冰醋酸 1～2 滴，充分混合。滴加穿刺液 1～2 滴。如沿穿刺液下沉经路显白色云雾状浑浊，并直达管底的为阳性反应，是渗出液。无云雾状痕迹，或微有浑浊，且于中途消失的为阴性反应，是漏出液。

(四)胸腹腔液显微镜检验

(1)取新鲜穿刺液，置于盛有 Na_2EDTA 抗凝剂试管中，离心沉淀，上清液分装于另一试管中。

(2)取 1 滴沉淀物放于载玻片上，覆以盖玻片，在显微镜下观察间皮细胞、白细胞及红细胞等。

(3)需要做白细胞分类时，则取沉淀物做涂片，染色镜检。

(4)结果判定。

①漏出液：细胞较少，主要是来自浆膜腔的间皮细胞(常是 8～10 个排成一片)及淋巴细胞，红细胞和其他细胞甚少。少量的红细胞，常由于穿刺时受损伤所致。多量红细胞则为出血性疾病或脏器破损伤所致。大量的间皮细胞和淋巴细胞，见于心、肾等疾病。

②渗出液：细胞较多。中性粒细胞增多，见于急性感染，尤其是化脓性炎症。在结核性炎症(结核性胸膜炎初期)时，反复穿刺可见中性粒细胞也增多。淋巴细胞增多，见于慢性疾病，如慢性胸膜炎及结核性胸膜炎等。间皮细胞增多，为组织破坏过程严重之征象。

(五)胸腹腔液细菌检验

1. 抹片

将胸腹腔液，按每 5 mL 胸、腹腔液加入 10%的 Na_2EDTA 0.1 mL，混合均匀，2 000 r/min 离心 5 min，取沉渣抹片。

2. 革兰染色法染色

(1)抹片经火焰固定后滴加结晶紫染液，静置 1 min，水冲洗染液。

(2)加碘染液 1 min，水冲去碘染液。

(3)加 3%盐酸酒精脱色液，不时摇动 30 s，至紫色脱落为止，不冲洗。

(4)加沙黄水溶液复染 30 s，清水冲洗。

(5)干后镜检。

3. 判断

油镜观察，若有紫色细菌为革兰阳性菌，若有红色细菌为革兰阴性菌。

四、作业

试述胸腹腔液采取及检验的注意事项。

实训9
脑脊髓液检验

一、目的要求

通过实训掌握脑脊髓液的采取及检验技术。

二、材料用具

（1）动物：犬、猫。

（2）器械：脊髓穿刺针、小型尿比重计或特别比重管、试管、试管架、血细胞计数板。

（3）试剂：饱和硫酸铵液、10%Na_2EDTA、抗凝剂、碘氏染色液。

三、方法步骤

（一）脑脊髓液采取

（1）器械。脊髓穿刺针。器械及容器使用前均须煮沸或高压灭菌消毒。

（2）犬猫的准备。穿刺之前，应对犬猫做检查。横卧保定，注意将后肢尽量向前牵引。术部剪毛，用苯及酒精充分涂擦脱脂及消毒。

（3）部位及操作方法。

①颈椎穿刺：即在第一、二颈椎间穿刺。在颈椎棘突正中线与两寰椎翼后角的交叉点，垂直皮肤刺入针头。针头进入肌肉层时阻力稍大，在穿过脊髓硬膜后阻力突然消失，再稍推进2～3 mm，达蛛网膜下腔，拔出针芯，即有水样的脑脊髓液滴出。穿刺后，术部涂擦碘酊或火棉胶封盖。第二次穿刺须隔2 d以上。

②腰椎穿刺：即在腰椎孔穿刺。在腰椎棘突正中线与髋结节内角连线的交叉点垂直皮肤刺入针头。

用编好1号、2号、3号的三支试管接取穿刺所得的脑脊髓液。1号管，最初流出的脑脊髓液可能含有红细胞，供细菌学检验用。2号管供化学检验用。3号管供细胞计数用。

（二）脑脊髓液物理学检验

（1）颜色。最好利用北向自然光线观察。

（2）透明度。观察透明度时，应以蒸馏水做对照。

（3）相对密度。①用特制比重管，于分析天平上先称0.2 mL蒸馏水的重量，再称0.2 mL脑脊髓液的重量，则脑脊髓液的相对密度等于脑脊髓液的重量除以蒸馏水的重量。②如脑脊髓液的量有10 mL时，可采用小型尿比重计，直接测定其相对密度。

(三)脑脊髓液化学检验

1. 蛋白质检查(硫酸铵定性试验)

(1)试剂。饱和硫酸铵溶液:取硫酸铵(G. P.)85 g,加蒸馏水 100 mL,水浴加热使之溶解,冷却后过滤备用。

(2)方法。取 1 mL 脑脊髓液于试管中,加饱和硫酸铵溶液 1 mL,颠倒试管使之混合,于试管架上放置 4～5 min。

(3)结果判定。

“＋＋＋＋”为显著浑浊。

“＋＋＋”为中等度浑浊。

“＋＋”为明显乳白色。

“＋”为微乳白色。

“－”为透明。

2. 葡萄糖检查

脑脊髓液中的葡萄糖检查同实训 4 尿中葡萄糖的检查。

3. 脑脊髓液显微镜检验

(1)细胞计数。做细胞计数的脑脊髓液,在采集时按每 5 mL 脑脊髓液加入 10% Na_2EDTA 抗凝剂 0.05～0.1 mL,混合均匀后备检。脑脊髓液白细胞与红细胞计数方法与血细胞计数法相同。

(2)细胞分类。

①直接法:在白细胞计数后,换用高倍镜检查,此时白细胞的形态,如同在新鲜尿液标本中的一样。可根据细胞的大小、核的多少和形态来区分。

②瑞氏染色法:将白细胞计数后的脑脊髓液,立即离心沉淀 10 min,将上清液倒入另一洁净试管,供化学检验用。把沉淀物充分混匀,于载玻片上制成涂片,尽快在空气中风干。然后滴加瑞氏染色液 5 滴,染色 1 min 后,立即加新鲜蒸馏水 10 滴,混匀,染色 4～6 min,用蒸馏水漂洗,干燥后镜检。

(3)细菌检验。与实训 8 胸腹腔液中的细菌检验相同。

四、作业

1. 试述采取脑脊髓液的注意事项。

2. 试述进行脑脊髓液检验的体会。

实训10 X线检查

一、目的要求

通过实训熟悉X光机的性能和掌握X线检查技术。

二、材料用具

(1)器材:携带式X光机、X线胶片、片夹、增感屏、遮线管、暗盒、滤线器、铅号码、摄影夹、摄影机、测量尺、铅板或铅橡皮等。

(2)试剂:硫酸钡、泛影酸钠或优罗维新、40%碘化油等。

三、方法步骤

(一)透视检查

1.准备

(1)按照说明书的要求连接好X光机及附属设备。

(2)透视前详细阅读透视单,参考临床资料及其他检查结果,明确透视目的。

(3)做好病犬、病猫的登记工作。

(4)清洁犬猫身体,除去随身物品。妥善保定,必要时给予镇静剂。

(5)调整机器的设置,50~70 kV,2~3 mA。

(6)佩戴好防护用具,做好暗适应。

2.检查

(1)使荧光屏靠近被检犬猫,必要时改变被检犬猫体位,了解被检部位全貌。

(2)开启机器,间歇曝光,利用缩光圈,尽量缩短检查时间。

(3)按要求全面检查。

(二)摄影检查

(1)登记编号。阅读摄影申请单,了解犬猫基本情况及摄影要求和目的。

(2)清洁犬猫身体,除去随身物品,确定摄影部位,妥善保定。

(3)根据摄影部位选择大小适当的胶片,测量投照部位厚度,确定电压、电流、曝光时间和距离等投照条件。

(4)固定暗盒位置,使X线束的中心、被检机体部位中心与暗盒中心在一条直线上。

(5)开启机器,在被检犬猫安静时曝光即可获得潜影。

(6)曝光后的X线胶片立即送暗室冲洗,湿片观察,如不满意,重新拍摄。胶片晾干后剪角装套。

(三)造影检查

1. 消化道造影

(1)被检犬猫造影检查前禁饲、禁水 12 h 以上。

(2)先将硫酸钡和阿拉伯胶混合后,加入少量热淡水调匀,再加适量温水。食管造影用60%硫酸钡,内服胃肠造影用15%硫酸钡。经口服钡剂,剂量为2～5 mL/kg 体重。

(3)观察检查可根据情况采取站立侧位、背立背胸位或仰卧位。检查食管和胃可于服钡当时或稍后观察,检查小肠应于服钡后1～2 h 观察,检查大肠则应于服钡后6～12 h 观察。

2. 泌尿道造影

(1)膀胱造影时,先插入导尿管,排尿液后,向膀胱内注入无菌空气或5%～10%泛影酸钠6～12 mL/kg 体重。

(2)肾盂造影时,应先禁食 24 h,禁水 12 h,仰卧保定,在下腹部加压迫带防止造影剂进入膀胱而使肾盂充盈不良,静脉缓慢注射50%泛影酸钠或58%优罗维新20～30 mL,注射完毕后 7～15 min 拍摄腹背位的腹部 X 线胶片, 并立即冲洗,肾盂显像后除去压迫带,再拍摄膀胱 X 线胶片。

3. 支气管造影

(1)犬猫被检侧取下卧位保定。

(2)经口插管或气管内注射引入造影剂40%碘化油15 mL 左右。造影剂沿下侧支气管流入被检侧,在透视下可以看到造影剂按心叶支气管、膈叶支气管和尖叶支气管顺序流入,待造影剂完全流入支气管内,进行 X 线摄片。

(3)每次只能检查一侧肺脏支气管。要做对侧支气管造影时,应在造影剂排尽后再进行。

四、作业

试述进行 X 线检查的体会。

实训11 去势术

一、目的要求

通过实训掌握公猫、公犬去势术。

二、材料用具

(1)动物:公猫、公犬。

(2)器材:手术刀、缝针、缝线、棉球。

(3)试剂:麻醉剂、2%碘酊、75%酒精。

三、方法步骤

(一)保定与麻醉

全身麻醉,将犬仰卧保定,尾拉向背侧并固定。

(二)术式

(1)左手捏紧阴囊基部使一侧睾丸向前下方突起,右手持刀在阴囊一侧平行中线切开皮肤(犬则可在前下方沿中线切开),然后左手稍用力将睾丸及其总鞘膜从切口挤出。

(2)摘除睾丸,有以下方法。

①开放式:纵向切开总鞘膜,拉出睾丸,分离睾丸系膜,暴露、结扎精索,切断精索摘除睾丸。

②闭合式:不切开总鞘膜,精索连同精索外的总鞘膜一起穿线结扎,在结扎线远端段切断精索及总鞘膜,摘除睾丸。从同一切口内摘除另一睾丸。

(3)阴囊切口分层缝合,切口涂以2%碘酊并撒布消炎粉。

(三)术后护理

术后应保持创口干燥,防止舔咬。注意观察阴囊变化,以防出血或感染。1周后拆线。

四、作业

试述进行公猫(公犬)去势术的体会。

实训12
卵巢摘除术

一、目的要求

通过实训掌握母猫(母犬)卵巢摘除术。

二、材料用具

(1)动物:母猫、母犬。

(2)器材:手术刀、剪毛剪、止血钳、缝针、缝线、棉球、注射器。

(3)试剂:麻醉剂、2%碘酊、75%酒精。

三、方法步骤

1. 保定与麻醉

全身麻醉,仰卧保定。

2. 确定术部

猫在脐后 1.5 cm 处向后(犬由脐孔起)沿腹白线切 4~8 cm。

3. 术式

(1)常规剪毛、消毒。

(2)沿腹白线纵向切开皮肤。

(3)分离皮下组织直至腹膜,提起并剪开腹膜,充分暴露腹腔。

(4)顺着腹壁进入腹腔探寻卵巢,将卵巢牵引出创口外,剪断卵巢肾脏韧带。

(5)摘除卵巢,有两种方法。

①只摘除卵巢,首先展开子宫阔韧带,在其无血管区用小止血钳捅开一小口,贯穿两根结扎线,分别将卵巢的子宫角侧和卵巢肾脏韧带进行结扎。将结扎结小心向上轻提,先于子宫角侧结扎处与卵巢之间剪断,再于另一结扎处与卵巢之间剪断。切断两结扎线,摘除卵巢及卵巢囊。同法摘除另侧卵巢。

②卵巢子宫一并切除,牵拉双侧子宫角显露子宫体,分别在两侧的子宫体阔韧带上穿一根线结扎子宫角至子宫体之间的阔韧带。将子宫与子宫韧带分离。双重钳夹子宫体,分别结扎夹钳后方的子宫体,于双钳之间切除子宫体和卵巢。

(6)闭合腹壁切口,整理创缘,安装结扎绷带。

4. 术后护理

严密监视其全身反应。

四、作业

试述进行母猫(母犬)去势术的体会。

实训13 肠管切开术

一、目的要求

通过实训掌握肠管切开术。

二、材料用具

(1)动物:犬、猫。

(2)器材:剪毛剪、手术剪、手术刀、止血钳、肠钳、注射器、纱布、创巾、缝针、缝线、棉花。

(3)试剂:麻醉剂、2%碘酊、75%酒精。

三、方法步骤

1. 麻醉与保定

全身麻醉,仰卧保定。

2. 术式

(1)沿腹中线中部切开腹壁,其创缘用生理盐水浸湿的纱布隔离,用腹腔牵引器扩大创口。

(2)将患病肠管引出腹腔外,用浸有温生理盐水纱布保护肠管并隔离术部。

(3)将阻塞的一端肠内容物挤离阻塞物 10 cm 后,用两把肠钳夹闭阻塞物两侧肠腔。

(4)在阻塞物远端健康肠管的肠系膜对侧纵向切开肠壁全层。切口长度以阻塞物能取出为宜。由术部轻轻挤压异物,使其从切口处滑入器皿内。

(5)修剪外翻的肠黏膜,并用浸有消毒液的棉球擦洗切口缘。用一层库欣氏缝合(缝合仅通过浆膜、肌层和黏膜下)或全层连续缝合密闭肠管切口。

(6)用温生理盐水冲洗缝合好的肠管,撒上消炎药,将其还纳腹腔,缝合腹壁。

3. 术后护理

(1)输液直至纠正脱水、水电解质平衡失调为止。

(2)应用抗生素 3~5 d,以防止感染。

(3)饲喂少量流质食物,3 次/d。

(4)如发生腹膜炎,应采取腹腔穿刺或腹腔灌洗进行治疗,必要时剖腹探查。

四、作业

试述肠管切开术的注意事项。

参 考 文 献

[1] 韩博. 犬猫疾病学. 3 版. 北京:中国农业大学出版社,2018.

[2] 白景煌,张玉,王贵. 养犬与疾病. 长春:吉林科学技术出版社,1990.

[3] 陈玉库,孙维平,邢玉娟. 宠物疾病防治. 3 版. 北京:中国农业大学出版社,2021.

[4] (美)大卫・E・斯韦恩. 禽病学. 14 版. 刘胜旺,李慧昕,陈化兰,主译. 沈阳:辽宁科学技术出版社,2023.

[5] 徐㟃南,甘运兴. 动物寄生虫学. 北京:人民教育出版社,1965.

[6] 孔繁瑶. 家畜寄生虫学. 2 版(修订版). 北京:中国农业大学出版社,2010.

[7] (日)宇田川龙男. 宠物喂养与训练:观赏鸟. 北京:中国轻工业出版社,2001.

[8] 张立波. 实用养犬大全. 北京:中国农业出版社,1994.

[9] 王力光,董君艳. 犬病临床指南. 长春:吉林科学技术出版社,1991.

[10] 安丽英. 兽医实验诊断. 北京:中国农业大学出版社,2000.

[11] 侯加法. 小动物疾病学. 2 版. 北京:中国农业出版社,2015.

[12] 李志. 宠物疾病诊治. 4 版. 北京:中国农业出版社,2019.

附录

附录 1　犬猫正常生理值

项　目	参　考　值	
	犬	猫
寿命	10～20 岁	8～20 岁
性成熟	雄性 10～12 月龄	雄性 7～9 月龄
	雌性 7～9 月龄	雌性 5～8 月龄
繁殖适龄期限	1～2 岁	10～12 个月
繁殖期	6 年	6 年
发情持续时间	4～13 d	3～10 d
排卵时间	发情后 2～3 d	多在交配刺激后 24 h
妊娠期	58～63 d	58～63 d
产仔数	1～20 只	3～6 只
新生仔体重	200～500 g	90～140 g
哺乳期	50～60 d	45～60 d
体温(股内侧)	37.5～39.0 ℃	38.0～39.0 ℃
呼吸数	10～30 次/min	20～30 次/min
心率	70～120 次/min	120～140 次/min

附录2 犬猫实验室常规检验项目及正常值

实验室常规检验项目	参考值	
	犬	猫
血液学		
细胞压积(PCV)/%	37.0～55.0	24.0～45.0
血细胞比容(HCT)	29.8～57.5	25.8～41.8
血红蛋白(HGB)/(g/dL)	12.4～19.1	8.5～14
红细胞(RBC)(10^6 个/μL)	5.2～8.06	4.95～10.53
白细胞(WBC)(10^3 个/μL)	5.4～15.3	3.8～19
总蛋白(TP)/(g/dL)	5.8～7.2	5.7～7.5
平均红细胞体积(MCV)/fL	62.7～72	36～50
平均红细胞血红蛋白量(MCH)/pg	22.2～25.4	12.2～16.8
平均红细胞血红蛋白浓度(MCHC)/(g/dL)	34～36.6	32.4～35.2
网状细胞/%	0～1.5	0.2～1.6
红细胞直径/μm	6.7～7.2	5.5～6.3
红细胞寿命/d	100～120	66～78
粒细胞与红细胞的比率(M∶E)	(0.75～2.5)∶10	(0.6～3.9)∶10
血小板(PLT)/(10^3 个/μL)	160～525	160～660
黄疸指数	2～5	2～5
纤维蛋白原/(mg/dL)	200～400	150～300
红细胞体积分布宽度(RDW)	12.2～14.9	14.1～18.4
血小板压积(PCT)	0.182～0.416	0.179～0.916
平均血小板体积(MPV)	6.6～10.9	10.0～15.5
血小板体积分布宽度(PDW)	14.5～16.0	14.4～17
白细胞计数和分类——绝对数/μL(总数的百分比)		
杆状嗜中性粒细胞	0～150(0～1)	0～190(0～1)
分叶嗜中性粒细胞	2 750～12 850(51～84)	1 290～15 950(34～84)
淋巴细胞(LY)	430～5 800(8～38)	260～11400(7～60)
单核细胞(MONO)	50～1 400(1～9)	0～950(0～5)
嗜酸性粒细胞	0～1 400(0～9)	0～2 300(0～12)
嗜碱性粒细胞	很少(0～1)	0～400(0～2)
血凝/s		
PT	6～8.4	8.7～10.5
PTT	11.0～17.4	12.3～16.7
TT	4.3～7.1	5.6～9.0

续附录 2

实验室常规检验项目	参考值	
	犬	猫
生化特性——血清		
白蛋白(ALB)/(g/dL)	2.6～4.0	2.6～4.3
碱性磷酸酶(ALP)/(U/L)	3～60	3～61
丙氨酸氨基转移酶(ALT)/(U/L)	4～91	13～75
淀粉酶(AMYL)/(U/L)	220～1 070	400～1 590
总胆红素(TBIL)/(mg/dL)	0～0.7	0～0.6
血尿素氮(BUN)/(mg/dL)	7～26	10～30
钙总计/(mg/dL)	9.6～11.6	9.3～11.7
肌酐/(mg/dL)	0.6～1.4	0.8～2.0
肌酸激酶(CK)/(IU/L)	36～155	21～275
葡萄糖/(g/dL)	79～126	63～132
磷(PHOS)/(mg/dL)	2.5～6.2	2.9～7.7
总蛋白(TP)/(g/dL)	5.8～7.9	6.1～8.8
尿酸/(mg/dL)	0～0.6	0～0.2
钠(Na^+)/(mN/L)	146～156	151～161
钾(K^+)/(mN/L)	3.8～5.1	3.5～5.1
氯(Cl^-)	109～122	117～129
总 CO_2(T_{CO_2})/(mM/L)	17～27	13～25
阴离子隙	8～19	9～21
同渗重摩/(mOs/L)——计算值	289～313	299～327
其他的血清化学性质		
氨/(pg/dL)	19～20	
氨耐受/(μg/dL)	<200	<300
天冬氨酸氨基转移酶(AST)/(IU/L)	<105	<51
直接胆红素	0～0.4	0～0.2
30 min BSP 保留率/%	0～5	—
胆固醇/(mg/dL)	125～300	95～130
γ-谷氨酰转移酶(GGT)	0～2.26	—
其他的酸碱性/电解质		
pH	7.31～7.53	7.32～7.44
P_{O_2} mmHg 动脉	85～95	—
静脉	35～40	35～40

续附录 2

实验室常规检验项目	参考值	
	犬	猫
P_{CO_2} mmHg 动脉	29～36	
静脉	35～44	38～46
HCO_3^-/(mN/L)	25～35	24～34
剩余碱/(mN/L)	0～6	−5～2
镁/(mg/dL)	1.7～2.9	
尿检项目		
比重	1.001～1.070	1.001～1.080
pH	5.5～7.5	5.5～7.5
体积/[mL/(kg·d)]	24～41	22～30
白细胞/(个/HPF)	0～5	0～5
红细胞	0～5	0～5
管型/(个/HPF)	0	0
葡萄糖/酮	0	0
胆红素	0	0
肌酸酐/(mg/dL)	100～300	110～28
尿素氮/[mg/(kg·24 h)]	140～2 302	

附录 3　犬猫常用药物一览表

药物类别	常用药物	主要作用	用量	用法
抗生素类药	青霉素 G 钠	抗革兰阳性菌及少数阴性菌	5 万 U/kg	肌内注射或静脉滴注，2 次/d
	氨苄青霉素钠	抗革兰阳性菌及阴性菌	25～40 mg/kg	肌内注射或静脉滴注，2 次/d
	头孢氨苄	对革兰阳性菌及大肠埃希菌作用较强	25～50 mg/kg	肌内注射或静脉滴注，2 次/d
	头孢唑林钠	抗革兰阳性菌及阴性菌	25～50 mg/kg	肌内注射或静脉滴注，2 次/d
	头孢拉啶	同头孢唑林钠，低毒高效	25～50 mg/kg	肌内注射或静脉滴注，2 次/d
	红霉素	主要用于革兰阳性菌感染	10～20 mg/kg	口服或静脉滴注，2 次/d
	洁霉素	主要用于革兰阳性菌感染	10～20 mg/kg	肌内注射或静脉滴注，2 次/d
	卡那霉素	广谱抗生素	2 万～3 万 U/kg	肌内注射，2 次/d
	庆大霉素	广谱抗生素	0.5 万 U/kg	肌内注射，2 次/d
	四环素	广谱抗生素	20～30 mg/kg	肌内注射或静脉滴注，2 次/d
	土霉素	广谱抗生素	25～40 mg/kg	口服，2 次/d
	氯霉素	广谱抗生素	20～30 mg/kg	肌内注射或静脉滴注，2 次/d

续附录3

药物类别	常用药物	主要作用	用量	用法
磺胺类药	磺胺嘧啶(SD)	对大多数革兰阳性菌及阴性菌有抑制作用	50～80 mg/kg	口服或静脉注射,2次/d
	磺胺二甲氧嘧啶(SDM)	长效磺胺药,抗菌谱同SD	25～50 mg/kg	口服,1次/d
	磺胺-5-甲氧嘧啶(SMD)	同SD,抗菌作用更强	50 mg/kg	口服,1次/d
	增效联磺片(SDM-TMP)	同SMD	50 mg/kg	口服,2次/d
	复方新诺明(SMZ+TMP)	同SD,抗菌作用更强	25～50 mg/kg	口服,2次/d
呋喃类及其他抗真菌药	呋喃妥因	多用于泌尿系统感染	10 mg/kg	口服,2次/d
	痢特灵	多用于肠道炎症	10 mg/kg	口服,2次/d
	吡哌酸(PPA)	用于泌尿系统感染、肠炎	30 mg/kg	口服,2次/d
	氟哌酸	用于泌尿系统感染、肠炎	20 mg/kg	口服,2次/d
	黄连素	多用于肠炎	15 mg/kg	口服,2次/d
	灰黄霉素	用于各类皮肤真菌病	15 mg/kg	口服,2次/d
	制霉菌素	用于各种真菌感染	10万U/kg	口服,3次/d
	斯皮仁诺	用于各种真菌感染	50 mg/kg	口服,1次/d
	两性霉素B	用于各种真菌感染	10 mg/kg	静脉滴注,1次/2 d
	克霉唑	多外用,用于皮肤真菌病		外用
	达克宁软膏	外用,用于皮肤真菌病		外用
驱虫药	左旋咪唑	驱肠道线虫	10 mg/kg	口服,1次/d,连服3 d
	丙硫苯咪唑	驱肠道线虫	10～20 mg/kg	口服,1次/d,连服3 d
	氯硝柳胺(灭绦灵)	驱绦虫	100 mg/kg	口服,1次/d,2～3周后再服1次
	吡喹酮	驱吸虫、绦虫	5～10 mg/kg	口服1次,5 d后再服1次
	乙胺嗪(海群生)	驱丝虫	50 mg/kg	口服,1次/d
	伊维菌素(IVOMEC)	广谱驱虫药	1%浓度,0.5 mL/kg	皮下注射,1次/7 d
	阿维菌素	广谱驱虫药	0.1～0.2 mg/kg	口服,1次/7 d
全麻药及局麻药	846复合麻醉剂(速眠新)	全身麻醉药	0.04～0.2 mL/kg	肌内注射
	盐酸氯胺酮	全身麻醉药	10～30 mg/kg	肌内注射
	硫喷妥钠	短效麻醉剂	15～20 mg/kg	静脉注射
	复方噻胺酮	全身麻醉剂	5 mg/kg	肌内注射
	戊巴比妥钠	全身麻醉剂	20～35 mg/kg 2～4 mg/kg	静脉注射 口服
	水合氯醛	全身麻醉剂	0.08～0.1 mg/kg	静脉注射
	乙醚	全身吸入麻醉剂	浓度3%	吸入麻醉

续附录 3

药物类别	常用药物	主要作用	用量	用法
全麻药及局麻药	氟烷	全身麻醉剂	浓度 3%	吸入麻醉
	甲氧氟烷	全身麻醉剂	浓度 3%	吸入麻醉
	普鲁卡因	局部麻醉、传导麻醉	浓度 0.25%～0.5%	浸润麻醉
			浓度 2%	传导麻醉
	利多卡因	表面麻醉	浓度 1%～2%	表面麻醉
			浓度 0.25%～0.5%	浸润麻醉
镇静及抗惊厥药	盐酸二甲苯胺噻唑(静松灵)	镇静、肌松	1.5～2 mg/kg	肌内注射
	盐酸氯丙嗪(冬眠灵)	镇静	3 mg/kg	口服
			2～3 mg/kg	肌内注射
			0.5～1.0 mg/kg	静脉注射
	芬太尼	安定	0.02～0.04 mg/kg	肌内注射或静脉注射
	苯巴比妥	镇静、抗惊厥	0.2 mg/kg	肌内注射
	苯妥英钠	镇静、抗癫痫	0.1～0.2 g/次	口服
			5～10 mg/kg	肌内注射
	抗癫灵	抗癫痫	30 mg/kg	口服，1 次/d
	扑癫酮	抗癫痫	10 mg/kg	口服，2 次/d
解热镇痛及抗风湿药	阿司匹林(乙酰水杨酸)	退热	30 mg/kg	口服，2 次/d
	安痛定	止痛，退热	0.1 mL/kg	肌内注射，2 次/d
	安乃近	止痛，退热	5～10 mg/kg	肌内注射
	骨宁	抗炎镇痛	0.2 mL/kg	肌内注射，1 次/d
	柴胡注射液	退热	0.2 mL/kg	肌内注射，2 次/d
	保泰松	止痛	10～30 mg/kg	口服，1 次/d
	苄达明(炎痛静)	消炎，退热，止痛	2～3 mg/kg	口服，2 次/d
	炎痛喜康	抗炎，镇痛，抗风湿	1 mg/kg	口服，1 次/d
	布洛芬	抗炎，镇痛，解热，抗风湿	6～10 mg/kg	口服，2 次/d
中枢神经兴奋药	苯甲酸钠咖啡因(安钠咖)	兴奋呼吸中枢	0.2～0.5 g	口服
			20 mg/kg	肌内注射或静脉注射
	尼克刹米	兴奋呼吸中枢	20 mg/kg	肌内注射或静脉注射
	回苏灵	用于麻醉过量，促进苏醒	0.8 mg/kg	肌内注射或静脉注射
	硝酸士的宁	中枢神经兴奋药	0.1 mg/kg	皮下注射
拟胆碱药	毛果芸香碱	兴奋胆碱受体，收缩平滑肌，用于肠道弛缓及肠道麻痹、青光眼	10～20 mg/kg	皮下注射
			1%溶液	点眼
	新斯的明	用于重症肌无力，肠麻痹	0.03 mg/kg	皮下或肌内注射，1～2 次/d

续附录 3

药物类别	常用药物	主要作用	用量	用法
抗胆碱药	阿托品	解除平滑肌痉挛，抑制腺体分泌，瞳孔放大，用于有机磷中毒，麻醉前给药，散瞳及止吐止泻作用	0.01 mg/kg	口服，1～2 次/d
	颠茄	作用同阿托品，但药效较弱	0.5～1 mg/kg	口服，2 次/d
	东莨菪碱	抑制腺体分泌作用较强，用于镇静、麻醉前给药、有机磷中毒	0.1 mg/kg	口服，1～2 次/d
强心药	盐酸肾上腺素	抢救过敏性休克及心脏骤停	0.05 mg/kg	皮下或肌内注射，心内注射
	去甲肾上腺	用于各种休克	0.1 mg/kg	混入 5%葡萄糖液中静脉滴注
	多巴胺	用于各种休克	1 mg/kg	混入 5%葡萄糖液中缓慢静脉滴注
	洋地黄	强心	5 mg/kg	口服
	毒毛花苷 K	强心	0.01 mg/kg	混入 5%葡萄糖液中缓慢静脉滴注
	毛花苷 C（西地兰）	用于急性心力衰竭	0.05 mg/kg	口服
抗心律失常药	普拉洛尔(心得宁)	用于心律失常	0.3～0.6 mg/kg	口服，3 次/d
	普萘洛尔(心得安)	用于心律失常	1～2 mg/kg	口服，3 次/d
	戊脉安	用于心律失常，心动过速	4～6 mg/kg	口服，3 次/d
	利血平	用于心律失常	0.015 mg/kg	口服，2 次/d
			0.005～0.01 mg/kg	肌内注射、静脉注射，2 次/d
	卡马西平	用于心律失常	5～8 mg/kg	口服，3 次/d
	奎尼丁	用于心律失常	10～20 mg/kg	口服、肌内注射，3 次/d
健胃与助消化药	龙胆酊	用于消化不良，消化系统疾病恢复期	1～5 mL/次	口服，3 次/d
	复方龙胆酊	用于消化不良，消化系统疾病恢复期	1～5 mL/次	口服，3 次/d
	胃蛋白酶	用于消化不良	0.1～0.5 mg/次	口服，3 次/d
	乳酶生	用于消化不良	30 mg/kg	口服，3 次/d
	多酶片	用于消化不良	10～50 mg/kg	口服，3 次/d
	复合维生素 B	用于消化不良，B 族维生素缺乏症	5～10 mg/次	口服，1 次/d
泻药	果导片	促进肠蠕动	3 mg/kg	口服，2～3 次/d
	甘油(50%)	润滑肠道，软化粪便	2～10 mL/kg	灌肠
	开塞露	刺激直肠，引起排便	2～10 mL/kg	灌肠
	肥皂水	刺激直肠，引起排便	2～10 mL/kg	灌肠
	液状石蜡	润滑肠道	10～30 mL/次	口服、灌肠

续附录 3

药物类别	常用药物	主要作用	用量	用法
止泻药	鞣酸蛋白	收敛止泻	25～50 mg/kg	口服,3 次/d
	药用炭	吸附收敛作用	0.3～0.5 g/次	口服,3 次/d
	思密达	保护胃肠黏膜	1～3 g/次	口服,3 次/d
	次硝酸铋	保护胃肠黏膜	30 mg/kg	口服,3 次/d
止咳祛痰平喘药	氯化铵	用于干咳	30～50 mg/kg	口服,2 次/d
	碘化钾	祛痰	0.2～1 g/次	口服,3 次/d
	蛇胆川贝液	止咳平喘	5～10 mL/次	口服,3 次/d
	咳必清	镇咳	1～2 mg/kg	口服,2 次/d
	磷酸可待因	镇咳	1～2 mg/kg	口服,3 次/d
	复方甘草片	润肺止咳	30 mg/kg	口服,2 次/d
	咳平	镇咳	1～2 mg/kg	口服,2 次/d
	氨茶碱	解除支气管平滑肌痉挛	5～10 mg/kg	口服,2 次/d
	喘定	解除支气管平滑肌痉挛	10 mg/kg	口服,2 次/d
利尿药脱水药	呋喃苯氨酸(速尿)	各种原因造成的水肿	1～3 mg/kg	口服,2 次/d 肌内注射,1 次/d
	氢氯噻嗪(双氢克尿)	心性、肾性水肿	2～4 mg/kg	口服,2 次/d
	汞撒利	心性、肝性水肿	5 mg/kg	肌内注射,1 次/周
	甘露醇	用于治疗脑水肿	1～2 g/kg	静脉注射
	50%葡萄糖	用于治疗脑水肿	1～4 mL/kg	静脉注射
激素类药	氢化可的松	抗炎、抗过敏、抗毒素	1～2 mg/kg	静脉滴注,1 次/d
	醋酸可的松(可的松)	抗炎、抗过敏、抗毒素	0.2～0.4 mg/kg 2～4 mg/kg	肌内注射,2 次/d 口服,2 次/d
	醋酸泼尼松(强的松)	作用同可的松,抗炎作用更强	0.5 mg/kg	口服,2 次/d
	地塞米松	抗炎、抗过敏、抗毒素	0.5～1 mg/kg	口服、肌内注射、静脉滴注
	醋酸肤氢松软膏	用于治疗各种皮肤病	0.025%膏剂	外用
性激素类药	己烯雌酚(乙烯雌酚)	用于子宫内膜炎、胎衣不下,催情	0.1 mg/kg	口服,1 次/d 肌内注射,1 次/d
	雌二醇	用于子宫出血,退奶	0.2 mg/kg	肌内注射,1 次/d
	黄体酮(孕酮)	保胎	0.1 mg/kg	肌内注射,1 次/3 d
	甲睾酮	促进雄性器官发育,对抗雌激素,抑制发情	1～2 mg/kg	口服,1 次/d
	丙酸睾酮	作用同甲睾酮,功效更强,作用时间更持久	2～5 mg/kg	肌内注射,2 次/周
	三合激素	促进发情	0.1 mg/kg	1 次/d
	缩宫素(催产素)	促进子宫收缩	5～30 IU/次	肌内注射、静脉注射

续附录 3

药物类别	常用药物	主要作用	用量	用法
解毒药	解磷定	胆碱酯酶复活剂,用于有机磷中毒的解毒	40 mg/kg	静脉滴注
	氯磷定	同解磷定	15～30 mg/kg	静脉滴注
	解氟灵	用于氟乙酰胺中毒	100 mg/kg	肌内注射
	硫代硫酸钠	用于氰化物中毒	1.5 mg/kg	静脉注射,1 次/d
	亚甲蓝	是氧化还原剂,小剂量用于亚硝酸盐中毒解毒;大剂量用于氰化物中毒的解毒	1%浓度,0.1～1 mL/kg	静脉滴注
	二巯基丁二酸钠	用于汞、锑、铅、砷、镉、铜中毒的解毒	25 mg/kg	肌内注射、静脉注射,2 次/d
	阿托品	用于有机磷中毒的解毒	0.1 mg/kg	肌内注射,1～2 次/d
抗过敏药	扑尔敏	用于各种过敏性疾病	0.3 mg/kg	口服、肌内注射,2 次/d
	盐酸苯海拉明	有抗组胺作用,用于各种过敏性疾病	1～2 mg/kg	口服、肌内注射,2 次/d
	葡萄糖酸钙	用于过敏性疾病	0.1～0.2 g/kg	静脉注射,1 次/d
止血药	酚磺乙胺(止血敏)	止血药,可使血小板增加,缩短凝血时间	25 mg/kg	手术前后肌内注射
	凝血质	可促使凝血酶原转变为凝血酶	0.5 mg/kg	肌内注射,2 次/d
	维生素 K_1	参与凝血酶原的合成	0.5 mg/kg	肌内注射,2 次/d
	维生素 K_3	参与凝血酶原的合成	0.2 mg/kg	肌内注射,2 次/d
	安络血	降低毛细血管通透性,用于渗出性出血	0.2 mg/kg 0.5 mg/kg	口服,3 次/d 肌内注射,2 次/d
	明胶海绵	可促进血凝过程,用于局部止血		填塞、压迫止血
抗贫血药	硫酸亚铁	用于缺铁性贫血	30～60 mg/kg	口服,3 次/d
	叶酸	促进红细胞生成	0.5～1 mg/kg	口服、肌内注射,1 次/d
	维生素 B_{12}	促进造血功能	0.1～0.2 mg/次	肌内注射,1 次/d
	肌苷	用于白细胞减少症	40 mg/kg	口服,1 次/d
维生素类药	维生素 A	用于维生素 A 缺乏症	2 000 IU/kg	口服,2 次/d
	维生素 D	用于佝偻病、骨软化症	1 000～2 000 IU/kg	口服,2 次/d
	维生素 E	增强生殖系统功能,用于肌营养不良、流产及不育症	5～10 mg/kg	口服,2 次/d 肌内注射,1 次/d
	维生素 C	加速血凝,刺激造血机能,提高抗病能力	10 mg/kg	口服,3 次/d ,静脉滴注
	维生素 B_1	维持心脏、神经及消化系统的正常功能	0.5 mg/kg	口服,2 次/d 肌内注射,1 次/d
	维生素 B_6	用于呕吐、皮肤病、白细胞减少症、脂溢性皮炎	1～2 mg/kg	口服,2 次/d
	烟酰胺	用于皮肤病、口炎	5～10 mg/kg	口服,2 次/d

续附录 3

药物类别	常用药物	主要作用	用量	用法
促进代谢药	三磷酸腺苷	参与脂肪、蛋白质、糖、核酸的代谢，用于心力衰竭、心肌炎、肌肉萎缩	1～2 mg/kg	肌内注射、静脉滴注，1 次/d
	辅酶 A	对糖、蛋白质、脂肪的代谢起重要作用，用于白细胞减少症及肝、肾疾病	25～50 IU/kg	肌内注射、静脉滴注，1 次/d
	细胞色素 C	细胞呼吸激活剂，用于因组织缺氧所引起的疾患	15～30 mg/kg	肌内注射、静脉滴注，1 次/d
	辅酶 Q10	增强免疫系统功能，改善心肌代谢	1 mg/kg	口服、肌内注射，2 次/d
	复合酶	用于肝炎、再生障碍性贫血、白细胞减少症及皮肤病的治疗	10 mg/kg	口服，2 次/d
调节水、电解质及酸碱平衡药	葡萄糖	用于补充水分、能量，还可利尿	25%浓度，4 mL/kg	静脉滴注，1～2 次/d
	碳酸氢钠	用于酸中毒	5%浓度，0.5 mL/kg	静脉滴注，1 次/d
	乳酸钠林格液	用于脱水及酸中毒	25 mL/kg	静脉滴注，1 次/d
	生理盐水	用于脱水	25 mL/kg	静脉滴注，1 次/d
	氯化钾	低钾血症	10%～15%浓度，0.5 mL/kg	静脉滴注，1 次/d
	葡萄糖酸钙	用于低钙血症及过敏症	10%浓度，5～40 mL/次	静脉滴注，1 次/d
	17 种氨基酸	用于营养不良及蛋白质缺乏症	2 mL/kg	静脉滴注，1 次/d